面向"新工科"课程教材

普通高等教育工程管理与工程造价专业"十三五"系列规划教材

工程造价管理

林　敏　吴　芳　白冬梅　主编

U0254830

东南大学出版社
SOUTHEAST UNIVERSITY PRESS

·南京·

内 容 提 要

本书讲述了工程项目建设程序各阶段工程造价管理的内容和方法,并基于BIM技术模拟了工程造价管控中的概算、预算、结算和审核等业务。全书共分七章,主要包括:工程造价管理概论、工程造价的组成、投资决策阶段造价管理、建设工程设计阶段造价管理、建设工程招投标阶段造价管理、建设工程施工阶段造价管理及建设工程竣工验收与决算管理等内容。

本书可作为高等工科院校工程管理、工程造价、土木工程及相关专业的教材或教学参考书,也可作为广大工程造价从业人员的学习参考书或培训教材。同时,本书的配套课件和章节后的习题答案,也为各高校教师备课提供了便利。

图书在版编目(CIP)数据

工程造价管理/林敏,吴芳,白冬梅主编. —南京:
东南大学出版社,2020.9(2024.7 重印)
ISBN 978 - 7 - 5641 - 9099 - 6

Ⅰ. ①工… Ⅱ. ①林… ②吴… ③白… Ⅲ. ①建筑造价管理-高等学校-教材 Ⅳ. ①TU723.3

中国版本图书馆 CIP 数据核字(2020)第 163343 号

工程造价管理(Gongcheng Zaojia Guanli)

主 编:	林 敏 吴 芳 白冬梅	
出版发行:	东南大学出版社	
出 版 人:	江建中	
社 址:	南京市四牌楼 2 号(邮编:210096)	
网 址:	http://www.seupress.com	
经 销:	全国各地新华书店	
印 刷:	兴化印刷有限责任公司	
开 本:	787 mm×1092 mm 1/16	
印 张:	23.5	
字 数:	571 千字	
印 数:	5001—6000 册	
版 次:	2020 年 9 月第 1 版	
印 次:	2024 年 7 月第 3 次印刷	
书 号:	ISBN 978-7-5641-9099-6	
定 价:	46.00 元	

本社图书若有印装质量问题,请直接与营销部联系。电话(传真):025-83791830

丛书编委会

主任委员

李启明

副主任委员

（按姓氏笔画排序）

王文顺　王卓甫　刘荣桂　刘　雁　孙　剑
李　洁　李德智　周　云　姜　慧　董　云

委　员

（按姓氏笔画排序）

王延树　毛　鹏　邓小鹏　付光辉　刘钟莹
许长青　李琮琦　杨高升　吴翔华　佘建俊
张连生　张　尚　陆惠民　陈　敏　周建亮
祝连波　袁竞峰　徐　迎　黄有亮　韩美贵
韩　豫　戴兆华

丛书前言

1999年"工程管理"专业刚列入教育部本科专业目录后不久,江苏省土木建筑学会工程管理专业委员会根据高等学校工程管理专业指导委员会制订的"工程管理"本科培养方案及课程教学大纲的要求,组织了江苏省十几所院校编写了全国第一套"工程管理"专业的教材。在大家的共同努力下,这套教材质量较高,类型齐全,并且更新速度快,因而市场认可度高,不断重印再版,有的书已出到第三版,重印十几次。系列教材在全省、全国工程管理及相关专业得到了广泛使用,有的书还获得了江苏省重点教材、国家级规划教材等称号,受到广大使用单位和老师学生的认可和好评。

近年来,随着国家实施新型城镇化战略、推动"一带一路"倡议,建筑业改革创新步伐加快,大力推行工程总承包、工程全过程咨询、BIM等信息技术,加快推动建筑产业的工业化、信息化、智能化、绿色化、国际化等建筑产业现代化进程,推动建筑业产业转型升级。建筑产业从中低端向现代化转变过程中,迫切需要大批高素质、创新型工程建设管理人才,对高等学校人才培养目标、知识结构、课程体系、教学内容、实践环节和人才培养质量等提出了新的更高的要求。因此,我们的教材建设必须适应建筑产业现代化发展的需要,反映建筑产业现代化的最佳实践。

进入新时代,党和国家事业发展对高等教育、人才培养提出了全新的、更高的要求和希望。提出"人才培养为本、本科教育是根",要求"加快建设一流本科、做强一流专业、打造一流师资、培养一流人才",要求"加强专业内涵建设,建设'金课'、淘汰'水课',抓好教材编写和使用,向课堂要质量"。同时,新工科建设蓬勃发展,得到产业界的积极响应和支持,在国际上也产生了影响。在这样的背景下,教育部新一届工程管理和工程造价专业指导委员会提出了专业人才培养的方向是"着重培养创新型、复合型、应用型人才",要"问产业需求建专业,问技术发展改内容,更新课程内容与培养方案,面向国际前沿立标准,增强工程管理教育国际竞争力"。工程管理和工程造价专业指导委员会制定颁发了《工程管理本科指导性专业规范》和《工程造价本科指导性专业规范》,对工程管理和工程造价知识体系和实践体系做出了更加详细的规定。因此,我们的教材建设必须反映这样的培养目标,必须符合人才培养的基本规律和教育评估认证的新需要。

20多年来,全国工程管理、工程造价教育和人才培养快速发展。据统计,2017年全国开设工程管理专业的高校有489家,在校生数为139 665;工程造价专业全国布点数为262家,在校生数为88 968;房地产开发与管理专业全国布点数为86家,在校生数为11 396。工程管理和工程造价专业下一阶段将从高速增长阶段转向高质量发展阶段,从注重数量、规模、空间、领域等外延拓展,向注重调整结构,提高质量、效应、品牌、影响力、竞争力等内涵发展转变。基于新时代新要求,工程管理专业需要重新思考自身的发展定位和人才培养目标定位,完善知识体系、课程体系,建设与之相适应的高质量、高水平的教材体系。

基于上述时代发展要求和产业发展背景,江苏省土木建筑学会工程管理专业委员会、建筑与房地产经济专业委员会精心组织成立了编写委员会,邀请省内外教学、实践经验丰富的高校老师,经过多次认真教学研讨,按照现有知识体系对原有系列教材进行重装升级,适时推出面向新工科的新版工程管理和工程造价系列丛书。在本系列丛书的策划和编写过程中,注重体现新规范、新标准、新进展和新实践,理论与实践相结合,注重打造立体化、数字化新教材,以适应行业发展和人才培养新需求。本系列丛书涵盖工程技术类课程、专业基础课程、专业课程、信息技术课程和教学辅导等教材,满足工程管理专业、工程造价专业的教学需要,同时也适用于土木工程等其他工程类相关专业。尽管本系列丛书已经过多次讨论和修改,但书中必然存在许多不足,希望本专业同行们、学生们在使用中对本套教材中的问题提出意见和建议,以使我们能够不断改进、不断完善,将它做得越来越好。

本系列丛书的编写出版,得到江苏省各有关高校领导的关心和支持,得到国内有关同行的指导和帮助,得到东南大学出版社的鼎力支持,在此谨向各位表示衷心的感谢!

丛书编委会

2019 年 5 月

前　言

工程造价管理是工程管理专业的一门管理平台课程,是工程造价专业的必修课程。通过本课程学习,学生应掌握工程造价管理的基础知识、基本原理和方法及基于 BIM 技术模拟工程造价管控中的概算、预算、结算和审核等业务,具备从事工程造价管理工作的基本能力。

我国工程造价的管理是与基本建设投资、建筑业、建筑市场的改革与发展关联的,深受体制与政策的影响。随着我国建筑行业的日益规范和不断完善,以及国家法律法规、建筑标准、造价文件的修订及细化,工程造价管理也出现了一些新的变化和要求,目前我国工程造价管理呈现国际化、信息化和专业化发展趋势。为了培养符合新时代要求的工程造价管理人员,满足新形势下工程管理、工程造价及相关专业的教学需要,参照高等学校工程管理与工程造价学科专业指导委员会编制的高等学校工程造价本科指导性专业规范(2015 版)中的课程教学基本要求,依据近年来最新的工程造价管理制度、法规、规范、政策文件、定额资料和造价信息,结合老师们多年的教学实践经验,编写了本教材。

本书在编写过程中注意了以下几点:

第一,以工程建设程序为主线,介绍各阶段工程造价管理工作。

建筑工程的生产过程是一个周期长、消耗数量大的生产消费过程,从建设工程决策阶段造价管理、设计阶段造价管理、招投标阶段造价管理,再到建设工程施工阶段造价管理、竣工验收与决算管理,力求全面反映工程造价管理的知识内容。

第二,实现工程造价管理的理论性与实践性的统一,增强了教材的实用性。

教材涵盖了工程造价管理领域知识体系,全面系统地分析和阐述了工程造价管理的理论与方法,既有基本原理和基本知识,同时又为各阶段工程造价管理配备了实际案例。这有助于读者学习好工程造价管理的基础理论知识,又方便教师进行案例教学,提高学生学习效果;也有利于读者了解实际中的工程造价管理工作,激发读者的学习兴趣,让读者在剖析案例的过程中巩固掌握工程造价管理的知识点。

第三,教材内容的时效性强。

本书编写过程中关注建设行业工程造价管理体制改革的前沿内容,依据建筑业"营改增"、《建筑安装工程费用项目组成》(建标〔2013〕44 号)、《建设项目投资估算编审规程》(CECA/GC 1—2015)、《建设工程工程量清单计价规范》(GB 50500—2013)、《建设工程施工合同(示范文本)》(GF—2017-0201)及 FIDIC 2017 版系列合同条件等政策规范,对工程造价管理知识进行了全面梳理,反映了工程造价管理的新动态。

第四,教材实现了信息化与专业化的结合。

建设工程设计阶段、招投标阶段和施工阶段造价管理既有基本原理和知识的介绍,同时也有 BIM 技术在相应阶段造价管理中的应用。BIM 技术的应用和推广,必将对建筑业的可持续发展起到至关重要的作用,同时还将极大地提升项目的精益化管理程度,减少浪费,节约成本,促进工程效益的整体提升。将造价融入 BIM 技术、应用 BIM 技术解决实际造价管理问题,目前已成为工程造价管理发展的新方向。

本书分为七章,主要包括:工程造价管理概论、工程造价的组成、投资决策阶段造价管理、建设工程设计阶段造价管理、建设工程招投标阶段造价管理、建设工程施工阶段造价管理及建设工程竣工验收与决算管理等内容。

本书由南京工程学院林敏、苏州科技大学吴芳、三江学院白冬梅主持编写。其中:第1.1—1.3 节、第 2 章、第 6.1—6.3 节由林敏编写;第 3 章、第 5 章由吴芳编写;第 4 章、第6.6.3 节、第 7 章由白冬梅编写,第 1.4、第 6.6.1 及第 6.6.2 节由南京工程学院丛菱编写;第6.4 节由林敏及南京工程学院卓为顶编写;第 6.5 节由林敏及南京工程学院朱玉琴编写。全书由林敏统稿。在编写过程中,得到了南京工程学院、苏州科技大学、三江学院等单位领导的大力支持,在此,谨向对本书编写给予帮助和支持的各有关方面表示衷心的感谢。在编写过程中,笔者参阅和引用了不少专家、学者论著中的有关资料,在此表示衷心的感谢。

由于笔者的理论水平和实践经验有限,本书虽经仔细校对修改,难免仍有不足之处,敬请各位专家和读者批评指正。

编 者

2020 年 6 月

目　　录

工程造价管理概论

1

本章提要

本章主要讲述建设工程造价的基本概念与形成,工程造价管理的基本内涵、组织系统、内容及原则,国内外工程造价管理体系,BIM 技术与工程造价管理改革等内容。

案例引入

一桥连三地,天堑变通途。2018 年 10 月 24 日,被称为"现代世界七大奇迹"、世界上最长的跨海大桥——港珠澳大桥正式通车。港珠澳大桥的工程建设内容包括:港珠澳大桥主体工程、香港口岸、珠海口岸、澳门口岸、香港接线以及珠海接线。

港珠澳大桥珠海口岸工程位于珠海市拱北湾南侧的口岸人工岛上,占地面积 107.33 万 m²,总建筑面积 50.23 万 m²,总投资约 50 亿元。工程造价的大额性决定了工程造价的特殊地位,珠海格力港珠澳大桥珠海口岸建设管理有限公司(代建单位)进行了港珠澳大桥珠海口岸工程造价咨询服务招标,中标单位主要完成本项目的工程结算及竣工决算等造价管理工作,促进了施工单位加强成本管理,使人力、物力、财力等有限资源得到充分的利用,实现了预期的投资目标,充分发挥了投资效益,同时也说明了工程造价管理在项目建设过程管理中具有重要意义。

1.1 工程造价的基本概念与形成

1.1.1 工程造价的基本概念及特征

1) 工程造价的含义

工程造价通常是指工程的建造价格的简称。它是工程价值的货币表现,是以货币形式反映的工程施工活动中耗费的各种费用的总和。由于所处的角度不同,工程造价有两种不同的含义。

第一种含义是从投资者(业主)的角度分析,工程造价是指建设一项工程预期开支或实际开支的全部固定资产投资费用。投资者为了获得投资项目的预期效益,就需要对项目进行策划、决策及实施,直至竣工验收等一系列投资管理活动。在这一系列活动中所花费的全部费用,就构成了工程造价。从这个意义上讲,工程造价就是建设工程项目固定资产的总投资。

第二种含义是从市场交易的角度分析,工程造价是指为建成一项工程,在工程发承包交易活动中形成的建筑安装工程费用或建设工程总费用。该含义是指以建设工程这种特定的商品形式作为交易对象,通过招投标或其他交易方式,在进行多次预估的基础上,最终由市场形成的价格。它是由需求主体(投资者)和供给主体(建筑商)共同认可的价格。

工程造价的两种含义实质上就是以不同角度把握同一事物的本质。对市场经济条件下的投资者来说,工程造价就是项目投资,是"购买"工程项目要付出的价格;同时,工程造价也是投资者作为市场供给主体,"出售"工程项目时确定价格和衡量投资经济效益的尺度。对规划、设计、承包商以及包括造价咨询在内的中介服务机构来说,工程造价是他们作为市场主体出售商品和劳务价格的总和,或者特指范围的工程造价,如建筑安装工程造价。

2) 工程造价的特点

(1) 大额性

工程建设项目为了实现其建设目标,需要投入大量的资金,项目的工程造价动辄数百万、数千万,特大的工程项目造价可达百亿元。工程造价的大额性决定了工程造价的特殊地位,也说明了工程造价管理在项目建设过程管理中具有重要意义。

(2) 差异性

由于每一项建设工程有其特定的用途、功能和规模,因此,对其工程的结构、造型、设备配置和装饰装修就有不同的要求,这样,不同的项目其工程内容和实物形态就具有差异性。产品的差异性及工程项目地理位置的不同决定了工程造价的差异。

(3) 动态性

建设工程从决策到竣工交付使用,有一个较长的建设期,在建设期内,不同的阶段存在着许多影响工程造价的动态因素。如设计阶段的设计变更、各阶段的材料和设备价格、工资标准以及取费费率的调整、贷款利率和汇率的变化,都必然会影响到工程造价的变动。工程造价在整个建设期处于不确定状态,直至项目竣工决算后才能最终确定该工程的实际造价。

(4) 层次性

从工程造价的计算和工程管理的角度,工程造价的层次性都是非常明显的。工程造价的层次性取决于建设项目的层次性,为了对基本建设项目实行统一管理和分级管理,建设项目又分为单项工程、单位工程、分部工程和分项工程。

(5) 兼容性

工程造价的兼容性,一方面表现在工程造价具有两种含义,另一方面表现在工程造价构成的广泛性和复杂性,工程造价除建筑安装工程费用、设备及工器具购置费用外,还包括工程建设其他费用、预备费、贷款利息等内容。

3) 工程计价的特征

工程建设活动是一项涉及面广、多环节、影响因素多的复杂活动。由工程项目的特点决定,工程计价具有下列特征。

（1）计价的单件性

由于每项工程都有自己特定的规模、功能和用途，它的结构、空间分割、设备配置和内外装饰都有不同的要求，所以工程内容和实物形态都具有个别性、差异性。同时，建设工程还必须在结构、造型等方面适应工程所在地的气候、地质、水文等自然条件，这就使建设项目的实物形态千差万别。再加上不同地区投资费用的构成要素的差异，最终导致建设项目投资的不同。总而言之，建筑产品的个体差异性决定了每项工程都必须单独计算造价。

（2）计价的多次性

建设项目规模大、周期长、造价高，因此按照基本建设程序必须分阶段进行建设，由于项目建设程序的不同阶段，工作深度不同，计价所依据的资料需逐步细化，相应地也要在不同阶段进行多次估价，以保证工程造价估价与控制的科学性。多次性估价是一个逐步深入、由不准确到准确的过程。其过程如图1.1所示：

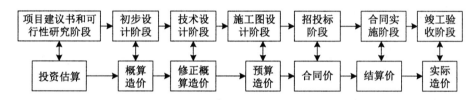

图1.1 多次性估价示意图

（3）计价的组合性

建设项目投资的计算是分部组合而成的，这与建设项目的组合性有关，一个建设项目是一个工程的综合体。凡是按照一个总体设计进行建设的各个单项工程汇集的总体为一个建设项目。在建设项目中凡是具有独立的设计文件、竣工后可以独立发挥生产能力或工程效益的工程为单项工程，也可将它理解为具有独立存在意义的完整的工程项目。各单项工程又可分解为各个能独立施工的单位工程。考虑到组成单位工程的各部分是由不同工人用不同工具和材料完成的，又可以把单位工程进一步分解为分部工程。然后还可按照不同的施工方法、构造及规格，把分部工程更细致地分解为分项工程。

建设项目的组合性决定了确定工程造价的逐步组合过程，同时也反映到合同价和结算价的确定过程中。工程造价的组合过程是：分部分项工程造价—单位工程造价—单项工程造价—建设工程总造价。

（4）计价依据的复杂性

由于影响工程造价的因素较多，决定了计价依据的复杂性。工程计价依据的种类繁多，主要包括：设备和工程量的计算依据，人工、材料、机械等实物消耗量的计算依据，计算工程单价的依据，设备单价的计算依据，计算各种费用的依据，政府规定的税、费文件和物价指数、工程造价指数等。

（5）计价方法的多样性

工程造价在各个阶段具有不同的作用，并且各个阶段对工程建设项目的研究深度也有很大的差异，因而工程造价的计价方法是多种多样的。例如，投资估算的编制方法有简单估算法和投资分类估算法，简单估算法有系数估算法、生产能力指数估算法和比例估算法等;建设工程的单位概算编制方法有概算定额法、概算指标法和类似工程预算法;施工图预算的编制方法有工料单价法和综合单价法等。不同的方法有不同的适用条件,计价时应根据具体情况加以选择。

1.1.2　建设项目工程造价的形成

建设项目具有周期长、投资规模大等特点,以至于建设项目工程造价的形成过程、构成内容及计算比较繁杂。在探讨工程造价形成前,应先了解建设项目的概念、分类、组成及建设程序。

1)建设项目的概念

建设项目是指具有设计任务书和总体设计,经济上实行独立核算,行政上具有独立组织形式,按一个总体设计进行建设施工的一个或几个单项工程的总体。

在我国,通常是以一座工厂、联合性企业或一所学校、医院、商场等为一个建设项目。凡属于一个总体设计中分期分批进行建设的主体工程和附属配套工程、综合利用工程、供水供电工程都作为一个建设项目。不能把不属于一个总体设计,按各种方式结算作为一个建设项目,也不能把同一个总体设计内的工程,按地区或施工单位分为几个建设项目。

2)建设工程项目分类

建设工程项目的分类有多种形式,为了适应科学管理的需要,可以从不同的角度进行分类。

(1)按建设工程性质分类

工程项目可分为新建项目、扩建项目、改建项目、迁建项目和恢复项目。

① 新建项目是指根据国民经济和社会发展的近远期规划,按照规定的程序立项,从无到有新建的投资建设工程项目,或对原有项目重新进行总体设计,扩大建设规模后,其新增固定资产价值超过原有固定资产价值三倍以上的建设项目。

② 扩建项目是指现有企事业单位在原有场地内或其他地点,为扩大原有主要产品的生产能力或增加经济效益而增建的生产车间、独立的生产线或分厂的项目;事业和行政单位在原有业务系统的基础上扩充规模而进行的新增固定资产投资项目。

③ 改建项目是指原有企业为了提高生产效益,改进产品质量或调整产品结构,对原有设备或工程进行改造的项目,包括挖潜、节能、安全、环境保护等工程项目。有的企业为了平衡生产能力,需增建一些附属、辅助车间或非生产性工程,也可列为改建项目。

④ 迁建项目是指原有企事业单位根据自身生产经营和事业发展的要求,按照国家调整生产力布局的经济发展战略的需要或出于环境保护等其他特殊要求搬迁到异地,不论其规模是维持原规模还是扩大建设的项目,均属迁建项目。

⑤ 恢复项目是指原有企事业和行政单位,因在自然灾害或战争中使原有固定资产遭受全部或部分报废,需要进行投资重建来恢复生产能力和业务工作条件、生活福利设施等的工程项目。这类项目,不论是按原有规模恢复建设,还是在恢复过程中同时进行扩建,都属于恢复项目。但对尚未建成投产或交付使用的项目,受到破坏后,若仍按原设计重建的,原

建设性质不变;如果按新设计重建,则根据新设计内容来确定其性质。

工程项目按其性质分为上述五类,一个工程项目只能有一种性质,在项目按总体设计全部建成以前,其建设性质是始终不变的。

（2）按建设工程规模分类

为适应对工程项目分级管理的需要,国家规定基本建设项目分为大型、中型、小型三类;更新改造项目分为限额以上和限额以下两类。不同等级标准的工程项目,国家规定的审批机关和报建程序也不尽相同。划分项目等级的原则如下:

① 基本建设项目划分项目等级的原则

a. 工业项目按设计生产能力规模或总投资,确定大、中、小型项目。非工业项目可分为大中型和小型两种,均按项目的经济效益和总投资额划分。

b. 按批准的可行性研究报告（初步设计）所确定的总设计能力或投资总额的大小,依据国家颁布的《基本建设项目大中小型划分标准》进行分类。按投资额划分的基本建设项目,属于生产性工程项目中的能源、交通、原材料部门的工程项目,投资额达到 5 000 万元以上为大、中型项目;其他部门和非工业项目,投资额达到 3 000 万元以上为大、中型项目。

c. 凡生产单一产品的项目,一般以产品的设计生产能力划分;生产多种产品的项目,一般按其主要产品的设计生产能力划分;产品分类较多,不易分清主次、难以按产品的设计能力划分时,可按投资总额划分。

d. 对国民经济和社会发展具有特殊意义的某些项目,虽然设计能力或全部投资不够大、中型项目标准,经国家批准已列入大、中型计划或国家重点建设工程的项目,也按大、中型项目管理。

② 更新改造项目一般只按投资额分为限额以上和限额以下项目,不再按生产能力或其他标准划分。能源、交通、原材料部门投资额达到 5 000 万元及其以上的工程项目和其他部门投资额达 3 000 万元及其以上的项目为限额以上项目,否则为限额以下项目。

（3）按建设用途划分

工程项目可分为生产性工程项目和非生产性工程项目。

① 生产性工程项目是指直接用于物质资料生产或直接为物质资料生产服务的工程项目。如工业工程项目、农业建设项目、基础设施建设项目、商业建设项目等,即用于物质产品生产建设的工程项目。

② 非生产性工程项目是指用于满足人民物质和文化、福利需要的建设和非物质资料生产部门的建设项目。主要包括:办公用房、居住建筑、公共建筑等建设项目。

（4）按项目的效益和市场需求划分

工程项目可划分为竞争性项目、基础性项目和公益性项目三种。

① 竞争性项目主要是指投资效益比较高、竞争性比较强的工程项目。其投资主体一般为企业,由企业自主决策、自担投资风险。如商务办公楼项目、度假村项目、精细化工项目等。

② 基础性项目主要是指具有自然垄断性、建设周期长、投资额大而收益低的基础设施

和需要政府重点扶持的一部分基础工业项目,以及直接增强国力的符合经济规模的支柱产业项目。政府应集中必要的财力、物力通过经济实体进行投资,同时,还应广泛吸收企业参与投资,有时还可吸收外商直接投资。如交通运输、邮电通信、机场、港口、桥梁、水利及城市排水、供气等建设项目。

③ 公益性项目主要包括科技、文教、卫生、体育和环保等设施,公、检、法等政权机关以及政府机关、社会团体办公设施,国防建设等。公益性项目的投资主要由政府用财政资金安排。如农村敬老院建设项目、希望小学建设项目。

（5）按项目的投资来源划分

工程项目可划分为政府投资项目和非政府投资项目。

① 政府投资项目在国外也称为公共工程,是指为了适应和推动国民经济或区域经济的发展,满足社会的文化、生活需要,以及出于政治、国防等因素的考虑,由政府通过财政投资、发行国债或地方财政债券、利用外国政府赠款以及国家财政担保的国内外金融组织的贷款等方式独资或合资兴建的工程项目。

② 非政府投资项目是指企业、集体单位、外商和私人投资兴建的工程项目。这类项目一般均实行项目法人责任制,使项目的建设与建成后的运营实现一条龙管理。

3）建设项目的构成

为了对基本建设项目实行统一管理和分级管理,工程项目可分为单项工程、单位工程、分部工程和分项工程。

（1）单项工程

单项工程是指在一个工程项目中,具有独立的设计文件,竣工后可以独立发挥效益或生产能力的一组配套齐全的工程项目。

一个建设项目可以包括若干个单项工程,例如一所新建大学的建设项目,其中的每栋教学楼、学生宿舍、食堂、办公大楼等工程都是单项工程。有些比较简单的建设项目本身就是一个单项工程,例如只有一个车间的小型工厂、一座桥梁等。一个建设项目在全部建成投入使用以前,往往陆续建成若干个单项工程,所以单项工程是考核投产计划完成情况和计算新增生产能力的基础。

（2）单位工程

单位工程是单项工程的组成部分,单位工程是指不能独立发挥生产能力,但具有独立设计的施工图纸和组织施工的工程。按照单项工程的构成,又可将其分解为建筑工程和设备安装工程。如工业厂房工程中的土建工程、装饰工程、机械设备安装工程及工业管道工程等分别是单项工程中所包含的不同性质的单位工程。

（3）分部工程

分部工程是单位工程的组成部分,应按专业性质、建筑部位确定。考虑到组成单位工程的各部分是由不同工人用不同工具和材料完成的,可以进一步把单位工程分解成分部工程。土建工程的分部工程是按建筑工程的主要部位划分的,例如桩基工程、砌筑工程、楼地面工程及天棚工程等;安装工程的分部工程是按工程的种类划分的,例如工业炉设备安装工程、低压管道安装工程、变压器安装工程以及通风管道制作安装工程等。

（4）分项工程

分项工程是分部工程的组成部分，一般按主要工程、材料、施工工艺、设备类别等进行划分。例如，土方开挖工程、土方回填工程、钢筋工程、模板工程、混凝土工程、砖砌体工程、木门窗制作与安装工程、玻璃幕墙工程等。分项工程是工程项目施工生产活动的基础，也是计量工程用工、用料和机械台班消耗的基本单元；同时，又是工程质量形成的直接过程。分项工程既有其作业活动的独立性，又有相互联系、相互制约的整体性。

以上各层次的分解结构如图 1.2 所示：

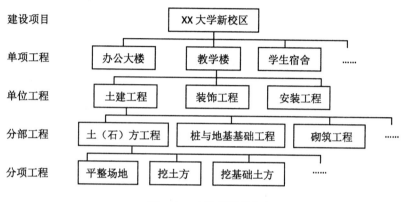

图 1.2　建设项目分解图

4）工程项目建设程序

工程项目建设程序是指工程项目从策划、评估、决策、设计、施工到竣工验收，投入生产或交付使用的整个建设过程中，各项工作必须遵循的先后工作次序。它是工程建设过程客观规律的反映，是工程项目科学决策和顺利进行的重要保证。

按我国现行规定，工程项目建设程序一般分为项目建议书阶段、可行性研究阶段、设计阶段、开工准备、组织施工、竣工验收阶段，生产性项目还有后评估阶段。

（1）提出项目建议书

项目建议书是投资决策前，拟建项目单位向国家提出的要求建设某一项目的建议文件，是对工程项目建设的轮廓设想。项目建议书的主要作用是推荐一个拟建项目，论述其建设的必要性、建设条件的可行性和获利的可能性，供国家选择并确定是否进行下一步工作。

项目建议书的内容视项目的不同而有繁有简，但一般应包括以下几方面内容：①项目提出的必要性和依据；②产品方案、拟建规模和建设地点的初步设想；③资源情况、建设条件、协作关系和设备技术引进国别、厂商的初步分析；④投资估算、资金筹措及还贷方案设想；⑤项目进度安排；⑥经济效益和社会效益的初步估计；⑦环境影响的初步评价。

对于政府投资项目，项目建议书按要求编制完成后，应根据建设规模和限额划分分别报送有关部门审批。项目建议书经批准后，即纳入了长期基本建设计划，即人们通常所说的"立项"。项目建议书阶段的"立项"，并不表明项目非上不可，还需要开展详细的可行性研究。

（2）进行可行性研究

项目建议书被批准后,可开展可行性研究工作。可行性研究是在投资决策前,对项目有关的社会、技术和经济条件等进行深入调查研究,论证项目建设的必要性、技术可行性、经济合理性,是决策建设项目能否成立的依据和基础。

可行性研究报告应包括以下基本内容：①项目提出的背景、项目概况及投资的必要性；②产品需求、价格预测及市场风险分析；③资源条件评价(对资源开发项目而言)；④建设规模及产品方案的技术经济分析；⑤建厂条件与厂址方案；⑥技术方案、设备方案和工程方案；⑦主要原材料、燃料供应；⑧总图、运输与公共辅助工程；⑨节能、节水措施；⑩环境影响评价；⑪劳动安全卫生与消防；⑫组织机构与人力资源配置；⑬项目实施进度；⑭投资估算及融资方案；⑮财务评价和国民经济评价；⑯社会评价和风险分析；⑰研究结论与建议。

可行性研究报告经批准后,不得随意修改和变更。如果在建设规模、产品方案、主要协作关系等方面有变动,以及突破投资控制数额时,应经原批准机关复审同意。可行性研究报告批准后,应正式成立项目法人,并按项目法人责任制实行项目管理。凡经可行性研究未通过的项目,不得进行下一步工作。经过批准的可行性研究报告,是项目最终立项的标志,是初步设计的依据。

（3）设计阶段

可行性研究报告批准后,工程建设进入设计阶段。我国大中型建设项目一般采用两阶段设计,即初步设计、施工图设计。重大项目和特殊项目,根据各行业的特点,实行初步设计、技术设计、施工图设计三阶段设计。民用项目一般为方案设计、施工图设计两个阶段。

① 初步设计是根据可行性研究报告的要求所做的具体实施方案,目的是为了阐明在指定的地点、时间和投资控制数额内,拟建项目在技术上的可行性和经济上的合理性,并通过对工程项目所作出的基本技术经济规定,编制项目总概算。

初步设计不得随意改变被批准的可行性研究报告所确定的建设规模、产品方案、工程标准、建设地址和总投资等控制目标。如果初步设计提出的总概算超过可行性研究报告总投资的10%以上或其他主要指标需要变更时,应说明原因和计算依据,并重新向原审批单位报批可行性研究报告。

② 技术设计应根据初步设计和更详细的调查研究资料编制,以进一步解决初步设计中的重大技术问题,如工艺流程、建筑结构、设备选型及数量确定等,使工程项目的设计更具体、更完善,技术指标更好。

③ 施工图设计应根据初步设计或技术设计的要求,结合现场实际情况,完整地表现建筑物外形、内部空间分割、结构体系、构造状况以及建筑群的组成和周围环境的配合。它还包括各种运输、通信、管道系统、建筑设备的设计。在工艺方面,应具体确定各种设备的型号、规格及各种非标准设备的制造加工图。

（4）开工准备

项目在开工建设之前要切实做好各项准备工作,其主要内容包括：①征地、拆迁和场地平整；②完成施工用水、用电、通信、道路等接通工作；③组织招标选择工程监理单位、承包单位及设备、材料供应商；④准备必要的施工图纸；⑤办理工程质量监督和施工许可手续。

建设单位在办理施工许可证之前应当到规定的工程质量监督机构办理工程质量监督注册手续。从事各类房屋建筑及其附属设施的建造、装修装饰和与其配套的线路、管道、设备的安装,以及城镇市政基础设施工程的施工,业主在开工前应当向工程所在地的县级以上人民政府建设行政主管部门申请领取施工许可证。必须申请领取施工许可证的建筑工程未取得施工许可证的,一律不得开工。工程投资额在 30 万元以下或者建筑面积在 300 m^2 以下的建筑工程,可以不申请办理施工许可证。

（5）组织施工

项目新开工时间是指工程项目设计文件中规定的任何一项永久性工程第一次正式破土开槽开始施工的日期。不需开槽的工程,以开始进行土方、石方工程的日期作为正式开工日期。铁路、公路、水库等需要进行大量土方、石方工程的,以开始进行土方、石方工程的日期作为正式开工日期。工程地质勘察、平整场地、旧建筑物的拆除、临时建筑、施工用临时道路和水、电等工程开始施工的日期不能算作正式开工日期。分期建设的项目分别按各期工程开工的日期计算,如二期工程应根据工程设计文件规定的永久性工程开工的日期计算。

承包工程建设项目的施工企业必须持有资质证书,并在资质许可的业务范围内承揽工程。建设项目开工前,建设单位应当指定施工现场总代表人,施工企业应当指定项目经理,并分别将总代表人和项目经理的姓名及授权事项书面通知对方,同时报工程所在地县级以上地方人民政府建设行政主管部门备案。

施工企业项目经理必须持有资质证书,并在资质许可证的业务范围内履行项目经理职责。项目经理全面负责施工过程中的现场管理,并根据工程规模、技术复杂程度和施工现场的具体情况,建立施工现场管理责任制,并组织实施。

施工企业应严格按照有关法律、法规和工程建设技术标准的规定,编制施工组织设计,制定质量、安全、技术、文明施工等各项保证措施,确保工程质量、施工安全和现场文明施工。施工企业必须严格按照批准的设计文件、施工合同和国家现行的施工及验收规范进行工程建设项目施工。施工中若需变更设计,应按有关规定和程序进行,不得擅自变更。

建设、监理、勘测设计单位、施工企业和建筑材料、构配件及设备生产供应单位,应按照《中华人民共和国建筑法》《建设工程质量管理条例》的规定承担工程质量责任和其他责任。

（6）竣工验收阶段

竣工验收是全面考核建设工作,检查是否符合设计要求和工程质量的重要环节,对促进建设项目及时投产,发挥投资效益,总结建设经验有重要作用。当工程项目按设计文件的规定内容和施工图纸的要求全部建完后,便可组织验收。经过各单位工程的验收,符合设计要求,并具备竣工图、竣工决算、工程总结等必要文件资料,由项目主管部门或建设单位向负责验收的单位提出竣工验收申请报告。

竣工验收要根据投资主体、工程规模及复杂程度由国家有关部门或建设单位组成验收委员会或验收组。验收委员会或验收组负责审查工程建设的各个环节,听取各有关单位的工作汇报。审阅工程档案、实地查验建筑安装工程实体,对工程设计、施工和设备质量等作出全面评价。不合格的工程不予验收,对遗留问题要提出具体解决意见,限期落实。

（7）项目后评价

项目后评价是工程项目实施阶段管理的延伸，项目后评价的基本方法是对比法，就是将工程项目建成投产后所取得的实际效果、经济效益和社会效益、环境保护等情况与前期决策阶段的预测情况相对比，与项目建设前的情况相对比，从中发现问题，总结经验和教训。在实际工作中，往往从以下两个方面对工程项目进行后评价：

① 效益后评价

项目效益后评价是项目后评价的重要组成部分。它以项目投产后实际取得的效益（经济、社会、环境等）及其隐含在其中的技术影响为基础，重新测算项目的各项经济数据，得到相关的投资效果指标，然后将它们与项目前期评估时预测的有关经济效果值（如净现值、内部收益率、投资回收期等）、社会环境影响值进行对比，评价和分析其偏差情况以及原因，吸取经验教训，从而为提高项目的投资管理水平和投资决策服务。具体包括经济效益后评价、环境效益和社会效益后评价、项目可持续性后评价及项目综合效益后评价。

② 过程后评价

过程后评价是指对工程项目的立项决策、设计施工、竣工投产、生产运营等全过程进行系统分析，找出项目后评价与原预期效益之间的差异及其产生的原因，使后评价结论有根有据，同时针对问题提出解决办法。

以上两方面的评价有着密切的联系，必须全面理解和运用，才能对后评价项目作出客观、公正、科学的结论。

5）工程造价的形成

建设工程的生产过程是一个周期长、消耗数量大的生产消费过程，如果包括可行性研究、设计过程在内，时间更长，而且分阶段进行，逐步深入。工程造价除具有一般商品价格运动的共同特点之外，还具有计价的"多次性"特点，该特点决定了工程造价不是固定、唯一的，而是随着工程的进行，逐步深化、逐步细化、逐步接近实际的造价。

建设及计价程序是对基本建设工作的科学总结，是项目建设过程中客观规律的集中体现，按我国现行规定，工程项目建设及工程造价的形成，如图1.3所示。

在工程项目建设程序的不同阶段需分别确定投资估算、设计概算、施工图预算、施工预算、工程结算和竣工决算，整个计价过程是一个由粗到细、由浅到深，最后确定工程实际造价的过程，各阶段造价文件的主要内容和作用如下：

（1）投资估算。投资估算一般是指在项目建议书或可行性研究阶段，建设单位向国家或主管部门申请建设项目投资时，为了确定建设项目的投资总额而编制的经济文件。它是国家或主管部门审批或确定建设项目投资计划的重要文件。投资估算主要采取简单估算方法（主要包括生产能力指数法、系数估算法、比例估算法及指标估算法）和投资分类估算方法进行建设投资的编制。

（2）设计概算。设计概算是指在初步设计或扩大初步设计阶段，由设计单位根据初步设计图纸、概算定额或概算指标，材料、设备预算价格，各项费用定额或取费标准，建设地区的自然、技术经济条件等资料，预先计算建设项目由筹建至竣工验收、交付使用全部建设费用的经济文件。设计概算是国家确定和控制建设项目总投资的依据，是编制建设项目计划

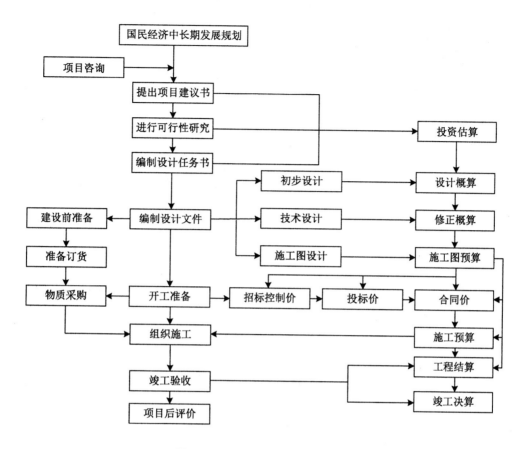

图 1.3 工程项目建设及计价程序

的依据,是考核设计方案的经济合理性和选择最优设计方案的重要依据,是进行设计概算、施工图预算和竣工决算对比的基础,是实行投资包干和招标承包制的依据,也是银行办理工程贷款和结算,以及实行财政监督的重要依据。

(3)修正概算。修正概算是指当采用三阶段设计时,在技术设计阶段,随着设计内容的具体化,建设规模、结构性质、设备类型和数量等与初步设计可能有出入,为此,设计单位应对投资进行具体核算,对初步设计的概算进行修正而形成的经济文件。一般情况下,修正概算不应超过原批准的设计概算。

(4)施工图预算。施工图预算是指在施工图设计阶段,设计工作全部完成并经过会审,单位工程开工之前,由设计咨询或施工单位根据施工图纸,施工组织设计,消耗量定额或规范、人工、材料、机械单价和各项费用取费标准,建设地区的自然、技术经济条件等资料,预先计算和确定单项工程或单位工程全部建设费用的经济文件。施工图预算是确定建筑安装工程预算造价的具体文件,是建设单位编制招标控制价(或标底)和施工单位编制投标报价的依据,是签订建筑安装工程施工合同、实行工程预算包干、进行工程竣工结算的依据,是银行借贷工程价款的依据,是施工企业加强经营管理、搞好经济核算、实行对施工预算和施工图预算"两算对比"的基础,也是施工企业编制经营计划、进行施工准备的依据。

（5）招标控制价或投标价。国有资金投资的工程进行招标，根据《中华人民共和国招标投标法》的规定，为有利于客观、合理的评审投标报价和避免哄抬标价造成国有资产流失，招标人应编制招标控制价；同时投标人投标时报出的工程造价，称为投标价，它是投标人根据业主招标文件的工程量清单、企业定额以及有关规定，计算的拟建工程建设项目的工程造价，是投标文件的重要组成部分。

① 招标控制价。招标控制价是指招标人根据国家或省级行业建设主管部门颁发的有关计价依据和办法，按设计施工图纸计算的，是对招标工程限定的最高工程造价。招标控制价是在工程招标发包过程中，由招标人或受其委托具有相应资质的工程造价咨询人，根据有关计价规定计算的工程造价，其作用是招标人用于对招标工程发包的最高限价。投标人的投标报价高于招标控制价的，其投标应予以拒绝。招标控制价的作用决定了招标控制价不同于标底，无需保密。

② 投标价。投标价是在工程招标发包过程中，由投标人按照招标文件的要求，根据工程特点，并结合自身的施工技术、装备和管理水平，依据有关计价规定自主确定的工程造价，是投标人希望达成工程承包交易的期望价格，它不能高于招标人设定的招标控制价。

（6）合同价。合同价是指发、承包双方在施工合同中约定的工程造价，又称之为合同价格。合同价是由发包方和承包方根据《建设工程施工合同（示范文本）》等有关规定，经协商一致确定的作为双方结算基础的工程造价。采用招标发包的工程，其合同价应为投标人的中标价。合同价属于市场价格的性质，它是由承发包双方根据市场行情共同议定和认可的成交价格，但并不等同于最终结算的实际工程造价。

（7）施工预算。施工预算是指施工阶段，在施工图预算的控制下，施工单位根据施工图计算的分项工程量、企业定额、单位工程施工组织设计等资料，通过工料分析，计算和确定拟建工程所需的人工、材料、机械台班消耗量及其相应费用的技术经济文件。施工预算是施工企业对单位工程实行计划管理、编制施工作业计划的依据，是向作业队签发施工任务单、实行经济核算和考核单位用工的依据，是限额领料的依据，是施工企业推行全优综合奖励制度和实行按劳分配的依据，是施工企业开展经济活动分析和进行"两算"对比的依据，是施工企业向建设单位索赔或办理经济签证的依据。

（8）工程结算。工程结算是指一个单项工程、单位工程、分部工程或分项工程完工，并经建设单位及有关部门验收或验收点交后，施工企业根据合同规定，按照施工现场实际情况的记录、设计变更通知书、现场签证、消耗量定额、工程量清单、人工材料机械单价和各项费用取费标准等资料，向建设单位办理结算工程价款，取得收入，用以补偿施工过程中的资金耗费，确定施工盈亏的经济文件。工程结算是进行成本控制和分析的依据，是施工企业取得货币收入，用以补偿资金耗费的依据。

（9）竣工决算。竣工决算是指在竣工验收阶段，当一个建设项目完工并经验收后，建设单位编制的从筹建到竣工验收、交付使用全过程实际支付的建设费用的经济文件。竣工决算内容由文字说明和决策报表两部分组成，是国家或主管部门进行建设项目验收时的依据，是全面反映建设项目经济效果、核定新增固定资产和流动资产价值、办理交付使用的依据。

综上所述,工程项目计价程序中各项技术经济文件均以价值形态贯穿于整个工程建设项目过程中。估算、概算、预算、结算、决算等经济活动从一定意义上说,它们是工程建设项目经济活动的血液,是一个有机的整体,缺一不可。申请工程项目要编写估算,设计要编写概算,施工要编写预算,并在其基础上投标报价、签订合同价,竣工时要编写结算和决算。同时国家要求,决算不能超过预算,预算不能超过概算,概算不能超过估算。

1.2 工程造价管理的组织与内容

1.2.1 工程造价管理的基本内涵

1)工程造价管理的概念

工程造价管理有两种含义,一是建设工程投资费用管理,二是工程价格管理。

建设工程投资费用管理属于工程建设投资管理范畴。它是指为了实现投资的预期目标,在拟定的规划、设计方案的条件下,预测、计算、确定和监控工程造价及其变动的系统活动。

工程价格管理,属于价格管理范畴,是生产企业在掌握市场价格信息的基础上,为实现管理目标而进行的成本控制、计价、定价和竞价的系统活动。

2)建设工程全面造价管理的定义

按照国际造价管理联合会给出的定义,全面造价管理是指有效地利用专业知识与技术,对资源、成本、盈利和风险进行筹划和控制。建设工程全面造价管理包括全寿命期造价管理、全过程造价管理、全要素造价管理和全方位造价管理。

(1)全寿命期造价管理

建设工程全寿命期造价是指建设工程初始建造成本和建成后的日常使用成本之和,包括策划决策、建设实施、运行维护及拆除回收等各阶段费用。由于在建设工程全寿命期的不同阶段,工程造价存在诸多不确定性,因此,全寿命期造价管理主要是作为一种实现建设工程全寿命期造价最小化的指导思想,指导建设工程投资决策及实施方案的选择。

(2)全过程造价管理

全过程造价管理是指覆盖建设工程策划决策及建设实施各阶段的造价管理。包括策划决策阶段的项目策划、投资估算、项目经济评价、项目融资方案分析;设计阶段的限额设计、方案比选、概预算编制;招投标阶段的标段划分、发承包模式及合同形式的选择、招标控制价或标底编制;施工阶段的工程计量与结算、工程变更控制、索赔管理;竣工验收阶段的结算与决算等。

(3)全要素造价管理

影响建设工程造价的因素有很多。为此,控制建设工程造价不仅仅是控制建设工程本身的建造成本,还应同时考虑工期成本、质量成本、安全与环境成本的控制,从而实现工程成本、工期、质量、安全、环保的集成管理。全要素造价管理的核心是按照优先性原则,协调和平衡工期、质量、安全、环保与成本之间的对立统一关系。

（4）全方位造价管理

建设工程造价管理不仅仅是建设单位或承包单位的任务，也是建设单位、设计单位、施工单位、有关咨询机构及行业协会的共同任务。尽管各方的角度、地位、利益等有所不同，但必须建立完善的协同工作机制，才能实现对建设工程造价的有效控制。

1.2.2　工程造价管理的组织系统

工程造价管理的组织系统是指履行工程造价管理职能的有机群体。为实现工程造价管理目标而开展有效的组织活动，我国设置了多部门、多层次的工程造价管理机构，并规定了它们各自的管理权限和职责范围。

1）政府行政管理系统

政府在工程造价管理中既是宏观管理主体，也是政府投资项目的微观管理主体。从宏观管理的角度，政府对工程造价管理有一个严密的组织系统，设置了多层管理机构，规定了管理权限和职责范围。

（1）国务院建设主管部门造价管理机构。其主要职责是：①组织制定工程造价管理有关法规、制度，并组织贯彻实施；②组织制定全国统一经济定额和制定、修订本部门经济定额；③监督指导全国统一经济定额和本部门经济定额的实施；④制定和负责全国工程造价咨询企业的资质标准及其资质管理工作；⑤制定全国工程造价管理专业人员职业资格准入标准，并监督执行。

（2）国务院其他部门的工程造价管理机构。包括水利、水电、电力、石油、石化、机械、冶金、铁路、煤炭、建材、林业、有色、核工业、公路等行业和军队的造价管理机构。主要是修订、编制和解释相应的工程建设标准定额，有的还担负本行业大型或重点建设项目的概算审批、概算调整等职责。

（3）省、自治区、直辖市工程造价管理部门。主要职责是修编、解释当地定额、收费标准和计价制度等。此外，还有开展工程造价审查（核）、提供造价信息、处理合同纠纷等职责。

2）企事业单位管理系统

企事业单位的工程造价管理属微观管理范畴。设计单位、工程造价咨询单位等按照建设单位或委托方意图，在可行性研究和规划设计阶段合理确定和有效控制建设工程造价，通过限额设计等手段实现设定的造价管理目标；在招标投标阶段编制招标文件、标底或招标控制价，参加评标、合同谈判等工作；在施工阶段通过工程计量与支付、工程变更与索赔管理等控制工程造价。设计单位、工程造价咨询单位通过工程造价管理业绩，赢得声誉，提高市场竞争力。

工程承包单位的造价管理是企业自身管理的重要内容。工程承包单位设有专门的职能机构参与企业投标决策，并通过市场调查研究，利用过去积累的经验，研究报价策略，提出报价；在施工过程中，进行工程造价的动态管理，注意各种调价因素的发生，及时进行工程价款结算，避免收益的流失，以促进企业盈利目标的实现。

3）行业协会管理系统

中国建设工程造价管理协会是1990年经建设部和民政部批准成立、代表我国建设工程造价管理的全国性行业协会，是亚太区测量师协会(PAQS)和国际造价工程联合会(ICEC)等相关国际组织的正式成员。

为了增强对各地工程造价咨询工作和造价工程师的行业管理，近年来，先后成立了各省、自治区、直辖市所属的地方工程造价管理协会。全国性造价管理协会与地方造价管理协会是平等、协商、相互支持的关系，地方协会接受全国性协会的业务指导，共同促进全国工程造价行业管理水平的整体提升。

1.2.3 工程造价管理的内容及原则

1）工程造价管理内容

（1）工程造价管理的基本内容

工程造价管理的基本内容包括工程造价合理确定和有效控制两个方面。

① 工程造价的合理确定

工程造价的合理确定，就是在工程建设的各个阶段，采用科学的计算方法和切合实际的计价依据，合理确定投资估算、设计概算、施工图预算、承包合同价、结算价、竣工决算。

② 工程造价的有效控制

工程造价的有效控制是指在投资决策阶段、设计阶段、建设项目发包阶段和建设实施阶段，把建设工程造价的发生控制在批准的造价限额之内，随时纠正发生的偏差，以保证项目管理目标的实现，以求在各个建设项目中能合理使用人力、物力、财力，取得较好的投资效益和社会效益。

（2）工程造价管理的主要内容

在工程建设全过程各个不同阶段，工程造价管理有着不同的工作内容，其目的是在优化建设方案、设计方案、施工方案的基础上，有效控制建设工程项目的实际费用支出。

① 工程项目策划阶段：按照有关规定编制和审核投资估算，经有关部门批准，即可作为拟建工程项目的控制造价；基于不同的投资方案进行经济评价，作为工程项目决策的重要依据。

② 工程设计阶段：在限额设计、优化设计方案的基础上编制和审核工程概算、施工图预算。对于政府投资工程而言，经有关部门批准的工程概算将作为拟建工程项目造价的最高限额。

③ 工程发承包阶段：进行招标策划，编制和审核工程量清单、招标控制价或标底，确定投标报价及其策略，直至确定承包合同价。

④ 工程施工阶段：进行工程计量及工程款支付管理，实施工程费用动态监控，处理工程变更和索赔。

⑤ 工程竣工阶段：编制和审核工程结算，编制竣工决算，处理工程保修费用等。

2）工程造价管理原则

实施有效的工程造价管理，应遵循以下三项原则：

（1）以设计阶段为重点的全过程造价管理

工程造价管理贯穿于工程建设全过程的同时,应注重工程设计阶段的造价管理。工程造价管理的关键在于前期决策和设计阶段,而在项目投资决策后,控制工程造价的关键就在于设计。建设工程全寿命期费用包括工程造价和工程交付使用后的日常开支（含经营费用、日常维护修理费用、使用期内大修和局部更新费用）,以及该工程使用期满后的报废拆除费用等。

长期以来,我国将控制工程造价的主要精力放在施工阶段——审核施工图预算、结算建筑安装工程价款,对工程项目策划决策和设计阶段的造价控制重视不够。为有效地控制工程造价,应将工程造价管理的重点转到工程项目策划决策和设计阶段。

（2）主动控制与被动控制相结合

很长一段时间以来,人们一直把控制理解为目标值与实际值的比较,以及当实际值偏离目标值时,分析其产生偏差的原因,并确定下一步对策。但这种立足于调查—分析—决策基础之上的偏离—纠偏—再偏离—再纠偏的控制是一种被动控制,这样做只能发现偏离,不能预防可能发生的偏离。为尽量减少甚至避免目标值与实际值的偏离,还必须立足于事先主动采取控制措施,实施主动控制。也就是说,工程造价控制不仅要反映投资决策,反映设计、发包和施工,被动地控制工程造价,更要能动地影响投资决策,影响工程设计、发包和施工,主动地控制工程造价。

（3）技术与经济相结合

要有效地控制工程造价,应从组织、技术、经济等多方面采取措施。从组织上采取措施,包括明确项目组织结构,明确造价控制人员及其任务,明确管理职能分工;从技术上采取措施,包括重视设计多方案选择,严格审查初步设计、技术设计、施工图设计、施工组织设计,深入研究节约投资的可能性;从经济上采取措施,包括动态比较造价的计划值与实际值,严格审核各项费用支出,采取对节约投资的有力奖励措施等。

应该看到,技术与经济相结合是控制工程造价最有效的手段。应通过技术比较、经济分析和效果评价,正确处理技术先进与经济合理之间的对立统一关系,力求在技术先进条件下的经济合理、在经济合理基础上的技术先进,将控制工程造价观念渗透到各项设计和施工技术措施之中。

1.3 国内外工程造价管理体系

1.3.1 我国工程造价管理体系

工程造价管理的内容包括工程造价的合理确定和有效控制两个方面,因此,下面从工程造价的计价、控制、建设工程造价执业资格管理及工程造价管理的历史沿革等方面介绍我国工程造价管理体系。

1）我国工程造价的计价方法

目前,我国建设工程造价的计价模式包括定额计价与工程量清单计价两种模式,全部使用国有资金投资或国有资金投资为主的工程建设项目施工承发包,不分工程建设规模,均必须采用工程量清单计价;非国有资金投资的工程建设项目,宜采用工程量清单计价。

（1）定额计价

我国的定额计价模式是采用国家、部门或者地区统一规定的定额和取费标准进行工程造价计价的模式,有时也称为传统计价模式。定额计价模式下,建设单位和施工单位均先根据预算定额中规定的工程量计算规则、定额单价计算工程直接费,再按照规定的费率和取费程序计取间接费、利润和税金,汇总得到工程造价。其中,预算定额既包括了消耗量标准,又含有单位估价。工程定额计价的基本程序如图 1.4 所示:

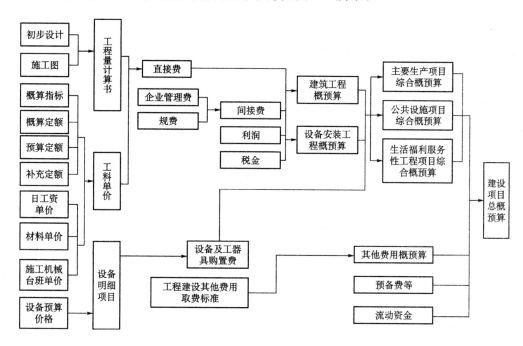

图 1.4　定额计价程序示意图

定额计价模式对我国建设工程的投资计划管理和招投标起到过很大的作用,但也存在着一些缺陷。该模式的工、料、机消耗量是根据"社会平均水平"综合测定,取费标准是根据不同地区价格水平平均测算,企业自主报价的空间很小,不能结合项目具体情况、自身技术管理水平和市场价格自主报价,也不能满足招标人对建筑产品质优价廉的要求。同时,由于工程量计算由招投标的各方单独完成,计价基础不统一,不利于招标工作的规范性,在工程完工后,工程结算繁琐,易引起争议。

（2）工程量清单计价

工程量清单计价是一种区别于定额计价法的新的计价模式,有广义与狭义之分。

狭义的工程量清单计价是指在建设工程招投标中,由招标人或其委托具有资质的中介机构编制提供工程量清单,由投标人对招标人提供的工程量清单进行自主报价,通过市场竞争定价的一种工程造价计价模式。广义的工程量清单计价是指依照建设工程工程量清单计价规范等,通过市场手段,由建设产品的买方和卖方在建设市场上根据供求关系、信息状况进行自由竞价,最终确定建设工程施工全过程相关费用的活动,该活动主要包括工程量清单的编制、招标控制价的编制、投标报价的编制,工程合同价款的约定,竣工结算的办理以及施工过程中工程计量与工程价款的支付、索赔与现场签证、工程价款的调整和工程计价争议处理。

工程量清单计价的基本过程分为两个阶段:工程量清单的编制和利用工程量清单来编制投标报价(或招标控制价)。工程量清单计价首要的是工程量清单项目费用的确定,采用工程量清单计价,建设工程造价由分部分项工程费、措施项目费、其他项目费、规费和税金组成。

① 分部分项工程费

$$分部分项工程费 = \sum 分部分项工程量 \times 相应分部分项工程清单综合单价$$

其中　清单综合单价 = 清单项目人、材、机费 + 管理费 + 利润 + 风险费

或　清单综合单价 = $\sum$(定额计价工程量 × 定额综合单价)/ 清单工程量

② 措施项目费

$$措施项目费 = \sum 各措施项目费$$

③ 其他项目费

$$其他项目费 = 暂列金额 + 暂估价 + 计日工 + 总承包服务费$$

④ 规费

$$规费 = (分部分项工程费 + 措施项目费 + 其他项目费) \times 规费费率$$

⑤ 税金

$$税金 = 税前造价 \times 增值税税率$$

⑥ 单位工程造价

$$单位工程造价 = 分部分项工程费 + 措施项目费 + 其他项目费 + 规费 + 税金$$

⑦ 单项工程造价

$$单项工程造价 = \sum 单位工程造价$$

⑧ 建设项目总造价

$$建设项目总造价 = \sum 单项工程造价$$

2) 我国工程造价的全过程控制

我国工程造价的全过程控制,就是在优化建设方案、设计方案的基础上,在工程建设程序的各个阶段,采用一定的方法和措施将工程造价控制在合理的范围和核定的造价限额以内。具体来说,就是用投资估算价控制设计方案的选择和初步设计概算造价;用概算造价控制技术设计和修正概算造价;用概算造价或修正概算造价控制施工图设计和预算造价。在施工过程中,施工企业要在合同价内完成工程施工,并严格控制成本。

3）建设工程造价执业资格管理

为了加强建设工程造价专业技术人员的执业准入控制和管理,确保建设工程造价管理工作质量,维护国家和社会公共利益,人事部、建设部于 1996 年颁布了《造价工程师执业资格制度暂时规定》(人发〔1996〕77 号),2000 年 1 月 21 日建设部颁发了《造价工程师注册管理办法》(第 75 号令),规定我国造价工程师实行执业资格考试和执业注册登记两种制度。2006 年 12 月建设部对第 75 号令进行了修改,颁发了《注册造价工程师管理办法》(第 150 号令)。2016 年 1 月 20 日,国务院关于取消一批执业资格许可和认定事项的决定(国发〔2016〕5 号),取消了全国建设工程造价员执业资格。2018 年 7 月 20 日,住房和城乡建设部、交通运输部、水利部、人力资源和社会保障部关于印发《造价工程师职业资格制度规定》《造价工程师职业资格考试实施办法》的通知[建人〔2018〕67 号]生效,明确造价工程师分为一级造价工程师和二级造价工程师。

造价工程师是指通过职业资格考试取得中华人民共和国造价工程师职业资格证书,并经注册后从事建设工程造价工作的专业技术人员。

（1）造价工程师的素质要求

① 专业素质

根据造价工程师的专业特点和能力要求,其专业素质主要体现在以下几个方面:

a. 造价工程师应是复合型的专业管理人才。

b. 造价工程师应具备技术技能。

c. 造价工程师应具备人文技能。

d. 造价工程师应具备观念技能。

② 身体素质

造价工程师要有健康的身体和宽广的胸怀,以适应紧张、繁忙和错综复杂的管理和技术工作。

③ 职业道德

为了规范造价工程师的职业道德行为,提高行业信誉,中国建设工程造价管理协会在 2002 年正式颁布了关于《造价工程师职业道德行为准则》,其中规定了 9 条有关造价工程师职业道德的素质要求:

a. 遵守国家法律、法规和政策,执行行业自律性规定,珍惜职业声誉,自觉维护国家和社会公共利益。

b. 遵守"诚信、公正、精业、进取"的原则,以高质量的服务和优秀的业绩,赢得社会和客户对造价工程师职业的尊重。

c. 勤奋工作,独立、客观、公正、正确地出具工程造价成果文件,使客户满意。

d. 诚实守信,尽职尽责,不得有欺诈、伪造、作假等行为。

e. 尊重同行,公平竞争,搞好同行之间的关系,不得采取不正当的手段损害、侵犯同行的权益。

f. 廉洁自律,不得索取、收受委托合同约定以外的礼金和其他财物,不得利用职务之便谋取其他不正当的利益。

g. 造价工程师与委托方有利害关系的应当回避,委托方有权要求其回避。

h. 知悉客户的技术和商务秘密,负有保密义务。

i. 接受国家和行业自律组织对其职业道德行为的监督检查。

(2) 执业资格考试

一级造价工程师职业资格考试全国统一大纲、统一命题、统一组织。二级造价工程师职业资格考试全国统一大纲,各省、自治区、直辖市自主命题并组织实施。一级和二级造价工程师职业资格考试均设置基础科目和专业科目。一级造价工程师职业资格考试每年一次。二级造价工程师职业资格考试每年不少于一次,具体考试日期由各地确定。

① 一级造价工程师的报考条件和考试科目

凡遵守中华人民共和国宪法、法律、法规,具有良好的业务素质和道德品行,具备下列条件之一者,可以申请参加一级造价工程师职业资格考试:

a. 具有工程造价专业大学专科(或高等职业教育)学历,从事工程造价业务工作满 5 年;

具有土木建筑、水利、装备制造、交通运输、电子信息、财经商贸大类大学专科(或高等职业教育)学历,从事工程造价业务工作满 6 年。

b. 具有通过工程教育专业评估(认证)的工程管理、工程造价专业大学本科学历或学位,从事工程造价业务工作满 4 年;

具有工学、管理学、经济学门类大学本科学历或学位,从事工程造价业务工作满 5 年。

c. 具有工学、管理学、经济学门类硕士学位或者第二学士学位,从事工程造价业务工作满 3 年。

d. 具有工学、管理学、经济学门类博士学位,从事工程造价业务工作满 1 年。

e. 具有其他专业相应学历或者学位的人员,从事工程造价业务工作年限相应增加 1 年。

一级造价工程师职业资格考试设《建设工程造价管理》《建设工程计价》《建设工程技术与计量》《建设工程造价案例分析》4 个科目。其中,《建设工程造价管理》和《建设工程计价》为基础科目,《建设工程技术与计量》和《建设工程造价案例分析》为专业科目。一级造价工程师职业资格考试成绩实行 4 年为一个周期的滚动管理办法,在连续的 4 个考试年度内通过全部考试科目,方可取得一级造价工程师职业资格证书。

② 二级造价工程师的报考条件和考试科目

凡遵守中华人民共和国宪法、法律、法规,具有良好的业务素质和道德品行,具备下列条件之一者,可以申请参加二级造价工程师职业资格考试:

a. 具有工程造价专业大学专科(或高等职业教育)学历,从事工程造价业务工作满 2 年;

具有土木建筑、水利、装备制造、交通运输、电子信息、财经商贸大类大学专科(或高等职业教育)学历,从事工程造价业务工作满 3 年。

b. 具有工程管理、工程造价专业大学本科及以上学历或学位,从事工程造价业务工作满 1 年;

具有工学、管理学、经济学门类大学本科及以上学历或学位,从事工程造价业务工作满 2 年。

c. 具有其他专业相应学历或学位的人员,从事工程造价业务工作年限相应增加 1 年。

二级造价工程师职业资格考试设《建设工程造价管理基础知识》《建设工程计量与计价实务》2个科目。其中,《建设工程造价管理基础知识》为基础科目,《建设工程计量与计价实务》为专业科目。二级造价工程师职业资格考试成绩实行2年为一个周期的滚动管理办法,参加全部2个科目考试的人员必须在连续的2个考试年度内通过全部科目,方可取得二级造价工程师职业资格证书。

已取得造价工程师一种专业职业资格证书的人员,报名参加其他专业科目考试的,可免考基础科目。考试合格后,核发人力资源和社会保障部门统一印制的相应专业考试合格证明。该证明作为注册时增加执业专业类别的依据。

(3)注册

国家对造价工程师职业资格实行执业注册管理制度。取得造价工程师职业资格证书且从事工程造价相关工作的人员,经注册方可以造价工程师名义执业。注册造价工程师的注册管理主要包括初始注册、延续注册、变更注册三部分。

① 初始注册。取得造价工程师执业资格证书的人员,受聘于一个工程造价咨询企业或者工程建设领域的建设、勘察设计、施工、招标代理、工程监理、工程造价管理等单位,可自执业资格证书签发之日起一年内向聘用单位工商注册所在地的省、自治区、直辖市人民政府建设主管部门或者国务院有关部门提出注册申请,注册初审机关应当自受理申请之日起20日内审查完毕,并将申请材料和初审意见报注册机关,注册机关应当自受理之日起20日内做出决定。

逾期未申请注册的,需符合继续教育的要求后方可申请初始注册。初始注册的有效期为4年。

② 延续注册。注册造价工程师注册有效期满需继续执业的,应当在注册有效期满30日前,按照规定的程序申请延续注册。延续注册的有效期为4年。

③ 变更注册。在注册有效期内,注册造价工程师变更执业单位的,应当与原聘用单位解除劳动合同,并按照规定的程序办理变更注册手续。变更注册后延续原注册有效期。

(4)执业范围

造价工程师在工作中,必须遵纪守法,恪守职业道德和从业规范,诚信执业,主动接受有关主管部门的监督检查,加强行业自律。造价工程师不得同时受聘于两个或两个以上单位执业,不得允许他人以本人名义执业,严禁"证书挂靠"。出租、出借注册证书的,依据相关法律、法规进行处罚;构成犯罪的,依法追究刑事责任。

① 一级造价工程师的执业范围

一级造价工程师的执业范围包括建设项目全过程的工程造价管理与咨询等,具体工作内容:

a. 项目建议书、可行性研究投资估算与审核,项目评价造价分析。

b. 建设工程设计概算、施工预算编制和审核。

c. 建设工程招标投标文件工程量和造价的编制与审核。

d. 建设工程合同价款、结算价款、竣工决算价款的编制与管理。

e. 建设工程审计、仲裁、诉讼、保险中的造价鉴定,工程造价纠纷调解。

f. 建设工程计价依据、造价指标的编制与管理。

g. 与工程造价管理有关的其他事项。

② 二级造价工程师的执业范围

二级造价工程师主要协助一级造价工程师开展相关工作,可独立开展以下具体工作:

a. 建设工程工料分析、计划、组织与成本管理,施工图预算、设计概算的编制。

b. 建设工程量清单、最高投标限价、投标报价的编制。

c. 建设工程合同价款、结算价款和竣工决算价款的编制。

（5）继续教育

取得造价工程师注册证书的人员,应当按照国家专业技术人员继续教育的有关规定接受继续教育,更新专业知识,提高业务水平。经继续教育达到合格标准的,颁发继续教育合格证明。由中国建设工程造价管理协会负责组织注册造价工程师继续教育工作。

4）我国工程造价管理的历史沿革

早在北宋时期我国已有了工程估价的雏形,著名的土木建筑家李诫编修的《营造法式》,是我国工料计算方面的第一部巨著。《营造法式》共有三十四卷,第十六卷至第二十五卷是各工种计算用工量的规定,第二十六卷至第二十八卷是各工程计算用料的规定。这些规定,可以看作是古代的工料定额。

我国现代意义上的工程估价应追溯到 19 世纪末至 20 世纪上半叶。由于外国资本的侵入,我国工程投资的规模有所扩大,出现了招投标承包方式,建筑市场开始形成。为适应这一形势,国外工程估价方法和经验逐步传入。

新中国成立以后,我国工程造价管理体制的发展过程,大体可以分为以下几个阶段:

（1）与计划经济相适应的概预算定额制度建立时期（1950—1957 年）

我国实施第一个五年计划后,为合理确定工程造价,用好有限的基本建设资金,引进了当时苏联的概预算定额的管理制度,为新中国工程造价管理制度奠定了一定的理论基础,同时也为新组建的国营建筑施工企业建立了企业管理制度。

（2）概预算定额管理逐渐被削弱的阶段（1958—1966 年）

1958—1966 年期间,由于受到经济建设中"左"倾错误的影响,概预算定额管理逐渐被削弱。基本建设预算编制办法、建筑安装工程预算定额和间接费用定额交省、自治区、直辖市负责管理,其中有关专业性的定额由中央各部负责修订、补充和管理。造成全国工程量计算规则和定额项目在各地区不统一的现象,概预算控制投资作用被削弱,投资失控开始出现。在这期间内尽管也有过重整定额管理迹象,但总的趋势并未改变。

（3）概预算定额管理工作遭到严重破坏的阶段（1966—1976 年）

由于"文革"动乱,国家的概预算和定额管理机构被撤销,预算人员改行,大量基础资料被销毁。1967 年,建工部直属企业实施经常费制度,工程完工后向建设单位实报实销,从而使施工企业变成了行政事业单位。这一制度实行了 6 年,于 1973 年 1 月 1 日被迫停止,恢复建设单位与施工单位实行施工图预算结算制度。1973 年制定了《关于基本建设概算管理办法》,但未能执行。

（4）工程造价管理工作整顿和发展时期（1976—1990 年代初）

从 1977 年起,国家恢复重建工程造价管理部门,于 1983 年 8 月成立基本建设标准定额局,组织制定工程建设概预算定额、费用标准及工作制度,概预算定额统一归口。1988 年划归建设部管理,成立标准定额司,各省(自治区、直辖市)、各部委建立定额管理站,全国颁布了一系列概预算管理和定额管理的文件,并颁布了一系列预算定额、概算定额、估算指标。这些做法,特别是在 1980 年代后期,全过程工程造价管理概念逐渐为广大造价管理人员所接受,为推动建筑业改革起到了促进作用。

(5)市场经济条件下工程造价管理体制的建立时期(1993—2002 年)

随着我国经济发展水平的提高和经济结构的日益复杂,计划经济的内在弊端逐步暴露出来,传统的、与计划经济相适应的预算定额管理,实际上是用来对工程造价实行行政指令的直接管理,遏制了生产者和经营者的积极性与创造性,市场经济虽然有其弱点和消极的方面,但它能适应不断变化的社会经济条件而发挥优化资源配置的基础作用。因而在总结十多年改革开放经验的基础上,由"统一量、指导价、竞争费"到工程量清单计价模式实行后,逐步形成"政府宏观调控,企业自主报价,市场形成价格"的工程造价管理模式。

(6)与国际惯例接轨时期(2003—2013 年)

2003 年 2 月,建设部以国家标准形式发布了《建设工程工程量清单计价规范》(GB 50500—2003),要求自 2003 年 7 月 1 日起实施,对于全部使用国有资金投资或国有资金投资为主的大中型建设工程应执行此规范,并实行工程量清单报价。

2008 年 7 月,住房和城乡建设部发布了新修订的国家标准《建设工程工程量清单计价规范》(GB 50500—2008),同原规范相比,增加了许多有关合同、结算等方面的工程量清单计价内容,基本反映了过去几年来实行工程量清单计价的主要经验和成果,新修订的计价规范的出台为后续推进工程量清单计价改革奠定了良好的基础。

2013 年的国标清单规范由计价规范和计量规范两部分内容组成,共 10 本规范,于 2013 年 7 月 1 日起实施。计价规范对工程计量、合同价款调整、中期支付、竣工结算、合同解除的价款结算等方面做了进一步的细化、完善,更具操作性与实用性。计量规范将建筑、装饰专业合并为一个专业——房屋建筑与装饰工程,将仿古从园林专业中分开,拆解为一个新专业,同时新增了构筑物、城市轨道交通、爆破工程 3 个专业,扩充为 9 个专业。

工程量清单报价是国际上普遍采用的一种工程招投标计价方式,我国推行工程量清单计价,是深化建设工程造价改革、规范计价行为的一项重要举措,是我国建设市场向国际惯例接轨的重要体现,也是我国建筑市场由传统的计划经济时代进入市场经济时代的一个重要标志。实行工程量清单计价不仅是工程造价管理模式的改革,也对建设市场各方主体行为产生了深远的影响。

(7)目前我国工程造价管理呈现国际化、信息化和专业化发展趋势

① 工程造价管理呈现国际化发展趋势

近年来,随着我国经济日益融入全球资本市场,在我国的外资和跨国工程项目不断增多,这些工程项目大都需要通过国际招标、咨询等方式运作。同时,我国政府和企业在海外投资和经营的工程项目也在不断增加。国内市场国际化,国内外市场的全面融合,使得我国工程造价管理的国际化成为一种趋势。

② 工程造价管理呈现信息化发展趋势

我国工程造价领域的信息化是从 1980 年代末期伴随着定额管理推广应用工程造价管理软件开始的。进入 1990 年代中期，伴随着计算机和互联网技术的普及，全国性的工程造价管理信息化已成必然趋势。尽管目前我国工程造价信息资源共享平台、工程造价管理的数据库、知识库尚不完善，但随着计算机网络和信息技术不断应用于工程造价管理领域，特别是建筑信息模型(BIM)技术的推广应用，必将推动我国工程造价管理的信息化发展，最终会实现工程造价管理的网络化、虚拟化。

③ 工程造价管理呈现专业化发展趋势

目前发达国家和地区工程造价咨询企业所采用的典型经营模式是完善的工程保险制度下的合伙制。作为服务型的第三产业，工程造价咨询企业应避免走大而全的规模化，而应朝着集约化和专业化模式发展。在企业专业化的同时，对于日益复杂、涉及专业较多的工程项目而言，势必引发和增强企业之间尤其是不同专业的企业之间的强强联手和相互配合。鼓励及加速实现我国工程造价咨询企业合伙制经营，是提高企业竞争力的有效手段，也是我国未来工程造价咨询企业的主要组织模式。

1.3.2 国外工程造价管理体系

1) 国际工程造价的产生

国外工程造价的起源可以追溯到中世纪，由于当时大部分建筑较小，设计也简单，业主一般请当地的工匠来负责房屋的设计和建造；而重要的建筑则由业主直接购买材料，雇佣一名工匠代表其利益负责监督项目的建造，工程完成后按双方事先协商好的支付方式进行价格结算。

现代意义上的工程估价最先产生于英国。16 世纪至 18 世纪，技术发展促使大批工业厂房的兴建，许多农民在失去土地后向城市集中，需要许多住房，建筑业因此得到发展，工程项目管理专业分工得到细化，设计、施工和造价逐步分离为独立的专业，工料测量师这一专门从事工程项目造价确定和控制的专门职业在英国诞生，这时的工料测量师是在工程设计和工程完工以后才去测量工程量和估算工程造价的，工程造价由此产生。

2) 国外典型的工程造价管理模式

当今，国际工程造价管理主要有英国、美国、日本等几种主要管理模式。

(1) 英国工程造价管理

在世界近代工程造价管理的发展史上，作为早期世界强国的英国，由于其工程造价管理发展较早，且其联邦成员国和地区分布较广，时至今日，其工程造价管理模式在世界范围内仍具有较强的影响力。

英国从 1930 年代起，在工程招投标中，就采用了工程量清单计价方式。业主的招标文件中附带一份由业主工料测量师编制的工程量清单，承包商的工料测量师参照政府和各类咨询机构发布的造价指数，根据当时当地建筑市场供求情况，对工程量清单中的所有项目进行自由报价，最后将所有项目的成本进行汇总，并加入相应的管理费和利润等项，通过竞争，合同定价。

在英国,政府投资工程和私人投资工程分别采用不同的工程造价管理方法,但这些工程项目通常都需要聘请专业造价咨询公司进行业务合作,英国建设主管部门的工作重点则是制定有关政策和法律,以全面规范工程造价咨询行为。政府投资工程是由政府有关部门负责管理,包括计划、采购、建设咨询、实施和维护,对从工程项目立项到竣工各个环节的工程造价控制都较为严格,遵循政府统一发布的价格指数,按政府的有关面积标准、造价指标,在核定的投资范围内进行方案设计、施工设计,实施目标控制,不得突破。如遇非正常因素,宁可在保证使用功能的前提下降低标准,也要将造价控制在额度范围内。对于私人投资工程,政府通过相关的法律法规对此类工程项目的经营活动进行一定的规范和引导,只要在国家法律允许的范围内,政府一般不予干预。

工程造价咨询公司在英国被称为工料测量师行,成立的条件必须符合政府或相关行业协会的有关规定。目前,英国的行业协会负责管理工程造价专业人士、编制工程造价计量标准、发布相关造价信息及造价指标。英国工料测量师行经营的内容较为广泛,涉及建设工程全寿命期各个阶段,主要包括:项目策划咨询、可行性研究、成本计划和控制、市场行情的趋势预测;招投标活动及施工合同管理;建筑采购、招标文件编制;投标书分析与评价,标后谈判,合同文件准备;工程施工阶段成本控制,财务报表,洽商变更;竣工工程估价、决算,合同索赔保护;成本重新估计;对承包商破产或被并购后的应对措施;应急合同财务管理,后期物业管理等。

(2) 美国工程造价管理

美国的工程造价管理是建立在高度发达的自由竞争市场经济基础之上的,在没有全国统一的工程量计算规则和计价依据的情况下,一方面,由各级政府部门制定各自管辖的政府投资工程相应的计价标准,另一方面,承包商需根据自身积累的经验进行报价。同时,工程造价咨询公司依据自身积累的造价数据和市场信息,协助业主和承包商对工程项目提供全过程、全方位的管理与服务。在美国,信息技术的广泛应用,不但大大提高了工程项目参与各方之间的沟通、文件传递等的工作效率,也可及时、准确地提供市场信息,同时也使工程造价咨询公司收集、整理和分析各种复杂、繁多的工程项目数据成为可能。

美国的建设工程也主要分为政府投资和私人投资两大类,其中,私人投资工程可占到整个建筑业投资总额的 60%～70%。美国对政府投资工程采用两种管理方式,一是由政府设专门机构对工程进行直接管理。美国各地方政府都设有相应的管理机构,如纽约市政府的综合开发部(CDGS)、华盛顿政府的综合开发局(GSA)等都是代表各级政府专门负责管理建设工程的机构。二是通过公开招标委托承包商进行管理。美国法律规定,所有的政府投资工程都要进行公开招标,特定情况下(涉及国防、军事机密等)可邀请招标和议标。但对项目的审批权限、技术标准(规范)、价格、指数都需明确规定,确保项目资金不突破审批的金额。对私人投资工程只进行政策引导和信息指导,而不干预其具体实施过程,体现政府对造价的宏观管理和间接调控。如美国政府有一套完整的项目或产品目录,明确规定私人投资者的投资领域,并采取经济杠杆,通过价格、税收、利率、信息指导、城市规划等来引导和约束私人投资方向和区域分布。政府通过定期发布信息资料,使私人投资者了解市场状况,尽可能使投资项目符合经济发展的需要。

美国联邦政府没有主管建筑业的政府部门，因而也没有主管工程造价咨询业的专门政府部门，工程造价咨询业完全由行业协会管理。工程造价咨询业涉及多个行业协会，如美国土木工程师协会、总承包商协会、建筑标准协会、工程咨询业协会、国际造价管理联合会等。美国的工程造价咨询业主要依靠政府和行业协会的共同管理与监督，实行"小政府、大社会"的行业管理模式。美国的相关政府管理机构对整个行业的发展进行宏观调控，更多的具体管理工作主要依靠行业协会，由行业协会更多地承担对专业人员和法人团体的监督和管理的职能。美国的工程造价咨询企业自身具有较为完备的合同管理体系和完善的企业信誉管理平台。各个企业视自身的业绩和荣誉为企业长期发展的重要条件。

（3）日本工程造价管理

在日本，工程积算制度是工程造价管理所采用的主要模式，数量积算基准的内容包括总则、土方工程与基础处理工程、主体工程及装修工程。该模式是在建筑工业经营研究会对英国的《建筑工程量标准计算方法》进行翻译研究的基础上，于1970年由建筑积算协会接受建设大臣办公厅政府建筑设施部部长关于工程量计算统一化的要求，花费了约10年的时间汇总而成的。

日本建筑积算协会作为全国工程咨询的主要行业协会，其主要的服务范围是：推进工程造价管理的研究；工程量计算标准的编制、建筑成本等相关信息的收集、整理与发布；专业人员的业务培训及个人执业资格准入制度的制定与具体执行等。

工程造价咨询行业由日本政府建设主管部门和日本建筑积算协会统一进行业务管理和行业指导。其中，政府建设主管部门负责制定发布工程造价政策、相关法律法规、管理办法，对工程造价咨询业的发展进行宏观调控。

工程造价咨询公司在日本被称为工程积算所，主要由建筑积算师组成。日本的工程积算所一般对委托方提供以工程造价管理为核心的全方位、全过程的工程咨询服务，其主要业务范围包括：工程项目的可行性研究、投资估算、工程量计算、单价调查、工程造价细算、标底价编制与审核、招标代理、合同谈判、变更成本积算、工程造价后期控制与评估等。

1.4　BIM 技术与工程造价管理改革

1.4.1　BIM 概述

1）BIM 与 BIM 技术

2002 年，美国 Autodesk 收购三维建模软件公司 Revit Technology，首次将"building information modeling"的首字母连起来使用，成了今天众所周知的"BIM"，BIM 技术开始在建筑行业广泛应用。

根据我国《建筑信息模型应用统一标准》(GB/T 51212—2016)，建筑信息模型 building information modeling 或 building information model（BIM），是指在建设工程及设施全生命期内，对其物理和功能特性进行数字化表达，并依此设计、施工、运维的过程和结果的总称。

BIM 是一种多维（三维空间、四维时间、五维成本、N 维更多应用）模型信息集成技术，可以使建设项目的所有参与方(包括政府主管部门、业主、设计、施工、监理、造价、运营管理、项目用户等)在项目从概念产生到完全拆除的整个生命周期内都能够在模型中操作信息和在信息中操作模型,从而从根本上改变从业人员单纯依靠符号文字形式图纸进行项目建设和运维管理的工作方式,实现在建设项目全生命周期内提高工作效率和质量以及减少错误和风险的目标。

BIM 技术的定义包含了四个方面的内容:

(1) BIM 是一个建筑设施物理和功能特性的数字表达,是工程项目设施实体和功能特性的完整描述。它基于三维几何数据模型,集成了建筑设施其他相关物理信息、功能要求和性能要求等参数化信息,并通过开放式标准实现信息的互用。

(2) BIM 是一个共享的知识资源,实现建筑全生命周期信息共享。基于这个共享的数字模型,工程的规划、设计、施工、运维各个阶段的相关人员都能从中获取他们所需的数据,这些数据是连续、即时、可靠、全面(或完整)、一致的,为该建筑从概念到拆除的全生命周期中所有工作和决策提供可靠依据。

(3) BIM 是一种应用于设计、建造、运维的数字化管理方法和协同工作过程。这种方法支持建筑工程的集成管理环境,可以使建筑工程在其整个进程中显著提高效率和大量减少风险。

(4) BIM 也是一种信息化技术,它的应用需要信息化软件支撑。在项目的不同阶段,不同利益相关方通过 BIM 软件在 BIM 模型中提取、应用、更新相关信息,并将修改后的信息赋予 BIM 模型,支持和反映各自职责的协同作业,以提高设计、建造和运维的效率和水平。

2) 建筑工程 BIM 技术的应用

(1) BIM 模型与信息

建筑工程 BIM 技术应用的首要工作是创建以模型为载体的信息模型,并在其上加载和传递具有建筑技术特征的设计、造价、施工等相关信息。根据项目建设进度建立和维护 BIM 模型,实质是使用 BIM 平台汇总各项目团队所有的建筑工程信息,消除项目中的信息孤岛,并且将得到的信息结合三维模型进行整理和储存,以备在项目全寿命周期的各个阶段中项目各相关利益方随时共享。

工程项目 BIM 技术应用,主要是信息的应用,包括图形信息、数据信息,以及文字信息。

图形信息是提供可视化的条件,可以提供建筑的体量范围、形状以及拟建项目周边环境等场景,信息可用于对拟建建筑进行建成后的使用实用性、方便性,以及对人产生的心理作用等方面做参考,同时也可作为绿色建筑的参考依据。

数据信息是不可见的,它提供建设项目的体量、构件等的具体尺度,为 BIM 技术的应用提供具体的数据。在项目的实施过程中,需要对目标任务进行精确地管理,如结构的分析计算,成本控制的工程量计算,施工现场的人、材、机消耗分析、准备和管理等,都是需要具体的数据。

文字信息提供有关特性的辨识。工程建设项目的实施过程,并非全过程都是数据计算,有很大一部分的信息内容是由文字提供,如建筑师对房屋的装饰要求,结构工程师对材料的选用说明等,也就是常见的施工说明和结构说明等文字内容。另外,还有施工现场的管理,如项目总工程师下达的施工技术交底文件中的操作工艺方法、质量要求、检测手段等。

（2）建筑策划

建筑策划是在总体规划目标确定后,根据定量分析得出设计依据的过程。相对于根据经验确定设计内容及依据（设计任务书）的传统方法,建筑策划利用对建设目标所处社会环境及相关因素的逻辑数据分析,研究项目任务书对设计的合理导向,制定和论证建筑设计依据,科学地确定设计的内容,并寻找达到这一目标的科学方法。

在这一过程中,除了运用建筑学的原理,借鉴过去的经验和遵守规范,更重要的是要以实际调查为基础,用计算机等现代化手段对目标进行研究。BIM 能够帮助项目团队在建筑规划阶段,通过对空间进行分析来理解复杂空间的标准和法规,从而节省时间,提供对团队更多增值活动的可能。特别是在客户讨论需求、选择及分析最佳方案时,能借助 BIM 及相关分析数据,做出关键性的决定。

BIM 在建筑策划阶段的应用成果还能帮助建筑师在建筑设计阶段随时查看初步设计是否符合业主的要求,是否满足建筑策划阶段得到的设计依据,通过 BIM 连贯的信息传递或追溯,大大减少在详图设计阶段发现不合格需要修改设计而造成的巨大浪费。

（3）方案论证

在方案论证阶段,项目投资方可以使用 BIM 来评估设计方案的布局、视野、照明、安全、人体工程学、声学、纹理、色彩及规范的遵守情况。BIM 甚至可以做到建筑局部的细节推敲,迅速分析设计和施工中可能需要应对的问题。

方案论证阶段可以借助 BIM 提供方便的、低成本的不同解决方案供项目投资方进行选择,通过数据对比和模拟分析,找出不同解决方案的优缺点,帮助项目投资方迅速评估建筑投资方案的成本和时间。

对设计师来说,通过 BIM 来评估所设计的空间,可以获得较高的互动效应,以便从使用者和业主处获得积极的反馈。设计的实时修改往往基于最终用户的反馈,在 BIM 平台下,项目各方关注的焦点问题比较容易得到直观的展现并迅速达成共识,相应的决策需要的时间也会比以往减少。

（4）协同管理

建设项目在设计、交易、施工、运营实施过程中有多方参与,基于 BIM 技术可以搭建一个协同管理平台,各参与方可以在平台中根据自己的权限,对拟建建筑的模型和数据进行查看、维护和修改,在各参与方之间做到信息传递顺畅。此外,协同管理平台还具有远程会议、款项支付、资料管理等功能。

（5）工程量计算

工程量计算是建设工程确定投资成本的主要工作之一,从开始直至项目拆除,工程量计算的操作会贯穿整个建设工程全生命周期。而 BIM 是一个富含工程信息的数据库,可以真实地提供造价管理需要的工程量信息,用于前期设计过程中的成本估算、在业主预算范围内不同设计方案的探索或不同设计方案建造成本的比较,以及施工开始前的工程量预算和施工完成后的工程量结（决）算。

在 BIM 技术应用中,计算建筑项目的工程量全部都是利用计算机中创建的虚拟模型。计算工程量的模型成为计算模型,它不仅带有构件的几何信息,还会根据项目的进展,不断改变计算造价成本的信息,为后期计算造价、分析项目工料机消耗提供信息条件。例如,项目在投资评估阶段,工程量信息只需要相应的几何信息就够了,但进入工程交易阶段,就必须增加使用建筑材料信息、工程施工的措施工艺信息等。一栋房屋从立项开始,一旦模型创建成功,其信息类型和含量会随着项目应用专项不断地变化。

（6）碰撞检查与管线综合

一栋建筑会有多个专业的人员参与设计,而这些专业人员在设计的过程中可能只会考虑本专业,设计结果虽然有总工程师把关,但难免不出现问题。碰撞检查工作是将各专业的模型汇到一个模型中,利用 BIM 技术可视化特点,对模型中的管线与管线、管线与设备、设备与设备、管线设备与房屋构建进行碰撞检查,找出模型中不合理的布置点,并将问题形成文件,提交给相关专业的工程师进行修改。

碰撞检查完成后,要对问题点进行调整优化,即管线综合。管线综合的原则一般是小管绕大管,无压力管绕有压力管等,并且尽量不要调整房屋结构构件。当一定要调整房屋结构构件时,应有保证结构稳定和强度的措施。管线经过综合优化后会对原有成本产生影响,要做成本调整。调整的方案应做到施工方便,管线排布合理美观,满足使用要求且性价比高。

（7）进度管理

建筑施工是一个高度动态的过程,随着建筑工程规模不断扩大,复杂程度不断提高,使得施工项目管理变得极为复杂。利用 BIM 技术,将项目进度规划时间和工程量计算信息分别赋予到模型中的每个构件上,再利用计算机按时间节点显示图形的功能,指定具体时间段即可显示带有该段时间的构件信息。通过显示模型与施工现场的实际情况进行对比,就可以知道项目的实际进展与计划之间的差距,从而调整下一步的进度计划。

（8）数字化建造

BIM 技术结合数字化制造能够提高建筑行业的生产效率。建筑中的许多构件可以异地加工,然后运到建筑施工现场,装配在建筑中。BIM 模型直接用于制造环节,实现制造商与设计人员之间即时的反馈,减少现场问题的发生,降低建造和安装成本。通过数字化建造,实现工厂精密机械技术制造,自动完成建筑物构件的预制,不仅降低了建造误差,而且大幅度提高构件制造的生产效率,使得整个建筑建造的工期缩短并容易掌控。

（9）竣工模型交付与维护管理

BIM 技术能将建筑物空间信息和设备参数信息有机地整合起来,从而为业主获取完整的建筑物全局信息提供途径。利用 BIM 模型,将设备对应到房间,同时将设备的相关信息置于设备模型上,包括用途、操作方法、维护时间、维护人等,便于管理人员在要求时段内对设备进行维护。通过 BIM 与施工过程记录信息的关联,可以实现包括隐藏工程资料在内的竣工信息集成,为后续的物业管理带来便利,也为运营阶段进行的翻新、改造、扩建等提供有效的历史信息。

1.4.2 工程造价管理变革

我国工程造价管理的历史变革,与社会经济体制的变化密切相关。在计划经济体制时期,实行统一的定额计价,由政府确定价格;在计划经济体制向市场经济体制转轨时期,实行量价分离,在一定范围内引入市场价格;在尚不完善的市场经济时期,实行工程量清单计价与定额计价并存,市场确定价格。随着市场经济的深入,将稳步走向市场决定价格、企业自主竞争、工程造价全面管理的阶段,工程造价管理正在向规模化、信息化、国际化、全过程工程造价咨询的发展趋势上迅猛发展。

BIM 技术作为创新发展的新技术,正在改变和颠覆着整个建筑行业。BIM 技术的应用和推广,必将对建筑业的可持续发展起到至关重要的作用,同时还将极大地提升项目的精益化管理程度,减少浪费,节约成本,促进工程效益的整体提升。如何将造价工作更好地融入 BIM,成为广大从业人员最关心的事情。其中,在造价咨询界呼声最高的是为业主进行"全过程工程咨询"。

所谓全过程工程咨询,是为业主在建设项目全生命周期各阶段产生问题后,提供相应解决方案的成本评估。以往的造价咨询只负责整个工程项目成本投入的计算,往往是在工程完工后才进行结算,这对中间过程产生的问题并没有处理成本评估,待到项目完工结算造价时,发现投资预算严重超标。而全过程工程咨询则是在项目碰到问题还没进行施工前就进行解决方案的决策,同时对解决方案进行可行性以及成本投入评估,为业主提供优选条件和处理时间,避免由于盲目处理问题导致成本投入的评估不足,杜绝最后结算时成本投入大量超标的现象。总之,以往的造价咨询是事后算账,不能将成本投入控制在建设项目的过程中,产生问题因盲目处理造成成本投入不可控;而全过程工程咨询是将成本投入评估融入建设项目的每一个环节,从而有效地对项目成本投入起到控制作用。

在建设工程全生命周期过程中,经常会遇到各种变化和不确定因素发生,解决这些问题和选择解决方案需要快速确定投资成本,甚至要在多个方案中进行成本对比。要让造价人员在极短时间内提供多个方案的成本对比数据,传统的造价管理模式已经远不能适应这么快的节奏。于是将造价融入 BIM 技术、应用 BIM 技术解决实际问题,成为工程造价管理发展的新方向。

1.4.3 基于 BIM 的全过程工程造价管理

BIM 技术涵盖了建设项目全生命周期。不同阶段的模型,承载着不同的信息,是动态生长的,直至竣工、交付、运维。基于 BIM 的全过程造价管理,包括了决策阶段依据方案模型进行快速的估算、方案比选;设计阶段根据设计模型组织限额设计、概算编审和碰撞检查;招投标阶段根据模型完成工程量清单、招标控制价、施工图预算的编审;施工阶段借助多维模型进行成本控制、进度管理、变更管理、材料管理;运营维护阶段利用已完工的 BIM 模型进行运维成本分析、运维方案优化、运维效益分析。

1)决策阶段

建设项目决策阶段,BIM 技术的主要应用是投资估算的编审以及方案比选。基于 BIM

的投资估算编审,主要依赖于已有的模型库、数据库,通过对库中模型的应用可以实现快速搭建可视化模型,测算工程量,并根据已有数据对拟建项目的成本进行测算;在进行多方案比选时,还可以通过 BIM 进行方案的造价对比,选择更合理的方案。

决策阶段的应用点有:实施策划、协同管理、模型创建、建筑方案分析优化、环境模拟、流通疏散模拟、交通动线模拟、绿色建筑验证等。

2)设计阶段

建设项目设计阶段,BIM 技术的主要应用是限额设计、设计概算的编审以及碰撞检查。基于 BIM 的限额设计,是利用 BIM 模型来对比设计限额指标,一方面可以提高测算的准确度,另一方面可以提高测算的效率;基于 BIM 的设计概算编审,是对成本费用的实时核算,利用 BIM 模型信息进行计算和统计,快速分析工程量,通过关联历史 BIM 信息数据,分析造价指标,更快速准确分析设计概算,大幅提升设计概算精度;基于 BIM 的碰撞检查,通过三维校审减少"错、碰、漏、缺"现象,在设计成果交付前消除设计错误,减少设计变更,降低变更费用。

设计阶段的应用点有:协同管理、模型创建、建筑方案验证、建筑方案分析优化、结构模型、结构校核、安装工程模型、安装方案分析优化、流通疏散模拟、交通动线模拟、绿色建筑验证、施工方案验证、碰撞检查、管线综合、精装效果模拟、工程量计算、专项方案模拟、模型维护等。

3)招投标阶段

建设项目招投标阶段也是 BIM 技术应用最集中的环节之一。工程量计算是本阶段的核心工作,利用 BIM 模型可以进行工程量自动计算、统计分析,高效便捷地完成工程量清单编制、招标控制价编制、施工图预算编审。

(1)标书的编制:基于 BIM 技术的招标管理,是招投标阶段针对招标人和投标人利用 BIM 技术创建算量模型,通过模型深化自动完成工程量的计算、统计和分析,形成准确的工程量清单。同时,算量模型通过关联造价和时间属性信息,自动完成工程的计价和资金计划编制工作。从而快速、准确地完成招标控制价和投标报价的编制工作,以及项目的资金计划和现金流编制。

(2)标书的检查:基于 BIM 技术的可视化功能,在招标控制价或投标报价编制过程中,通过实施模拟检查模型构件中是否存在错漏项,最大限度地避免造价成果文件的错算、漏计等情况发生,减少施工阶段因工程量问题而引起的纠纷。使工程量计算工作摆脱人为因素的影响,得到更为客观准确的数据。

(3)标书的提交与评价:招投标过程中,招标人通过设计单位将拟建项目 BIM 模型以招标文件的形式统一发放给投标人,方便投标人利用设计模型进行深化设计,快速获取正确的工程量信息,正确编制完成针对招标工程的技术标和经济标文件。同时,投标人通过电子招投标系统按要求的时间节点和技术要求提交投标文件。招标人和评标专家也基于招标平台进行公正、公平、公开的评标工作,选择出合格的合作商。

4)施工阶段

建设项目施工阶段,基于 BIM 的主要应用包括工程计量、成本计划管理、变更管理、结算管理等,需要将各专业的深化模型集成在一起,形成一个全专业的模型,再进行信息的关联,关联进度、资源、成本等相关信息,以此为基础进行过程控制。

首先是基于 BIM 技术,结合实际进度快速计算已完工程量,实现与实际进度相符的中期结算,辅助中期的支付;基于 BIM 技术的结算管理,是基于模型的结算管理,对于变更、暂估价材料、施工图纸等可调整项目统一进行梳理,不会有重复计算或漏算的情况发生。

其次是成本计划管理,将进度计划与成本信息关联,则可以迅速完成各类时点的资源需求、资金计划,同时支持构件、分部分项工程或流水段的信息查询,支撑时间和成本维度的全方位管控。

变更管理是全过程造价管理的难点,传统的变更管理方式工作量大、反复变更时易发生错漏等情况。基于 BIM 技术的变更管理,力求最大限度地减少变更发生;当变更发生时,在模型上直接进行变更部位调整,可以通过可视化对比,形象直观高效。发生变更费用可预估、变更流程可追溯、有关联的变更清晰,对投资的影响可实时获得。

施工阶段的应用点有:协同管理、施工方案验证、碰撞检查、管线综合、工程量计算、进度管理、成本管理、调整变更分析、施工方案优化、专项方案模拟、深化下料、可视化交底、辅助施工决策、模型维护、放样定位等。

5)运营维护阶段

基于 BIM 模型对房屋进行改、扩建,或对房屋进行最佳使用效果规划分析,从而降低房屋的运维成本;在已有 BIM 模型的基础上,对改、扩建后的工程进行方案成本比对,对运维方案进行优化找到最佳方案。

运营维护阶段的应用点有:建筑模型创建、建筑方案分析优化、结构模型、结构校核、安装工程模型、安装方案分析优化、精装效果模拟、模型维护、运营维护、资产管理、防灾应变管理、空间管理、能耗管理、维护保养管理、资料数据管理等。

本 章 小 结

(1)工程造价因所处的角度不同,有两种不同的含义。第一种含义是从投资者(业主)的角度分析,工程造价是指建设一项工程预期开支或实际开支的全部固定资产投资费用。第二种含义是从市场交易的角度分析,工程造价是指为建成一项工程,在工程发承包交易活动中形成的建筑安装工程费用或建设工程总费用。

(2)在工程项目建设程序的不同阶段需分别确定投资估算、设计概算、施工图预算、施工预算、工程结算和竣工决算,整个计价过程是一个由粗到细、由浅到深,最后确定工程实际造价的过程。

(3)工程造价管理有两种含义:一是建设工程投资费用管理;二是工程价格管理。建设工程投资费用管理属于工程建设投资管理范畴。它是指为了实现投资的预期目标,在拟定的规划、设计方案的条件下,预测、计算、确定和监控工程造价及其变动的系统活动。工程价格管理,属于价格管理范畴,是生产企业在掌握市场价格信息的基础上,为实现管理目标而进行的成本控制、计价、定价和竞价的系统活动。

(4)工程造价管理的组织系统包括政府行政管理系统、企事业单位管理系统和行业协会管理系统。工程造价管理的基本内容包括工程造价合理确定和有效控制两个方面。工程造价管理原则应遵循以设计阶段为重点的全过程造价管理、主动控制与被动控制相结合及技术与经济相结合的原则。

（5）我国工程造价管理体系中工程造价的计价方法有定额计价和工程量清单计价两种方法，工程造价控制是全过程控制，建设工程造价执业资格管理包括一级造价工程师和二级造价工程师的资格管理。

（6）建筑信息模型（BIM），是指在建设工程及设施全生命期内，对其物理和功能特性进行数字化表达，并依此设计、施工、运维的过程和结果的总称。建筑工程 BIM 技术主要是信息的应用，利用信息进行建筑策划、方案论证、协同管理、工程量计算、碰撞检查与管线综合、进度管理、数字化建造及竣工模型交付与维护管理等工作。

（7）基于 BIM 的全过程造价管理，包括了决策阶段依据方案模型进行快速的估算、方案比选；设计阶段根据设计模型组织限额设计、概算编审和碰撞检查；招投标阶段根据模型完成工程量清单、招标控制价、施工图预算的编审；施工阶段借助多维模型进行成本控制、进度管理、变更管理、材料管理；运营维护阶段利用已完工的 BIM 模型进行运维成本分析、运维方案优化、运维效益分析。

造价工程师职业资格文件

习　题

一、单项选择题

1. 建设工程造价有两种含义，从业主、业主和承包商的角度可以分别理解为(　　)。
    A. 建设工程固定资产投资和建设工程承发包价格
    B. 建设工程总投资和建设工程承发包价格
    C. 建设工程总投资和建设工程固定资产投资
    D. 建设工程动态投资和建设工程静态投资

2. 业主的建设工程项目总造价是指项目总投资中的(　　)。
    A. 建筑安装工程费用   B. 固定资产投资与流动资产投资总和
    C. 静态投资总额   D. 固定资产投资总额

3. 建设工程承包价格是对应于(　　)而言的。
    A. 承包人   B. 承、发包双方
    C. 发包人   D. 建设单位

4. 工程造价的计价特征是由(　　)决定的。
    A. 工程项目的特点   B. 计价依据的复杂性
    C. 工程造价的含义   D. 计价方法的多样性

5. 下列各项中,( )属于单位工程。

    A. 焦化车间工程   B. 设备安装工程   C. 土石方工程   D. 砖基础工程

6. ( )是投资者和承包商双方共同认可的由市场形成的价格。

    A. 建设项目的工程造价   B. 竣工结算价

    C. 建筑安装工程造价   D. 动态投资

7. 概算造价是指在初步设计阶段,预先测算和确定的工程造价,主要受( )控制。

    A. 预算造价   B. 实际造价   C. 投资估算   D. 修正概算造价

8. 下列关于工程造价管理的含义的论述,不正确的是( )。

    A. 工程造价管理,一是指建设工程投资费用管理,二是指建设工程价格管理

    B. 建设工程投资费用管理属于价格管理范畴

    C. 建设工程价格管理属于价格管理范畴

    D. 国家对工程造价的管理,承担了一般商品价格的调控职能和政府投资项目上的微观
       主体的管理职能

9. 工程造价管理的基本内容是( )。

    A. 合理确定工程造价   B. 规范价格行为

    C. 合理确定和有效地控制工程造价   D. 有效地控制工程造价和规范价格行为

10. 有效控制工程造价重点应在( )阶段。

    A. 设计   B. 施工   C. 竣工验收   D. 项目运营

11. 经全国造价工程师执业资格统一考试合格的人员,应当在取得造价工程师执业资格考
试证书后的( )内申请初始注册。

    A. 1 个月   B. 3 个月   C. 6 个月   D. 1 年

12. 我国规定,造价工程师在( )单位注册和执业。

    A. 1 个   B. 2 个   C. 1 个或 2 个   D. 多个

13. 造价师初始注册/延续注册的有效期( )。

    A. 分别为 2 年和 4 年   B. 分别为 3 年和 4 年

    C. 均为 4 年   D. 均为 2 年

14. 根据《注册造价工程师管理办法》,注册造价工程师的继续教育应由( )负责组织。

    A. 中国建设工程造价管理协会   B. 国务院建设主管部门

    C. 省级人民政府建设主管部门   D. 全国造价工程师注册管理机构

15. 国际工程估价起源于( )。

    A. 中世纪   B. 19 世纪初   C. 20 世纪初   D. 20 世纪 50 年代

16. 工程造价咨询行业最早出现在( )。

    A. 美国   B. 英国   C. 日本   D. 中国

二、多项选择题

1. 关于工程造价的含义,下列表述正确的是( )。

    A. 工程造价通常是指工程的建造价格

    B. 工程造价仅仅是指工程承发包价格

C. 工程承发包价格是对工程造价含义狭义的理解

D. 从业主的角度,工程造价就是建设工程固定资产投资

E. 工程造价的两种含义是从不同角度把握同一事物的本质

2. 工程计价的特征是计价的( )。

A. 单件性 B. 组合性 C. 大额性 D. 依据的复杂性

3. 工程造价具有多次性计价特征,其中各阶段与造价对应关系正确的是( )。

A. 招投标阶段——合同价 B. 合同实施阶段——合同价

C. 竣工验收阶段——实际造价 D. 施工图设计阶段——预算价

E. 可行性研究阶段——概算造价

4. 下列属于分部工程的是( )。

A. 土建工程 B. 桩基工程 C. 工业管道工程

D. 砌筑工程 E. 电气安装工程

5. 下列关于建设工程价格管理和投资费用管理的描述,正确的有( )。

A. 建设工程价格管理属价格管理范畴

B. 建设工程投资费用管理特指对微观层次的项目投资费用的管理

C. 建设工程投资费用管理侧重于对价格进行管理和控制

D. 建设工程投资费用管理不包括宏观层次的投资费用管理

E. 建设工程投资费用管理属于投资管理范畴

6. 工程造价管理的组织系统包括( )。

A. 政府行政管理系统 B. 企事业单位管理系统

C. 行业协会管理系统 D. 工程造价咨询企业系统

7. 造价师的素质要求包括( )几个方面。

A. 职业道德 B. 专业素质 C. 身体素质 D. 交际能力

8. 工程造价管理原则包括( )。

A. 以招投标阶段为重点的全过程造价管理

B. 主动控制与被动控制相结合

C. 技术与经济相结合

D. 以设计阶段为重点的全过程造价管理

三、简答题

1. 简述工程造价的两种含义。

2. 简述工程造价的特点。

3. 建设工程项目按工程性质分类分为哪几种?

4. 全过程造价管理包括哪些内容?

5. 简述一级造价工程师的执业范围。

6. 简述二级造价工程师的执业范围。

7. 简述 BIM 时代工程造价管理的新发展。

2 工程造价的组成

本章提要

本章主要讲述我国现行建设项目投资及工程造价构成关系,世界银行工程造价的构成;定额计价模式和清单计价模式下的建筑安装工程费用构成及计算方法;设备购置费的构成与计算,工具、器具及生产家具购置费的构成与计算;工程建设其他费用的组成;预备费、贷款利息、投资方向调节税的计算。

案例引入

国家体育场(鸟巢)位于北京奥林匹克公园中心区南部,为2008年北京奥运会的主体育场,举行了奥运会、残奥会开闭幕式,田径比赛及足球比赛决赛等活动。奥运会后成为北京市民参与体育活动及享受体育娱乐的大型专业场所,并成为地标性的体育建筑和奥运遗产。

工程总占地面积21 hm²,主体结构设计使用年限100年,耐火等级为一级,抗震设防烈度8度,地下工程防水等级1级,场内观众座席约为91 000个。2003年12月24日开工建设,2008年3月完工,总造价22.67亿元。那么,工程项目的造价组成究竟包括哪些内容?本章将向大家介绍。

2.1 工程造价概述

2.1.1 我国建设项目总投资及工程造价构成

建设项目投资是指为完成工程项目建设并达到使用要求或生产条件,在建设期内预计或实际投入的全部费用总和。生产性建设项目总投资包括建设投资、建设期利息和流动资金三部分;非生产性建设项目总投资包括建设投资和建设期利息两部分。其中,建设投资和建设期利息之和对应于固定资产投资,固定资产投资与建设项目的工程造价在量上相等。我国建设工程总投资构成如图2.1所示。

工程造价的主要构成部分是建设投资,根据国家发改委和建设部发布的《建设项目经济评价方法与参数》(第三版)(发改投资〔2006〕1325号)的规定,建设投资包括工程费用、工程建设其他费用和预备费三部分。工程费用是指建设期内直接用于工程建造、设备购置及

- 建设项目总投资
  - 固定资产投资——工程造价
    - 建设投资
      - 工程费用
        - 设备及工、器具购置费
        - 建筑安装工程费
      - 工程建设其他费用
        - 建设单位管理费
        - 用地与工程准备费
        - 市政公用配套设施费
        - 技术服务费
        - 建设期计列的生产经营费
        - 工程保险费
        - 税费
      - 预备费
        - 基本预备费
        - 价差预备费
    - 建设期利息
  - 流动资产投资——流动资金

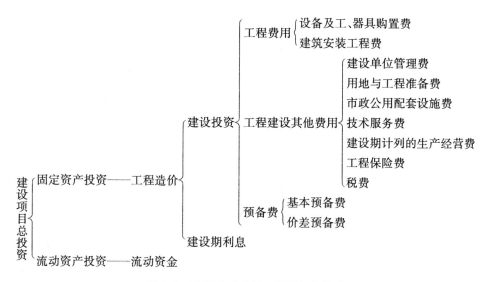

图 2.1　我国现行建设工程总投资构成

其安装的建设投资，可以分为建筑安装工程费和设备及工具购置费。工程建设其他费用是指建设期发生为项目建设或运营必须发生的但不包括在工程费用中的费用。预备费用是在建设期内因各种不可预见因素的变化而预留的可能增加的费用，包括基本预备费和价差预备费。

建设期利息是指建设项目使用投资贷款，在建设期内应归还的贷款利息。图 2.1 中列示的项目总投资主要是指在项目可行性研究阶段用于财务分析时的总投资构成。

【例 2.1】 某建设项目投资构成中，设备及工、器具购置费为 2 000 万元，建筑安装工程费为 1 000 万元，工程建设其他费为 500 万元，预备费为 200 万元，建设期贷款为 1 800 万元，应计利息 80 万元，流动资金贷款 400 万元，则该建设项目的工程造价为多少万元？

【解】 建设项目的工程造价＝固定资产投资＝设备及工、器具购置费＋建筑安装工程费＋工程建设其他费＋预备费＋建设期贷款利息＝2 000＋1 000＋500＋200＋80＝3 780（万元）

2.1.2　世界银行工程造价的构成

世界银行、国际咨询工程师联合会在 1978 年对项目的总建设成本（相当于我国的工程造价）作了统一规定，世界银行工程造价的构成包括项目直接建设成本、项目间接建设成本、应急费和建设成本上升费用，如图 2.2 所示。

- 世界银行工程造价的构成
  - 项目直接建设成本
  - 项目间接建设成本
  - 应急费
    - 未明确项目准备金
    - 不可预见准备金
  - 建设成本上升费用

图 2.2　世界银行工程造价的构成

1) 项目直接建设成本

项目直接建设成本包括以下内容：

(1) 土地征购费。

(2) 场外设施费用,如道路、码头、桥梁、机场、输电线路等设施费用。

(3) 场地费用,指用于场地准备、厂区道路、铁路、围栏、场内设施等的建设费用。

(4) 工艺设备费用,指主要设备、辅助设备及零配件的购置费用,包括海运包装费用、交货港离岸价,但不包括税金。

(5) 设备安装费,指设备供应商的监理费用,本国劳务及工资费用,辅助材料、施工设备,消耗品和工具等费用,以及安装承包商的管理费和利润等。

(6) 管道系统费用,指与系统的材料及劳务相关的全部费用。

(7) 电气设备费,其内容与第(4)项类似。

(8) 电气安装费,指设备供应商的监理费用,本国劳务与工资费用,辅助材料、电缆管道和工具费用,以及营造承包商的管理费和利润。

(9) 仪器仪表费,指所有自动仪表、控制板、配线和辅助材料的费用以及供应商的监理费用、外国或本国劳务及工资费用、承包商的管理费和利润。

(10) 机械的绝缘和油漆费,指与机械及管道的绝缘和油漆相关的全部费用。

(11) 工艺建筑费,指原材料、劳务费以及与基础、建筑结构、屋顶、内外装修、公共设施有关的全部费用。

(12) 服务性建筑费用,其内容与第(11)项相似。

(13) 工厂普通公共设施费,包括材料和劳务费以及与供水、燃料供应、通风、蒸汽发生及分配、下水道、污物处理等公共设施有关的费用。

(14) 车辆费,指工艺操作必需的机动设备零件费用,包括海运包装费用以及交货港的离岸价,但不包括税金。

(15) 其他当地费用。指那些不能归类于以上任何一个项目,不能计入项目间接成本,但在建设期间又是必不可少的当地费用。如临时设备、临时公共设施及场地的维持费,营地设施及其管理,建筑保险和债券,杂项开支等费用。

2) 项目间接建设成本

项目间接建设成本包括以下内容：

(1) 项目管理费。包括：

① 总部人员的薪金和福利费,以及用于初步和详细工程设计、采购、时间和成本控制,行政和其他一般管理的费用。

② 施工管理现场人员的薪金、福利费和用于施工现场监督、质量保证、现场采购、时间及成本控制、行政及其他施工管理机构的费用。

③ 零星杂项费用,如返工、旅行、生活津贴、业务支出等。

④ 各种酬金。

(2) 开工试车费,指工厂投料试车必需的劳务和材料费用(项目直接成本包括项目完工后的试车和空运转费用)。

（3）业主的行政性费用，指业主的项目管理人员费用及支出。

（4）生产前费用，指前期研究、勘测、建矿、采矿等费用。

（5）运费和保险费，指海运、国内运输、许可证及佣金、海洋保险、综合保险等费用。

（6）税金，指关税、地方税及对特殊项目征收的税金。

3）应急费

（1）未明确项目的准备金

此项准备金用于在估算时不可能明确的潜在项目，包括那些在做成本估算时因为缺乏完整、准确和详细的资料而不能完全预见和不能注明的项目，并且这些项目是必须完成的，或者它们的费用是必定要发生的。此项准备金不是为了支付工作范围以外可能增加的项目，不是用以应付天灾、非正常经济情况及罢工等情况，也不是用来补偿估算的任何误差，而是用来支付那些几乎可以肯定要发生的费用。它是估算不可缺少的一个组成部分。

（2）不可预见准备金

此项准备金（在未明确项目的准备金之外）用于在估算达到了一定的完整性并符合技术标准的基础上，由于物质、社会和经济的变化，导致估算增加的情况。此种情况可能发生，也可能不发生。因不可预见准备金只是一种储备，可能不动用。

4）建设成本上升费用

一般情况下，估算截止日期就是使用的构成工资率、材料和设备价格基础的截止日期。国际上进行工程估价时，必须对该日期或已知成本基础进行调整，用于补偿从估算截止日期直至工程结束时的未知价格增长。

增长率是以已发表的国内和国际成本指数、公司记录的历史经验数据等为依据，并与实际供应商进行核对，然后根据确定的增长率和从工程进度表中获得的各主要组成部分的中位数值，计算出每项主要组成部分的成本上升值。

2.2 建筑安装工程费用

2013 年 3 月 21 日，住房和城乡建设部、财政部发布了《建筑安装工程费用项目组成》的通知（建标〔2013〕44 号）；2012 年 12 月 25 日，住房和城乡建设部等发布了第 1567 号公告《建设工程工程量清单计价规范》（GB 50500—2013），明确规定综合单价法为工程量清单的计价方法，也印发了建筑安装工程造价构成，两种方法费用组成包含的内容并无实质差异，前者主要表述的是建筑安装工程费用项目的组成，而后者的建筑安装工程造价要求的是建筑安装工程在工程交易和工程实施阶段工程造价的组价要求，包括索赔等，内容更全面、更具体。

2.2.1 建筑安装工程费用内容

在工程建设中，建筑安装工程是创造价值的活动。建筑安装工程费用作为建筑安装工程价值的货币表现，亦被称为建筑安装工程造价，由建筑工程费和安装工程费两部分构成。

1）建筑工程费用内容

（1）各类房屋建筑工程和列入房屋建筑工程预算的供水、供暖、卫生、通风、燃气等设备费用及其装饰工程的费用,列入建筑工程预算的各种管道、电力、电信和电缆导线敷设工程的费用。

(2)设备基础、支柱、工作台、烟囱、水池、水塔、筒仓等建筑工程以及各种炉窑的砌筑工程和金属结构工程的费用。

(3)矿井开凿、井巷延伸、露天矿剥离,石油、天然气钻井,修建铁路、公路、桥梁、水库、堤坝、灌渠及防洪等工程的费用。

(4)为施工而进行的场地平整,工程和水文地质勘察,原有建筑物和障碍物的拆除以及施工临时用水、电、气、路和完工后的场地清理,环境绿化、美化等工作的费用。

2)安装工程费用内容

(1)生产、动力、起重、运输、传动和医疗、实验等各种需要安装的机械设备的装配费用,与设备相连的工作平台、梯子、栏杆等设施的工程费用,附属于安装设备的管线敷设工程费用,以及被安装设备的绝缘、防腐、保温、油漆等工作的材料费和安装费用。

(2)对单台设备进行单机试运转,对系统设备进行系统联动无负荷试运转工作的调试费用。

2.2.2 建筑安装工程费用项目组成(按费用构成要素划分)

根据住房和城乡建设部、财政部"关于印发《建筑安装工程费用项目组成》的通知"(建标〔2013〕44号),以及住房和城乡建设部"关于做好建筑业营改增建设工程计价依据调整准备工作的通知"(建办标〔2016〕4号),建筑安装工程费按照费用构成要素划分:由人工费、材料(包含工程设备,下同)费、施工机具使用费、企业管理费、利润、规费和税金组成。其中人工费、材料费、施工机具使用费、企业管理费和利润包含在分部分项工程费、措施项目费、其他项目费中,如图2.3所示。

1)人工费

人工费是指按工资总额构成规定,支付给从事建筑安装工程施工的生产工人和附属生产单位工人的各项费用。

(1)计时工资或计件工资:是指按计时工资标准和工作时间或对已做工作按计件单价支付给个人的劳动报酬。

(2)奖金:是指对超额劳动和增收节支支付给个人的劳动报酬,如节约奖、劳动竞赛奖等。

(3)津贴、补贴:是指为了补偿职工特殊或额外的劳动消耗和因其他特殊原因支付给个人的津贴,以及为了保证职工工资水平不受物价影响支付给个人的物价补贴。如流动施工津贴、特殊地区施工津贴、高温(寒)作业临时津贴、高空津贴等。

(4)加班加点工资:是指按规定支付的在法定节假日工作的加班工资和在法定日工作时间外延时工作的加点工资。

(5)特殊情况下支付的工资:是指根据国家法律、法规和政策规定,因病、工伤、产假、计划生育假、婚丧假、事假、探亲假、定期休假、停工学习、执行国家或社会义务等原因按计时工资标准或计时工资标准的一定比例支付的工资。

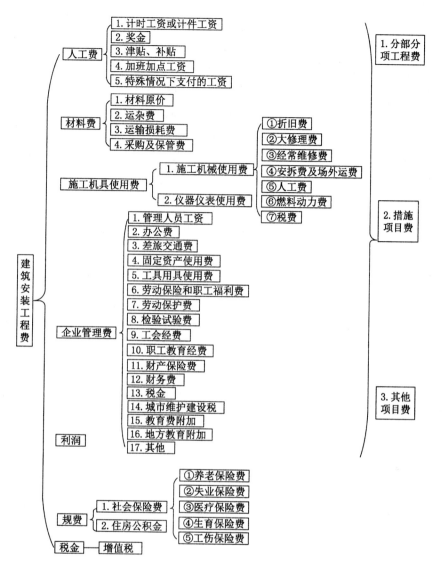

图 2.3　建筑安装工程造价的组成(按费用构成要素划分)

人工费计算方法如下:

$$人工费 = \sum(工日消耗量 \times 日工资单价) \tag{2.1}$$

$$日工资单价 = \frac{\left[\begin{array}{l}生产工人平均月工 \\ 资(计时、计件)\end{array} + \begin{array}{l}平均月(奖金 + 津贴补贴 + \\ 特殊情况下支付的工资)\end{array}\right]}{年平均每月法定工作日} \tag{2.2}$$

注:式(2.1)、式(2.2)主要适用于施工企业投标报价时自主确定人工费,也是工程造价管理机构编制计价定额确定定额人工单价或发布人工成本信息的参考依据。

$$人工费 = \sum(工程工日消耗量 \times 日工资单价) \tag{2.3}$$

日工资单价是指施工企业平均技术熟练程度的生产工人在每工作日(国家法定工作时

间内)按规定从事施工作业应得的日工资总额。

工程造价管理机构确定日工资单价应通过市场调查、根据工程项目的技术要求,参考实物工程量人工单价综合分析确定,最低日工资单价不得低于工程所在地人力资源和社会保障部门所发布的最低工资标准的:普工1.3倍、一般技工2倍、高级技工3倍。

工程计价定额不可只列一个综合工日单价,应根据工程项目技术要求和工种差别适当划分多种日人工单价,确保各分部工程人工费的合理构成。

注:式(2.3)适用于工程造价管理机构编制计价定额时确定定额人工费,是施工企业投标报价的参考依据。

2)材料费

材料费是指施工过程中耗费的原材料、辅助材料、构配件、零件、半成品或成品、工程设备的费用。

(1)材料原价:是指材料、工程设备的出厂价格或商家供应价格。

(2)运杂费:是指材料、工程设备自来源地运至工地仓库或指定堆放地点所发生的全部费用。

(3)运输损耗费:是指材料在运输装卸过程中不可避免的损耗。

(4)采购及保管费:是指为组织采购、供应和保管材料、工程设备的过程中所需要的各项费用。包括采购费、仓储费、工地保管费、仓储损耗。

工程设备是指构成或计划构成永久工程一部分的机电设备、金属结构设备、仪器装置及其他类似的设备和装置。

材料费计算方法如下:

$$材料费 = \sum(材料消耗量 \times 材料单价) \tag{2.4}$$

$$材料单价 = \{(材料原价 + 运杂费) \times [1 + 运输损耗率(\%)]\} \\ \times [1 + 采购保管费率(\%)] \tag{2.5}$$

工程设备费计算方法如下:

$$工程设备费 = \sum(工程设备量 \times 工程设备单价) \tag{2.6}$$

$$工程设备单价 = (设备原价 + 运杂费) \times [1 + 采购保管费率(\%)] \tag{2.7}$$

3)施工机具使用费

施工机具使用费是指施工作业所发生的施工机械、仪器仪表使用费或其租赁费。

(1)施工机械使用费:以施工机械台班耗用量乘以施工机械台班单价表示,施工机械台班单价应由下列七项费用组成:

① 折旧费:指施工机械在规定的使用年限内,陆续收回其原值的费用。

② 大修理费:指施工机械按规定的大修理间隔台班进行必要的大修理,以恢复其正常功能所需的费用。

③ 经常修理费:指施工机械除大修理以外的各级保养和临时故障排除所需的费用。

包括为保障机械正常运转所需替换设备与随机配备工具附具的摊销和维护费用,机械运转中日常保养所需润滑与擦拭的材料费用及机械停滞期间的维护和保养费用等。

④ 安拆费及场外运费:安拆费指施工机械(大型机械除外)在现场进行安装与拆卸所需的人工、材料、机械和试运转费用以及机械辅助设施的折旧、搭设、拆除等费用;场外运费指施工机械整体或分体自停放地点运至施工现场或由一施工地点运至另一施工地点的运输、装卸、辅助材料及架线等费用。

⑤ 人工费:指机上司机(司炉)和其他操作人员的人工费。

⑥ 燃料动力费:指施工机械在运转作业中所消耗的各种燃料及水、电等。

⑦ 税费:指施工机械按照国家规定应缴纳的车船使用税、保险费及年检费等。

施工机械使用费计算方法如下:

$$施工机械使用费 = \sum(施工机械台班消耗量 \times 机械台班单价) \tag{2.8}$$

$$机械台班单价 = 台班折旧费 + 台班大修费 + 台班经常修理费 + 台班安拆费及场外运费 + 台班人工费 + 台班燃料动力费 + 台班车船税费 \tag{2.9}$$

注:工程造价管理机构在确定计价定额中的施工机械使用费时,应根据《建筑施工机械台班费用计算规则》结合市场调查编制施工机械台班单价。施工企业可以参考工程造价管理机构发布的台班单价,自主确定施工机械使用费的报价,如租赁施工机械,公式为:

$$施工机械使用费 = \sum(施工机械台班消耗量 \times 机械台班租赁单价) \tag{2.10}$$

(2)仪器仪表使用费:是指工程施工所需使用的仪器仪表的摊销及维修费用。

$$仪器仪表使用费 = 工程使用的仪器仪表摊销费 + 维修费 \tag{2.11}$$

4)企业管理费

企业管理费是指建筑安装企业组织施工生产和经营管理所需的费用。

(1)管理人员工资:是指按规定支付给管理人员的计时工资、奖金、津贴补贴、加班加点工资及特殊情况下支付的工资等。

(2)办公费:是指企业管理办公用的文具、纸张、账表、印刷、邮电、书报、办公软件、现场监控、会议、水电、烧水和集体取暖(降温)[包括现场临时宿舍取暖(降温)]等费用。

(3)差旅交通费:是指职工因公出差、调动工作的差旅费、住勤补助费,市内交通费和误餐补助费,职工探亲路费,劳动力招募费,职工退休、退职一次性路费,工伤人员就医路费,工地转移费以及管理部门使用的交通工具的油料、燃料等费用。

(4)固定资产使用费:是指管理和试验部门及附属生产单位使用的属于固定资产的房屋、设备、仪器等的折旧、大修、维修或租赁费。

(5)工具用具使用费:是指企业施工生产和管理使用的不属于固定资产的工具、器具、家具、交通工具和检验、试验、测绘、消防用具等的购置、维修和摊销费。

(6)劳动保险和职工福利费:是指由企业支付的职工退职金、按规定支付给离休干部的经费,以及集体福利费,夏季防暑降温、冬季取暖补贴,上下班交通补贴等。

(7)劳动保护费:是企业按规定发放的劳动保护用品的支出。如工作服、手套、防暑降温饮料以及在有碍身体健康的环境中施工的保健费用等。

(8)检验试验费:是指施工企业按照有关标准规定,对建筑以及材料、构件和建筑安装物进行一般鉴定、检查所发生的费用,包括自设试验室进行试验所耗用的材料等费用。不包括新结构、新材料的试验费,对构件做破坏性试验及其他特殊要求检验试验的费用,和建设单位委托检测机构进行检测的费用,对此类检测发生的费用,由建设单位在工程建设其他费用中列支。但对施工企业提供的具有合格证明的材料进行检测不合格的,该检测费用由施工企业支付。

(9)工会经费:是指企业按《工会法》规定的全部职工工资总额比例计提的工会经费。

(10)职工教育经费:是指按职工工资总额的规定比例计提,企业为职工进行专业技术和职业技能培训,专业技术人员继续教育、职工职业技能鉴定、职业资格认定以及根据需要对职工进行各类文化教育所发生的费用。

(11)财产保险费:是指施工管理用财产、车辆等的保险费用。

(12)财务费:是指企业为施工生产筹集资金或提供预付款担保、履约担保、职工工资支付担保等所发生的各种费用。

(13)税金:是指企业按规定缴纳的房产税、车船使用税、土地使用税、印花税等。

(14)城市维护建设税:是为加强城市的维护建设,扩大和稳定城市维护建设资金的来源,规定凡缴纳增值税、消费税的单位和个人,都应当依照规定缴纳城市维护建设税。城市维护建设税税率如下:纳税人所在地在市区的,税率为7%;纳税人所在地在县城、镇的,税率为5%;纳税人所在地不在市区、县城、镇的,税率为1%。采用一般计税法时,该费用计入企业管理费。

(15)教育费附加:是对缴纳增值税和消费税的单位和个人征收的一种附加费。其作用是为了发展地方性教育事业,扩大地方教育经费的资金来源。以纳税人实际缴纳的增值税和消费税的税额为计费依据,教育费附加的征收率为3%。采用一般计税法时,该费用计入企业管理费。

(16)地方教育附加:按照《关于统一地方教育附加政策有关问题的通知》(财综〔2010〕98号)要求,各地统一征收地方教育附加,地方教育附加征收标准为单位和个人实际缴纳的增值税和消费税税额的2%。采用一般计税法时,该费用计入企业管理费。

(17)其他:包括技术转让费、技术开发费、投标费、业务招待费、绿化费、广告费、公证费、法律顾问费、审计费、咨询费、保险费等。

企业管理费费率的计算方法如下:

(1)以分部分项工程费为计算基础

$$企业管理费费率(\%)=\frac{生产工人年平均管理费}{年有效施工天数 \times 人工单价} \times 人工费占分部分项工程费比例(\%)$$

(2.12)

（2）以人工费和机械费合计为计算基础

$$企业管理费费率（\%）=\frac{生产工人年平均管理费}{年有效施工天数×（人工单价＋每一工日机械使用费）}×100\%$$

（2.13）

（3）以人工费为计算基础

$$企业管理费费率（\%）=\frac{生产工人年平均管理费}{年有效施工天数×人工单价}×100\%$$ （2.14）

注：上述公式适用于施工企业投标报价时自主确定管理费，是工程造价管理机构编制计价定额确定企业管理费的参考依据。

营改增方案实施后，城市维护建设税、教育费附加、地方教育附加的计算基数均为应纳增值税额（即销项税额－进项税额），但由于在工程造价的前期预测时，无法明确可抵扣的进项税额的具体数额，造成此三项附加税无法计算。因此，根据关于印发《增值税会计处理规定》的通知（财会〔2016〕22号），城市维护建设税、教育费附加、地方教育附加等均作为"税金及附加"，在管理费中核算。

5）利润

利润是指施工企业完成所承包工程获得的盈利。施工企业根据企业自身需求并结合建筑市场实际自主确定，列入报价中。工程造价管理机构在确定计价定额中利润时，应以定额人工费或（定额人工费＋定额机械费）作为计算基数，其费率根据历年工程造价积累的资料，并结合建筑市场实际确定，以单位（单项）工程测算，利润在税前建筑安装工程费的比重可按不低于5%且不高于7%的费率计算。利润应列入分部分项工程和措施项目中。

6）规费

规费是指按国家法律、法规规定，由省级政府和省级有关权力部门规定必须缴纳或计取的费用。

（1）社会保险费

① 养老保险费：是指企业按照规定标准为职工缴纳的基本养老保险费。

② 失业保险费：是指企业按照规定标准为职工缴纳的失业保险费。

③ 医疗保险费：是指企业按照规定标准为职工缴纳的基本医疗保险费。

④ 生育保险费：是指企业按照规定标准为职工缴纳的生育保险费。

⑤ 工伤保险费：是指企业按照规定标准为职工缴纳的工伤保险费。

（2）住房公积金

住房公积金是指企业按规定标准为职工缴纳的住房公积金。

其他应列而未列入的规费，例如环境保护税，该笔费用不同的省份，乃至同省不同市的规定都有可能不一样，要根据当地的规定按实际发生计取。目前江苏省大部分地区建设项目的环境保护税是由建设方缴纳，比如江苏省苏州市苏工价〔2019〕5号规定"环境保护税"由各类建设工程的建设方（含代建方）按照相关规定向税务机关缴纳，在承发包工程造价中不再计列。而江苏省泰州市的泰政办发〔2018〕105号规定施工扬尘环境保护税由建设单位缴纳;但建设单位把施工扬尘环境保护税纳入施工合同工程价款的,由施工单位缴纳。

7) 税金

建筑安装工程费用的税金是指国家税法规定的应计入建筑安装工程造价内的增值税销项税额。增值税是以商品(含应税劳务)在流转过程中产生的增值额作为计税依据而征收的一种流转税。从计税原理上说,增值税是对商品生产、流通、劳务服务中多个环节的新增价值或商品的附加值征收的一种流转税。

增值税的计税方法,包括一般计税方法和简易计税方法。一般纳税人发生应税行为适用一般计税方法计税。小规模纳税人发生应税行为适用简易计税方法计税。

(1) 一般计税法

当采用一般计税法时,根据《关于深化增值税改革有关政策的公告》(财税〔2019〕39 号)调整后的建筑业增值税税率为 9%。计算公式为:

$$增值税销项税额 = 税前造价×9\% \tag{2.15}$$

税前造价为人工费、材料费、施工机具使用费、企业管理费、利润和规费之和,各费用项目均不包含增值税可抵扣进项税额的价格计算。

(2) 简易计税方法

税金包括增值税应纳税额、城市建设维护税、教育费附加及地方教育附加。

简易计税方法的增值税应纳税额,是指按照销售额和增值税征收率计算的增值税额,不得抵扣进项税额。

当采用简易计税方法时,建筑业增值税征收率为 3%。计算公式为:

$$增值税 = 含税造价×3\% \tag{2.16}$$

含税造价为人工费、材料费、施工机具使用费、企业管理费、利润和规费之和,各费用项目均以包含增值税进项税额的含税价格计算。

根据《营业税改征增值税试点实施办法》《营业税改征增值税试点有关事项的规定》以及《关于建筑服务等营改增试点政策的通知》的规定,简易计税方法主要适用于以下几种情况:

① 小规模纳税人发生应税行为适用简易计税方法计税。小规模纳税人通常是指纳税人提供建筑服务的年应征增值税销售额未超过 500 万元,并且会计核算不健全,不能按规定报送有关税务资料的增值税纳税人。年应税销售额超过 500 万元但不经常发生应税行为的单位也可选择按照小规模纳税人计税。

② 一般纳税人以清包工方式提供的建筑服务,可以选择适用简易计税方法计税。以清包工方式提供建筑服务,是指施工方不采购建筑工程所需的材料或只采购辅助材料,并收取人工费、管理费或者其他费用的建筑服务。

③ 一般纳税人为甲供工程提供的建筑服务,可以选择适用简易计税方法计税。甲供工程是指全部或部分设备、材料、动力由工程发包方自行采购的建筑工程。其中建筑工程总承包单位为房屋建筑的地基与基础、主体结构提供工程服务,建设单位自行采购全部或部分钢材、混凝土、砌体材料、预制构件的,适用简易计税方法计税。

④ 一般纳税人为建筑工程老项目提供的建筑服务,可以选择适用简易计税方法计税。

建筑工程老项目：A.《建筑工程施工许可证》注明的合同开工日期在 2016 年 4 月 30 日前的建筑工程项目；B. 未取得《建筑工程施工许可证》的，建筑工程承包合同注明的开工日期在 2016 年 4 月 30 日前的建筑工程项目。

2.2.3 建筑安装工程费用构成(按造价形成划分)

建筑安装工程费按照工程造价形成由分部分项工程费、措施项目费、其他项目费、规费、税金组成，分部分项工程费、措施项目费、其他项目费包含人工费、材料费、施工机具使用费、企业管理费和利润，如图 2.4 所示。

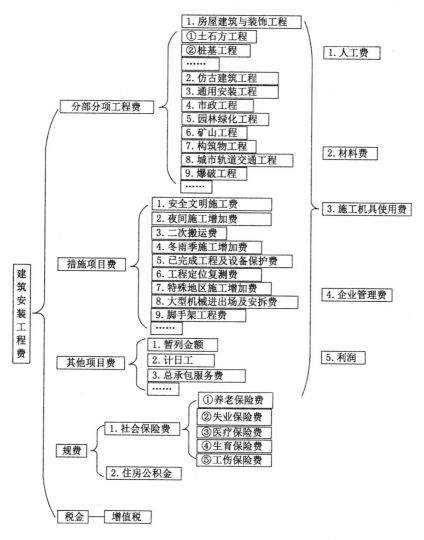

图 2.4　建筑安装工程造价的组成(按造价形成划分)

1) 分部分项工程费

分部分项工程费是指各专业工程的分部分项工程应予列支的各项费用。

(1) 专业工程：是指按现行国家计量规范划分的房屋建筑与装饰工程、仿古建筑工程、通用安装工程、市政工程、园林绿化工程、矿山工程、构筑物工程、城市轨道交通工程、爆破工程等各类工程。

（2）分部分项工程：指按现行国家计量规范对各专业工程划分的项目。如房屋建筑与装饰工程划分的土石方工程、地基处理与桩基工程、砌筑工程、钢筋及钢筋混凝土工程等。

各类专业工程的分部分项工程划分见现行国家或行业计量规范。

分部分项工程费的计算方法如下：

$$分部分项工程费 = \sum（分部分项工程量 \times 综合单价） \tag{2.17}$$

式中：综合单价包括人工费、材料费、施工机具使用费、企业管理费和利润以及一定范围的风险费用。

2）措施项目费

措施项目费是指为完成建设工程施工，发生于该工程施工前和施工过程中的技术、生活、安全、环境保护等方面的费用。

（1）安全文明施工费

① 环境保护费：是指施工现场为达到环保部门要求所需要的各项费用。

② 文明施工费：是指施工现场文明施工所需要的各项费用。

③ 安全施工费：是指施工现场安全施工所需要的各项费用。

④ 临时设施费：是指施工企业为进行建设工程施工所必须搭设的生活和生产用的临时建筑物、构筑物和其他临时设施费用。包括临时设施的搭设、维修、拆除、清理费或摊销费等。

⑤ 建筑工人实名制管理费：是指实施建筑工人实名制管理所需费用。根据住房和城乡建设部、人力资源和社会保障部联合发布的《建筑工人实名制管理办法（试行）》（建市〔2019〕18 号）的规定，实施建筑工人实名制管理费用可列入安全文明施工费和管理费。

安全文明施工费的计算方法如下：

$$安全文明施工费 = 计算基数 \times 安全文明施工费费率（\%） \tag{2.18}$$

计算基数应为定额基价（定额分部分项工程费＋定额中可以计量的措施项目费）、定额人工费或（定额人工费＋定额机械费），其费率由工程造价管理机构根据各专业工程的特点综合确定。

（2）夜间施工增加费：是指因夜间施工所发生的夜班补助费、夜间施工降效、夜间施工照明设备摊销及照明用电等费用。

$$夜间施工增加费 = 计算基数 \times 夜间施工增加费费率（\%） \tag{2.19}$$

（3）二次搬运费：是指因施工场地条件限制而发生的材料、构配件、半成品等一次运输不能到达堆放地点，必须进行二次或多次搬运所发生的费用。

$$二次搬运费 = 计算基数 \times 二次搬运费费率（\%） \tag{2.20}$$

（4）冬雨季施工增加费：是指在冬季或雨季施工需增加的临时设施、防滑、排除雨雪，人工及施工机械效率降低等费用。

$$冬雨季施工增加费 = 计算基数 \times 冬雨季施工增加费费率（\%）\qquad (2.21)$$

（5）已完工程及设备保护费：是指竣工验收前，对已完工程及设备采取的必要保护措施所发生的费用。

$$已完工程及设备保护费 = 计算基数 \times 已完工程及设备保护费费率（\%）\qquad (2.22)$$

上述式（2.19）～式（2.22）项措施项目的计费基数应为定额人工费或（定额人工费＋定额机械费），其费率由工程造价管理机构根据各专业工程特点和调查资料综合分析后确定。

（6）工程定位复测费：是指工程施工过程中进行全部施工测量放线和复测工作的费用。

（7）特殊地区施工增加费：是指工程在沙漠或其边缘地区，高海拔、高寒、原始森林等特殊地区施工增加的费用。

（8）大型机械设备进出场及安拆费：是指机械整体或分体自停放场地运至施工现场或由一个施工地点运至另一个施工地点，所发生的机械进出场运输与转移费用，以及机械在施工现场进行安装、拆卸所需的人工费、材料费、机械费、试运转费和安装所需的辅助设施的费用。

（9）脚手架工程费：是指施工需要的各种脚手架搭、拆、运输费用以及脚手架购置费的摊销（或租赁）费用。

措施项目费还包括模板费、排水降水费、超高施工增加费等，其包含的内容详见各类专业工程的现行国家或行业计量规范。

3）其他项目费

（1）暂列金额：是指建设单位在工程量清单中暂定并包括在工程合同价款中的一笔款项。用于施工合同签订时尚未确定或者不可预见的所需材料、工程设备、服务的采购，施工中可能发生的工程变更、合同约定调整因素出现时的工程价款调整以及发生的索赔、现场签证确认等的费用。

（2）暂估价：是指招标人在工程量清单中提供的用于支付必然发生但暂时不能确定价格的材料、工程设备的单价以及专业工程的金额。

（3）计日工：是指在施工过程中，施工企业完成建设单位提出的施工图纸以外的零星项目或工作所需的费用。

（4）总承包服务费：是指总承包人为配合、协调建设单位进行的专业工程发包，对建设单位自行采购的材料、工程设备等进行保管以及施工现场管理、竣工资料汇总整理等服务所需的费用。

4）规费

定义见本章2.2.2节。建设单位和施工企业均应按照省、自治区、直辖市或行业建设主管部门发布的标准计算规费，不得作为竞争性费用。

5）税金

定义见本章2.2.2节。建设单位和施工企业均应按照省、自治区、直辖市或行业建设主管部门发布的标准计算税金，不得作为竞争性费用。

【例 2.2】 某高层商业办公综合楼工程建筑面积为 90 586 m^2。根据计算,建筑分部分项工程单方造价为 2 300 元/m^2,安装分部分项工程单方造价为 1 200 元/m^2,装饰装修分部分项工程单方造价为 1 000 元/m^2,其中定额人工费占分部分项工程造价的 15%。措施费以分部分项工程费为计费基础,其中安全文明施工费费率为 1.5%,其他措施费费率合计 1%。其他项目费合计 800 万元,规费的计费基础为定额人工费,规费综合费率为 8%,增值税税率 9%,请计算该办公综合楼的招标控制价。

【解】 建筑分部分项工程造价总额 = 90 586 × 2 300

$\qquad$ = 208 347 800(元) = 20 834.78(万元)

安装分部分项工程造价总额 = 90 586 × 1 200

$\qquad$ = 108 703 200(元) = 10 870.32(万元)

装饰装修分部分项工程造价总额 = 90 586 × 1 000

$\qquad$ = 90 586 000(元) = 9 058.60(万元)

则分部分项工程费 = 20 834.78 + 10 870.32 + 9 058.60 = 40 763.70(万元)

措施项目费 = 分部分项工程费 × 2.5% = 40 763.70 × 2.5%

$\qquad$ = 1 019.092 5 = 1 019.09(万元)

其中:安全文明施工费 = 分部分项工程费 × 1.5%

$\qquad$ = 40 763.70 × 1.5% = 611.455 5 = 611.46(万元)

规费 = 定额人工费 × 8% = 40 763.70 × 15% × 8% = 489.164 4 = 489.16(万元)

税金 = (分部分项工程费 + 措施项目费 + 其他项目费 + 规费) × 税率

$\qquad$ = (40 763.70 + 1 019.09 + 800 + 489.16) × 9% = 43 071.95 × 9% = 3 876.48(万元)

招标控制价 = 分部分项工程费 + 措施项目费 + 其他项目费 + 规费 + 税金

$\qquad$ = 43 071.95 + 3 876.48 = 46 948.43(万元)

2.3 设备及工、器具购置费用

设备及工器具购置费用是由设备购置费和工、器具及生产家具购置费组成的,它是固定资产投资中的积极部分。在生产性工程建设中,设备及工、器具购置费用占工程造价比重的增大,意味着生产技术的进步和资本有机构成的提高。该笔费用由两项构成,一是设备购置费,由达到固定资产标准的设备工、器具的费用组成,二是工、器具及生产家具购置费,由不够固定资产标准的设备、仪器、工卡模具、器具、生产家具和备品备件等的购置费用组成。

2.3.1 设备购置费的构成及计算

设备购置费是指购置或自制的达到固定资产标准的设备、工具器具及生产家具的购置费用。

$\qquad$ 设备购置费 = 设备原价(含备品备件费) + 设备运杂费 $\qquad$ (2.23)

其中:设备原价是指国内采购设备的出厂价格,或国外采购设备的抵岸价格,设备原价通常包含备品备件费在内,备品备件费指设备购置时随设备同时订货的首套备品备件所发生的费用;设备运杂费是指除设备原价之外的关于设备采购、运输、途中包装及仓库保管等方面支出费用的总和。如果设备是由设备成套公司供应的,成套公司的服务费也应计入设备运杂费之中。

1)国产设备原价的构成及计算

国产设备原价一般指的是设备制造厂的交货价或订货合同价。分为国产标准设备原价和国产非标准设备原价。

(1)国产标准设备原价

国产标准设备原价是指按照主管部门颁发的标准图纸和技术要求,由我国设备生产厂批量生产的,符合国家质量检测标准的设备。国产标准设备原价一般指的是设备制造厂的交货价,即出厂价。如果设备是由设备成套公司供应,则以订货合同价为设备原价。有的设备两种出厂价,即带有备件的出厂价和不带有备件的出厂。在计算时,一般采用带有备件的原价。

(2)国产非标准设备原价

国产非标准设备原价是指国家尚无定型标准,各设备生产厂不可能采用批量生产,只能按一次订货,并根据具体的设计图纸制造的设备。非标准设备原价有多种不同的计算方法,如成本计算估价法、系列设备插入估价法、分部组合估价法、定额估价法等。但无论采用哪种方法都应该使非标准设备计价接近实际出厂价,并且计算方法要简便。

按成本计算估价法,非标准设备的原价由以下各项组成:

① 材料费

$$材料费 = 材料净重×(1+加工损耗系数)×每吨材料综合价 \qquad (2.24)$$

② 加工费

加工费包括生产工人工资和工资附加费、燃料动力费、设备折旧费、车间经费等。其计算公式是:

$$加工费 = 设备总重量(t)×设备每吨加工费 \qquad (2.25)$$

③ 辅助材料费(简称辅材费)

辅材费包括焊条、焊丝、氧气、氩气、氮气、油漆、电石等费用。其计算公式是:

$$辅助材料费 = 设备总重量(t)×辅助材料费指标 \qquad (2.26)$$

④ 专用工具费

专用工具费是按照①~③项之和乘以一定百分比计算的。

⑤ 废品损失费

废品损失费是按照①~④项之和乘以一定百分比计算的。

⑥ 外购配套件费

外购配套件费是按设备设计图纸所列的外购配套件的名称、型号、规格、数量、重量,根据相应的价格加运杂费计算。

⑦ 包装费

包装费是按照以上①～⑥项之和乘以一定百分比计算的。

⑧ 利润

利润是按照①～⑤项加第⑦项之和乘以一定利润率计算的。

⑨ 税金

税金主要指增值税。其计算公式是：

$$增值税 = 当期销项税额 - 进项税额 \tag{2.27}$$

其中：当期销项税额＝销售额×适用增值税率(销售额为①～⑧项之和)

⑩ 非标准设备设计费

非标准设备设计费按照国家规定的设计费标准计算。

综上所述,单台非标准设备原价可用下面的公式表达：

$$
\begin{aligned}
单台非标准设备原价 = &\{[(材料费＋加工费＋辅助材料费)×(1＋专用工具费率)× \\
&(1＋废品损失费率)＋外购配套件费]×(1＋包装费率)－外 \\
&购配套件费\}×(1＋利润率)＋销项税额＋非标准设备设计费 \\
&＋外购配套件费 \tag{2.28}
\end{aligned}
$$

【例2.3】 某项目需购入一台国产非标准设备,该设备材料费12万元,加工费3万元,辅助材料费1.8万元,外购配套件费1.5万元,专用工具费3%,废品损失率及包装费率皆为2%,增值税率为17%,利润为10%,非标准设备设计费0.5万元,则该国产非标准设备的原价为多少万元?

【解】 专用工具费 ＝ (12＋3＋1.8)×3% ＝ 0.504(万元)

废品损失费 ＝ (12＋3＋1.8＋0.504)×2% ＝ 0.346(万元)

包装费 ＝ (12＋3＋1.8＋0.504＋0.346＋1.5)×2% ＝ 0.383(万元)

利润 ＝ (12＋3＋1.8＋0.504＋0.346＋0.383)×10% ＝ 1.803(万元)

销项税金＝ (12＋3＋1.8＋0.504＋0.346＋1.5＋0.383＋1.803)×17%

＝ 3.627(万元)

非标准设备原价 ＝ 12＋3＋1.8＋0.504＋0.346＋1.5＋0.383＋1.803＋3.627＋0.5

＝ 25.46(万元)

2) 进口设备原价的构成及计算

进口设备的原价是指进口设备的抵岸价,即抵达买方边境港口或边境车站,且交完关税后形成的价格。在国际贸易中,进口设备抵岸价的构成与进口设备的交货类别有关。交易双方所使用的交货类别不同,则交易价格的构成内容也有差异。

(1) 进口设备的交货类别及特点

进口设备的交货类别可分为内陆交货类、目的地交货类、装运港交货类。

① 内陆交货类。即卖方在出口国内陆的某个地点交货。在交货地点,卖方及时提交合同规定的货物和有关凭证,并负担交货前的一切费用和风险;买方按时接受货物,交付货

款,负担交货后的一切费用和风险,并自行办理出口手续和装运出口。货物的所有权也在交货后由卖方移交给买方。

②目的地交货类。即卖方在进口国的港口或内地交货,有目的港船上交货价、目的港船边交货价(FOS)和目的港码头交货价(关税已付)及完税后交货价(进口国的指定地点)等几种交货价。它们的特点是:买卖双方承担的责任、费用和风险是以目的地约定交货点为界线,只有当卖方在交货点将货物置于买方控制下才算交货,才能向买方收取货款。这种交货类别对卖方来说承担的风险较大,在国际贸易中卖方一般不愿采用。

③装运港交货类。即卖方在出口国装运港交货,主要有装运港船上交货价(FOB),习惯称离岸价格,运费在内价(C&F)和运费、保险费在内价(CIF),习惯称到岸价格。它们的特点是卖方按照约定的时间在装运港交货,只要卖方把合同规定的货物装船后提供货运单据便完成交货任务,可凭单据收回货款。装运港船上交货(FOB)是我国进口设备采用最多的一种货价,FOB费用划分与风险转移的分界点相一致。

(2) 进口设备抵岸价的构成及计算

进口设备采用最多的是装运港船上交货价(FOB),其抵岸价的构成可概括为:

$$进口设备抵岸价 = 进口设备到岸价(CIF) + 进口从属费 = 货价(FOB) + 国际运费 + 运输保险费 + 银行财务费 + 外贸手续费 + 关税 + 消费税 + 进口环节增值税 + 车辆购置税 \tag{2.29}$$

① 进口设备到岸价的构成及计算

$$进口设备到岸价(CIF) = 离岸价格(FOB) + 国际运费 + 运输保险费 \tag{2.30} = 运费在内价(CFR) + 运输保险费$$

A. 货价。一般指装运港船上交货价(FOB)。设备货价分为原币货价和人民币货价,原币货价一律折算为美元表示,人民币货价按原币货价乘以外汇市场美元兑换人民币中间价确定。进口设备货价按有关生产厂商询价、报价、订货合同价计算。

B. 国际运费。即从装运港(站)到达我国抵达港(站)的运费。我国进口设备大部分采用海洋运输,小部分采用铁路运输,个别采用航空运输。进口设备国际运费计算公式为:

$$国际运费(海、陆、空) = 原币货价(FOB) \times 运费率(\%) \tag{2.31}$$

$$国际运费(海、陆、空) = 运量 \times 单位运价 \tag{2.32}$$

其中:运费率或单位运价参照有关部门或进出口公司的规定执行。

C. 运输保险费。对外贸易货物运输保险是由保险人(保险公司)与被保险人(出口人或进口人)订立保险契约,在被保险人交付议定的保险费后,保险人根据保险契约的规定对货物在运输过程中发生的承保责任范围内的损失给予经济上的补偿。这是一种财产保险。

$$运输保险费 = \frac{原币货价(FOB) + 国外运费}{1 - 保险费率} \times 保险费率 \tag{2.33}$$

运输保险公式的理解注释如图 2.5 所示：

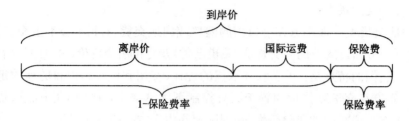

图 2.5　运输保险公式推导图示

② 进口从属费的构成及计算

$$进口从属费 = 银行财务费 + 外贸手续费 + 关税 + 消费税 +$$
$$进口环节增值税 + 车辆购置税 \qquad (2.34)$$

A. 银行财务费，一般是指中国银行手续费。

$$银行财务费 = 人民币货价(FOB) \times 银行财务费率 \qquad (2.35)$$

B. 外贸手续费，指按对外经济贸易部规定的外贸手续费率计取的费用，外贸手续费率一般取 1.5%。计算公式为：

$$外贸手续费 = [货价(FOB) + 国际运费 + 运输保险费] \times 外贸手续费率 \qquad (2.36)$$

C. 关税，由海关对进出国境或关境的货物和物品征收的一种税。计算公式为：

$$关税 = [货价(FOB) + 国际运费 + 运输保险费] \times 进口关税税率 \qquad (2.37)$$

进口关税税率分为优惠和普通两种。优惠税率适用于与我国签订有关税互惠条款的贸易条约或协定的国家的进口设备；普通税率适用于与我国未订有关税互惠条款的贸易条约或协定的国家的进口设备。进口关税税率按我国海关总署发布的进口关税税率计算。

D. 消费税，对部分进口设备（如轿车、摩托车等）征收，一般计算公式为：

$$应纳消费税税额 = \frac{到岸价格(CIF) \times 人民币外汇汇率 + 关税}{1 - 消费税税率} \times 消费税税率$$

$$(2.38)$$

其中：消费税税率根据规定的税率计算，该公式推导类似于运输保险费公式。

E. 进口环节增值税，是对从事进口贸易的单位和个人，在进口商品报关进口后征收的税种。我国增值税条例规定，进口应税产品均按组成计税价格和增值税税率直接计算应纳税额。即：

$$进口产品增值税额 = 组成计税价格 \times 增值税税率 \qquad (2.39)$$

$$组成计税价格 = 关税完税价格 + 关税 + 消费税 \qquad (2.40)$$

增值税税率根据规定的税率计算。

F. 车辆购置附加费，进口车辆需缴进口车辆购置附加费。其公式如下：

进口车辆购置附加费 ＝（到岸价＋关税＋消费税＋增值税）×进口车辆购置附加费率

$$(2.41)$$

【例 2.4】 从美国进口某设备,重量 800 t,装运港船上交货价为 600 万美元,工程建设项目位于国内某直辖市。如果国际运费标准为 310 美元/t,海上运输保险费率为 3‰,银行财务费率为 5‰,外贸手续费率为 1.5％,关税税率为 22％,增值税的税率为 17％,消费税税率 10％,银行外汇牌价均按 1 美元＝6.8 元人民币,该设备的原价为多少万元人民币?

【解】 进口设备离岸价 FOB＝600×6.8＝4 080（万元）

国际运费＝310×800×6.8＝1 686 400（元）＝168.64（万元）

海运保险费＝（4 080＋168.64）÷（1－3‰）×3‰＝12.78（万元）

CIF＝4 080＋168.64＋12.78＝4 261.42（万元）

银行财务费＝4 080×5‰＝20.40（万元）

外贸手续费＝4 261.42×1.5％＝63.92（万元）

关税＝4 261.42×22％＝937.51（万元）

消费税＝（4 261.42＋937.51）÷（1－10％）×10％＝577.66（万元）

增值税＝（4 261.42＋937.51＋577.66）×17％＝982.02（万元）

进口从属费＝20.40＋63.92＋937.51＋577.66＋982.02＝2 581.51（万元）

进口设备原价＝4 261.42＋2 581.51＝6 842.93（万元）

3）设备运杂费的构成及计算

设备运杂费通常由下列各项构成:

(1) 运费和装卸费。国产设备由设备制造厂交货地点起至工地仓库(或施工组织设计指定的需要安装设备的堆放地点)止所产生的运费和装卸费;进口设备则由我国到岸港口或边境车站起至工地仓库(或施工组织设计指定的需要安装设备的堆放地点)止所产生的运费和装卸费。

(2) 包装费。在设备原价中没有包含的,为运输而进行的包装支出的各种费用。

(3) 设备供销部门的手续费。按有关部门规定的统一费率计算。

(4) 采购与仓库保管费。采购与仓库保管费是指采购、验收、保管和收发设备所发生的各种费用,包括设备采购人员、保管人员和管理人员的工资、工资附加费、办公费、差旅交通费,设备供应部门办公和仓库所占固定资产使用费、工具用具使用费、劳动保护费、检验试验费等。这些费用可按主管部门规定的采购与保管费费率计算。

设备运杂费按设备原价乘以设备运杂费率计算,其公式为:

$$设备运杂费 ＝ 设备原价×设备运杂费率 \qquad (2.42)$$

其中:设备运杂费率按各部门及省、市等的规定计取。

2.3.2 工具、器具及生产家具购置费的构成及计算

工具、器具及生产家具购置费,是指新建或扩建项目初步设计规定的,保证初期正常生产必须购置的没有达到固定资产标准的设备、仪器、工卡模具、器具、生产家具和备品备件

等的购置费用。一般以设备购置费为计算基数,按照部门或行业规定的工具、器具及生产家具费率计算。计算公式为:

$$工具器具及生产家具购置费 = 设备购置费 \times 定额费率 \qquad (2.43)$$

2.4 工程建设其他费用

工程建设其他费用是指建设期发生的与土地使用权取得、全部工程项目建设以及未来生产经营有关的,除工程费用、预备费、增值税、建设期融资费用、流动资金以外的费用。工程建设其他费用包括的具体内容如图 2.6 所示:

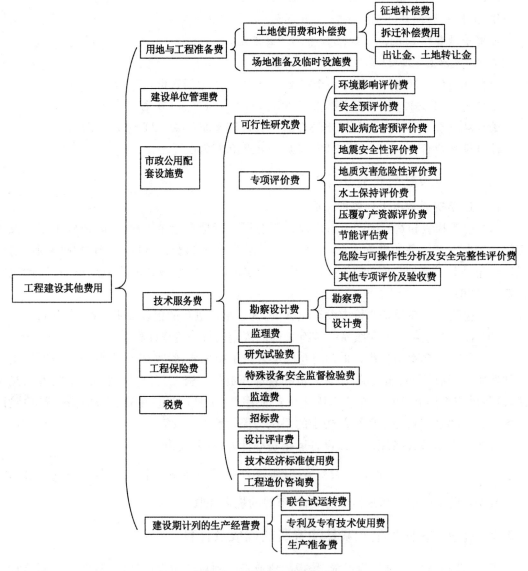

图 2.6　工程建设其他费用

政府有关部门对建设项目管理监督所发生的,并由其部门财政支出的费用,不得列入相应建设项目的工程造价。

2.4.1 建设单位管理费

《建设项目投资估算编审规程(CECA/GC1-2015)》中指出建设管理费一般包含建设单位管理费、工程总承包管理费、工程监管费和工程造价咨询费等,建设单位管理费的内容和计算如下。

1)建设单位管理费的内容

建设单位管理费是指项目建设单位从项目筹建之日起至办理竣工财务决算之日止发生的管理性质的支出。包括工作人员薪酬及相关费用、办公费、办公场地租用费、差旅交通费、劳动保护费、工具用具使用费、固定资产使用费、招募生产工人费、技术图书资料费(含软件)、业务招待费、竣工验收费和其他管理性质开支。

2)建设单位管理费的计算

建设单位管理费按照工程费用之和(包括设备工器具购置费和建筑安装工程费用)乘以建设单位管理费费率计算。

$$建设单位管理费 = 工程费用 \times 建设单位管理费费率 \tag{2.44}$$

实行代建制管理的项目,计列代建管理费等同建设单位管理费,不得同时计列建设单位管理费。委托第三方行使部分管理职能的,其技术服务费列入技术服务费项目。

2.4.2 用地与工程准备费

用地与工程准备费是指取得土地与工程建设施工准备所发生的费用。包括土地使用费和补偿费、场地准备费、临时设施费等。

1)土地使用费和补偿费

任何一个建设项目都必须占用一定的土地,因此为获得建设用地而支付的费用就形成了土地使用费和补偿费。

根据《中华人民共和国土地管理法》《中华人民共和国土地管理法实施条例》《中华人民共和国城市房地产管理法》规定,获取国有土地使用权的基本方法有两种:一是出让方式,二是划拨方式。建设土地取得的基本方式还包括租赁和转让方式。

建设用地通过行政划拨方式取得土地使用权,则须支付征地补偿费用或对原用地单位或个人的拆迁补偿费用;若通过市场机制取得土地使用权,则不但承担以上费用,还须向土地所有者支付有偿使用费,即土地使用权出让金。

(1)征地补偿费

① 土地补偿费。土地补偿费是对农村集体经济组织因土地被征用而造成的经济损失的一种补偿,该补偿费归农村集体经济组织所有。补偿费的计算为该耕地被征用前三年平均年产值的6~10倍。征用其他土地的补偿费标准,由省、自治区、直辖市参照征用耕地的土地补偿费标准制定。

② 青苗补偿费和地上附着物补偿费。青苗补偿费是因征地时对其正在生长的农作物受到损害而做出的一种赔偿。在农村实行承包责任制后,农民自行承包土地的青苗补偿费应付给本人,属于集体种植的青苗补偿费可纳入当年集体收益。凡在协商征地方案后抢种的农作物、树木等,一律不予补偿。地上附着物是指房屋、水井、树木、涵洞、桥梁、公路、水利设施、林木等地面建筑物、构筑物、附着物等。视协商征地方案前地上附着物价值与折旧情况确定,应根据"拆什么、补什么;拆多少,补多少,不低于原来水平"的原则确定。如附着物产权属个人,则该项补助费付给个人。地上附着物的补偿标准,由省、自治区、直辖市规定。

③ 安置补助费。安置补助费应支付给被征地单位和安置劳动力的单位,作为劳动力安置与培训的支出,以及作为不能就业人员的生活补助。征收耕地的安置补助费,按照需要安置的农业人口数计算。需要安置的农业人口数,按照被征收的耕地数量除以征地前被征收单位平均每人占有耕地的数量计算。每一个需要安置的农业人口的安置补助费标准,为该耕地被征收前三年平均年产值的4～6倍。但是,每公顷被征收耕地的安置补助费,最高不得超过被征收前三年平均年产值的15倍。土地补偿费和安置补助费,尚不能使需要安置的农民保持原有生活水平的,经省、自治区、直辖市人民政府批准,可以增加安置补助费。但是,土地补偿费和安置补助费的总和不得超过土地被征收前三年平均年产值的30倍。另外,对于失去土地的农民,还需要支付养老保险补偿。

④ 新菜地开发建设基金。新菜地开发建设基金指征用城市郊区商品菜地时支付的费用。这项费用交给地方财政,作为开发建设新菜地的投资。菜地是指城市郊区为供应城市居民蔬菜,连续三年以上常年种菜地或者养殖鱼、虾等的商品菜地和精养鱼塘。在蔬菜产销放开后,能够满足供应,不再需要开发新菜地的城市,不收取新菜地开发基金。

⑤ 耕地开垦费和森林植被恢复费。征用耕地的包括耕地开垦费用、涉及森林草原的包括森林植被恢复费用等。

⑥ 生态补偿与压覆矿产资源补偿费。水土保持等生态补偿费是指建设项目对水土保持等生态造成影响所发生的除工程费之外补救或者补偿费用;压覆矿产资源补偿费是指项目工程对被其压覆的矿产资源利用造成影响所发生的补偿费用。

⑦ 其他补偿费。其他补偿费是指建设项目涉及的对房屋、市政、铁路、公路、管道、通信、电力、河道、水利、厂区、林区、保护区、矿区等不附属于建设用地但与建设项目相关的建筑物、构筑物或设施的拆除、迁建补偿、搬迁运输补偿等费用。

⑧ 土地管理费。土地管理费主要作为征地工作中所发生的办公、会议、培训、宣传、差旅、借用人员工资等必要的费用。土地管理费的收取标准,一般是在土地补偿费、青苗补偿费和地上附着物补偿费、安置补助费四项费用之和的基础上提取2%～4%。如果是征地包干,还应在四项费用之和后再加上粮食价差、副食补贴、不可预见费等费用,在此基础上提取2%～4%作为土地管理费。

【例2.5】 某企业为了某一工程建设项目,需要征用耕地100亩,被征用前第一年平均每亩产值1 200元,征用前第二年平均每亩产值1 100元,征用前第三年平均每亩产值1 000元,该单位人均耕地2.5亩,地上附着物共有树木3 000棵,按照20元/棵补偿,青苗补偿按照 100 元/亩计取,土地补偿费和安置补助费分别为前三年该耕地平均每亩产值的 8 倍和 5 倍,现试对该土地费用进行估价。

【解】 该耕地征用前三年的平均每亩产值＝(1 200＋1 100＋1 000)÷3

$$＝1 100.00(元)$$

根据国家有关规定,取被征用前三年产值的 8 倍计算土地补偿费,则有:

土地补偿费＝1 100×100×8＝880 000(元)＝88.00(万元)

取该耕地被征用前三年平均产值的 5 倍计算安置补助费,则:

需要安置的农业人口＝100÷2.5＝40(人)

安置补助费＝1 100×5×40＝220 000(元)＝22.00(万元)

地上附着物补偿费＝3 000×20＝60 000(元)＝6.00(万元)

青苗补偿费＝100×100＝10 000(元)＝1.00(万元)

土地费用共计:88＋22＋6＋1＝117.00(万元)

(2)拆迁补偿费用

在城市规划区内国有土地上实施房屋拆迁,拆迁人应当对被拆迁人给予补偿、安置。

① 拆迁补偿金,补偿方式可以实行货币补偿,也可以实行房屋产权调换。货币补偿的金额,根据被拆迁房屋的区位、用途、建筑面积等因素,以房地产市场评估价格确定。具体办法由省、自治区、直辖市人民政府制定。

实行房屋产权调换的,拆迁人与被拆迁人按照计算得到的被拆迁房屋的补偿金额和所调换房屋的价格,结清产权调换的差价。

② 迁移补偿费。包括征用土地上的房屋及附属构筑物、城市公共设施等拆除、迁建补偿费、搬迁运输费,企业单位因搬迁造成的减产、停工损失补贴费,拆迁管理费等。

拆迁人应当对被拆迁人或者房屋承租人支付搬迁补助费,对于在规定的搬迁期限届满前搬迁的,拆迁人可以付给提前搬家奖励费;在过渡期限内,被拆迁人或者房屋承租人自行安排住处的,拆迁人应当支付临时安置补助费;被拆迁人或者房屋承租人使用拆迁人提供的周转房的,拆迁人不支付临时安置补助费。迁移补偿费的标准,由省、自治区、直辖市人民政府规定。

(3)出让金、土地转让金

土地使用权出让金为用地单位向国家支付的土地所有权收益,出让金标准一般参考城市基准地价并结合其他因素制定。基准地价由市土地管理局会同市物价局、市国有资产管理局、市房地产管理局等部门综合平衡后报市级人民政府审定通过,它以城市土地综合定级为基础,用某一地价或地价幅度表示某一类别用地在某一土地级别范围的地价,以此作为土地使用权出让价格的基础。

在有偿出让和转让土地时,政府对地价不做统一规定,但应坚持以下原则:即地价对目前的投资环境不产生大的影响;地价与当地的社会经济承受能力相适应;地价要考虑已投入的土地开发费用、土地市场供求关系、土地用途、所在区类、容积率和使用年限等。有偿出让和转让使用权,要向土地受让者征收契税;转让土地如有增值,要向转让者征收土地增值税;土地使用者每年应按规定的标准缴纳土地使用费。土地使用权出让或转让,应先由地价评估机构进行价格评估后,再签订土地使用权出让和转让合同。

土地使用权出让合同约定的使用年限届满,土地使用者需要继续使用土地的,应当至迟于届满前一年申请续期,除根据社会公共利益需要收回该幅土地的,应当予以批准。经批准准予续期的,应当重新签订土地使用权出让合同,依照规定支付土地使用权出让金。

2) 场地准备及临时设施费

(1) 场地准备及临时设施费的内容

① 建设项目场地准备费是指为使工程项目的建设场地达到开工条件,由建设单位组织进行的场地平整等准备工作而发生的费用。

② 建设单位临时设施费是指建设单位为满足施工建设需要而提供的未列入工程费用的临时水、电、路、信、气、热等工程和临时仓库等建(构)筑物的建设、维修、拆除、摊销费用或租赁费用,以及货场、码头租赁等费用。

(2) 场地准备及临时设施费的计算

① 场地准备及临时设施应尽量与永久性工程统一考虑。建设场地的大型土石方工程应进入工程费用中的总图运输费用中。

② 新建项目的场地准备和临时设施费应根据实际工程量估算,或按工程费用的比例计算。改扩建项目一般只计拆除清理费。

$$场地准备和临时设施费 = 工程费用 \times 费率 + 拆除清理费 \qquad (2.45)$$

③ 发生拆除清理费时可按新建同类工程造价或主材费、设备费的比例计算。凡可回收材料的拆除工程采用以料抵工方式冲抵拆除清理费。

④ 此项费用不包括已列入建筑安装工程费用中的施工单位临时设施费用。

2.4.3 市政公用配套设施费

市政公用配套设施费是指使用市政公用设施的工程项目,按照项目所在地政府有关规定建设或缴纳的市政公用设施建设配套费用。市政公用配套设施可以是界区外配套的水、电、路、信等,包括绿化、人防等配套设施。

2.4.4 技术服务费

技术服务费是指在项目建设全部过程中委托第三方提供项目策划、技术咨询、勘察设计、项目管理和跟踪验收评估等技术服务发生的费用。按照国家发展改革委关于《进一步放开建设项目专业服务价格的通知》(发改价格〔2015〕299号)的规定,技术服务费应实行市场调节价计算,它包括下列 11 大类费用。

1) 可行性研究费

可行性研究费是指在工程项目投资决策阶段,对有关建设方案、技术方案或生产经营方案进行的技术经济论证,以及编制、评审可行性研究报告等所需的费用。包括项目建议书、预可行性研究、可行性研究费等。

2）专项评价费

专项评价费是指建设单位按照国家规定委托相关单位开展专项评价及有关验收工作发生的费用。

专项评价费包括环境影响评价费、安全预评价费、职业病危害预评价费、地震安全性评价费、地质灾害危险性评价费、水土保持评价费、压覆矿产资源评价费、节能评估费、危险与可操作性分析及安全完整性评价费以及其他专项评价及验收费。

（1）环境影响评价费

环境影响评价费是指在工程项目投资决策过程中，对其进行环境污染或影响评价所需的费用。包括编制环境影响报告书（含大纲）、环境影响报告表和评估等所需的费用，以及建设项目竣工验收阶段环境保护验收调查和环境监测、编制环境保护验收报告的费用。

（2）安全预评价费

安全预评价费是指为预测和分析建设项目存在的危害因素种类和危险危害程度，提出先进、科学、合理可行的安全技术和管理对策，而编制评价大纲、编写安全评价报告书和评估等所需的费用。

（3）职业病危害预评价费

职业病危害预评价费是指建设项目因可能产生职业病危害，而编制职业病危害预评价书、职业病危害控制效果评价书和评估所需的费用。

（4）地震安全性评价费

地震安全性评价费是指通过对建设场地和场地周围的地震活动与地震、地质环境的分析，而进行的地震活动环境评价、地震地质构造评价、地震地质灾害评价，编制地震安全评价报告书和评估所需的费用。

（5）地质灾害危险性评价费

地质灾害危险性评价费是指在灾害易发区对建设项目可能诱发的地质灾害和建设项目本身可能遭受的地质灾害危险程度的预测评价，编制评价报告书和评估所需的费用。

（6）水土保持评价费

水土保持评价费是指对建设项目在生产建设过程中可能造成水土流失进行预测，编制水土保持方案和评估所需的费用。

（7）压覆矿产资源评价费

压覆矿产资源评价费是指对需要压覆重要矿产资源的建设项目，编制压覆重要矿床评价和评估所需的费用。

（8）节能评估费

节能评估费是指对建设项目的能源利用是否科学合理进行分析评估，并编制节能评估报告以及评估所发生的费用。

（9）危险与可操作性分析及安全完整性评价费

危险与可操作性分析及安全完整性评价费是指对应用于生产具有流程性工艺特征的新建、改建、扩建项目进行工艺危害分析和对安全仪表系统的设置水平及可靠性进行定量评估所发生的费用。

（10）其他专项评价及验收费

根据国家法律法规，建设项目所在省、自治区、直辖市人民政府有关规定，以及行业规定需进行的其他专项评价、评估、咨询所需的费用。如重大投资项目社会稳定风险评估、防洪评价、交通影响评价费等。

3）勘察设计费

（1）勘察费

勘察费是指勘察人根据发包人的委托，收集已有资料、现场踏勘、制定勘察纲要，进行勘察作业，以及编制工程勘察文件和岩土工程设计文件等收取的费用。

（2）设计费

设计费是指设计人根据发包人的委托，提供编制建设项目初步设计文件、施工图设计文件、非标准设备设计文件、竣工图文件等服务所收取的费用。

4）监理费

监理费是指受建设单位委托，工程监理单位为工程建设提供监理服务所发生的费用。

5）研究试验费

研究试验费是指为建设项目提供或验证设计参数、数据、资料等进行必要的研究试验，以及设计规定在建设过程中必须进行试验、验证所需的费用。包括自行或委托其他部门的专题研究、试验所需人工费、材料费、试验设备及仪器使用费等。这项费用按照设计单位根据本工程项目的需要提出的研究试验内容和要求计算。在计算时要注意不应包括以下项目：

（1）应由科技三项费用（即新产品试制费、中间试验费和重要科学研究补助费）开支的项目。

（2）应在建筑安装费用中列支的施工企业对建筑材料、构件和建筑物进行一般鉴定、检查所发生的费用及技术革新的研究试验费。

（3）应由勘察设计费或工程费用中开支的项目。

6）特殊设备安全监督检验费

特殊设备安全监督检验费是指对在施工现场安装的列入国家特种设备范围内的设备（设施）检验检测和监督检查所发生的应列入项目开支的费用。

7）监造费

监造费是指对项目所需设备材料制造过程、质量进行驻厂监督所发生的费用。设备材料监造是指承担设备监造工作的单位受项目法人或建设单位的委托，按照设备、材料供货合同的要求，坚持客观公正、诚信科学的原则，对工程项目所需设备、材料在制造和生产过程中的工艺流程、制造质量等进行监督，并对委托人（项目法人或建设单位）负责的服务。

8）招标费

招标费是指建设单位委托招标代理机构进行招标服务所发生的费用。

9）设计评审费

设计评审费是指建设单位委托有资质的机构对设计文件进行评审的费用。设计文件包括初步设计文件和施工图设计文件等。

10）技术经济标准使用费

技术经济标准使用费是指建设项目投资确定与计价、费用控制过程中使用相关技术经济标准时所发生的费用。

11）工程造价咨询费

工程造价咨询费是指建设单位委托造价咨询机构进行各阶段相关造价业务工作所发生的费用。

2.4.5 建设期计列的生产经营费

建设期计列的生产经营费是指为达到生产经营条件在建设期发生或将要发生的费用。包括专利及专有技术使用费、联合试运转费、生产准备费等。

1）专利及专有技术使用费

专利及专有技术使用费是指在建设期内为取得专利、专有技术、商标权、商誉、特许经营权等发生的费用。

（1）专利及专有技术使用费的主要内容

① 工艺包费、设计及技术资料费、有效专利、专有技术使用费、技术保密费和技术服务费等。

② 商标权、商誉和特许经营权费。

③ 软件费等。

（2）专利及专有技术使用费的计算

在进行专利及专有技术使用费的计算时应注意以下问题：

① 按专利使用许可协议和专有技术使用合同的规定计列。

② 专有技术的界定应以省、部级鉴定批准为依据。

③ 项目投资中只计需在建设期支付的专利及专有技术使用费。协议或合同规定在生产期支付的使用费应在生产成本中核算。

④ 一次性支付的商标权、商誉及特许经营权费按协议或合同规定计列。协议或合同规定在生产期支付的商标权或特许经营权费应在生产成本中核算。

⑤ 为项目配套的专用设施投资，包括专用铁路线、专用公路、专用通信设施、送变电站、地下管道、专用码头等，如由项目建设单位负责投资但产权不归属本单位的，应作无形资产处理。

2）联合试运转费

联合试运转费是指新建或新增加生产能力的工程项目，在交付生产前按照设计文件规定的工程质量标准和技术要求，对整个生产线或装置进行负荷联合试运转所发生的费用净支出（试运转支出大于收入的差额部分费用）。试运转支出包括试运转所需原材料、燃料及动力消耗、低值易耗品、其他物料消耗、工具用具使用费、机械使用费、联合试运转人员工资、施工单位参加试运转人员工资、专家指导费，以及必要的工业炉烘炉费等；试运转收入包括试运转期间的产品销售收入和其他收入。联合试运转费不包括应由设备安装工程费用开支的调试及试车费用,以及在试运转中暴露出来的因施工原因或设备缺陷等发生的处理费用。

3)生产准备费

(1)生产准备费的内容

在建设期内,建设单位为保证项目正常生产所做的提前准备工作发生的费用,包括人员培训、提前进厂费,以及投产使用必备的办公、生活家具用具及工器具等的购置费用。

① 人员培训及提前进厂费。包括自行组织培训或委托其他单位培训的人员工资、工资性补贴、职工福利费、差旅交通费、劳动保护费、学习资料费等。

② 为保证初期正常生产(或营业、使用)所必需的生产办公、生活家具用具购置费。

(2)生产准备费的计算

① 新建项目按设计定员为基数计算,改扩建项目按新增设计定员为基数计算:

$$生产准备费＝设计定员×生产准备费指标(元/人) \tag{2.46}$$

② 可采用综合的生产准备费指标进行计算,也可以按费用内容的分类指标计算。

2.4.6 工程保险费

工程保险费是指为转移工程项目建设的意外风险,在建设期内对建筑工程、安装工程、机械设备和人身安全进行投保而发生的费用。包括建筑安装工程一切险、引进设备财产保险和人身意外伤害险等。不同的建设项目可根据工程特点选择投保险种。

根据不同的工程类别,分别以其建筑、安装工程费乘以建筑、安装工程保险费率计算。民用建筑(住宅楼、综合性大楼、商场、旅馆、医院、学校)占建筑工程费的 2‰～4‰;其他建筑(工业厂房、仓库、道路、码头、水坝、隧道、桥梁、管道等)占建筑工程费的 3‰～6‰;安装工程(农业、工业、机械、电子、电器、纺织、矿山、石油、化学及钢铁工业、钢结构桥梁)占建筑工程费的 3‰～6‰。

2.4.7 税费

按财政部《基本建设项目建设成本管理规定》(财建〔2016〕504 号)工程其他费中的有关规定,税费统一归纳计列,是指耕地占用税、城镇土地使用税、印花税、车船使用税等和行政性收费,不包括增值税。

2.5 预备费、贷款利息、投资方向调节税

2.5.1 预备费

预备费是指在建设期内因各种不可预见因素的变化而预留的可能增加的费用,包括基本预备费和价差预备费。

1)基本预备费

基本预备费是指投资估算或工程概算阶段预留的,一般由以下四部分构成:

（1）工程变更及洽商。在批准的初步设计范围内，技术设计、施工图设计及施工过程中所增加的工程费用；设计变更、工程变更、材料代用、局部地基处理等增加的费用。

（2）一般自然灾害处理。一般自然灾害造成的损失和预防自然灾害所采取的措施费用。实行工程保险的工程项目，该费用应适当降低。

（3）不可预见的地下障碍物处理的费用。

（4）超规超限设备运输增加的费用。

$$基本预备费 ＝（工程费用＋工程建设其他费用）× 基本预备费费率 \qquad (2.47)$$

基本预备费费率的取值应执行国家及有关部门的规定。

2）价差预备费

价差预备费是指为在建设期内利率、汇率或价格等因素的变化而预留的可能增加的费用，亦称为价格变动不可预见费。价差预备费的内容包括：人工、设备、材料、施工机具的价差费，建筑安装工程费及工程建设其他费用调整，利率、汇率调整等增加的费用。

价差预备费一般根据国家规定的投资综合价格指数，按估算年份价格水平的投资额为基数，采用复利方法计算。计算公式为：

$$PF = \sum_{t=1}^{n} I_t \left[(1+f)^m (1+f)^{0.5} (1+f)^{t-1} - 1 \right] \qquad (2.48)$$

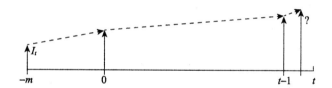

图 2.7　涨价预备费公式推导图示

式中　PF —— 价差预备费；

　　　n —— 建设期年份数；

　　　I_t —— 建设期中第 t 年的静态投资计划额，包括工程费用、工程建设其他费用及基本预备费；

　　　f —— 年涨价率；

　　　m —— 建设前期年限（从编制估算到开工建设，单位：年）。

【例 2.6】　某建设项目建安工程费 10 000 万元，设备购置费 6 000 万元，工程建设其他费用 4 000 万元，已知基本预备费率 5%，项目建设前期年限为 1 年，建设期为 3 年，各年投资计划额为：第一年完成投资 20%，第二年完成 60%，第三年完成 20%。年均投资价格上涨率为 8%，求该建设项目建设期间价差预备费为多少万元？

【解】　基本预备费 ＝（10 000＋6 000＋4 000）×5% ＝ 1 000（万元）

静态投资 ＝ 10 000＋6 000＋4 000＋1 000 ＝ 21 000（万元）

建设期第一年完成投资 ＝ 21 000×20% ＝ 4 200（万元）

第一年价差预备费＝4 200×[(1+8％)×(1+8％)$^{0.5}$−1]＝513.95(万元)

建设期第二年完成投资＝21 000×60％＝12 600(万元)

第二年价差预备费＝12 600×[(1+8％)×(1+8％)$^{0.5}$×(1+8％)−1]

$\qquad$ ＝2 673.20(万元)

建设期第三年完成投资＝21 000×20％＝4 200(万元)

第三年价差预备费＝4 200×[(1+8％)×(1+8％)$^{0.5}$×(1+8％)^{2}−1]

$\qquad$ ＝1 298.35(万元)

建设期的价差预备费为：

PF＝513.95+2 673.20+1 298.35＝4 485.50(万元)

2.5.2　建设期利息

建设期利息主要是指在建设期内发生的为工程项目筹措资金的融资费用及债务资金利息。

建设期利息的计算，根据建设期资金用款计划，在总贷款分年均衡发放前提下，可按当年借款在年中支用考虑，即当年贷款按半年计息，上年贷款按全年计息。计算公式为：

$$q_j = \left(P_{j-1} + \frac{1}{2}A_j\right) \cdot i \qquad (2.49)$$

式中　P_{j-1}——第 j 年以前所欠的本利和；

$\qquad$ q_j——第 j 年的利息额；

$\qquad$ A_j——当年的借款额；

$\qquad$ i——年有效利率。

【例2.7】　某新建项目，建设期为3年，分年均衡进行贷款，第一年贷款500万元，第二年800万元，第三年400万元，年利率为10％，建设期内利息只计息不支付，1年计息一次，计算建设期贷款利息。

【解】　建设期各年利息计算如下：

$$q_1 = \frac{1}{2} \times 500 \times 10\% = 25(万元)$$

$$q_2 = \left(500 + 25 + \frac{800}{2}\right) \times 10\% = 92.50(万元)$$

$$q_3 = \left(525 + 800 + 92.50 + \frac{400}{2}\right) \times 10\% = 161.75(万元)$$

建设期贷款利息 ＝ $q_1 + q_2 + q_3$ ＝ 25+92.50+161.75 ＝ 279.25(万元)

2.5.3　固定资产投资方向调节税

为了贯彻国家产业政策，控制投资规模，引导投资方向，调整投资结构，加强重点建设，促进国民经济持续稳定协调发展，对我国境内进行固定资产投资的单位和个人(不含中外合资经营企业、中外合作经营企业和外商独资企业)征收固定资产投资方向调节税。自

2000年1月1日起新发生的投资额,暂停征收固定资产投资方向调节税,但并未取消。

投资方向调节税根据国家产业政策和项目经济规模实行差别税率,税率为0%、5%、10%、15%、30%五个档次。差别税率按两大类设计,一是基本建设项目投资,二是更新改造项目投资。对前者设计了四档税率,即0%、5%、15%、30%;对后者设计了两档税率,即0%、10%。

固定资产投资方向调节税的计算公式为:

应纳税额 =(建筑安装工程费 + 设备及工器具购置费 + 工程建设其他费用 +
　　　　　预备费)× 适用税率　　　　　　　　　　　　　　　　　　(2.50)

【案例2.1】　背景:拟由英国某公司引进全套工艺设备和技术,在我国某港口城市内建设的项目,建设期2年,总投资12 000万元。总投资中引进部分的合同总价780万美元。辅助生产装置、公用工程等均由国内设计配套。引进合同价款的细项如下:

(1) 硬件费680万美元。

(2) 软件费100万美元,其中计算关税的项目有:设计费、非专利技术及技术秘密费用70万美元;不计算关税的有:技术服务及资料费30万美元。

人民币兑换美元的外汇牌价均按1美元=6.28元人民币计算。

(3) 中国远洋公司的现行海运费率6%,海运保险费率3.5‰,现行外贸手续费率、中国银行财务手续费率、增值税率和关税税率分别按1.5%、5‰、17%、17%计取。

(4) 国内供销手续费率0.4%,运输、装卸和包装费率0.1%,采购保管费率1%。

问题:

(1) 引进项目的引进部分硬、软件原价包括哪些费用?应如何计算?

(2) 本项目引进部分购置投资的估算价格是多少?

【解题要点分析】　本案例主要考核引进项目费用的计算内容和计算方法、引进设备国内运杂费和设备购置费的计算方法。本案例应解决以下几个主要概念性问题:

(1) 引进项目减免关税的技术资料、技术服务等软件部分不计国外运输费、国外运输保险费、外贸手续费和增值税。

(2) 外贸手续费、关税计算依据是硬件到岸价和应计关税软件的货价之和;银行财务费计算依据是全部硬、软件的货价;本例是引进工艺设备,故增值税的计算依据是应计关税价与关税之和,不考虑消费税。

硬件到岸价=硬件货价+国外运输费+国外运输保险费

应计关税价=硬件到岸价+应计关税软件的货价

(3) 引进部分的购置投资=引进部分的原价+国内运杂费

式中:引进部分的原价=货价+国外运费+国外运输保险费+外贸手续费+银行财务费+关税+增值税(不考虑进口车辆的消费税和附加费)

引进部分的国内运杂费包括:供销手续费、运输装卸费和包装费(设备原价中未包括的,而运输过程中需要的包装费)以及采购保管费等内容。并按以下公式计算:

引进部分的国内运杂费=国内供销手续费+运输、装卸和包装费+采保费

式中:

国内供销、运输、装卸和包装费＝引进设备原价×供销、运输、装卸和包装费率

引进设备采保费＝(引进设备原价＋国内供销、运输、装卸和包装费)×采保费率

【解】 问题(1)：

本案例引进部分为工艺设备的硬、软件，其原价包括：货价、国外运输费、国外运输保险费、外贸手续费、银行财务费、关税和增值税等费用。各项费用的计算公式见表2.1所示：

表2.1 工艺设备的硬、软件各项费用计算公式

费用名称	计算公式
货价	货价＝硬、软件的离岸价外币金额×外汇牌价
国外运输费	国外运输费＝硬件货价×国外运输费率
国外运输保险费（价内税）	国外运输保险费＝(硬件货价＋运输费)×运输保险费率÷(1－运输保险费率)
关税	硬件关税＝(硬件货价＋运费＋运输保险费)×关税税率 　　　　＝硬件到岸价×关税税率 软件关税＝应计关税软件的货价×关税税率
消费税(价内税)	消费税＝(到岸价＋关税)×消费税率/(1－消费税率)
增值税	增值税＝(硬件到岸价＋应计关税软件货价＋关税＋消费税)×增值税率
银行财务费	硬、软件的货价×银行财务费率
外贸手续费	(硬件到岸价＋应计关税软件货价)×外贸手续费率

问题2：

本项目引进部分购置投资＝引进部分的原价＋国内运杂费

式中，"引进部分的原价"是指引进部分的费用之和。

货价＝680×6.28＋100×6.28＝4 270.40＋628.00＝4 898.40(万元)

国外运输费＝4 270.40×6％＝256.22(万元)

国外运输保险费＝(4 270.40＋256.22)×3.5‰÷(1－3.5‰)＝15.90(万元)

关税：

硬件关税＝(4 270.40＋256.22＋15.90)×17％＝4 542.52×17％＝772.23(万元)

软件关税＝70×6.28×17％＝439.60×17％＝74.73(万元)

合计＝772.23＋74.73＝846.96(万元)

增值税＝(4 270.40＋256.22＋15.90＋439.60＋846.96)×17％＝990.94(万元)

银行财务费＝4 898.40×5‰＝24.49(万元)

外贸手续费＝(4 270.40＋256.22＋15.90＋439.60)×1.5％＝74.73(万元)

引进设备原价合计＝7 107.64(万元)

国内供销、运输、装卸和包装费＝引进设备原价×费率

　　　　　　　　＝7 107.64×(0.4％＋0.1％)＝35.54(万元)

引进设备采保费＝(引进设备原价＋国内供销、运输、装卸和包装费)×采购保管费率

　　　　　　　　＝(7 107.64＋35.54)×1％＝71.43(万元)

引进设备国内运杂费＝国内供销、运输、装卸和包装费＋引进设备采购保管费
＝35.54＋71.43＝106.97（万元）

引进设备购置投资＝引进部分原价＋引进设备国内运杂费＝7 107.64＋106.97
＝7 214.61（万元）

本 章 小 结

（1）生产性建设项目总投资包括建设投资、建设期利息和流动资金三部分；非生产性建设项目总投资包括建设投资和建设期利息两部分。其中，建设投资和建设期利息之和对应于固定资产投资，固定资产投资与建设项目的工程造价在量上相等。

（2）世界银行工程造价的构成包括项目直接建设成本、项目间接建设成本、应急费和建设成本上升费用。

（3）建筑安装工程费按照费用构成要素划分由人工费、材料（包含工程设备）费、施工机具使用费、企业管理费、利润、规费和税金组成，按照工程造价形成由分部分项工程费、措施项目费、其他项目费、规费、税金组成。

（4）设备及工、器具购置费用是由设备购置费和工具、器具及生产家具购置费组成的，它是固定资产投资中的积极部分。设备购置费分别按国产设备及进口设备原价、设备运杂费计算，工具器具及生产家具购置费按设备购置费×定额费率计算。

（5）工程建设其他费用是指建设期发生的与土地使用权取得、全部工程项目建设以及未来生产经营有关的，除工程费用、预备费、增值税、建设期融资费用、流动资金以外的费用。它包括用地与工程准备费、建设单位管理费、市政公用配套设施费、技术服务费、建设期计列的生产经营费、工程保险费及税费。

（6）预备费是指在建设期内因各种不可预见因素的变化而预留的可能增加的费用，包括基本预备费和价差预备费。

（7）建设期利息主要是指在建设期内发生的为工程项目筹措资金的融资费用及债务资金利息。建设期利息的计算，根据建设期资金用款计划，在总贷款分年均衡发放前提下，可按当年借款在年中支用考虑，即当年贷款按半年计息，上年贷款按全年计息。

营改增文件　　《建筑工人实名制管理办法》　　环境保护税相关文件

习　　题

一、单项选择题

1. 建设项目的工程造价在量上与（　　）相等。

A. 建设项目总投资 　　　　　　　　B. 静态投资

C. 建筑安装工程投资 　　　　　　　D. 固定资产投资

2. 在世界银行工程造价构成中,下列哪项费用是可能不动用的费用( )。

    A. 未明确项目准备金
    B. 不可预见准备金

    C. 建设成本上升费用
    D. 预备费

3. 根据世界银行工程造价构成的规定,其中项目直接建设成本中不包括( )。

    A. 服务性建筑费用
    B. 管道系统费用

    C. 场地费用
    D. 开工试车费

4. 用成本计算估价法计算国产非标准设备原价时,利润的计算基数中不包括的费用项目是( )。

    A. 专用工器具费
    B. 废品损失费

    C. 外购配套件费
    D. 包装费

5. 某项目需购入一台国产非标准设备,该设备材料费 12 万元,加工费 3 万元,辅助材料费 1.8 万元,外购配套件费 1.5 万元,非标准设备设计费 2 万元,专用工具费 3%,废品损失率及包装费皆为 2%,增值税税率为 17%,利润为 10%,则此国产非标准设备的利润为( )万元。

    A. 1.95
    B. 2.15
    C. 1.80
    D. 1.77

6. 某进口设备,到岸价格为 5 600 万元,关税税率为 21%,增值税税率为 17%,无消费税,则该进口设备应缴纳的增值税为( )万元。

    A. 2 128.00
    B. 1 151.92
    C. 952.00
    D. 752.08

7. 某公司进口 10 辆轿车,装运港船上交货价 5 万美元/辆,海运费 500 美元/辆,运输保险费 300 美元/辆,银行财务费率 0.5%,外贸手续费率 1.5%,关税税率 100%,计算该公司进口 10 辆轿车的关税为( )。(假设外汇汇率:1 美元=8.3 元人民币)

    A. 415.00 万元人民币
    B. 421.64 万元人民币

    C. 423.72 万元人民币
    D. 430.04 万元人民币

8. 设备运杂费的计算公式( )。

    A. 设备购置费×定额费率
    B. 设备购置费×设备运杂费率

    C. 设备原价×设备运杂费率
    D. 设备原价×定额费率

9. 根据《建筑安装工程费用项目组成》(建标〔2013〕44 号)文件的规定,下列属于人工费的是( )。

    A. 劳动保护费
    B. 装卸机司机工资

    C. 公司安全监督人员工资
    D. 电焊工产、婚假期的工资

10. 根据《建筑安装工程费用项目组成》(建标〔2013〕44 号)文件的规定,对构件和建筑安装物进行一般鉴定和检查所发生的费用列入( )。

    A. 企业管理费
    B. 其他直接费

    C. 措施费
    D. 研究试验费

11. 以下选项中不属于措施费的是( )。

    A. 施工排水费
    B. 文明施工费

    C. 工伤保险费
    D. 临时设施费

12. 冬雨季施工增加费的计算基数是( )。

    A. 定额人工费和机械费

    B. 人工费和材料费

    C. 直接工程费

    D. 人工费和措施项目费

13. 根据《建筑安装工程费用项目组成》(建标〔2013〕44 号)文件的规定,有关自有模板及支架费的计算公式正确的是( )。

    A. 模板及支架费＝模板摊销量×模板价格＋支、拆、运输费

    B. 租赁费＝模板使用量×使用日期×租赁价格

    C. 模板及支架费＝模板摊销量×模板价格

    D. 模板及支架费＝模板摊销量×租赁价格＋支、拆、运输费

14. 施工现场瓦工工长的医疗保险费应计入下列哪项费用( )。

    A. 人工费　　　　B. 社会保险费　　　　C. 劳动保险费　　　　D. 企业管理费

15. 下列( )应列而未列入的规费,按当地规定实际发生计取。

    A. 环境保护税　　　B. 住房公积金　　　C. 养老保险费　　　D. 医疗保险费

16. 具有总承包条件的工程公司,对工程建设项目从开始建设至竣工投产全过程的总承包所需要的管理费用应计入( )。

    A. 建设管理费

    B. 无形资产费用

    C. 建设单位管理费

    D. 直接工程费

17. 某工程为了验证设计参数,按设计规定在施工过程中必须对一新型结构进行测试,该项费用由建设单位支出,应计入( )。

    A. 建设单位管理费

    B. 勘察设计费

    C. 施工单位的检验试验费

    D. 研究试验费

18. 在施工中必须根据设计规定进行试验、验证所需要的费用应列入( )。

    A. 建筑安装工程其他费用

    B. 建设单位管理费

    C. 建筑安装工程间接费

    D. 固定资产其他费用

19. 某建设项目,建设期 2 年,$m=0$,第一年计划投资 1 000 万元,第二年计划投资 500 万元,年均投资价格上涨率为 5%,则建设期间涨价预备费为( )万元。

    A. 62.66　　　　B. 75.0　　　　C. 100.0　　　　D. 141

20. 新建项目,建设期为 3 年,分年均衡进行贷款,第一年贷款 1 000 万元,第二年贷款 2 000 万元,第三年贷款 500 万元。年贷款利率为 6%,建设期间只计息、不支付,则该项目第三年贷款利息为( )万元。

    A. 204.11　　　　B. 243.60　　　　C. 345.00　　　　D. 355.91

二、多项选择题

1. 国产非标准设备原价按成本计算法估价确定时,其包装费的计算基数包括( )。

    A. 材料费　　　　B. 辅助材料费　　　　C. 专用工具费

    D. 非标准设备设计费　E. 外购配套件费

2. 下列关于设备及工、器具购置费的描述中,正确的是( )。

    A. 设备购置费由设备原价、设备运杂费组成

    B. 国产标准设备带有备件时,其原价按不带备件的价值计算,备件价值计入工、器具购置费中

    C. 国产设备的运费和装卸费是指由设备制造厂交货地点至工地仓库止所产生的运费和装卸费

    D. 进口设备采用装运港船上交货价时,其运费和装卸费是指设备由装运港港口起到工地货仓止所发生的运费和装卸费

3. 在用成本计算估价法计算国产非标准设备原价时,利润的计算基数中包括的费用项目是( )。

    A. 专用工、器具费　　　B. 废品损失费　　　　　C. 外购配套件费

    D. 包装费　　　　　　　E. 增值税

4. 应纳消费税的进口车辆,其消费税的计提基础包括( )。

    A. 到岸价　　　　　　　B. 外贸手续费　　　　　C. 消费税

    D. 关税　　　　　　　　E. 银行财务费

5. 下列属于设备运杂费的有( )。

    A. 临时设施费　　　　　B. 采购与仓库保管费　C. 装卸费

    D. 设备供销部门的手续费　　　　　　　　　　E. 运费

6. 在工程建设其他费用的构成中,联合试运转费不包括( )。

    A. 专家指导费　　　　　B. 原材料费　　　　　　C. 因施工原因发生的处理费用

    D. 机械使用费　　　　　E. 因设备缺陷发生的处理费用

7. 下列选项中属于安全文明施工费的是( )。

    A. 文明施工费　　　　　B. 脚手架费　　　　　　C. 环境保护费

    D. 建筑工人实名制管理费　　　　　　　　　　E. 安全施工费

8. 在企业管理费中,劳动保险费包括( )。

    A. 养老保险费　　　　　　　　　　　　　B. 按规定支付给离退休干部的经费

    C. 职工退职金　　　　　　　　　　　　　D. 医疗保险费

    E. 女职工哺乳时间的工资

9. 建筑安装工程造价中的企业管理费应包括( )等。

    A. 生育保险费　　　　　B. 增值税　　　　　　　C. 劳动保护费

    D. 城市维护建设税　　　E. 教育费附加

10. 根据我国现行建筑安装工程费用项目组成,下列属于社会保障费的是( )。

    A. 住房公积金　　　　　B. 养老保险费　　　　　C. 失业保险费

    D. 医疗保险费　　　　　E. 危险作业意外伤害保险费

11. 按我国现行投资构成,下列费用中,与建设期计列的生产经营费有关的是( )。

    A. 联合试运转费　　　　　　　　　　　　B. 专利及专有技术使用费

    C. 生产准备费　　　　　　　　　　　　　D. 研究试验费

    E. 引进技术和引进设备其他费

12. 建设项目竣工验收前进行联合试运转,根据工程造价构成,应计入联合试运转费的有

( )。

A. 单台设备试车费用

B. 所需的原料、燃料和动力费用

C. 机械使用费用

D. 系统设备联动无负荷试运转工作的调试费

E. 施工单位参加联合试运转人员的工资

13. 下列费用中,属于征地及拆迁补偿费用的是( )。

A. 土地使用权出让金　B. 安置补助费　　　C. 土地补偿费

D. 搬迁补助费　　　E. 土地契税

14. 下列费用中,属于技术服务费的是( )。

A. 用地与工程准备费　B. 可行性研究费　　C. 设计评审费

D. 专项评价费　　　E. 招标费

15. 静态投资包括( )。

A. 工程费用　　　B. 工程建设其他费用　C. 基本预备费

D. 价差预备费　　　E. 建设期利息

三、简答题

1. 简述我国建设工程总投资构成。

2. 建筑安装工程费按照费用构成要素划分包括哪些内容? 按工程造价形成划分包括哪些内容?

3. 进口从属费包括哪些内容?

4. 工程建设其他费用中的专项评价费包括哪些费用?

3 投资决策阶段造价管理

 本章提要

　　本章主要讲述项目决策阶段在造价管理中的重要地位；项目决策阶段影响造价的主要因素；可行性研究阶段的划分和投资估算的精度要求；投资估算的内容；投资估算的方法及应用；投资估算的审核。

案例引入

　　巨人大厦的决策失误和巨人集团的破产。1992年，处于事业巅峰期的史玉柱做出了斥巨资建造巨人大厦的决定，巨人大厦的最初计划为38层，由于一个领导视察时，顺口说了句，这楼的位置这么好，为什么不盖得更高一点；就因为这句话，巨人大厦的设计从最初的38层升到了54层，最后定为70层，工程费用预算也从2亿元增加到12亿元，工期从最初计划的2年增加到6年。如此巨大的一个工程项目决策竟是如此草率，结果不言而喻。巨人大厦最终由于建设资金枯竭，全部停工，项目以失败告终，巨人集团也因此破产。研究发现，这项工程失败的关键原因就在于缺乏系统全面的可行性研究和前期投资估算，属于典型的"拍脑袋"决策。决策阶段是项目全寿命周期的关键阶段，其工作成效很大程度上影响着整个工程项目的成败，起着十分关键的作用。

3.1　概述

　　在建筑工程造价的控制与管理中，最为关键的是建设项目的前期阶段。这一阶段所涉及的投资决策，以及工程方案的选择会对工程的整体造价带来极大的影响。项目决策阶段的造价管理在整个工程造价和企业的经济收益中都起到至关重要的作用，工程前期阶段造价控制不当是导致项目投资效益较低，以及"三超"现象频繁发生的根本性原因。

　　投资决策阶段是正确确定建设项目计划投资数额的关键。无论何种建设项目，前期工作的核心是：编制符合实际的投资估算值及正确确定投资估算值，对后续控制初步设计概算、施工图预算和实现投资者预期的投资效果有重要影响。其次，相对建设项目的其他工作来说，投资决策阶段直接影响建设项目的经济效果。因此，在投资决策阶段节约投资，控制工程造价的可行性最大。决策阶段控制造价对项目的经济影响高达95％～100％。

3.1.1　建筑项目决策与工程造价的关系

1）项目决策的含义

项目投资决策是选择和决定投资行动方案的过程,是对拟建项目的必要性和可行性进行技术经济论证、对不同建设方案进行技术经济比较选择及做出判断和决定的过程。项目目标的确定,项目建设规模和产品(服务)方案的确定,场(厂)址的确定,技术方案、设备方案、工程方案的确定,环境保护方案以及融资方案的确定等都属于投资项目决策的范畴。

项目决策的正确与否直接关系到项目建设的成败,关系到工程造价的高低及投资效果的好坏。

2）建设工程项目投资决策的工作程序

在我国,建设项目投资决策阶段的项目管理内容一般包括以下几个主要的工作阶段:

(1)机会研究阶段:主要解决两个问题:一是社会是否需要;二是有没有可以开展项目的基本条件。所需费用占投资总额的 0.2%～1%。

(2)初步可行性研究阶段:项目建议书批准后,对投资规模大、技术工艺比较复杂的大中型骨干项目要先进行初步可行性研究。主要目的:确定是否进行详细可行性研究,确定哪些关键问题需要进行辅助性专题研究。所需费用占投资总额的 0.25%～1.25%。

(3)详细可行性研究阶段:又称技术经济可行性研究。主要目标:提出项目建设方案,效益分析和最终方案选择,确定项目投资的最终可行性和选择依据标准。所需费用占投资总额的 1%～3%。

(4)评价和决策阶段:由投资决策部门组织和授权有关咨询公司或有关专家,代表项目业主和出资人对建设项目可行性研究报告进行全面的审核和再评价。主要任务是对可行性研究报告提出评价意见,最终决策投资是否可行,研究最佳投资方案。其内容包括:

① 全面审核可行性研究报告中反映的各项情况是否属实;

② 分析项目可行性研究报告中各项指标计算是否正确;

③ 从企业、国家和社会等方面综合分析和判断工程项目的经济效益和社会效益;

④ 分析判断项目可行性研究的可靠性、真实性和客观性,对项目做出最终的投资决策;

⑤ 最后写出项目评估报告。

3）建设项目决策与工程造价的关系

(1)项目决策的正确性是工程造价合理性的前提

决策正确意味着对项目建设做出科学的决断,以及在建设的前提下,优选出最佳投资行动方案,达到资源的合理配置。这样才能合理估算造价,并在实施中有效控制工程造价。

决策失误主要体现在:不该建设的项目投资建设,项目建设地点的选择错误,投资方案的确定不合理,等等。决策失误会直接带来人财物的浪费,导致企业亏损甚至倒闭。在这种情况下,再谈造价的确定与控制已毫无意义。

所以,要达到工程造价的合理性,必须事先保证项目决策的正确性。

（2）项目决策的内容是决定工程造价的基础

① 决策阶段各项技术经济决策对工程造价有重大影响，特别是建设标准水平的确定、建设地点的选择，工艺的评选、设备的选用等，直接关系到工程造价的高低。

② 据统计，在项目建设各阶段中，投资决策阶段影响工程造价的程度最高，达到70%～90%。

所以，决策阶段项目决策的内容是决定工程造价的基础。

（3）造价高低、投资多少也影响项目决策

决策阶段与之对应的工程造价管理工作统称为投资估算。投资估算是进行投资方案选择的重要依据之一，同时也是决定项目是否可行的参考依据。

（4）项目决策的深度影响投资估算的精确度，也影响工程造价的控制效果

① 投资决策过程是一个由浅入深、不断深化的过程，随着项目管理工作的不断深入细化，投资估算的准确度要求也会相应提高，从而对建设项目的整个投资起到有效的控制作用。

如项目建议书阶段是初步决策阶段，投资估算的误差率在±30%左右，而详细可行性研究阶段是最终决策阶段，投资估算的误差率在±10%左右。

② 投资估算作为限额目标，对决策阶段以后的各个阶段（包括初步设计阶段、施工图设计阶段、工程招投标阶段、施工阶段和竣工验收阶段）的工程造价起着制约作用。

由于在项目建设各阶段中，即决策阶段、初步设计阶段、技术设计阶段、施工图设计阶段、工程招投标及承发包阶段、施工阶段，以及竣工验收阶段，通过工程造价的确定与控制，相应形成投资估算、设计概算、修正概算、施工图预算、承包合同价、结算价及竣工决算。这些造价形式之间存在前者控制后者，后者补充前者这样的相互作用关系，按照"前者控制后者"的制约关系，意味着投资估算对其后面的各种形式的造价起着制约作用，作为限额目标。

只有加强决策深度，采用科学的估算方法，运用可行的数据资料，合理计算投资估算，才能保证其他阶段的造价被控制在合理范围内，实现投资控制目标，避免"三超"现象的发生。

3.1.2　项目决策阶段影响工程造价的主要因素

项目造价的多少取决于多种因素，其中主要因素有建设规模、建设地点和占地面积、工艺流程及设备选型、建设标准、配套工程规模及标准、劳动定员等。

1）项目合理规模的确定

项目建设规模又称项目生产规模，就是要合理选择拟建项目的生产规模，解决"生产多少"的问题。项目合理规模的确定就是在综合考虑了建筑项目生产需求后，在满足使用功能的前提下所使用的经济费用最小，这样确定的项目规模即为最优，因此会相对合理。

通常来讲，工程造价会随着项目规模的扩大而提高，建筑项目体量越大其造价成本就相对较高，但也并不完全如此，并不是项目规模大的项目，其工程造价就一定高，工程造价还关乎规模效益、技术条件、市场因素、社会经济环境等多个因素。

实践证明,项目规模过大或者过小都不利于工程造价控制工作。如果前期没有做好市场调研工作,导致大体量的建筑项目在完成后,远远超出了市场预期的需求,那么就会对产品销售产生不良影响,这样就不能体现建筑项目的经济效益。反之,生产规模过小,使得资源得不到有效配置,单位产品成本高,经济效益低下。所以,项目规模的合理选择关系项目的成败,决定工程造价支出的有效与否。

一般来说,以下因素会制约项目的建设规模:

(1)市场因素:项目产品的市场需求状况是确定项目生产规模的前提。一般,生产规模以市场预测的需求量为限,并根据市场发展趋势作调整;同时,还要考虑原材料市场、资金市场、劳动力市场等因素。

(2)技术因素:先进的生产技术及技术装备是规模效益赖以存在的基础,管理技术水平是实现规模效益的保证。

若与生产规模相适应的先进技术及其装备的来源没有保障,或获取技术的成本过高或管理水平低下,则不仅难以实现预期的规模效益,还会给项目的自下而上发展带来危机。

(3)环境因素:项目规模确定中需考虑的主要环境因素有政策因素、燃料动力供应、协作及土地条件、运输通信条件等,特别是国家对部分行业的新建项目规模作了下限规定,选择项目规模时应遵照执行。

建设规模方案比选的方法包括盈亏平衡产量分析法、平均成本法、生产能力平衡法以及按照政府或行业规定确定的方法。

【讨论】 可以利用规模效益来有效控制工程造价,提高经济效益吗?

分析:规模效益就是指伴随生产规模扩大引起单位成本下降而带来的经济效益。当项目单位产品的报酬一定时,项目的经济效益与生产规模成正比——可根据产品的市场需求及项目的经济技术环境,选择能取得最大收益的规模。

在许多工业生产中,当投入量加倍时,由于采取了更有效的方式来组织生产,其产出量的增加会大于一倍。此时,单位产品的成本随生产规模的扩大而下降,单位新产品的报酬随生产规模的扩大而增加,这就是规模效益。

所以,可以充分利用规模效益来合理确定和有效控制工程造价,提高经济效益。

但是规模扩大所产生的效益不是无限的,它受到技术进步、管理水平、经济技术环境的制约,超过一定限度,甚至可能出现规模报酬递减。

2)建设地区及建设地点(厂址)的选择

建设地区选择是指在几个不同地区之间对拟建项目适宜配置在哪个区域范围的选择。

建设地点选择是指对项目具体坐落位置的选择。

建设地区及地点的选择对项目造价也有着较大影响,并且会直接影响整个项目开发建设情况。选择好的建设地点,可能带来人工、材料、机械的便利使用及运营过程中好的销售,这也是建设地区及地点选择的原则之一——响应市场需求原则,满足这一原则能够有效地控制项目的建造成本,加快资金周转速度,同时为建筑产品销售提供市场。第二项原则是项目适当聚集原则,这样有利于形成建筑项目建造与开发利用的规模化产业链,发挥聚集效应。

（1）建设地区的选择

建设地区的选择在很大程度上决定着拟建基础上的命运,影响工程造价、工期长短、质量好坏。

① 影响因素

具体考虑以下因素：符合国民经济发展战略规划,工业布局总体规划和地区经济发展规划的要求；充分考虑原材料条件、能源条件、水源条件、各地区对项目产品需求及运输条件；综合考虑气象、水文、地区等自然条件；充分考虑劳动力来源、生活环境、协作、施工力量、风俗文化等社会环境因素的影响。

② 遵循原则

在综合考虑上述因素的基础上,还应遵循两个原则：

a. 靠近原料、燃料提供地和产品消费地的原则——减少运输费、降低产品的生产成本,缩短流通时间,加快流通资金的周转速度。

例如,对技术密集型项目,宜选在科技力量雄厚、协作配套条件完备、信息灵通的大中城市；对农产品的初步加工项目,由于原料消耗多,失重程度大,应尽可能靠近原料产地。

b. 工业项目适当集聚的原则——适当规模的集聚,有利于发挥集聚效益。

集聚效益的基础是现代化大生产协作,只有相关企业集中配置,才能充分利用种种资源的要素,便于形成综合生产能力。

企业布点集中,才有可能统一建设比较齐全的基础结构设施,避免重复建设,节约投资,提高效益；企业布点集中,才能为不同类型的劳动者提供多种就业机会。

但是,工业布局的聚集程度并非愈高愈好,当工业集聚带来的外部不经济性的总和超过生产集聚带来的利益时,综合经济效益反而下降。

（2）建设地点（厂址）的选择

建设地点（厂址）即具体确定项目所在的建筑地段,坐落位置和东西南北四邻。

建设地点（厂址）选择应满足两点要求：一是从保证企业经济效益出发,满足生产建设和职工生活的要求；二是从保证间接的、社会效益出发,要有利于城镇和工业小区总体规划的实现。

一般来说,厂址的选择应满足以下要求：

建设地点的选择是在已选定建设地区的基础上,具体确定项目所在的建筑地段、坐落位置和东西南北四邻。

① 节约土地,少占耕地。项目的建设应尽可能节约土地,尽量把厂址放在荒地、劣地、山地和空地,尽可能不占和少占耕地,并力求节约用地。尽量节省土地的补偿费用,降低工程造价。

② 减少拆迁移民。工程选址应少拆迁,少移民,尽可能不靠近、不穿越人口密集的城镇或居民区,减少或不发生拆迁安置费,降低工程造价。

③ 应尽量选在工程地质、水文地质条件较好的地段,其土壤耐压力应满足拟建厂的要求,严禁选在断层、熔岩、流沙层与有用矿床上以及洪水淹没区、已采矿坑塌陷区、滑坡区。厂址的地下水位应尽可能低于地下建筑物的基准面。

④ 要有利于厂区合理布置和安全运行。厂区土地面积与外形能满足厂房与各种构筑物的需要,并适合于按科学的工艺流程布置厂房与构筑物,满足生产安全要求。厂区地形力求平坦而略有坡度(一般以 5%~10% 为宜),以减少平整土地的土方工程量,节约投资,又便于地面排水。

⑤ 应尽量靠近交通运输条件和水电等供应条件好的地方。厂址应靠近铁路、公路、水路,以缩短运输距离,减少建设投资和未来的运营成本,厂址应设在供电、供热和其他协作条件便于取得的地方,有利于施工条件的满足和项目运营期间的正常运作。

⑥ 应尽量减少对环境的污染。对于排放有害气体和烟尘的项目,不能建在城市的上风口,以免对整个城市造成污染;对于噪声大的项目,厂址应选在距离居民集中地区较远的地方,同时,要设置一定宽度的绿化带,以减弱噪声的干扰;对于生产和使用易燃、易爆、辐射产品的项目,厂址应远离城镇和居民密集区。

上述条件能否满足,不仅关系到建设工程造价的高低和建设期限,对项目投产后的运营状况也有很大的影响。因此,在确定厂址时,也应进行方案的技术经济分析、比较,选择最佳厂址。

3)生产工艺和平面布置方案的确定

(1)生产工艺方案的确定

生产工艺方案是指产品生产所采用的工艺流程和生产方法。生产工艺方案不仅影响项目的建设成本,也影响项目建成后的运营成本。因此,生产工艺方案的选择直接影响项目的工程造价。

生产工艺方案选择包括生产方法选择、工艺流程方案选择和工艺方案的比选。应通过技术经济比选来选择先进适用、安全可靠、经济合理的方案。

① 先进适用

先进适用是评定技术方案最基本的标准。先进与适用,是对立的统一。保证工艺技术的先进性是首先要满足的,它能够带来产品质量、生产成本的优势。但是不能单独强调先进而忽视适用,还要考察工艺技术是否符合我国国情和国力,是否符合我国的技术发展政策。有的引进项目,可以在主要工艺上采用先进技术,而其他部分则采用适用技术。总之,要根据国情和建设项目的经济效益,综合考虑先进与适用的关系。对于拟采用的工艺,除了必须保证能用指定的原材料按时生产出符合数量、质量要求的产品外,还要考虑与企业的生产和销售条件(包括原有设备能否配套、技术和管理水平、市场需求、原材料种类等)是否相适应,特别要考虑原有设备能否利用,技术和管理水平能否跟上。

② 安全可靠

项目所用的技术或工艺,必须经过多次试验和实践证明是成熟的,技术过关,质量可靠,有详尽的技术分析数据和可靠记录,并且生产工艺的危害程度控制在国家规定的标准之内,才能确保生产安全运行,发挥项目的经济效益。对于核电站、生产有毒有害和易燃易爆物质的项目(比如油田、煤矿等)及水利水电枢纽等项目,更应重视技术的安全性和可靠性。

③ 经济合理

经济合理是指所用的技术或工艺应能以尽可能小的消耗获得最大的经济效果,要求综合考虑所用技术或工艺所能产生的经济效益和国家的经济承受能力。在可行性研究中可能提出几种不同的技术方案,各方案的劳动需要量、能源消耗量、投资数量等可能不同,在产品质量和产品成本等方面可能有差异,因而应反复进行比较,从中挑选最经济合理的技术或工艺。

(2)平面布置方案的设计

平面布置方案设计,是根据拟建项目的生产性质、规模和生产工艺要求,结合建厂地区的自然、气候、地形、地质,以及厂内外运输、公用设施和厂际协作等具体条件,按原料进厂到产品出厂的整个生产工艺过程,对生产车间、辅助生产设施及其他建筑物和构筑物等进行经济合理的布置,以及对效能运输进行组织布置的规划设计工作。

正确合理的平面布置设计方案,能做到工艺流程合理、总体布置紧凑、减少建筑工程量,节约用地,减少项目投资,加快建设进度,并且能使项目建成后较快地投入正常生产,发挥良好的投资效益,节省经营管理费用。

4)设备方案:设备的选择与技术密切相关,二者必须匹配

生产工艺流程和生产技术确定之后,就要根据工厂生产规模和工艺过程的要求,选择设备的型号和数量。设备的选择与技术密切相关,二者必须匹配。没有先进的技术,再好的设备也没有用,没有先进的设备,技术的先进性则无法体现。对于主要设备方案选择,应符合以下要求:

① 主要设备方案应与确定的建设规模、产品方案和技术方案相适应,并满足项目投产后生产或使用的要求。

② 主要设备之间、主要设备与辅助设备之间,能力要相互匹配。

③ 设备质量可靠、性能成熟、保证生产和产品质量稳定。

④ 在保证设备性能的前提下,力求经济合理。

⑤ 选择的设备应符合政府部门或专门机构发布的技术标准要求。

因此,在设备选用中,应注意处理好以下问题:

① 要尽量选用国产设备。凡是国内能够制造,并能保证质量、数量和按期供货的设备,或者进口专利技术就能满足要求的,则不必从国外进口整套设备;凡主要引进关键设备就能由国内配套使用的,就不必成套引进。

② 要注意进口设备之间以及国内外设备之间的衔接配套问题。有时一个项目从国外引进设备时,为了考虑各供应厂家的设备特长和价格等问题,可能分别向几家制造厂购买,这时,就必须注意各厂家所提供设备之间技术、效率等方面的衔接配套问题。为了避免各厂所供设备不能配套衔接,引进时最好采用总承包的方式。还有一些项目,一部分为进口国外设备,另一部分则引进技术由国内制造,这时,也必须注意国内外设备之间的衔接配套问题。

③ 要注意进口设备与原有国产设备、厂房之间的配套问题。主要应注意本厂原有国产设备的质量、性能与引进设备是否配套,以免因国内外设备能力不平衡而影响生产。有的项目利用原有厂房安装引进设备,就应把原有厂房的结构面积、高度以及原有设备的情况了解清楚,以免设备到场后安装不下或互不适应而造成浪费。

④ 要注意进口设备与原材料、备品备件及维修能力之间的配套问题。应尽量避免引进设备所用主要原料需要进口。如果必须从国外引进时,应安排国内有关厂家尽快研制这种原料。在备品备件供应方面,随机引进的备品备件数量往往有限,有些备件在厂家输出技术或设备之后不久就被淘汰,因此采用进口设备,还必须同时组织国内研制所需备品备件问题,以保证设备长期发挥作用。另外,对于进口的设备,还必须懂得如何操作和维修,否则不能发挥设备的先进性。在外商派人调试安装时,可培训国内技术人员及时学会操作,必要时也可派人出国培训。

5)工程方案

工程方案选择是在已选定项目建设规模、技术方案和设备方案的基础上,研究论证主要建筑物、构筑物的建造方案,包括对建筑标准的确定。

一般工业项目的厂房、工业窑炉、生产装置等建筑物、构筑物的工程方案,主要研究其建筑特征(面积、层数、高度、跨度),建筑物、构筑物的结构形式,以及特殊建筑要求(防火、防爆、防腐蚀、隔声音、隔热等),基础工程方案,抗震设防等。

建设标准是项目投资决策的一个重要组成部分,对工程造价的影响巨大。建设标准影响了劳动定员、配套工程、建筑标准、工艺装备、占地面积、建设规模等,只有合理确定建设标准,才能确保工程造价合理,若建设标准定得过高或者过低,都会因为不符合当前我国的国情,而无法取得理想的效果,影响整个建设工程项目的造价控制。

选择工程方案的基本要求有:满足生产使用功能要求,适应已选定的场址,符合工程标准规范要求,经济合理。

【案例3.1】 某酒店投资决策阶段投资估算案例——项目建设方案和标准影响项目投资。

在投资决策阶段,五星级酒店建设项目的选址、建设标准、建造工艺、方案选择、材料和设备选择都直接决定了建设项目的总成本和总投资。

1)项目简介

(1)项目概况

酒店建筑高度39.4 m,其中裙房部分高度11 m。各层层高:地下一层4.5 m,一层5.0 m,二层6.0 m,三~七层3.5 m,八层3.9 m,九层6.5 m。占地面积6.32万 m^2,总建筑面积8.31万 m^2,其中地上建筑面积6.25万 m^2,地下建筑面积2.06万 m^2,容积率0.88。酒店设普通客房453套,总统套房一套。餐饮设施包括全日制餐厅、中餐厅、池畔酒吧等。会议设施包括各种大、中、小型会议室。娱乐设施设有SPA水疗、健身中心、泳池、游戏室、KTV等。

(2)酒店定位和建设方案比选

酒店项目开发前期,应充分考虑酒店定位、市场供需和目标客户等因素,做好项目前期决策中的策划定位工作。通过对拟开发项目的不同的建设方案进行全面的综合对比、择优选用,并在技术、经济、可行性方面进行全面论证,确保最终选择的投资方案最优。

本项目在前期决策阶段初期未确定品牌,参考同市同标准五星级酒店作为定位。

2）引入酒店管理公司前投资估算编制

因设计方案尚未进行，本次投资估算参照规划条件及 H 市类似工程的造价指标进行，随着建设项目实施开展，项目总投资也会做进一步深化调整。

通过分析公司已建和在建的酒店项目规划指标，结合设计研发部提供的其他国内外酒店规划指标，确定大堂、客房区、餐饮区、会务区、康乐区、后勤服务区等区域的面积及占比，同时结合公司已交付使用的酒店施工做法、希尔顿和万豪等五星级酒店管理公司的酒店建造标准和设计研发提出的审核意见确定开发建设酒店项目的建造标准。

3）引入酒店管理公司后投资估算编制及偏差分析

由于本项目在前期决策阶段定位时未确定品牌，而在设计阶段才引入××酒店管理公司，确定以标准五星级度假型酒店为定位。前期决策阶段对本项目定位不明确，导致引入希尔顿酒店管理公司后酒店品质提高、建造标准提高，进而造成可行性研究报告发生较大调整，导致可研阶段投资估算的进一步调整。引入酒店管理公司前后投资估算对比见表3.1所示：

表 3.1 项目投资估算表

序号	项目	建筑面积	引进管理公司之前		引进管理公司之后		备注
			单价/(元/m²)	合价/万元	单价/(元/m²)	合价/万元	
1	土地获得价款	83 121.44	310	2 576.76	310	2 576.76	未变
2	前期工程费	83 121.44	789.77	6 564.66	894.29	7 433.46	设计费增加
3	基础设施费	83 121.44	859.66	7 145.62	859.66	7 145.62	未变
4	建筑安装工程费	83 121.44	9 669.74	80 376.28	11 574.22	96 206.62	增加
4.1	建筑工程	83 121.44	2 752.33	22 877.78	2 752.33	22 877.78	未变
4.2	装修工程	83 121.44	4 683.40	38 929.10	5 620.08	46 714.92	标准提高
4.3	安装工程	83 121.44	2 234.01	18 569.40	2 680.81	22 283.29	标准提高
4.4	措施费、其他项目清单费用	83 121.44	0	0	420	3 491.10	明确费用
4.5	规费及税金	83 121.44	0	0	101	839.53	明确费用
5	工程检测费	83 121.44	3.46	28.72	3.46	28.72	未变
6	监理费	83 121.44	44.27	368	44.27	368	未变
7	其他工程相关费	83 121.44	12.27	102	12.27	102	未变
8	开发间接费	83 121.44	176.57	1 467.70	176.57	1 467.70	未变
9	建设期贷款利息	83 121.44	257.81	2 142.98	261.15	2 170.73	增加投资
10	项目总投资	83 121.44		100 772.22		117 499.61	

通过上表可知，投资估算成本的调整主要是对前期工程费中的设计费和建筑安装工程

费中的装修工程进行调增,设计费主要体现在方案设计、施工图结构优化设计、精装修设计、外立面优化设计费等的投资增加,而装修工程主要是由于酒店整体档次的提升,对装修工程的投资也会相应增加。

【案例要点分析】 因酒店在前期决策定位时未确定酒店品牌,通过概念设计推敲策划定位,随后确定建筑方案单位,启动建筑概念设计,确定建筑概念方案,导致设计周期延长。在建筑方案完成后根据方案编制可研报告。由于在××酒店管理公司介入后对建筑方案进行调整,导致可研报告发生较大调整,而可行性研究报告所确定的各项初步技术经济指标的变化将直接影响整个酒店建设项目的投资和成本控制方案。

6)环境保护措施

(1)基本要求

项目的环保措施应符合国家环境保护法律、法规和环境功能规划的要求;坚持污染物排放总量控制和达标排放的要求;环境治理措施应与项目的主体工程同时设计、同时施工、同时投产使用;力求环境效益与经济效益相统一;注重资源综合利用,对项目产生的废气、废水、固体废弃物,应提出回水处理和再利用方案。

(2)比选内容

进行方案比选时应重点进行技术水平对比、治理效果对比、管理及监测方式对比和环境效益对比。

3.2 投资估算的编制与审核

投资估算是指在整个投资决策过程中,依据现有的资料和一定的方法,对建设项目的投资数额进行的估计。

投资估算是在项目的建设规模、产品方案、技术方案、场(厂)址方案和工程建设方案及项目进度计划等进行研究并基本确定的基础上,对建设项目投资数额(包括工程造价和流动资金)进行的估计。投资估算是进行建设项目技术经济评价和投资决策的基础,也是确定融资方案、筹措资金的重要依据。在项目建议书、预可行性研究、可行性研究、方案设计阶段(包括概念方案设计和报批方案设计)应编制投资估算。

项目投资估算是项目决策的重要依据,投资估算必须准确,否则误差太大必将导致决策失误;准确估算工程造价是项目可行性研究阶段的重要任务,更是决策阶段造价管理的重要任务。

投资估算的作用如下:

(1)项目建议书阶段的投资估算是项目主管部门审批项目建议书的依据之一,并对项目的规划、规模起参考作用。

(2)项目可行性研究阶段的投资估算,是项目投资决策的重要依据,也是研究分析和计算项目投资经济效果的重要条件。一旦可研报告被批准,其投资估算额即作为设计任务书中正确的投资限额,即建设项目投资的最高限额,不得随意突破。

(3)项目投资估算对工程设计概算起控制作用。

（4）项目投资估算可作为项目资金筹措及制订建设贷款计划的依据，建设单位可根据批准的项目投资估算额，进行资金筹措和向银行申请贷款。

（5）项目投资估算是核算建设项目固定资产投资需要额和编制固定资产投资计划的重要依据。

3.2.1 投资估算的阶段划分与精度要求

1）国外项目投资估算的阶段划分和精度要求

在国外，如英、美等国家，对一个建设项目从开发设想直至施工图设计，这期间各个阶段的项目投资的预计额均称估算，只是各阶段设计的深度不同、技术条件不同，对投资估算的准确度要求不同。英、美等国把建设项目的投资估算分为以下五个阶段：

（1）项目的投资设想时期

在尚无工艺流程图、平面布置图，也没有进行设备分析的情况下，即根据假想的条件比照同类型已投产项目的投资额，并考虑涨价因素来编制项目所需要的投资额，所以这一阶段称为毛估阶段，或称比照估算。这一阶段投资估算的意义是判断一个项目是否需要进行下一步工作，对投资估算精度的要求较低，允许误差大于±30%。

（2）项目投资机会研究时期

此时应有初步的工艺流程图，主要生产设备的生产能力及项目建设的地理位置等条件，故可套用相近规模厂的单位生产能力建设费用来估算拟建项目所需要的投资额，据以初步判断项目是否可行，或据以审查项目引起投资兴趣的程度。这一阶段称为粗估阶段，或称因素估算，其对投资估算精度的要求为误差控制在±30%以内。

（3）项目的初步可行性研究时期

此时已具有设备规格表、主要设备的生产能力、项目的总平面布置、各建筑物的大致尺寸、公用设施的初步位置等条件。此时期的投资估算额，可据以决定拟建项目是否可行，或据以列入投资计划。这一阶段称为初步估算阶段，或称认可估算，其对投资估算精度的要求为误差控制在±20%以内。

（4）项目的详细可行性研究时期

此时项目的细节已经清楚，并已经进行了建筑材料、设备的询价，也已经进行了设计和施工的咨询，但工程图纸和技术说明尚不完备。可根据此时期的投资估算额进行筹款。这一阶段称为确定估算，或称控制估算，其对投资估算精度的要求为误差控制在±10%以内。

（5）项目的工程设计阶段

此时应具有工程的全部设计图纸、详细的技术说明、材料清单、工程现场勘察资料等，故可以根据单价逐项计算而汇总出项目所需要的投资额。可据此投资估算控制项目的实际建设。这一阶段称为详细估算，或称投标估算，其对投资估算精度的要求为误差控制在±5%以内。

2）我国项目投资估算的阶段划分与精度要求

在我国，项目投资估算是指在作初步设计之前各工作阶段均需进行的一项工作。在做工程初步设计之前，根据需要可邀请设计单位参加编制项目规划和项目建议书，并可委托设计单位承担项目的初步可行性研究、可行性研究及设计任务书的编制工作,同时应根据项目已明确的技术经济条件,编制和估算出精确度不同的投资估算额。我国建设项目的投资估算分为以下几个阶段:

(1)项目规划阶段的投资估算

建设项目规划阶段是指有关部门根据国民经济发展规划、地区发展规划和行业发展规划的要求,编制一个建设项目的建设规划。此阶段是按项目规划的要求和内容,粗略地估算建设项目所需要的投资额。其对投资估算精度的要求为允许误差大于±30%。

(2)项目建议书阶段的投资估算

在项目建议书阶段,是按项目建议书中的产品方案、项目建设规模、产品主要生产工艺、企业车间组成、初选建厂地点等,估算建设项目所需要的投资额。其对投资估算精度的要求为误差控制在±30%以内。此阶段项目投资估算的意义是可据此判断一个项目是否需要进行下一个阶段的工作。

(3)初步可行性研究阶段的投资估算

初步可行性研究阶段,是在掌握了更详细、更深入的资料的前提下,估算建设项目所需要的投资额。其对投资估算精度的要求为误差控制在±20%以内。此阶段项目投资估算的意义是据以确定是否进行详细可行性研究。

(4)详细可行性研究阶段的投资估算

详细可行性研究阶段的投资估算至关重要,因为这个阶段的投资估算经审查批准之后,便是工程设计任务书中规定的项目投资限额,并可据此列入项目年度基本建设计划。其对投资估算精度的要求为误差控制在±10%以内。

不同阶段具备的资料不同,投资估算的准确度也不同;调查研究越深入、掌握的资料越丰富,投资估算越准确(表3.2)。

表3.2　投资估算的阶段划分与精度要求

投资估算阶段	各阶段的主要工作	投资估算的作用	误差率
项目规划阶段的投资估算	有关部门根据国民经济发展规划、地区发展规划和行业发展规划的要求,编制建设项目的建设规划	粗略匡算建设项目所需要的投资额	大于30%
项目建议书阶段的投资估算	选择投资机会,明确投资方向,提出初步的投资建议,编制项目建议书	作为审批项目建议书、初步选择投资项目的依据	30%
初步可行性研究阶段的投资估算	初步拟定投资规模、原材料来源、工艺技术、厂址、建设进度等,进行经济效益评价,判断项目的可行性,做出初步投资评价	是进行详细可行性研究的依据,确定需要进一步研究的关键问题的依据之一	20%
详细可行性研究阶段的投资估算	进行深入的技术经济论证,提出结论性意见	是选择最佳投资方案、决定项目可行性的主要依据,编制设计文件、控制设计概算的主要依据	10%

3.2.2 投资估算的内容

投资估算就是估算项目从筹建、施工直至建成投产所需全部建设资金总额并测算建设期各年资金使用计划的过程。

根据工程造价的构成,建设项目投资估算包括固定资产投资估算和铺底流动资金估算。

固定资产投资由静态部分和动态部分构成,其中静态部分包括设备及工器具购置费、建筑安装工程费、工程建设其他费用、基本预备费;动态部分包括建设期贷款利息、涨价预备费。

设备及工器具购置费、建筑安装工程费统称为工程费用,工程费用、工程建设其他费用和预备费用之和称作建设投资,是指在项目筹建与建设期间所花费的全部建设费用。

建设期利息是债务资金在建设期内发生并应计入固定资产原值的利息,包括借款(或债券)利息及手续费、承诺费、管理费等。

流动资金是项目运营期内长期占用并周转使用的营运资金,是指生产经营性项目投产后,用于购买原材料、燃料、支付工资及其他经营费用等所需要的周转资金。它是伴随着建设投资而发生的长期占用的,其值等于项目投资运营后所需全部流动资产扣除流动负债后的余额。

项目投资的构成和估算方法见表 3.3 所示:

表 3.3 项目投资的构成和估算方法

投资构成			估算方法	说明
固定资产投资（工程造价）	(1) 设备及工、器具购置费		见本书 2.3 节	1. (1)、(2)、(3)及基本预备费构成固定资产静态投资估算; 2. 涨价预备费、建设期贷款利息等构成动态投资部分
	(2) 建筑安装工程费		见本书 2.2 节	
	(3) 工程建设其他费		一般以(1)+(2)之和为基数估算	
	(4) 预备费	基本预备费	[(1)+(2)+(3)]×基本预备费率	
		涨价预备费	复利计算	
	(5) 建设期贷款利息		(年初借款本息累计额+1/2 本年借款额)×年实际利率	
流动资金			流动资金=流动资产－流动负债	

总投资＝固定资产投资＋流动资金
流动资金是指项目投产后,用于购买原材料、燃料、支付工资及其他经营费用等所需的周转资金;
流动资金＝流动资产－流动负债,流动资产包括现金、应收账款和存货;流动负债主要考虑应付账款项目的投资估算主要包括投资估算编制说明、投资估算分析、总投资估算、单项工程投资估算、工程建设其他费用估算、主要技术经济指标。其中投资估算分析的内容包括：

（1）工程投资比例分析。

（2）分析设备及工器具购置费、建筑工程费、安装工程费、工程建设其他费用、预备费、建设期利息占建设总投资的比例；分析引进设备费用占全部设备费用的比例等。

（3）分析影响投资的主要因素。

（4）与国内类似工程项目的比较，分析说明投资高低的原因。

1）投资估算的编制原理

目前，我国的建设投资估算按照《建设项目投资估算编审规程》（CECA/GC 1—2015）进行编制。

《建设项目投资估算编审规程》

（1）根据项目总体构思和描述报告中的建筑方案构思、机电设备构思、建筑面积分配计划和分部分项工程的描述，列出土建工程的分项工程表，并根据工程的建筑面积，套用相似工程的分项工程量平方米估算指标，计算各分项工程量，再套用与之相适应的综合单价，估算出各分项工程的投资。

（2）根据报告中对设备购置及安装工程的构思描述，列出设备购置清单，参照、套用设备安装工程估算指标，估算设备安装费用。

（3）根据项目建设期中涉及其他费用投资构思和前期工作设想，并按国家、地方的有关法规，编制其他费用投资。

（4）在此基础上估算基本预备费。

（5）估算价差预备费和建设期贷款利息。

（6）估算流动资金。

（7）计算项目总投资。

建设项目投资估算编制工作原理见图3.1所示。

2）投资估算注意事项

（1）要认真收集整理和积累各种建设项目的竣工决算实际造价资料。

（2）选择使用投资估算的各种数据时，不论是自己积累的数据，还是来源于其他方面的数据，要求估算人员在使用前都要结合时间、物价、现场条件、装备水平等因素做出充分的分析和调查研究工作。

（3）投资的估算必须考虑建设期物价、工资等方面的动态因素变化。

（4）应根据项目的不确定性大小和建设期长短等因素留有足够的预备费。

（5）对引进国外设备或技术项目要考虑汇率的变化。

3.2.3 投资估算方法

1）静态投资的估算方法

建设投资的估算方法有简单估算法和分类估算法。简单估算法分为单位生

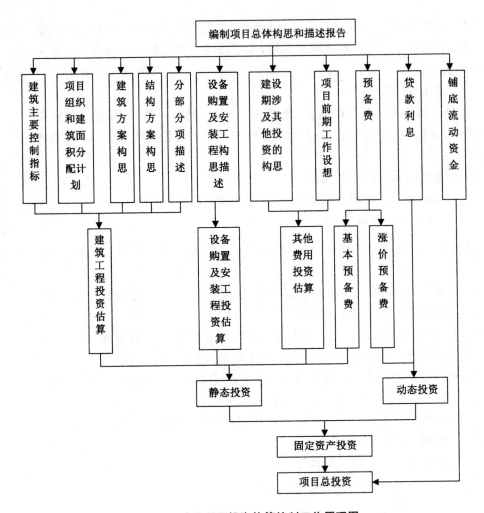

图 3.1 建设项目投资估算编制工作原理图

产能力估算法、生产能力指数法、系数估算法、比例估算法和指标估算法等。前四种估算方法准确性相对不高,主要适用于投资机会研究和初步可行性研究阶段。项目可行性研究阶段应采用指标估算法和分类估算法。

(1)项目规划和建议书阶段投资估算方法

① 单位生产能力估算法

利用相近规模的单位生产能力投资乘以建设规模,即得到拟建项目投资。

$$C_2 = C_1 \cdot \frac{Q_2}{Q_1} \cdot f \tag{3.1}$$

式中 C_1——已建类似项目的投资额;

  C_2——拟建项目投资额;

  Q_1——已建类似项目的生产能力;

  Q_2——拟建项目的生产能力;

  f——不同时期、不同地点的定额、单价、费用变更等的综合调整系数。

单位生产能力估算方法估算简便、迅速,但不足之处是把项目的建设投资与其生产能力的关系视为简单的线性关系,估算结果精确度较差(误差30%左右)。使用这种方法时要注意拟建项目的生产能力和类似项目的可比性,否则误差很大。由于在实际工作中不易找到与拟建项目完全类似的项目,通常是把项目按其下属的车间、设施和装置进行分解,分别套用类似车间、设施和装置的单位生产能力投资指标计算,然后加总求得项目建设投资额。或根据拟建项目的规模和建设条件,将投资进行适当的调整后估算项目的投资额。

这种方法主要用于新建项目和装置的估算,十分简便迅速,但要求估价人员掌握足够的典型工程的历史数据,而且这些数据均应与单位生产能力的造价有关,方可应用,而且必须是新建装置与所选取的历史资料相类似,仅存在规模大小和时间上的差异。一般只适用于与已建项目在规模和时间上相近的拟建项目,一般两者间的生产能力比值为0.2~2.0。

【例3.1】 某地拟建一座200套客房的豪华宾馆,另有一座同星级的豪华宾馆最近在该地竣工,且掌握了以下资料:有300套客房,有门庭、餐厅、会议室、游泳池、夜总会、网球场等设施,建设投资为9 200万元。试估算新建项目的建设投资额。(综合调整系数为0.9)

【解】 根据以上资料,用单位生产能力估算法进行建设投资的估算,计算公式为:

$$C_2 = \frac{9\,200}{300} \times 200 \times 0.9 = 5\,520(万元)$$

② 生产能力指数法

生产能力指数法又称指数估算法,它是根据已建成的类似项目生产能力和投资额来粗略估算拟建项目投资额的方法,是对单位生产能力估算法的改进。特点:计算简单、速度快;但要求类似工程的资料可靠,条件基本相同。

$$C_2 = C_1 \left(\frac{Q_2}{Q_1}\right)^n \cdot f \tag{3.2}$$

式中 C_1——已建类似项目或装置的投资额;

C_2——拟建项目或装置的投资额;

Q_1——已建类似项目或装置的生产能力;

Q_2——拟建项目或装置的生产能力;

f——不同时期、不同地点的定额、单价、费用变更等的综合调整系数;

n——生产能力指数,在正常情况下,$0 \leqslant n \leqslant 1$,其中,$n$的取值与生产规模比值相关:当生产规模比值在0.5~2.0之间,则指数n的取值近似为1;当生产规模比值在50倍以内,且拟建项目规模的扩大仅靠增大设备规模(产能)来达到时,则指数n的取值近似在0.6~0.7;但若是靠增加相同规格设备的数量达到时,则指数n的取值近似在0.8~0.9。另外,不同生产率水平的国家和不同性质的项目中,n的取值是不相同的。

采用生产能力指数法,计算简单、速度快;但要求类似项目的资料可靠,条件基本相同或相近,否则误差就会增大。生产能力指数法主要应用于设计深度不足,拟建建设项目与类似建设项目的规模不同,设计定型并系列化,行业内相关指数和系数等基础资料完备的情况。一般拟建项目与已建类似项目生产能力比值不宜大于50,以在10倍内效果较好,否则误差就会增大。

【例3.2】 2019年某地拟建年产3 000万t铸钢厂,根据可行性研究报告提供的2015年已建年产2 500万t类似工程的主体工艺设备投资约2 400万元。2016—2017每年平均工程造价指数为1.05,2018—2019年预计年平均造价指数为1.08,试用生产能力指数估算法估算拟建工程的主体工艺设备投资额(拟建项目规模的扩大主要靠增大设备规模来达到)。

【解】 用生产能力指数估算法估算拟建项目主厂房工艺设备投资:

拟建项目主厂房工艺设备投资

$$C_2 = C_1 \left(\frac{Q_2}{Q_1}\right)^n \cdot f = 2\,400 \times \left(\frac{3\,000}{2\,500}\right)^{0.6} \times 1.05^2 \times 1.08^2 = 3\,443.07(万元)$$

式中　n——生产能力指数,取0.6;

　　　f——不同时期、不同地点的定额、单价、费用变更等的综合调整系数,这里面特别注意f的含义。不同时期是指参考项目的完成到拟建项目的建设这段时间,不包括项目的建设期。因此,本题中的调整系数$f = (1+5\%)^2(1+8\%)^2$。

生产能力指数法与单位生产能力指数法相比精确度略高,其误差可控制在±20%以内,尽管估价误差仍较大,但有它独特的好处:即这种估价方法不需要详细的工程设计资料,只知道工艺流程及规模就可以,在总承包工程报价时,承包商大都采用这种方法估价。

③ 系数估算法

系数估算法也称为因子估算法,它是以拟建项目的主体工程费或主要设备费为基数,以其他工程费与主体工程费或设备购置费的百分比为系数,估算拟建项目静态投资的方法。在我国国内常用的方法有设备系数法和主体专业系数法,世行项目投资估算常用的方法是朗格系数法。

a. 设备系数法

以拟建项目或装置的设备费为基数,根据已建成的同类项目或装置的建筑安装费和其他工程费用等占设备价值的百分比,求出相应的建筑安装费及其他工程费用等,加上拟建项目的其他有关费用,即为项目或装置的投资额。公式如下:

$$C = E(1 + f_1 P_1 + f_2 P_2 + f_3 P_3 + \cdots) + I \tag{3.3}$$

式中　C——拟建项目或装置的投资额;

　　　E——根据拟建项目或装置的设备清单按当时当地价格计算的设备费(包括运杂费)的总和;

　　　P_1、P_2、P_3——已建项目中建筑、安装及其他工程费用等占设备费百分比;

　　　f_1、f_2、f_3——由于时间因素引起的定额、价格、费用标准等变化的综合调整系数;

　　　I——拟建项目的其他费用。

b. 主体专业系数法

以拟建项目中的最主要、投资比重较大并与生产能力直接相关的主体工艺设备的投资(包括运杂费及安装费)为基数,根据同类型的已建项目的有关统计资料,计算出拟建项目的各专业工程(总图、土建、暖通、给排水、管道、电气及电信、自控及其他工程费用等)占主体工艺设备投资的百分比,据以求出各专业的投资,然后把各部分投资费用(包括主体工艺设备费)相加求和,再加上工程其他有关费用,即为项目的总费用。其表达式为:

$$C = E(1 + f_1 P'_1 + f_2 P'_2 + f_3 P'_3 + \cdots) + I \tag{3.4}$$

式中 C——拟建项目或装置的投资额;

E——根据拟建项目或装置的设备清单按当时当地价格计算的主体设备费(包括运杂费)的总和;

P'_1、P'_2、P'_3——各专业工程费用占主体工艺设备费用的百分比。

【例3.3】 承例3.2,已建类似项目资料:与主体工艺设备投资有关的各专业工程投资系数,如表3.4所示,与主厂房投资有关的辅助工程及附属设施投资系数,见表3.5所示。

表3.4 与主体工艺设备投资有关的各专业工程投资系数

加热炉	汽化冷却	余热锅炉	自动化仪表	起重设备	供电与传动	建安工程
0.12	0.01	0.04	0.02	0.09	0.18	0.40

表3.5 与主厂房投资有关的辅助工程及附属设施投资系数

动力系统	机修系统	总图运输系统	行政及生活福利设施工程	工程建设其他费
0.30	0.12	0.20	0.30	0.20

试用系数估算法估算该项目主厂房投资和项目建设的工程费与其他费投资。

【解】 ①用设备系数估算法估算主厂房投资:

$$主厂房投资 C = 主体工艺设备投资 \times (1 + \sum K_i)$$
$$= 3\,443.07 \times (1 + 12\% + 1\% + 4\% + 2\% + 9\% + 18\% + 40\%)$$
$$= 3\,443.07 \times (1 + 0.86) = 6\,404.11(万元)$$

式中 K_i——与设备有关的各专业工程的投资系数,查表3.4。

建安工程投资 = $3\,443.07 \times 0.40 = 1\,377.23$(万元)

设备购置投资 = $3\,443.07 \times (1.86 - 0.4) = 3\,443.07 \times 1.46 = 5\,026.88$(万元)

$$工程费与工程建设其他费 = 拟建项目主厂房投资 \times (1 + \sum K_j)$$
$$= 6\,404.11 \times (1 + 30\% + 12\% + 20\% + 30\% + 20\%)$$
$$= 6\,404.11 \times (1 + 1.12)$$
$$= 13\,576.71(万元)$$

式中 K_j——与主厂房投资有关的各专业工程及工程建设其他费用的投资系数,查表3.5。

c. 朗格系数法

朗格系数法是以设备费为基础,乘以适当系数来推算项目的建设费用。这种方法是世界银行投资估算常采用的方法。其基本原理是将总成本费用中的直接成本和间接成本分别计算,再合为项目的总成本费用。基本公式为:

$$C = EK_L = E(1 + \sum K_i)K_c \qquad (3.5)$$

式中　C——总建设费用；

　　　E——主要设备费用；

　　　K_i——管线、仪表、建筑物等项费用的估算系数；

　　　K_c——管理费、合同费、应急费等间接费在内的总估算系数；

　　　K_L——总建设费用与设备费用之比(其中 $K_L = C/E = (1 + \sum K_i)K_c$)。

朗格系数法估算投资的步骤：

➤　计算设备到达现场的费用；

➤　根据计算出的设备费乘以 1.43，得到包括设备、基础、绝热工程、油漆工程和设备安装在内的总费用；

➤　上述结果再乘以 1.1/1.25/1.6 得到包括配管(管道工程)在内的总费用；

➤　上述结果再乘以 1.5，得到包括建筑工程、电气及仪表工程在内的直接费用；

➤　上述结果再乘以 1.31/1.35/1.38，得到包括间接费在内的总投资估算额。

表 3.6　不同类型项目朗格系数 K_L 的取值和包含内容

项目类型	固体流程	固流流程	流体流程
朗格系数 K_L	3.1	3.63	4.74
(a) 包括基础、设备、绝热、油漆及设备安装费	$E \times 1.43$		
(b) 包括上述在内的管道工程费	(a)×1.1	(a)×1.25	(a)×1.6
(c) 直接成本总和(装置直接费)	(b)×1.5		
(d) 总费用	(c)×1.31	(c)×1.35	(c)×1.38

朗格系数法特点：简单，但没有考虑设备规格、材质的差异，所以精确度不高。

【例 3.4】　某项目设备费为 2 450 万元，管线、仪表、建筑物等费用估算系数为 0.7，管理费、合同费、应急费等费用的估算系数为 1.2，用朗格系数法计算项目总建设费用。

【解】　根据朗格系数法计算公式：

$$C = E(1 + \sum K_i)K_c$$

该项目总建设费 $= 2\,450 \times (1 + 0.7) \times 1.2 = 4\,998$(万元)

④ 比例估算法

根据统计资料，先求出已有同类企业主要设备投资占全厂建设投资的比例，然后再估算出拟建项目的主要设备投资，即可按比例求出拟建项目的建设投资。其计算公式为：

$$I = \frac{1}{K} \sum_{i=1}^{n} Q_i P_i \qquad (3.6)$$

⑤ 混合法

通常是采用生产能力指数法与比例估算法混合或系数估算法与比例估算法混合估算其相关投资额的方法。

（2）可行性研究阶段投资估算方法

可行性研究阶段投资估算主要采用指标估算法。

指标估算法是指依据投资估算指标,对各单位工程或单项工程费用进行估算,进而估算建设项目总投资的方法。估算指标是比概算指标更为扩大的单项工程指标或单位工程指标,以单项工程或单位工程为对象,综合项目建设中的各类成本和费用,具有较强的综合性和概括性。

投资估算指标的表示形式较多,单项工程指标一般以单项工程生产能力单位投资表示,如工业窑炉砌筑以元/m³表示;变配电站以元/(kV·A)表示;锅炉房以元/蒸汽吨表示。单位工程指标一般以如下方式表示:房屋区别不同结构形式以元/m²表示;道路区别不同结构层、面层以元/m²表示;管道区别不同材质、管径以元/m表示。

指标估算法首先把拟建建设项目以单项工程或单位工程,按建设内容纵向划分为各个主要生产设施、辅助及公用设施、行政及福利设施以及各项其他基本建设费用,按费用性质横向划分为建筑工程、设备购置、安装工程等费用;然后,根据各种具体的投资估算指标,进行各单位工程或单项工程投资的估算;在此基础上汇集编制成拟建建设项目的各个单项工程费用和拟建项目的工程费用投资估算;再按相关规定估算工程建设其他费、基本预备费等,形成拟建建设项目静态投资,如表3.7所示。

表 3.7　指标估算法表格示例

序号	工程或费用名称	估算价值/万元				合计/万元
		建筑工程	安装工程	设备、工器具购置	其他费用	
1	车间1					
2	车间2					
3	……					

使用估算指标应根据不同地区、不同时期的实际情况进行适当调整,因为地区、时期不同,设备、材料人工的价格均有差异。

① 建筑工程费用估算

可采用单位建筑工程投资估算法、单位实物工程量投资估算法和概算指标投资估算法。

a. 单位建筑工程投资估算法

单位建筑工程投资估算法可以进一步分为单位长度价格法、单位面积价格法、单位容积价格法和单位功能价格法等。

单位长度价格法。水库以水坝单位长度(m)的投资,公路、铁路以单位长度(km)的投资,矿上掘进以单位长度(m)的投资,乘以相应的建筑工程量计算建筑工程费。

单位面积价格法。工业与民用建筑物和构筑物的一般土建及装修、给排水、采暖、通风、照明工程,建筑物以建筑面积为单位,套用规模相当、结构形式和建筑标准相适应的投资估算指标或类似工程造价资料进行估算。

单位容积价格法。在一些项目中,楼层高度是影响成本的重要因素。例如,仓库、工业窑炉砌筑的高度根据需要会有很大的变化,显然这时不再适用单位面积价格,而单位容积价格则成为确定初步估算的方法。

单位功能价格法。以医院里的病床数量为功能单位,新建一所医院的成本被细分为其所提供的病床数量,估算时首先给出每张床的单价,然后乘以该医院所有病床的数量,从而确定该医院项目的金额。

b. 单位实物工程量投资估算法:以单位实物工程量的投资乘以实物工程总量,如土石方工程按每立方米投资,路面铺设工程按每平方米投资。

c. 概算指标投资估算法:当有较详细的工程资料,建筑材料价格和工程费用指标信息时可采用,但工作量较大。

② 安装工程费估算。安装工程费一般以设备费为基数区分不同类型进行估算。

a. 工艺设备安装费通常采用按设备费百分比估算指标进行估算;或根据单项工程设备总重,采用元/t估算指标进行估算。

$$安装工程费 = 设备吨重 \times 每吨安装费 \tag{3.7}$$

b. 工艺金属结构、工艺管道通常采用以吨、立方米或米为单位,套用技术标准、材质和规格、施工方法相适应的投资估算指标或类似工程造价资料进行估算。

$$安装工程费 = 设备吨重(或者体积、长度) \times 安装费/吨(或者安装费/米^3、安装费/米)$$
$$\tag{3.8}$$

c. 变配电、自控仪表安装工程通常一般先按材料费占设备费百分比投资估算指标计算出安装材料费。再分别根据相适应的占设备百分比(或按自控仪表设备台数,用元/台件指标估算)或占材料百分比的投资估算指标或类似工程造价资料计算设备安装费和材料安装费。

$$安装工程费 = 设备原价 \times 安装费率 \tag{3.9}$$
$$安装工程费 = 安装工程实物量 \times 安装费用指标 \tag{3.10}$$

③ 设备及工器具购置费估算

按本书第2章方法估算。

④ 工程建设其他费用估算

按合同,或按政府有关规定计算,参考本书第2章。

⑤ 基本预备费

按本书第2章中方法估算。基本预备费率的大小应根据建设项目的设计阶段和具体设计深度而定。

使用指标估算法应注意:应根据不同地区、年代而进行调整;不能生搬硬套,必须对工艺流程、定额、价格及费用标准进行分析,需调整或换算。

2) 涨价预备费等建设投资动态部分的估算

(1) 涨价预备费

涨价预备费的估算,所采用的公式在本书第2章已介绍。

(2) 汇率变化对涉外建设项目动态投资的影响及其计算方法

汇率是两种不同货币之间的兑换比率,或者说是以一种货币表示的另一种货币的价格。汇率的变化意味着一种货币相对于另一种货币的升值或贬值。在我国,人民币与外币之间的汇率采取以人民币表示外币价格的形式给出,如 1 美元＝6.92 元人民币。由于涉外项目的投资中包含人民币以外的币种,需要按照相应的汇率把外币投资额换算为人民币投资额,所以汇率变化就会对涉外项目的投资额产生影响。

a. 外币对人民币升值

项目从国外市场购买设备材料所支付的外币金额不变,但换算成人民币的金额增加;从国外借款,本息所支付的外币金额不变,但换算成人民币的金额增加。

b. 外币对人民币贬值

项目从国外市场购买设备材料所支付的外币金额不变,但换算成人民币的金额减少;从国外借款,本息所支付的外币金额不变,但换算成人民币的金额减少。

（3）建设期利息估算

估算建设期利息,需要根据进度计划,提出建设投资分年计划,列出各年投资额,并明确其中的外汇和人民币。所采用的公式在本书 2.5 节已介绍。

3）流动资金的估算方法

这里的流动资金是指建设项目投产后为维持正常生产经营用于购买原材料、燃料、支付工资及其他生产经营费用等所必不可少的周转资金,实际上就是财务中的营运资金。它是伴随着固定资产投资而发生的永久性流动资产投资,其等于项目投产运营后所需全部流动资产扣除流动负债后的余额。其中,流动资产主要考虑应收账款、现金和存货;流动负债主要考虑应付和预收款。

流动资金的估算一般采用两种方法:

（1）扩大指标估算法

扩大指标估算法是按照流动资金占某种基数的比率来估算流动资金。一般常用的基数有销售收入、经营成本、总成本费用和固定资产投资等。所采用的比率根据经验确定,或依行业、部门给定的参考值确定。扩大指标估算法简便易行,但准确度不高,适用于项目建议书阶段的估算。

① 产值(或销售收入)资金率估算法。

$$流动资金额 = 年产值(年销售收入额) \times 产值(销售收入)资金率 \qquad (3.11)$$

【例3.5】 某项目投产后的年产值为 1.5 亿元,其同类企业的百元产值流动资金占用额为 17.5 元,求该项目的流动资金估算额。

【解】 流动资金 = 15 000 × 17.5/100 = 2 625(万元)

② 经营成本(或总成本)资金率估算法

$$流动资金额 = 年经营成本(年总成本) \times 经营成本资金率(总成本资金率) \qquad (3.12)$$

③ 固定资产投资资金率估算法

$$流动资金额 = 固定资产投资 \times 固定资产投资资金率 \qquad (3.13)$$

④ 单位产量资金率估算法

单位产量资金率，即单位产量占用流动资金的数额。

$$流动资金额 = 年生产能力 \times 单位产量资金率 \tag{3.14}$$

（2）分项详细估算法

分项详细估算法，也称分项定额估算法，它是根据周转额与周转速度之间的关系，对构成流动资金的各项流动资产和流动负债分别进行估算。它是国际上通行的流动资金估算方法。

$$流动资金 = 流动资产 - 流动负债 \tag{3.15}$$

$$流动资产 = 现金 + 应收账款 + 存货 \tag{3.16}$$

$$流动负债 = 应付账款 + 预收账款 \tag{3.17}$$

$$流动资金本年增加额 = 本年流动资金 - 上年流动资金 \tag{3.18}$$

估算步骤：先计算种类流动资产和流动负债的年周转次数，然后再分项估算占用资金额。

① 周转次数

$$周转次数 = \frac{360}{流动资金最低周转天数} \tag{3.19}$$

各类流动资产和流动负债的最低周转天数，可参照同类企业的平均周转天数并结合项目特点确定，或按部门（行业）规定。

② 应收账款

应收账款是指企业已对外销售商品、提供劳务尚未收回的资金，包括很多科目，一般只计算应收销售款。计算公式为：

$$应收账款 = \frac{年经营成本}{应收账款周转次数} \tag{3.20}$$

③ 预付账款

预付账款是指企业为购买各类材料、半成品或服务所预先支付的款项。计算公式为：

$$预付账款 = \frac{外购商品或服务年费用金额}{预付账款周转次数} \tag{3.21}$$

④ 存货

存货是企业为销售或耗用而储备的各种货物，主要有原材料、辅助材料、燃料、低值易耗品、修理用备件、包装物、在产品、自制半成品和产成品等。为简化计算，仅考虑外购原材料、外购燃料、在产品和产成品，并分项进行计算。计算公式为：

$$存货 = 外购原材料、燃料 + 其他材料 + 在产品 + 产成品 \tag{3.22}$$

$$外购原材料、燃料 = \frac{年外购原材料、燃料费用}{分项周转次数} \tag{3.23}$$

$$其他材料 = \frac{年其他材料费用}{其他材料周转次数} \tag{3.24}$$

$$在产品 = \frac{年外购原材料、燃料+年工资及福利费+年修理费+年其他制造费用}{在产品周转次数}$$

$$(3.25)$$

$$产成品 = \frac{年经营成本-年其他营业费用}{产成品周转次数} \qquad (3.26)$$

⑤ 现金

项目流动资金中的现金是指货币资金,即企业生产运营活动中停留于货币形态的那一部分资金,包括企业库存现金和银行存款。计算公式为:

$$现金 = \frac{年工资及福利费+年其他费用}{现金周转次数} \qquad (3.27)$$

$$年其他费用 = 制造费用+管理费用+营业费用-(以上三项费用中所含的工资$$
$$及福利费、折旧费、摊销费、修理费) \qquad (3.28)$$

⑥ 流动负债估算

流动负债是指在一年或超过一年的一个营业周期内,需要偿还的各种债务。一般流动负债的估算只考虑应付账款一项。计算公式为:

$$应付账款 = \frac{外购原材料燃料动力费及其他材料年费用}{应付账款周转次数} \qquad (3.29)$$

(3) 流动资金估算应注意的事项

① 在采用分项详细估算法时,需要分别确定现金、应收账款、存货和应付账款的最低周转天数。在确定周转天数时要根据实际情况,并考虑一定的保险系数。对于存货中的外购原材料、燃料要根据不同品种和来源,考虑运输方式和运输距离等因素确定。

② 不同生产负荷下的流动资金是按照相应负荷时的各项费用金额和给定的公式计算出来的,而不能按 100% 负荷下的流动资金乘以负荷百分数求得。

③ 流动资金属于长期(永久性)资金,流动资金的筹措可通过长期负债和资本金(权益融资)(一般要求占 30%)方式解决,流动资金一般要求在投产前一年开始筹措,为简化计算,可规定在投产的第一年开始按生产负荷安排流动资金需用量。其借款部分按全年计算利息,流动资金借款部分的利息应计入财务费用,项目计算期末收回全部流动资金。

(4) 流动资金估算表的编制

【例 3.6】 某建设项目达到设计生产能力后,全厂定员为 1 100 人,工资和福利费按照每人每年 7.2 万元估算;每年其他费用为 860 万元(其中:其他制造费用为 660 万元);年外购原材料、燃料、动力费估算为 19 200 万元;年经营成本为 21 000 万元,年销售收入 33 000 万元,年修理费占年经营成本 10%;年预付账款为 800 万元;年预收账款为 1 200 万元。各项流动资金最低周转天数分别为:应收账款为 30 天,现金为 40 天,应付账款为 30 天,存货为 40 天,预付账款为 30 天,预收账款为 30 天。试用分项详细估算法估算拟建项目的流动资金。

【解】 流动资金=流动资产-流动负债

式中　流动资产＝应收账款＋现金＋存货＋预付账款

流动负债＝应付账款＋预收账款

应收账款＝年经营成本÷年周转次数＝21 000÷(360÷30)＝1 750(万元)

现金＝(年工资福利费＋年其他费)÷年周转次数＝(1 100×7.2＋860)÷(360÷40)＝975.56(万元)

存货：

外购原材料/燃料/动力费＝年外购原材料/燃料/动力费÷年周转次数
　　　　　　　　＝19 200÷(360÷40)＝2 133.33(万元)

在产品＝(年工资福利费＋年其他制造费＋年外购原材料、燃料费＋年修理费)÷年周
　　　转次数
　　　　＝(1 100×7.2＋660＋19 200＋21 000×10％)÷(360÷40)＝3 320(万元)

产成品＝年经营成本÷年周转次数＝21 000÷(360÷40)＝2 333.33(万元)

存货＝2 133.33＋3 320＋2 333.33＝7 786.66(万元)

预付账款＝年预付账款÷年周转次数＝800÷(360÷30)＝66.67(万元)

应付账款＝年外购原材料/燃料/动力费÷年周转次数＝19 200÷(360÷30)
　　　　＝1 600(万元)

预收账款＝年预收账款÷年周转次数＝1 200÷(360÷30)＝100(万元)

由此求得：

流动资产＝应收账款＋现金＋存货＋预付账款＝1 750＋975.56＋7 786.66＋66.67
　　　　＝10 578.89(万元)

流动负债＝应付账款＋预收账款＝1 600＋100＝1 700(万元)

流动资金＝流动资产－流动负债＝10 578.89－1 700＝8 878.89(万元)

3.2.4　投资估算的审核

按照建设项目不同阶段要求的内容、深度,完整、准确地进行投资估算的审核是建设项目决策、投资控制分析必不可少的重要工作。投资估算审核主要包括以下工作步骤和工作内容：

1) 熟悉、了解各项政策性、指导性文件

项目建议书及可行性研究的投资估算的审核都必须依据国家、地方性现行规定的方针、政策、工程定额及相关的各阶段批复文件。

(1) 法规性文件,如国家和地方政府发布的有关定额、补充定额。

(2) 国家规定的土地管理法、环境保护法、水土保持法、森林管理法、文物管理法及物价局、财政局颁发的各类政府项目收费标准。

(3) 建筑材料指导价、运杂费计算方面的文件。

(4) 项目勘察设计费、代建管理费、监理取费等项目取费标准计取费用。

2) 了解各阶段的批复文件

根据政府规划、建设部门的批复文件,了解批准的基本建设方案、建设项目总投资。掌

握项目建设规模、建设标准是进行项目投资估算和概(预)算审核的主要依据。

3) 深入现场细致调查，掌握一手资料

针对不同阶段的设计内容和要求，审核人员必须要对建设项目现场作全面、深入细致的调查，搜集资料，使投资估算、概(预)算能更合理、准确、完整地反映建设项目的实际情况。

调研的主要内容包括：

(1) 了解工程所在地的基础资料，如项目周边地形、地貌水文、地质、市政配套情况、运输状况等。

(2) 了解工程实际情况、设计实施方案、具体工程规模等。

(3) 了解工程实地情况，如项目水、电、燃气和通信等配套情况；拟建地块涉及暗浜、淤泥等土方填挖情况以及项目前期征地、动拆迁补偿费用等，这类费用对项目投资影响较大，应认真收集审核。

(4) 收集、了解项目当地具体资料，如人工工资、材料供应价格及供应地、运输条件、施工条件等有关情况。

4) 审核工程数量

项目建议书、可行性研究报告中工程数量是编制投资估算的依据。工程数量的正确与否对编制估算十分重要，它直接影响到工程造价的正确性与编制质量。而工程数量一般由设计人员提供，往往设计周期十分紧张，从而忽视了对工程量计算的复核及汇总工作。因此在审核中，审核人员应针对不同专业分别进行计量与核对。对图纸标注不明确、设计阶段尚未确定的设备、材料的定位等问题，及时与建设单位沟通，了解项目的独特性，并根据有关部门发布的价格信息及价格调整指数，考虑建设期的价格变化因素等，对投资估算进行调整和修正，以使审核后的投资估算尽可能地反映设计内容、项目条件和实际价格，也避免造成与工程实际严重脱节。

5) 审核和分析投资估算编制依据的时效性、准确性和实用性

估算项目投资所需的数据资料很多，如已建同类型项目的投资、设备和材料价格、运杂费率，有关的指标、标准以及各种规定等。这些资料可能随时间、地区、价格及定额水平的差异，使投资估算有较大的出入，因此要注意投资估算编制依据的时效性、准确性和实用性。针对这些差异必须做好定额指标水平、价差的调整系数及费用项目的调查。同时对工艺水平、规模大小、自然条件、环境因素等对已建项目与拟建项目在投资方面形成的差异进行调整，使投资估算的价格和费用水平符合项目建设所在地估算投资年度的实际。针对调整的过程及结果要进行深入细致的分析和审查。

6) 审核选用的投资估算方法的科学性与适用性

投资估算的方法有许多种，每种估算方法都有各自适用条件和范围，并具有不同的准确度。如果使用的投资估算方法与项目的客观条件和情况不相适应，或者超出了该方法的适用范围，那就不能保证投资估算的质量。而且还要结合设计的阶段或深度等条件，采用适用、合理的估算办法进行估算。

如采用"单位工程指标"估算法时,应该审核套用的指标与拟建工程的标准和条件是否存在差异,及其对计算结果影响的程度,是否已采用局部换算或调整等方法对结果进行修正,修正系数的确定和采用是否具有一定的科学依据。处理方法不同,技术标准不同,费用相差可能达十倍甚至数十倍。当工程量较大时,对估算总价影响甚大,如果在估算中不按科学的方法进行调整,将会因估算精度达不到要求造成工程造价失控。

7)审核投资估算的编制内容与拟建项目规划要求的一致性

审核投资估算的工程内容,包括工程规模、自然条件、技术标准、环境要求,与规定要求是否一致,是否在估算时已进行了必要的修正和反映,是否对工程内容尽可能的量化和质化,有没有出现内容方面的重复或漏项和费用方面的高估或低算。

如建设项目的主体工程与附加工程或辅助工程、公用工程、生产与生活服务设施、交通工程等是否与规定的一致。是否漏掉了某些辅助工程、室外工程等的建设费用。

8)审核投资估算的费用项目、费用数额的真实性

(1)审核各个费用项目与规定要求、实际情况是否相符,有无漏项或多项,估算的费用项目是否符合项目的具体情况、国家规定及建设地区的实际要求,是否针对具体情况作了适当的增减。

(2)审核项目所在地区的交通、地方材料供应、国内外设备的订货与大型设备的运输等方面,是否针对实际情况考虑了材料价格的差异问题;对偏僻地区或有大型设备时是否已考虑了增加设备的运杂费。

(3)审核是否考虑了物价上涨,对于引进国外设备或技术项目是否考虑了每年的通货膨胀率对投资额的影响,考虑的波动变化幅度是否合适。

(4)审核对于"三废"处理所需相应的投资是否进行了估算,其估算数额是否符合实际。

(5)审核项目投资主体自有的稀缺资源是否考虑了机会成本,沉没成本是否剔除。

(6)审核是否考虑了采用新技术、新材料以及现行标准和规范比已建项目的要求提高所需增加的投资额,考虑的额度是否合适。

值得注意的是:投资估算要留有余地,既要防止漏项少算,又要防止高估冒算。要在优化和可行的建设方案的基础上,根据有关规定认真、准确、合理地确定经济指标,以保证投资估算的质量.使其真正地起到决策和控制的作用。

【案例 3.2】 国家体育馆——"鸟巢"投资决策阶段的造价管理。

工程造价的计价与控制贯穿于建设项目全过程,但决策阶段的各项技术经济决策,对项目的造价有重大影响,特别是建设标准的确定、建设地点的选择、工艺方案的评选、设备选用等,直接关系到工程造价的高低。

1999 年 9 月 6 日,北京 2008 年奥运会申办委员会在京成立,得到全国各族人民的大力支持。2001 年 7 月 13 日,在莫斯科举行的国际奥委会第 112 次全会上,国际奥委会投票选定北京获得 2008 年奥运会主办权。随即,12 月 13 日第 29 届奥林匹克运动会组织委员会在北京正式成立。组委会的成立,标志着北京 2008 年奥运会的筹办工作正式启动,奥运场馆的建设此时正式进入决策阶段。

1. 国家体育场的方案设计决策

2002 年 10 月 25 日,北京市政府和第 29 届奥运会组委会授权北京市规划委员会,面向全世界征集北京奥运会主体育场——国家体育场的建筑概念设计方案。

国家体育场建筑概念设计竞赛主要包括两个阶段:资格预审和正式竞赛阶段。截至 2002 年 11 月 20 日,共收到 44 家设计单位提供的有效资格预审文件,经过资格预审,最终确定了来自中国、美国、法国、澳大利亚等 14 家设计单位进入正式的方案竞赛。2003 年 3 月 18 日,最终参与竞赛的全球 13 家建筑设计公司及设计联合体,将他们的中国国家体育场的设计构想送抵北京。

中国工程院院士关肇邺和荷兰建筑大师库哈斯等 13 名权威人士组成了评审委员会,对参赛作品进行严格评审、反复比较、认真筛选,最终选举出 3 个优秀方案:瑞士赫尔佐格和德梅隆设计公司与中国建筑设计研究院的"鸟巢"方案、中国北京市建筑设计研究院设计的"浮空开启屋面"方案、日本株式会社佐藤综合计划与中国清华大学建筑设计研究院设计的"天空体育场"方案。

在此基础上,"鸟巢"方案以 8 票赞成、2 票反对、2 票弃权、1 票作废,被推选为重点推荐实施方案。

2. 投资模式

国家体育场工程按 PPP(Private＋Public＋Partnership)模式建设,由北京市国有资产有限责任公司与中国中信集团联合体共同组建国家体育场有限责任公司作为项目法人,主要负责国家体育场的投融资、建设、运营和管理。

其中中信联合体出资 42%,北京市国有资产经营有限责任公司代表政府给予 58% 的资金支持。中信联合体同时拥有奥运赛后 30 年的特许经营权,运营期间自负盈亏,经营期满后,鸟巢由北京市政府收回。期间政府不参与分红。

3. 国家体育场工程投资估算

做可行性研究时,需要做投资估算,这时需要有近似工程指标。利用相近规模的单位生产能力投资,再分析拟建工程的建设规模,可以更好地分析建设项目的投资估算。国家体育场找了类似的一些体育场馆的投资指标进行估算。

国家体育场在国际设计竞赛招标文件中规定的建安造价(土建和设备安装)限额 40 亿元,最终确定"鸟巢"方案估算造价为 38.9 亿元。国家发改委根据项目概算批复的工程总投资为 31.4 亿元。

4. 重大设计变更

2004 年 7 月 30 日,根据北京 2008 年奥组委计划和安排,国家体育场现场施工暂停,进行设计方案再次优化、调整。取消了可开启屋盖,扩大了屋顶开孔,座席数由原来的 10 万个减少到 9.1 万个,其中正式座位 8 万个不变,2 万个临时座位减少到 1.1 万个。减少用钢量 1.2 万 t,膜结构减少 0.9 万 m²。建安造价可以基本降至 22.67 亿元以下。

2004 年 12 月 28 日,国家体育场工程正式复工建设。2005 年 2 月 6 日,桩基工程顺利完成;2005 年 5 月转入主体结构施工,2007 年 11 月 22 日主体工程竣工。2009 年审计署的报告中指出:国家体育场("鸟巢")初步设计概算批复总投资 31.4 亿元,但因结构复杂、技术难度大、工艺要求高、功能和标准调整以及主要建材涨价等原因投资超概算约4.56亿元。

（案例部分摘自：何明强.政府投资项目全生命周期造价管理研究：以国家体育场为例 [D].广州：中山大学,2011.）

【案例3.3】 某学校整体改造项目投资估算案例。

1. 编制说明

××中学整体改造项目投资估算,依据××中学和××设计院提出的各类改造、新建项目各建(构)筑物的建筑面积、结构形式、装修标准及其他专业提供的有关资料等进行编制。

估算的建设投资中包括基础设施投入、土建工程费用、设备及工器具购置和安装费用、工程建设其他费用及预备费。

2. 投资估算编制依据

国家发展改革委员会与建设部发布的《建设项目经济评价方法与参数》(第三版)；

建设项目可行性研究报告编制内容深度规定及国家的有关政策法规；

××设计研究院的设计方案；

现行有关国家收费标准；

现行材料及人工价格信息；

《江苏省建筑与装饰工程计价表》(2014版)。

3. 本工程估算组成

1) 拆除工程

本工程项目中拆除项目采用以料抵工的办法进行拆除,基本收支平衡。

2) 新建及改造项目

(1) 基础设施投入

根据《江苏省市政工程计价表》结合当地和现场实际,本工程基础设施(包括道路、给排水、强弱电、绿化、运动场等)的改造费用测算如下：

——道路工程、停车场,改造面积约12 000 m²,约200万元；

——绿化工程,改造面积约37 000 m²,约100万元；

——给水工程、排水工程、消防工程约100万元；

——供电工程,500万元；

——弱电工程,340万元；

——运动场、看台工程,450万元；

基础设施配套投入,合计约1 690万元。

(2) 新建项目和改建项目

新建项目包括国际书院、艺术中心、食堂、宿舍、尊经阁,建筑面积23 397 m²,其中地上建筑面积18 781 m²(其中古建614 m²),地下建筑面积4 616 m²,按照建筑形式和装修标准的不同,参考同类项目技术经济指标进行估算,地上部分采用2 200～4 000元/m²的单方造价估算指标(古建部分采用的估算指标为5 000 元/m²)。地下部分考虑大部分为人防车库,采用平均3 000元/m²的估算指标。工程造价合计约为6 587.98万元。

改建项目包括信息楼、科技楼内部改造，实验楼外立面改造，东西红楼内部装修，图书馆、东西白楼、会议中心、体育馆外立面、内部功能改造及其他零星建筑改造。其中内部功能改造按中等装修标准，单方造价 $1\,000 \sim 1\,400$ 元/㎡ 估算，外立面改造按 $400 \sim 800$ 元/㎡ 估算。改建费用合计约为 2 260.57 万元，详见表 3.8。

表 3.8　××中学改造工程投资估算表

序号	项目名称		单位	工程量	单方造价/元	合计/万元	备注
一、建筑安装工程费							
1	新建项目						
1.1	国际书院	地上建筑面积	㎡	4 025	2 600	1 046.50	含土建装饰安装
		半地下建筑面积	㎡	1 800	3 000	540.00	含土建装饰安装
1.2	艺术中心	地上建筑面积	㎡	3 862	4 000	1 544.80	含土建装饰安装
		地下建筑面积	㎡	520	3 000	156.00	含土建装饰安装
1.3	食堂	地上建筑面积	㎡	1 890	2 500	472.50	含土建装饰安装
		地下建筑面积	㎡	2 296	3 000	688.80	含土建装饰安装
1.4	宿舍	地上建筑面积	㎡	8 329	2 200	1 832.38	含土建装饰安装
1.5	尊经阁(古建)		㎡	614	5 000	307.00	含土建装饰安装
新建项目合计						6 587.98	
2	改建项目						
2.1	实验楼		㎡	3 150	800	252.00	外立面改造
2.2	图书馆		㎡	2 622	1 400	367.08	外立面改造,内部功能调整
2.3	信息楼		㎡	9 373.26	500	468.66	外立面改造,内部功能调整
2.4	科学楼		㎡	2 855	800	228.40	维修,内部功能调整
2.5	东、西白楼		㎡	4 320	1 000	432.00	完善内部功能,外立面风格调整与红楼一致
2.6	东、西红楼		㎡	2 112	400	84.48	内部粉刷装修
2.7	会议中心		㎡	1 200	400	48.00	外立面改造,内部功能调整
2.8	体育馆		㎡	2 475	1 200	297.00	外立面改造,内部功能调整
2.9	其他零星建筑改造		㎡	553	1 500	82.95	
3	拆除项目		项				以工抵料,基本收支平衡

（续表）

序号	项目名称	单位	工程量	单方造价/元	合计/万元	备注
改建项目合计					2 260.57	
4	基础设施改造					
4.1	道路改造	m²	12 000		200.00	
4.2	校内景观绿化改造	m²	37 000		100.00	估算（含树木移植）
4.3	给排水、消防系统改造	项	1		100.00	估算
4.4	供电（含外线接电、设备）系统改造	项	1		500.00	估算
4.5	室外弱电系统改造	项	1		340.00	估算
4.6	运动场,看台改造	项	1		450.00	一个400 m田径场（200）、篮球场8片（50）、排球场4片（50）、网球场1片（30）、看台（100）、司令台（20）
基础设施改造合计					1 690.00	
5	建筑安装工程费合计(1~4)				10 538.55	
二、工程建设其他费用						
1	规费	项	1		1 180.96	计算略
三、预备费用						
1	基本预备费(一+二)×8%	项	1		936.00	
四、估算总价(一+二+三)					12 655.52	

3）工程建设其他费用

本工程其他费用由于是改造项目,不涉及到土地费用。主要为建设期间政府收费和建设管理费用。

其中政府收费按照政府不同部门的收费标准来进行计算。主要有审图中心收取的施工图审查费、人防审查费;规划局收取的规划技术服务费、日照分析、规划公示费;测绘院收取的规划放线费、建筑面积技术核定费;人防办公室收取的人防易地建设费;市容市政局收取的土方特种垃圾运输费;城建档案局收取的城建档案保管费;住建局收取的基础设施配套费、抗震设计审查费;建设工程交易中心收取的市场综合服务费;气象局收取的防雷审核费用;安全监督站收取的建筑工程施工安全监督管理费等。

业主支付给第三方咨询机构的费用按照实际发生估算,或按照收费标准进行估算。主要包括可行性研究费、环境影响评估费、招标代理费、建筑工程设计费、建筑工程勘探费、建设工程检测费、监理费等。

另外本工程还涉及供电公司收取的电力接通费等，按照收费标准来进行计取。

本工程其他费用合计为1 180.96万元。

【案例要点分析】 本项目为既有项目改造项目，包括拆除、改建、新建和校园基础设施改造四部分内容，方案设计达到了可以采用类似项目估算指标进行比较准确地估算的深度。本案例中还对项目的其他费进行了详细准确的估算。方法适用于详细可行性研究阶段投资估算。

【案例3.4】 某生态农业旅游项目投资估算案例。

1. 项目投资估算编制范围

根据本项目为农业旅游项目，包括农业及农业基础设施，所以本项目总投资由拆迁费用、工程费用、土地整理费用、其他费用、建设期贷款利息、流动资金组成。估算范围为基地范围内的农业种(养)殖、农业基础设施等。

2. 投资估算编制依据

1) 本工程估算工程量依据方案图纸、文字说明及有关技术资料，按照建标〔2007〕163号文颁发的《市政工程投资估算指标》进行投资估算编制，并对主要材料、设备价格及人工工资进行换算调整，以期更符合当地的价格水平。

2) 根据现行文件的规定，在采用"全国市政工程投资估算指标"不足部分时，选用以下定额：

江苏省建筑、装饰工程计价表

江苏省市政工程计价表

江苏省安装工程计价表

市政工程投资估算指标

江苏省颁布的各有关计费规定

苏州市现行材料、人工、机械的单价

3. 农业及基础设施部分投资估算

生态农场农业及基础设施部分总投资费用估算为303 893.30万元，详见表3.10总投资估算表。

1) 地块拆迁费用

该项目土地面积为3 800亩，其中拆迁费205 512.04万元，由高新区管委会出资10亿，其余费用企业自筹，进行前期的动迁工作。

(1) 拆迁安置费用为17.7亿元：其中房屋补偿费用约为7.5亿，涉及农户1 074户，按70万元每户测算；安置费用为7.2亿，按每户210 m²，建安成本4 500/m²测算。

(2) 土地换社保费用为2.56亿：总人数3 776人，需参加社保人数2 772人。

(3) 苗木鱼塘搬迁费为0.16亿。

(4) 建设用地征地费：建设用地征地费0.13亿元，首期综合用地200亩，按农用地和建设用地各50%计，包括土地补偿费(2万元/亩×20%、建设用地2万元/亩)和行政规费(农业用地10.57万元)。

2) 土地整治费用估算

土地整治包括土地平整复耕和地形改造等内容。

项目用地拆迁完成后的土地整治费用构成主要包括：工程施工费、设备费、其他费用和不可预见费。

其中其他费用由前期工作费、工程监理费、竣工验收费、业主管理费组成。其中，前期工作费指土地整治施工前所发生的各项支出，包括土地清查费、项目勘测费、项目设计与预算编制费、项目招标费和重大工程规划编制费等；工程监理费是指项目承担单位委托具有工程监理资质的单位，按国家有关规定进行全过程的监督和管理所发生的费用；竣工验收费是指土地开发整理项目工程完工后，因项目竣工验收、决算、成果的管理等发生的各项支出，主要包括项目工程验收费、项目决算的编制与审计费，整理后土地的重估与登记费等；业主管理费是指项目承担单位为项目的组织、管理所发生的各项管理性支出，主要包括项目管理人员的工资、补助工资、其他工资、职工福利费、公务费、业务招待费等。

（1）土地复耕

规划区内目前有764.6亩宅基地及240亩其他废弃地需要进行改造复耕。每亩整治复耕投资约2万元，投资2 009.20万元。

（2）地形改造工程

① 平整工程：为了满足布置要求，需对项目区内3 805亩的土地进行土地回填、平整工作，总面积约250万 m²，平整所需土方采取场内调配方式，无需外运土方。平整场地费用6元/m²，共需1 522.01万元。

② 土方短途运输：规划区内土方全部采用场内调配方式进行处理，需要短途运输，地形改造工程共需要土方100万 m³，费用10元/m³，合计1 000万元。

土地整治合计4 531.21万元。

3) 示范农业投资估算

示范性农业基地包括以下项目：建设牧渔区、桑田区、果林区，其中牧渔区包括100亩水上花田、270亩牧场和256亩湿地鱼塘；桑田区包括230亩桑林、430亩农田和162亩果蔬；果林区包括709.5亩果林和170亩开心农场（表3.9）。

示范性农业总投资7 964.49万元。

4) 景观及公共绿地投资估算

（1）开放景观及绿地：包括106亩百草园、401亩苗圃草坡区、540亩繁花区和10处总面积4 000 m²的景观节点（表3.9）。

（2）游客中心景观：26 500 m²游客中心估算指标为350元/m²。游客中心景观估算费用为927.50万元。

景观和绿地投资合计为14 857.57万元。

5) 基础设施投资估算

项目基础设施包括道路、桥梁、河道及岸线、供水供电、排水系统、灌溉系统、污水处理系统等。

（1）道路桥梁

表 3.9　投资估算表（农业及基础设施部分）

单位：万元

序号	工程名称	单位	数量	建筑工程费	田间工程费	农机具及仪器设备费	安装工程费	其他费	小计	备注
	拆迁部分							205 512.04	**205 512.04**	
1	拆迁费	项	1					205 512.04	205 512.04	其中 10 亿元由高新区管委会出资
1.1	拆迁安置费用	项	1					177 000.00	177 000.00	
1.2	土地接社保费用	项	1					25 612.04	25 612.04	
1.3	苗木鱼塘搬迁费	项	1					1 600.00	1 600.00	
1.4	建设用地征地费	项	1					1 300.00	1 300.00	
	农业及基础设施部分								**98 381.26**	
一	建筑安装工程费和设备费			55 063.77	5 314.49	4 282.00	7 250.00	0.00	71 910.27	
（一）	土地整治费用	亩	3 598.00	4 531.21	0.00	0.00	0.00	0.00	4 531.21	
1	土地复耕	亩	1 004.60	2 009.20					2 009.20	每亩复耕费用 2 万元
2	地形改造	亩	2 522.01	2 522.01					2 522.01	
2.1	平整工程	亩	3 805.00	1 522.01						平整场地费用 6 元/m²
2.2	土方短途运输	m³	1 000 000.00	1 000.00						费用 10 元/m³
（二）	现代农业生态示范项目			1 200.00	5 314.49	1 350.00	100.00	0.00	7 964.49	
1	牧渔区——水上花田	亩	100.00		1 000.01				1 000.01	平均 150 元/m²
2	牧渔区——牧场	亩	270.00		1 151.34				1 151.34	
2.1	草坡	亩	131.00		873.34				873.34	按照 100 元/m² 估算
2.2	养殖区	亩	139.00		278.00				278.00	养殖投入 20 000 元/亩

（续表）

序号	工程名称	单位	数量	建筑工程费	田间工程费	农机具及仪器设备费	安装工程费	其他费	小计	备注
3	收渔区——湿地鱼塘	亩	256.00		384.00	350.00	0.00	0.00	734.00	
3.1	硬件	亩	256.00		256.00				256.00	硬件投入1万元/亩
3.2	附属设备	亩	256.00			350.00			350.00	
3.3	养殖投入	亩	256.00		128.00				128.00	养殖投入5 000元/亩
4	桑田区——农田、果蔬	亩	822.00		1 233.00				1 233.00	按照1.5万元/亩估算
5	果林区——果林	亩	709.50		1 206.15				1 206.15	按照平均1.7万元/亩估算
6	开心农场	亩	170.00		340.00				340.00	按照平均2万元/亩估算
7	配套投入	项	1	1 200.00					1 200.00	含管理间和配套设施,按照甲方提供资料估算
8	排灌系统（喷灌、滴灌）	套	1			1 000.00	100.00		1 100.00	暂估
（三）	景观及公共绿地			14 857.57	0.00	0.00	0.00	0.00	14 857.57	
1	百草园	亩	106.00	2 120.01					2 120.01	按300元/m²估算
2	紫花区	亩	540.00	7 200.04					7 200.04	按200元/m²估算
3	景观节点	m²	4 000.00	600.00					600.00	按1 500元/m²估算
4	苗圃草坡及其他	亩	401.00	4 010.02					4 010.02	按150元/m²估算
5	游客中心景观	m²	26 500.00	927.50					927.50	按350元/m²估算
（四）	基础设施			34 475.00	0.00	2 932.00	7 150.00	0.00	44 557.00	
1	园区道路和停车场建设			27 897.00					27 897.00	
1.1	主干道——河堤路及园区内部道路	m²	202 400.00	10 120.00					10 120.00	双向3.5 m宽车道,沥青面层道路,按500元/m²估算

（续表）

序号	工程名称	单位	数量	建筑工程费	田间工程费	农机具及仪器设备费	安装工程费	其他费	小计	备注
1.2	次干道	m²	88 100.00	4 405.00					4 405.00	双向3 m宽车道，沥青面层道路，按500元/m²估算
1.3	支路——农用车服务道	m²	11 800.00	472.00					472.00	4.5 m宽服务配送服务车道，按400元/m²估算
1.4	田间慢行道	m²	47 200.00	1 180.00					1 180.00	3 m宽慢行道，按250元/m²估算
1.5	木栈道	m²	32 000.00	2 240.00					2 240.00	2 m宽溪水木栈道；按700元/m²估算
1.6	架空步道	m²	8 000.00	1 600.00					1 600.00	按2 000元/m²估算
1.7	道路绿化	m	36 000.00	7 200.00					7 200.00	按200万元/km估算
1.8	停车场	m²	34 000.00	680.00					680.00	沥青面层，按200元/m²估算
2	河道及岸线			2 228.00					2 228.00	
2.1	河道水系整治	m³	690 000.00	828.00					828.00	费用12元/m³
2.2	岸线	m	5 000.00	1 000.00					1 000.00	按2 000元/m估算
2.3	闸站	个	3	400.00					400.00	普通闸2个按100万元/个估算，套闸1个按200万元/个估算
3	桥梁	座	31	3 150.00					3 150.00	
3.1	车行桥(50 m)	座	11	1 760.00					1 760.00	按4 000元/m²估算
3.2	车行桥(100 m)	座	1	400.00					400.00	按5 000元/m²估算
3.3	农用车桥	座	4	240.00					240.00	60万元/座
3.4	步行桥	座	15	750.00					750.00	50万元/座
4	游船码头	个	9	1 200.00					1 200.00	趸船码头2个按250万元/个估算，停靠码头7个按100万元/个估算
5	公用工程			0.00	0.00	1 500.00	6 850.00	0.00	8 350.00	
5.1	市政给排水	m	30 000				1 500.00		1 500.00	给排水管道按照20 km，投资按500元/m估算

（续表）

序号	工程名称	单位	数量	建筑工程费	田间工程费	农机具及仪器设备费	安装工程费	其他费	小计	备注
5.2	供配电及线路敷设	m	20 000				3 800.00		3 800.00	供电线路600元/m估算,1个开闭所,每座600万元,配电房10个,每座200万元
5.4	电信系统	套	1			1 500.00	150.00		1 650.00	暂估
5.5	燃气管网	套	1				800.00		800.00	暂估
5.6	综合管网	套	1				600.00		600.00	暂估
6	景观照明	套	1 440			432.00			432.00	3 000元/套
7	标识系统	套	200				200.00		200.00	10 000元/套
8	智能化系统	套	1			1 000.00	100.00		1 100.00	暂估
二	工程建设其他费用	项						4 986.37	4 986.37	第一部分费用×2%
1	建设单位管理费	项	1					1 438.21	1 438.21	第一部分费用×2%
2	勘察费	项	1					127.03	127.03	按照 0.5 元/m² 用地面积暂估
3	设计费	项	1					1 000.00	1 000.00	暂估
4	监理费	项	1					862.92	862.92	第一部分费用×1.2%
5	前期费	项	1					120.00	120.00	暂估
6	政府规费	项	1					1 438.21	1 438.21	第一部分费用×2%
三	预备费	项	1					3 844.83	3 844.83	（第一部分费用＋第二部分费用）×5%
1	基本预备费	项	1					3 844.83	3 844.83	（第一部分费用＋第二部分费用）×5%
四	建设投资	项	1						80 741.47	一十二十三
五	建设期利息	项	1					15 639.80	15 639.80	融资成本为 6.55%
六	流动资金	项	1					2 000.00	2 000.00	暂定
七	总投资	项	1	55 063.77	5 314.49	4 282.00	7 250.00	231 983.03	303 893.30	拆迁＋农业基础设施
八	不含拆迁费的总投资	项		55 063.77	5 314.49	4 282.00	7 250.00	26 470.99	98 381.26	农业基础设施

车行道路总长 16.54 km。其中主干道(机动车游览路)宽为 7 m、全长约 10.38 km;项目区次干道宽为 6 m、全长约 5.03 km;服务车配送道宽为 4.5 m、全长约 1.12 km;步行游览路宽为 3 m,全长约 19.66 km。区内建设车行桥、步行桥共 31 座,同时设置道路隔离带、路灯及其配套设施。

周边及内部道路投资估算根据建设的长度及宽度,利用单位面积成本进行估算,单位面积估算指标参考了××市同类工程的造价指标。主要包括木栈道和架空步道。其中,主干道是双向 3.5 m 宽车道,次干道是双向 3 m 宽车道,配送服务车道 4.5 m 宽,按沥青道路标准设计,分别按 500 元/m²、500 元/m² 和 400 元/m² 估算;田间慢行道是 3 m 宽,沥青路面,按 250 元/m² 估算;木栈道和架空步道分别按 700 元/m² 和 2 000 元/m² 估算。道路绿化按照 200 万元/km 估算。停车场按照沥青路面 200 元/m² 估算,隔离带及其配套设施费用包含在以上的估算指标内。

农场内桥梁按照 5 000 元/m² 的平均建设费用估算。

(2)河道和岸线

① 河道水系整治工程:对现有鱼塘、河流按照规划设计要求进行挖掘和清淤工作,河道总面积 230 000 m²,平均取土高度 3 m,挖土方 69 万 m³。可用作土地复耕、地形改造及绿化工程。清淤、深挖费用 12 元/m³,合计 828 万元。

② 岸线:包括内湖水系驳岸和湿地水系驳岸,长度共计 5 000 m,建造费用 2 000 元/m。

③ 闸站:在河道上建设 3 个节制闸,其中一个为套闸,每个普通闸投资 100 万元,套闸按 200 万元估算。

河道和岸线投资估算合计 2 228 万元。

(3)游船码头

建设游船码头 9 个,驳船码头 2 个,按 250 万元/个估算,停靠码头 7 个,按 100 万元/个估算。

(4)公用工程

本项目公用工程包括给排水及供电、污水处理设施、燃气管网。

给排水系统,本区域给水采用两路方式供水,给排水管道总长度约为 30 000 m(暂估),按照 500 元/m 估算;供电系统,项目区内设置 1 个开闭所,每座投资估算为 600 万元,10 个配电房,每座按 200 万元估算,电力采用四回 10 kV 电源环网供电,总长线路约为 20 000 m(暂估),按照 600 元/m 估算;电信系统暂估价为 1 650 万元;综合管线敷设按照 600 万元暂估;燃气管网按照 800 万元暂估。

(5)景观照明

按照道路系统长度每隔 50 m 设置一个路灯照明系统,道路系统总长度 36 km,约需要设置 1 440 套路灯照明系统,每套系统按照 3 000 元估算。

(6)标识系统

按照 200 套标识牌考虑,每套 10 000 元。

(7)智能化控制系统

包括一、二两级智能化系统,主要包括安防、设备监控、旅游管理等系统。智能化控制系统按照 1 100 万元暂估。

项目基础设施投资合计 44 557.00 万元。

6）建设工程其他费用

按建设部（建标〔1996〕628 号）印发的《市政工程可行性研究投资估算编制办法》计算。另一部分按业主提供的数据计算。

① 建设单位管理费按第一部分工程费的 2% 计取。

② 监理费按第一部分工程费的 1.2% 计取。

③ 政府规费按第一部分工程费的 2% 计取。

④ 勘察设计费按甲方和设计方的初步取费意向计取。

⑤ 前期费按 120 万元暂估。

7）预备费估算

基本预备费按照基础配套设施费用的 5% 计算。涨价预备费未计算。

8）建设期利息估算

除了政府投入的 10 亿元动迁费用外，建设期内投入的建设资金均按公司融资成本（贷款基准利率）6.55% 计入项目成本。见表 3.10 建设期贷款利息计算表（农业及基础设施部分）。

表 3.10　建设期贷款利息计算表

单位：万元

序号	项目名称	合计	建设期	
			1	2
一	长期借款利息			
1	期初借款余额			145 648.75
2	当期借款	186 253.51	145 648.75	40 604.76
3	当期应计利息	15 639.80	4 770.00	10 869.80

9）流动资金估算

生态农场农业及基础设施部分流动资金投资按 2 000 万元匡算（根据类似项目投资额比例估算）。

4. 农业及基础设施部分投资估算分析

生态农场农业及基础设施项目总投资费用估算为 303 893.30 万元，各部分投资比例见表 3.11、表 3.12 所示：

表 3.11　农业及基础设施项目投资分析

序号	费用名称	费用/万元	比例
1	拆迁费	205 512.04	67.63%
2	建设投资	80 741.47	26.57%

（续表）

序号	费用名称	费用/万元	比例
3	建设期利息	15 639.80	5.15%
4	流动资金	2 000.00	0.66%
5	总投资	303 893.30	100%
6	不含拆迁费的总投资	98 381.26	
7	技术经济指标（不含拆迁费）	27.34 万元/亩	按照 3 598 亩计算

表 3.12　类似项目投资资料

项目	占地面积/亩	投资/万元	投资指标/(万元/亩)
太湖湿地公园	3 450	38 800	11.25
太仓现代农业园区（核心示范区）	5 000	90 000	18.00
艳阳农庄	283	2 000	7.07
盛兴生态园	580	15 000	25.86
港城生态园	70	1 800	25.71
名人谷生态园	2 000	23 000	11.50

根据与苏州周边已有类似项目投资资料对比分析，可以推断，生态农场农业及基础设施项目投资估算在合理范围内。

【案例要点分析】　本项目内容很多，包括各种农业种植园和各种基础设施，农业种植园主要采用类似项目估算指标进行估算，基础设施部分主要采用《市政工程投资估算指标》和类似项目估算指标进行估算。并对估算结果与同类型项目的指标进行了对比分析，以判断估算的合理性。方法适用于初步可行性研究阶段投资估算。

【案例3.5】　某旅游度假区酒店项目的静态投资估算。

1. 编制依据

业主提供的酒店星级、面积和房间数的说明；

现行有关国家收费标准；

类似工程投资估算资料；

现行材料及人工价格信息。

2. 估算方法的选择

本工程估算包括一个五星级酒店、一个四星级酒店和一个三星级酒店的建筑安装工程费、设备费、工程建设其他费、预备费及建设期借款利息。

本工程现处于概念设计阶段，设计未提供建筑面积、容积率、绿化率等综合性指标，仅有业主的建设规模和建设标准设想。根据这一特点，工程投资估算采用类似工程投资估算指标法。由于无法详细列项估算，故除建设期借款利息外，本工程的建筑安装工程费、设备费、工程建设其他费、预备费打包估算。采用估算公式如下：

$$Y_2 = Y_1 \times \frac{X_2}{X_1} \times (1+c)$$

式中　Y_2——拟建项目的投资额或投资指标；

　　　Y_1——类似工程的投资额或投资指标；

　　　X_2——拟建项目的工程体量（房间数、面积等）；

　　　X_1——类似项目的工程体量（房间数、面积等）；

　　　c——新老工程建设间隔期内定额、单价、费用变更调整系数。

3. 类似项目估算指标

（1）苏州某酒店（按五星级标准设计）

主要建设内容有客房楼、贵宾楼、商务楼、餐厅楼、游泳馆、保龄球馆及民俗演艺厅、民俗街、酒店办公楼、职工宿舍楼以及广场、停车场、道路、绿化、供电、给排水、通信与网络等公共辅助设施。

255 个标准间；

10 间套房；

12 间商务套房；

20 间贵宾套房。

共 297 个房间。

总建筑面积 44 200 m²。

建设总投资 16 810.80 万元。

（2）某旅游度假村一期工程××国际大酒店

酒店按五星级标准建造，拥有豪华套房、商务套房、标准房 300 间，配套建设会议厅、餐饮中心及配套健身娱乐、休闲度假设施等，建设总投资为 17 991.12 万元

本项目主要由六座单体建筑（即 A 楼、B 楼、C 楼、D 楼、E 楼、F 楼组成），其中 A、B、C、D 楼四楼通过连廊连成一整体。

××国际大酒店按五星级饭店标准建设和装修。

① A 楼：A 楼为主楼，三层建筑，建筑面积为 3 528.58 m²；一层为大堂，设有总台、大堂副理、商务中心、银行、超市、茶吧、西餐厅；另有钢混结构夹层，建筑面积 735 m²，设有美容美发、足浴、网吧、办公室；二层设标准间 12 套，3 间套套房一套、中型会议室一间；三层设标准间 10 套、2 间套套房 3 套，小型会议室 2 间。A 楼设有 3 层 3 站电梯一部，楼梯通道 2 座。

② B 楼：B 楼为餐饮、会议中心，三层建筑，建筑面积 2 559.20 m²。一层设大餐厅、厨房；二层设豪华大包厢、小包厢；三层为大会议室（宴会厅）、多功能会议室和贵宾厅。

③ C 楼：C 楼为客房楼，五层建筑，建设面积 6 751.24 m²。一层设标准客房 30 间，二层至五层设 2 间套套房 16 套、3 间套豪华套房 3 套、标准客房 113 间，设有 5 层 5 站无机房电梯 2 部、楼梯通道 2 座。

④ D 楼：D 楼为客房楼，五层建筑，建筑面积 5 039.39 m²。一层至五层共设有标准客房 101 间，2 间套套房 7 套，设有 5 层 5 站无机房电梯 1 部，楼梯通道 2 座。

⑤E楼：E楼为办公楼，四层建筑，建筑面积2410 m²，一层为动力设备用房，设有中央空调机房、洗衣房、锅炉房、变配电房、发电房等；二层为办公室、会议室；三层为高管宿舍；四层为员工宿舍。

⑥F楼：F楼为休闲会所，三层建筑，局部四层，建筑面积2968 m²，一层设门厅、桑拿；二层为休闲和KTV包厢；三层为棋牌室、健身房、KTV包厢和大型演艺吧。

（3）某五星级旅游饭店项目

用地面积7803.10 m²，新建的饭店大楼规划地上26层，地下2层，总建筑面积74591.98 m²。配套完善饭店内的工艺设备以及配套工程（电气、暖通、给排水、绿化等），该项目总计建设投资34955.5万元。

某五星级旅游饭店项目设计客房共468套，其中标准间450套、套房5套、总统套房1套、商务套房12套。

大、中、小餐厅（含贵宾厢）餐位数1400～1500个，其中多功能宴会厅餐位数1000个左右。

（4）××五星级国际大酒店

①一层：接待区（接待大厅、民俗文化展厅、商务中心票务代办、服务总台、交通空间）、会见区（会见厅、休息室及其附属用房）、餐饮区（400人大餐厅、咖啡厅、西餐厅、操作间等）、舞会区（舞会厅、KTV包房、其他附属用房屋）、健身娱乐区（健身厅、棋牌室）、洗浴中心（男宾部、女宾部）。

②二层：会议区（多功能报告厅、500人会议室、100人会议室、50人会议室、20人会议室、10人会议室）、餐饮区（民族餐厅1个、40人餐厅2个、80人餐厅1个、200人餐厅1个）。

③三层：高档餐饮区（大小包间20个）。

④四层至十一层：高档住宿区、普通住宿区、豪华套房、行政用房（200间）。

建设总投资15990万元，规划客房总数为200间。

类似项目估算指标见表3.13所示：

表3.13　类似项目估算指标

类似项目	星级	房间投资估算指标/（万元/间）
苏州某酒店（按五星级标准设计）	☆☆☆☆☆	56.60
某旅游度假村一期工程××国际大酒店	★★★★★	59.97
某五星级旅游饭店项目	★★★★★	74.69
××五星级国际大酒店	★★★★★	79.95
平均值		67.80

4. 酒店建设投资估算成果

（1）房间投资估算指标的取定

按照项目概念设计，项目范围内规划设计不同级别的酒店，包括了五星级宾馆160个房间、四星级宾馆436个房间、三星级宾馆188个房间。酒店房间投资估算指标按照表3.13

的平均值指标,分不同星级综合取定(暂估),其中五星级按照表3.13的平均值指标,四星级按照平均值指标的八折取定,三星级按照平均值指标的六折取定。如表3.14所示:

表3.14　酒店投资估算指标

星级	估算指标/(万元/间)
五星级	67.80
四星级	54.24
三星级	40.68

(2)建设间隔期内定额、单价、费用变更调整系数 c 的取定

按照建设时间不同以及近几年人工费、材料费和机械费、设备费的年增长率水平,综合取定建设间隔期内定额、单价、费用变更调整系数 c,取定为10%。

(3)酒店建设投资估算

综合考虑项目酒店建设的特点及相关的行业特点,估算酒店建筑建设投资(静态投资,不含涨价预备费和建设期借款利息),见表3.15所示:

表3.15　酒店建设投资估算(静态投资)

项目	房间数/间	估算指标/(万元/间)	价格调整系数	投资估算(静态投资)/万元
五星级宾馆	160	67.80	10%	11 932.80
四星级宾馆	436	54.24	10%	26 013.50
三星级宾馆	188	40.68	10%	8 412.62
合计				49 043.80

【案例要点分析】　本案例通过参考类似酒店的投资估算指标,并进行了价格系数的修正,采用单位生产能力(客房)估算法进行估算。对不同星级的酒店进行了估算指标调整。方法适用于初步可行性研究阶段投资估算。

本 章 小 结

(1)项目投资决策阶段是项目建设过程中非常重要的一个阶段,也是决定和影响工程造价的最重要阶段,该阶段主要工作是进行可行性研究,其中与造价管理相关的就是投资估算。建设项目投资决策阶段影响工程造价的因素主要有:项目建设规模、项目建设标准、项目建设地点、项目生产工艺和设备方案等方面。

(2)项目投资决策阶段工程造价管理,主要从整体上把握项目的投资,分析确定建设项目工程造价的主要影响因素,编制建设项目的投资估算方法主要有资金周转率法、生产能力指数法、朗格系数法等,不同阶段的投资估算应采用不同的方法;流动资金一般采用分项详细估算法。

(3)按照建设项目不同阶段要求准确地进行投资估算的审核是建设项目决策阶段造价

管理必不可少的重要工作。

习 题

一、单项选择题

1. 某地 2017 年拟建一年产 50 万 t 产品的工业项目,预计建设期为 3 年,该地区 2014 年已建年产 40 万 t 的类似项目投资为 2 亿元。已知生产能力指数为 0.9,该地区 2014、2017 年同类工程造价指数分别为 108、112,预计拟建项目建设期内工程造价年上涨率为 5%。用生产能力指数法估算的拟建项目静态投资为(   )亿元。

    A. 2.54   B. 2.74   C. 2.75   D. 2.94

2. 项目建议书阶段投资估算精度的要求为允许误差(   )。

    A. 大于±30   B. ±30 以内   C. ±20 以内   D. ±10 以内

3. 详细可行性研究阶段投资估算精度的要求为允许误差(   )。

    A. 大于±30   B. ±30 以内   C. ±20 以内   D. ±10 以内

4. 投资决策阶段,建设项目投资方案选择的重要依据之一是(   )。

    A. 工程预算   B. 投资估算

    C. 设计概算   D. 工程投标报价

5. 下列投资估算方法中,属于以设备费为基础估算建设项目固定资产投资的方法是(   )。

    A. 生产能力指数法   B. 朗格系数法

    C. 指标估算法   D. 定额估算法

6. 已知某项目设备购置费为 2 000 万元,工具、器具及生产家具购置费率为 5%,建筑安装工程费 800 万元,工程建设其他费用 400 万元,若该项目基本预备费率为 12%,则基本预备费为(   )万元。

    A. 384   B. 396   C. 252   D. 240

二、多项选择题

1. 关于投资估算指标,下列说法正确的是(   )。

    A. 应以单项工程为编制对象

    B. 是反映建设总投资的经济指标

    C. 概略程度与可行性研究工作深度相适应

    D. 编制基础包括概算定额,不包括预算定额

    E. 可根据历史预算资料和价格变动资料等编制

2. 决策阶段影响工程造价的主要因素有(   )。

    A. 建设标准水平的确定

    B. 建设地区与建设地点(厂址)的选择

    C. 建设周期的确定

    D. 设备的选用

    E. 建设项目资金的筹措

三、案例题

背景：某公司拟建一年生产能力 40 万 t 的生产性项目以生产 A 产品。与其同类型的某已建项目年生产能力 20 万 t，设备投资额为 400 万元，经测算设备投资的综合调价系数为 1.2。该已建项目中建筑工程、安装工程及其他工程费用占设备投资的百分比分别为 60%、30%、6%，相应的综合调价系数为 1.2、1.1、1.05，生产能力指数为 0.5。流动资金分别在建设期第二年与运营期第一年投入 100 万元、250 万元。项目建设资金中的 1 000 万元为公司自有资金，其余为银行贷款。问题：

(1) 估算拟建项目的设备投资额。

(2) 估算固定资产投资中的静态投资。

四、问答题

1. 建设工程投资估算由哪些费用构成？

2. 简述投资估算的作用。

3. 投资估算有哪些方法？每种方法有什么特点？

4 建设工程设计阶段造价管理

本章主要讲述设计阶段工程造价管理的内容,设计阶段影响工程造价的主要因素,建设工程限额设计,设计方案优化与选择,设计概算的概念、内容、编制方法和审查,施工图预算的概念、内容、编制方法和审查,BIM 技术在工程概算编制中的应用。

案例引入

南京奥体中心体育馆由江苏省设计研究院设计,包括主馆、副馆两个部分,可举办篮球、排球、体操等多种体育项目,两馆均设有冰上运动比赛场地,因此还可进行短道速滑、花样滑冰和冰球比赛。体育馆钢屋盖为双曲大跨度桁架结构,最大跨度 104 m,高 34 m,由 13 根跨度 100 多 m、重 100 t 的横向弧型桁架组成,总重 3 800 多 t,该钢屋盖整体滑移跨度和难度在国内同类工程中规模最大。在体育馆南端吊装后,每榀桁架通过曲线轨道,由安装在另一端的液压牵引设备牵引。每根桁架两端同步精度在计算机控制下,不超过 1 cm,13 根主桁架平移总共花了近 100 天。

该馆的观众席轮廓和功能设计,使得一定数量的座位可根据需要便捷移动,从而实现多功能、高效率的利用。观众席位 13 000 座,建筑面积 59 662 m²,概算投资 4.361 亿元。设计概算由设计院的造价人员编制,其编制方法与工程建设程序中其他阶段不同。

4.1 设计阶段造价管理概述

4.1.1 设计阶段工程造价管理的内容

1)设计阶段的划分

根据国家有关文件的规定,一般工业与民用建设项目设计可按初步设计和施工图设计两个阶段进行,称为"两阶段设计"。对于技术上复杂、在设计时有一定难度的工程,根据项目相关管理部门的意见和要求,可以按初步设计、技术设计和施工图设计三个阶段进行,称为"三阶段设计"。小型工程建设项目,技术上较简单的,经项目相关管理部门同意可以简化为施工图设计一阶段进行。

2）设计阶段工程造价管理的内容

在建设项目的各阶段中，设计阶段的工程造价管理是整个工程造价管理的重点。不同设计阶段对工程造价的影响程度不同，随着阶段性设计工作的进展，工程项目构成状况一步步明确，可以优化的空间越来越小，对工程造价影响程度逐步下降。在建设项目的各阶段中，初步设计阶段对投资的影响约为 95％，技术设计阶段对投资的影响约为 75％，施工图设计准备阶段对投资的影响约为 10％。

在建设项目设计阶段，工程造价管理人员需要密切配合设计人员，协助其处理好项目技术先进性与经济合理性之间的关系，通过推行限额设计和标准化设计等，在采用多方案技术经济分析的基础上，优化设计方案。在初步设计阶段，按照可行性研究报告及投资估算进行多方案的技术经济比较，确定初步设计方案；根据初步设计图纸和说明书及概算定额（扩大预算定额或综合预算定额）编制初步设计总概算；概算一经批准，即为控制拟建项目工程造价的最高限额。在技术设计阶段，根据技术设计的图纸和说明书及概算定额编制初步设计修正总概算。这一阶段往往是针对技术比较复杂、工程比较大的项目而设立的。在施工图设计阶段，按照审批的初步设计内容、范围和概算造价进行技术经济评价与分析，确定施工图设计方案；根据施工图纸和说明书及预算定额编制施工图预算，用以核实施工图阶段造价是否超过批准的初步设计概算。

4.1.2 设计阶段影响工程造价的主要因素

国内外相关资料研究表明，设计阶段的费用大约占工程全部费用的 1％，但在项目决策正确的前提下，它对工程造价影响程度高达 75％以上。根据工程项目类别的不同，在设计阶段需要考虑的影响工程造价的因素也有所不同，下面就工业建设项目和民用建设项目分别介绍影响工程造价的因素。

1）影响工业建设项目工程造价的主要因素

（1）总平面设计

总平面设计主要指总图运输设计和总平面配置，主要内容包括厂址方案、占地面积、土地利用情况；总图运输、主要建筑物和构筑物及公用设施的配置；外部运输、水、电、气及其他外部协作条件等。

总平面设计是否合理对于整个设计方案的经济合理性有重大影响。正确合理的总平面设计可大大减少建筑工程量，节约建设用地，节省建设投资，加快建设进度，降低工程造价和项目运行后的使用成本，并为企业创造良好的生产组织、经营条件和生产环境，还可以为城市建设或工业区创造完美的建筑艺术整体。

总平面设计中影响工程造价的主要因素包括：

① 现场条件。现场条件是制约设计方案的重要因素之一，对工程造价的影响主要体现在地质、水文、气象条件等影响基础形式的选择、基础的埋深（持力层、冻土线）；地形地貌影响平面及室外标高的确定；场地大小、邻近建筑物地上附着物等影响平面布置、建筑层数、基础形式及埋深。

② 占地面积。占地面积的大小一方面影响征地费用的高低，另一方面也影响管线布置

成本和项目建成运营的运输成本。因此在满足建设项目基本使用功能的基础上,应尽可能节约用地。

③ 功能分区。无论是工业建筑还是民用建筑都有许多功能,这些功能之间相互联系、相互制约。合理的功能分区既可以使建筑物的各项功能充分发挥,又可以使总平面布置紧凑、安全。比如在建筑施工阶段避免大挖大填,可以减少土石方量和节约用地,降低工程造价。对于工业建筑,合理的功能分区还可以使生产工艺流程顺畅,从全生命周期造价管理考虑还可以使运输简便,降低项目建成后的运营成本。

④ 运输方式。运输方式决定运输效率及成本,不同运输方式的运输效率和成本不同。例如,有轨运输的运量大,运输安全,但是需要一次性投入大量资金;无轨运输无需一次性大规模资金,但运量小、安全性较差。因此,要综合考虑建设项目生产工艺流程和功能区的要求以及建设场地等具体情况,选择经济合理的运输方式。

(2)工艺设计

工艺设计阶段影响工程造价的主要因素包括建设规模、标准和产品方案;工艺流程和主要设备的选型;主要原材料、燃料供应情况;生产组织及生产过程中的劳动定员情况;"三废"治理及环保措施等。

按照建设程序,建设项目的工艺流程在可行性研究阶段已经确定。设计阶段的任务就是严格按照批准的可行性研究报告的内容进行工艺技术方案的设计,确定具体的工艺流程和生产技术。在具体项目工艺设计方案的选择时,应以提高投资的经济效益为前提,深入分析、比较,综合考虑各方面的因素。

(3)建筑设计

在进行建筑设计时,设计单位及设计人员应首先考虑业主所要求的建筑标准,根据建筑物、构筑物的使用性质、功能及业主的经济实力等因素确定;其次应在考虑施工条件和施工过程合理组织的基础上,决定工程的立体平面设计和结构方案的工艺要求。

建筑设计阶段影响工程造价的主要因素包括以下几个方面:

① 平面形状。一般来说,建筑物平面形状越简单,单位面积造价就越低。当一座建筑物的形状不规则时,将导致室外工程、排水工程、砌砖工程及屋面工程等复杂化,增加工程费用。即使在同样的建筑面积下,建筑平面形状不同,建筑周长系数 $K_周$(建筑物周长与建筑面积比,即单位建筑面积所占外墙长度)便不同。通常情况下建筑周长系数越低,设计越经济。圆形、正方形、矩形、T 形、L 形建筑的 $K_周$ 依次增大。但是圆形建筑物施工复杂,施工费用一般比矩形建筑增加 20%~30%,所以其墙体工程量所节约的费用并不能使建筑工程造价降低。虽然正方形建筑既有利于施工,又能降低工程造价,但是若不能满足建筑物美观和使用要求,则毫无意义。因此,建筑物平面形状的设计应在满足建筑物使用功能的前提下,降低建筑周长系数,充分注意建筑平面形状的简洁、布局的合理,从而降低工程造价。

② 流通空间。在满足建筑物使用要求的前提下,应将流通空间减少到最小,这是建筑物经济平面布置的主要目标之一。因为门厅、走廊、过道、楼梯以及电梯井的流通空间都不能为了获利目的而加以使用,但是却需要相当多的采光、采暖、装饰、清扫等方面的费用。

③ 空间组合。空间组合包括建筑物的层高、层数、室内外高差等因素。

a. 层高。在建筑面积不变的情况下,建筑层高的增加会引起各项费用的增加。如墙与隔墙及其有关粉刷、装饰费用的提高;楼梯造价和电梯设备费用的增加;供暖空间体积的增加;卫生设备、上下水管道长度的增加等。另外,由于施工垂直运输量增加,可能增加屋面造价;由于层高增加而导致建筑物总高度增加很多时,还可能增加基础造价。

b. 层数。建筑物层数对造价的影响,因建筑类型、结构和形式的不同而不同。层数不同,则荷载不同,对基础的要求也不同,同时也影响占地面积和单位面积造价。如果增加一个楼层不影响建筑物的结构形式,单位建筑面积的造价可能会降低。但是当建筑物超过一定层数时,结构形式就要改变,单位造价通常会增加。建筑物越高,电梯及楼梯的造价将有提高的趋势,建筑物的维修费用也将增加,但是采暖费用有可能下降。

c. 室内外高差。室内外高差过大,则建筑物的工程造价提高;高差过小又影响使用及卫生要求等。

d. 建筑物的体积与面积。建筑物尺寸的增加,一般会引起单位面积造价的降低。对于同一项目,固定费用不一定会随着建筑体积和面积的扩大而有明显的变化,一般情况下;单位面积固定费用会相应减少。对于工业建筑,厂房、设备布置紧凑合理,可提高生产能力,采用大跨度、大柱距的平面设计形式,可提高平面利用系数,从而降低工程造价。

e. 建筑结构。建筑结构是指建筑工程中由基础、梁、板、柱、墙、屋架等构件所组成的起骨架作用的、能承受直接和间接荷载的空间受力体系。建筑结构因所用的建筑材料不同,可分为砌体结构、钢筋混凝土结构、钢结构、轻型钢结构、木结构和组合结构等。

建筑结构的选择既要满足力学要求,又要考虑其经济性。对于五层以下的建筑物一般选用砌体结构;对于大中型工业厂房一般选用钢筋混凝土结构;对于多层房屋或大跨度建筑,选用钢结构明显优于钢筋混凝土结构;对于高层或者超高层建筑,框架结构和剪力墙结构比较经济。由于各种建筑体系的结构各有利弊,在选用结构类型时应结合实际,因地制宜,就地取材,采用经济合理的结构形式。

f. 柱网布置。对于工业建筑,柱网布置对结构的梁板配筋及基础的大小会产生较大的影响,从而对工程造价和厂房面积的利用效率都有较大的影响。柱网布置是确定柱子的跨度和间距的依据。柱网的选择与厂房中有无吊车、吊车的类型及吨位、屋顶的承重结构以及厂房的高度等因素有关。对于单跨厂房,当柱间距不变时,跨度越大单位面积造价越低。因为除屋架外,其他结构架分摊在单位面积上的平均造价随跨度的增大而减小。对于多跨厂房,当跨度不变时,中跨数目越多越经济,这是因为柱子和基础分摊在单位面积上的造价减少。

(4)材料选用

建筑材料的选择是否合理,不仅直接影响到工程质量、使用寿命、耐火抗震性能,而且对施工费用、工程造价有很大的影响。建筑材料一般占直接费的70%,降低材料费用,不仅可以降低直接费,而且也可以降低间接费。因此,设计阶段合理选择建筑材料,控制材料单价或工程量,是控制工程造价的有效途径。

(5)设备选用

现代建筑越来越依赖于设备。对于住宅来说,楼层越多设备系统越庞大,如高层建筑物内部空间的交通工具电梯,室内环境的调节设备如空调、通风、采暖等,各个系统的分布占用空间都在考虑之列,既有面积、高度的限额,又有位置的优选和规范的要求。因此,设备配置是否得当,直接影响建筑产品整个寿命周期的成本。

设备选用的重点因设计形式的不同而不同,应选择能满足生产工艺和生产能力要求的最适用的设备和机械。此外,根据工程造价资料的分析,设备安装工程造价约占工程总投资的 20%～50%,由此可见设备方案设计对工程造价的影响。设备的选用应充分考虑自然环境对能源节约的有利条件,如果能从建筑产品的整个寿命周期分析,能源节约是一笔不可忽略的费用。

2) 影响民用建设项目工程造价的主要因素

民用建设项目设计是根据建筑物的使用功能要求,确定建筑标准、结构形式、建筑物空间与平面布置以及建筑群体的配置等。民用建筑设计包括住宅设计、公共建筑设计以及住宅小区设计。住宅建筑是民用建筑中最大量、最主要的建筑形式。

(1) 住宅小区建设规划中影响工程造价的主要因素

在进行住宅小区建设规划时,要根据小区的基本功能和要求,确定各构成部分的合理层次与关系,据此安排住宅建筑、公共建筑、管网、道路及绿地的布局,确定合理人口与建筑密度、房屋间距和建筑层数,布置公共设施项目、规模及服务半径,以及水、电、热、煤气的供应等,并划分包括土地开发在内的上述各部分的投资比例。小区规划设计的核心问题是提高土地利用率。

① 占地面积。居住小区的占地面积不仅直接决定着土地费的高低,而且影响着小区内道路、工程管线长度和公共设备的多少,而这些费用对小区建设投资的影响通常很大。因而,用地面积指标在很大程度上影响小区建设的总造价。

② 建筑群体的布置形式。建筑群体的布置形式对用地的影响不容忽视,通过采取高低搭配、点条结合、前后错列以及局部东西向布置、斜向布置或拐角单元等手法节省用地。在保证小区居住功能的前提下,适当集中公共设施,提高公共建筑的层数,合理布置道路,充分利用小区内的边角用地,有利于提高建筑密度,降低小区的总造价。或者通过合理压缩建筑的间距、适当提高住宅层数或高低层搭配以及适当增加房屋长度等方式节约用地。

(2) 民用住宅建筑设计中影响工程造价的主要因素

① 建筑物平面形状和周长系数。与工业项目建筑设计类似,如按使用指标,虽然圆形建筑 $K_周$ 最小,但由于施工复杂,施工费用较矩形建筑增加 20%～30%,故其墙体工程量的减少不能使建筑工程造价降低,而且使用面积有效利用率不高以及用户使用不便。因此,一般都建造矩形和正方形住宅,既有利于施工,又能降低造价和使用方便。在矩形住宅建筑中,又以长∶宽=2∶1 为佳。一般住宅单元以 3～4 个住宅单元、房屋长度 60～80 m 较为经济。

在满足住宅功能和质量前提下,适当加大住宅宽度,宽度加大,墙体面积系数相应减少,有利于降低造价。

② 住宅的层高和净高。住宅的层高和净高,直接影响工程造价。根据不同性质的工程综合测算住宅层高每降低 10 cm,可降低造价 1.2%～1.5%。层高降低还可提高住宅区的建筑密度,节约土地成本及市政设施费。但是,层高设计中还需考虑采光与通风问题,层高

过低不利于采光及通风,因此,民用住宅的层高一般不宜超过 2.8 m。

③ 住宅的层数。在民用建筑中,在一定幅度内,住宅层数的增加具有降低造价和使用费用以及节约用地的优点。表 4.1 分析了砖混结构的住宅单方造价与层数之间的关系。

表 4.1 砖混结构多层住宅层数与造价的关系

住宅层数	一	二	三	四	五	六
单方造价系数/%	138.05	116.95	108.38	103.51	101.68	100
边际造价系数/%		−21.1	−8.57	−4.87	−1.83	−1.68

由表 4.1 可知,随着住宅层数的增加,单方造价系数在逐渐降低,即层数越多越经济。但是边际造价系数也在逐渐减小,说明随着层数的增加,单方造价系数下降幅度减缓,根据《住宅设计规范》(GB 50096—2011)的规定,七层及七层以上住宅或住户入口层楼面距室外设计地面的高度超过 16 m 时必须设置电梯,需要较多的交通面积(过道、走廊要加宽)和补充设备(供水设备和供电设备等)。当住宅层数超过一定限度时,要经受较强的风力荷载,需要提高结构强度,改变结构形式,使工程造价大幅度上升。

④ 住宅单元组成、户型和住户面积。据统计三居室住宅的设计比两居室的设计降低 1.5% 左右的工程造价。四居室的设计又比三居室的设计降低 3.5% 的工程造价。衡量单元组成、户型设计的指标是结构面积系数(住宅结构面积与建筑面积之比),系数越小设计方案越经济。因为,结构面积小,有效面积就增加。结构面积系数除与房屋结构有关外,还与房屋外形及其长度和宽度有关,同时也与房间平均面积大小和户型组成有关。房屋平均面积越大,内墙、隔墙在建筑面积中所占比重就越小。

⑤ 住宅建筑结构的选择。随着我国工业化水平的提高,住宅工业化建筑体系的结构形式多种多样,考虑工程造价时应根据实际情况,因地制宜、就地取材,采用适合本地区经济合理的结构形式。

3) 影响工程造价的其他因素

除以上因素之外,在设计阶段影响工程造价的因素还包括其他内容,主要有以下几点:

(1) 设计单位和设计人员的知识水平

设计单位和人员的知识水平对工程造价的影响是客观存在的。为了有效地降低工程造价,设计单位和人员首先要能够充分利用现代设计理念,运用科学的设计方法优化设计成果;其次要善于将技术与经济相结合,运用价值工程理论优化设计方案;最后,设计单位和人员应及时与造价咨询单位进行沟通,使得造价咨询人员能够在前期设计阶段就参与项目,达到技术与经济的完美结合。

(2) 项目利益相关者的利益诉求

设计单位和人员在设计过程中要综合考虑业主、承包商、监管机构、咨询单位、运营单位等利益相关者的要求和利益,并通过利益诉求的均衡以达到和谐的目的,避免后期出现频繁的设计变更而导致工程造价的增加。

(3) 风险因素

设计阶段承担着重大的风险,它对后面的工程招标和施工有着重要的影响。该阶段是确定建设工程总造价的一个重要阶段,决定着项目的总体造价水平。

4.2　建设工程限额设计

4.2.1　限额设计的概念、要求及意义

1) 限额设计的概念

限额设计是指按照批准的可行性研究报告及其中的投资估算控制初步设计,按照批准的初步设计概算控制技术设计和施工图设计,按照施工图预算造价对施工图设计的各专业设计进行限额分配设计的过程。

限额设计中,提高估算的准确性和合理性是设置限额设计目标的关键环节,并且要合理划分各专业、各单位工程或分部工程的限额,保证各专业在分配的投资限额内进行设计,并保证各专业满足使用功能的要求,严格控制不合理变更,保证总的投资额不被突破。同时建设项目技术标准不能降低,建设规模也不能削减,即限额设计需要在投资额度不变的情况下,实现使用功能和建设规模的最大化。

2) 限额设计的要求

(1) 根据批准的可行性报告及其投资估算的数额来确定限额设计的目标。由总设计师提出,经设计负责人审批下达,其总额度一般按人工费、材料费及施工机具使用费之和的90%左右下达,以便各专业设计留有一定的机动调节指标,限额设计指标用完后,必须经过批准才能调整。

(2) 采用优化设计,保证限额目标的实现。优化设计是保证投资限额及控制造价的重要手段。优化设计必须根据实际问题的性质,选择不同的优化方法。对于一些"确定性"的问题,如投资额、资源消耗、时间等有关条件已经确定的,可采用线性规划、非线性规划、动态规划等理论和方法进行优化;对于一些"非确定性"的问题,可以采用"排队论"和"对策论"等方法进行优化;对于涉及流量最大、路径最短、费用最少的问题,可以采用图形和网络理论进行优化。

(3) 严格按照建设程序办事。

(4) 重视设计的多方案优选。

(5) 认真控制每一个设计环节及每项专业设计。

(6) 建立设计单位的经济责任制度。在分解目标的基础上,科学地确定造价限额,责任落实到人。审查时,既要审技术,又要审造价,把审查作为造价动态控制的一项重要措施。

3) 限额设计的意义

(1) 限额设计是按上一阶段批准的投资或造价控制下一阶段的设计,而且在设计中以控制工程量为主要手段,抓住控制工程造价的核心,从而克服"三超"问题。

(2) 限额设计有利于处理好技术与经济的对立统一关系,提高设计质量。限额设计并不是一味考虑节约投资,也不是简单地将设计孤立,而是在"尊重科学、尊重实际、实事求

是、精心设计"的原则指导下进行的。限额设计可促使设计单位加强设计与经济的对立统一,克服长期以来重设计、轻经济的思想,树立设计人员的高度责任感。

(3) 限额设计能扭转设计概预算本身的失控现象。限额设计可促使设计单位内部使设计和概预算形成有机的整体,克服相互脱节的现象;使设计人员增强经济的观念,在设计中,各自检查本专业的工程费用,切实做好工程造价控制工作,改变了设计过程不算账,设计完了见分晓的现象。

4.2.2 限额设计的内容及全过程

1) 限额设计的内容

根据限额设计的概念可知,限额设计可以应用于可行性研究、初步设计、技术设计和施工图设计各个阶段,每个阶段应贯穿于各个专业的每一道工序,每个专业、每项设计都应将限额设计作为重点工作内容。明确限额目标,实行工序管理,限额设计的主要内容有下面几点。

(1) 投资估算阶段

投资估算阶段是限额设计的关键。对政府投资项目而言,决策阶段的可行性研究报告是政府部门核准投资总额的主要依据,而批准的投资总额则是进行限额设计的重要依据。为此,应在多方案技术经济分析和评价后确定最终方案,提高投资估算的准确度,合理确定设计限额目标。

(2) 初步设计阶段

初步设计阶段需要根据最终确定的可行性研究报告及其投资估算,对影响投资的因素按照专业进行分解,并将规定的投资限额下达到各专业设计人员。设计人员应用价值工程的基本原理,通过多方案技术经济比选,创造出价值较高、技术经济性较为合理的初步设计方案,并将设计概算控制在批准的投资估算内。

(3) 施工图设计阶段

施工图是设计单位的最终成果文件之一,应按照批准的初步设计方案进行限额设计,施工图预算需控制在批准的设计概算范围内。施工图阶段限额设计的重点应放在初步设计工程量控制方面,控制工程量一经审定,即作为施工图设计工程量的最高限额,不得突破。当建设规模、产品方案、工艺流程或设计方案发生重大变更时,必须重新编制或修改初步设计及其概算,并报原主管部门审批。其限额设计的投资控制额也以新批准的修改或新编的初步设计的概算造价为准。

(4) 设计变更

在初步设计阶段,由于设计外部条件的制约及主观认识的局限性,往往会造成施工图设计阶段,甚至施工过程中的局部修改和变更,这会导致工程造价发生变化。

设计变更应尽量提前,变更发生得越早,损失越小,反之就越大。如在设计阶段变更,则只是修改图纸,其他费用尚未发生,损失有限;如在采购阶段变更,不仅要修改图纸,而且设备、材料还需要重新采购;如在施工阶段变更,除上述费用外,已经施工的工程还需要拆除,势必造成重大损失。

为此,必须加强设计变更管理,尽可能把设计变更控制在设计阶段初期,对于非发生不可的设计变更,应尽量事前预计,以减少变更对工程造成的损失。尤其对于影响造价权重较大的变更,应采取先计算造价,再进行变更的办法解决,使工程造价得以事前有效控制。

2)限额设计的全过程

限额设计的程序是建设工程造价目标的动态反馈和管理过程,可分为目标制定、目标分解、目标推进和成果评价四个阶段。各阶段实施的主要过程如下:

(1)用投资估算的限额控制各单项或单位工程的设计限额;

(2)根据各单项或单位工程的分配限额进行初步设计;

(3)用初步设计的设计概算(或修正概算)判定设计方案的造价是否符合限额要求,如果发现超过限额,就修正初步设计;

(4)当初步设计符合限额要求后,就进行初步设计决策并确定各单位工程的施工图设计限额;

(5)根据各单位工程的施工图预算并判定是否在概算或限额控制内,若不满足就修正限额或修正各专业施工图设计;

(6)当施工图预算造价满足限额要求,施工图设计的经济论证就通过,限额设计的目标就得以实现,就可以进行正式的施工图设计及归档。

4.2.3 限额设计的不足及完善

1)限额设计的不足

(1)当考虑建设工程全寿命期成本时,按照限额要求设计出的方案可能不一定具有最佳的经济性,此时亦可考虑突破原有限额,重新选择设计方案。

(2)限额设计的本质特征是投资控制的主动性,如果在设计完成后才发现概算或预算超过了限额,再进行变更设计使之满足原限额要求,则会使投资控制处于被动地位,同时,也会降低设计的合理性。

(3)限额设计的另一特征是强调了设计限额的重要性,从而有可能降低了项目的功能水平,使以后运营维护成本增加,或者在投资限额内没有达到最佳功能水平。这样限制了设计人员的创造性,一些新颖别致的设计难以实现。

2)限额设计的完善

限额设计中关键是要正确处理好投资限额与项目功能水平之间的对立统一的辩证关系。

(1)正确理解限额设计的含义。限额设计的本质特征虽然是投资控制的主动性,但是限额设计也同样包括对建设项目的全寿命费用的充分考虑。

(2)合理确定和正确理解设计限额。在各设计阶段运用价值工程的原理进行设计,尤其在限额设计目标值确定之前的可行性研究及方案设计时,认真选择工程造价与功能的最佳匹配设计方案。当然,任何限额也不是绝对不变的,当有更好的设计方案时,其限额是可以调整及重新确定的。

（3）合理分解及使用投资限额。限额设计的投资限额通常是以可行性研究的投资估算为最高限额的，并按直接工程费的 90％ 下达分解的，留下 10％ 作为调节使用，因此，提高投资估算的科学性也就非常必要。同时，为了克服投资限额的不足，也可以根据项目具体情况适当增加调节使用比例，以保证设计者的创造性及设计方案的实现，也为可能的设计变更提供前提，从而更好地解决限额设计不足的一面。

4.3 设计方案优化与选择

设计方案优化与选择是设计过程的重要环节，是指通过技术比较、经济分析和效益评价，正确处理技术先进与经济合理之间的关系，力求达到技术先进与经济合理的和谐统一。

设计方案的优化与选择是同一事物的两个方面，相互依存而又相互转化。一方面，要在众多优化了的设计方案中选出最佳的设计方案；另一方面，设计方案选择后还需结合项目实际进一步的优化。如果方案不优化即进行选择，则选不出最优的方案，即使选出方案还需进行优化后重新选择；如果选择之后不进一步优化设计方案，则在项目的后续实施阶段中会面临更大的问题，还需更耗时耗力的优化。因此，必须将优化与选择结合起来，才能以最小的投入获得最大的产出。

4.3.1 设计方案优化与选择的过程

一般情况下，设计方案优化与选择的过程如下：

（1）按照使用功能、技术标准、投资限额的要求，结合建设项目所在地实际情况，探讨和提出可能的设计方案；

（2）从所有可能的设计方案中初步筛选出各方面都较为满意的方案作为比选方案；

（3）根据设计方案的评价目的，明确评价的任务和范围；

（4）确定能反映方案特征并能满足评价目的的指标体系；

（5）根据设计方案计算各项指标及对比参数；

（6）根据方案评价的目的，将方案的分析评价指标分为基本指标和主要指标，通过评价指标的分析计算，排出方案的优劣次序，并提出推荐方案；

（7）综合分析，进行方案选择或提出技术优化建议；

（8）对技术优化建议进行组合搭配，确定优化方案；

（9）实施优化方案并总结备案。

（5）、（7）、（8）是设计方案优化与选择的过程中最基本和最重要的内容。

4.3.2 设计方案优化与选择的方法

1）设计招标和设计方案竞选

设计招标指建设单位就拟建工程的设计任务发布通告，以吸引设计单位参加竞争，经审查获得投标资格的设计单位按招标文件的要求，在规定的时间内填报投标书，从中择优确定中标单位来完成工程设计任务。设计招标主要是设计方案招标，工业项目可进行可行性研究方案招标。设计招标有公开招标和邀请招标两种方式,可以是工程项目一次性总招标,也可以分单项工程、专业工程招标。总招标的中标单位,在经建设单位同意后可向其他设计单位委托分包。

设计方案竞选可采用公开竞选,也可采用邀请竞选,由竞选组织单位直接向有承担该项工程设计能力的三个及以上设计单位发出设计方案竞选邀请书。设计方案竞选有利于设计方案的选择,有利于控制项目投资,中选项目所作出的投资估算或设计概算一般能控制在竞选文件规定的投资范围内。

设计方案竞选与设计招标是有区别的。对于未中选的竞选设计方案,要根据其劳动量大小给予必要的补偿。设计方案竞选的第一名往往是设计任务的承担者,但也不是必然的,可以把中选方案作为设计方案的基础,并把其他方案的优点加以吸收和综合,集思广益,这样更符合设计的特点。建筑工程特别是大型建筑设计的发包,习惯上采用设计方案竞选的方式。

建设单位发布设计任务公告,吸引设计单位参加设计招标或设计方案竞选,以获得众多的设计方案;组织专家评定小组,其中技术经济专家人数应占 2/3 以上;专家评定小组采用科学的方法,综合评定各设计方案优劣,从中选择最优的设计方案,或将各方案的可取之处重新组合,提出最佳方案。专家评价法有利于多种设计方案的比较与选择,能集思广益,吸收众多设计方案的优点,使设计更完美。同时,这种方法有利于控制建设工程造价,因为选中的项目投资概算一般能控制在投资者限定的投资范围内。

2) 限额设计

限额设计详细介绍见本章第 2 节。

3) 标准化设计

标准化设计又称定型设计、通用设计,是工程建设标准化的组成部分。标准设计覆盖范围较广,重复建造的建筑类型及生产能力相同的企业、单独的房屋构筑物均应采用标准设计或通用设计。在设计阶段投资控制工作中,对不同用途和要求的建筑物,应按统一的建筑模数、建筑标准、设计规范、技术规定等进行设计。若房屋或构筑物整体不便定型化时,应将其中重复出现的建筑单元、房间和主要的结构节点构造,在构配件标准化的基础上定型化。建筑物和构筑物的柱网、层高及其他构件参数尺寸应力求统一化,在基本满足使用要求和修建条件的情况下,尽可能具有通用互换性。广泛推广标准化设计首先能够加快设计速度,缩短设计周期,节约设计费用;其次,可使工艺定型,易提高工人技术水平,提高劳动生产率和节约材料,有益于较大幅度降低建设投资;再次,可加快施工准备和定制预制构件等项工作,并能使施工速度大大加快;最后,可以贯彻执行国家的技术经济政策,密切结合自然条件和技术发展水平,合理利用资源和材料设备,考虑施工、生产、使用和维修的要求,便于工业化生产。

4) 设计方案优选评价

(1) 计算费用法

建设工程的全寿命是指从投资决策、勘察、设计、施工、建成后使用直至报废拆除所经历的时间。全寿命费用应包括上述各阶段的合理支出,评价设计方案的优劣应考虑工程的全寿命费用。

计算费用法又叫最小费用法,它以货币表示的计算费用来反映设计方案对物化劳动和活化劳动量消耗的多少,从而评价设计方案优劣。它可以将一次性投资与经常性的经营成本统一为一种性质的费用。最小费用法是指在诸设计方案的功能(或产出)相同的条件下,项目在整个寿命周期内费用最低者为最优的方案,最小费用法可分为静态计算费用法和动态计算费用法。

① 静态计算费用法

静态计算费用法的数学表达式为:

$$C_{年} = KE + V \tag{4.1}$$

$$C_{总} = K + VT \tag{4.2}$$

式中　$C_{年}$——年计算费用;

$C_{总}$——项目总计算费用;

K——总投资额;

E——投资效果系数,是投资回收期的倒数;

V——年生产成本;

T——投资回收期,年。

② 动态计算费用法

对于寿命期相同的设计方案,可以采用净现值法、净年值法、差额内部收益率法等。寿命期不同的设计方案比选,可以采用净年值法。其数学表达式为:

$$PC = \sum_{t=0}^{n} CO_t(P/F, i_c, t) \tag{4.3}$$

$$AC = PC(A/P, i_c, n) = \sum_{t=0}^{n} CO_t(P/F, i_c, t) \times (A/P, i_c, n) \tag{4.4}$$

式中　PC——费用现值;

CO_t——第 t 年的现金流出量;

i_c——基准折现率;

AC——费用年值。

【例4.1】　某企业为扩大生产规模,在3个设计方案中进行选择:方案1是改建现有工厂,一次性投资需2 545万元,年经营成本760万元;方案2是建新厂,一次性投资3 340万元,年经营成本670万元;方案3是扩建现有工厂,一次性投资4 360万元,年经营成本650万元。3个方案的寿命期相同,均为10年,$i_c = 8\%$。所在行业的标准投资效果系数为10%,试用计算费用法选择最优方案。其中$(P/A, 8\%, 10) = 6.71$。

【解】　(1)静态计算费用法

由　　$C_{年} = K \cdot E + V$ 计算可知

$C_{年1} = 0.1 \times 2\ 545 + 760 = 1\ 014.5(万元)$

$$C_{年2} = 0.1 \times 3\ 340 + 670 = 1\ 004(万元)$$
$$C_{年3} = 0.1 \times 4\ 360 + 650 = 1\ 086(万元)$$

因为 $C_{年2}$ 最小,故方案 2 最优。

(2)动态计算费用法

改建现有工厂方案:

$$PC_1 = 2\ 545 + 760 \times (P/A, 8\%, 10) = 7\ 644.6(万元)$$

建新厂方案:

$$PC_2 = 3\ 340 + 670 \times (P/A, 8\%, 10) = 7\ 835.7(万元)$$

扩建现有工厂方案:

$$PC_3 = 4\ 360 + 650 \times (P/A, 8\%, 10) = 8\ 721.5(万元)$$

由于 $PC_1 < PC_2 < PC_3$,所以方案 1 最优。

以上计算结果表明:建设期投资最少,方案不一定最优;当用静态与动态方法时,其结论并不一致。这说明在进行设计方案评价选择时,当比较项目建设的一次性投资,最好使用动态计算费用法进行优选。

(2)多指标评价法

多指标法就是采用多个指标,将各个对比方案的相应指标值逐一进行分析比较,按照各种指标数值的高低对其作出评价,主要包括工程造价、工期、主要材料消耗、劳动消耗四类指标。从建设项目全面工程造价管理的角度考虑,仅用这四类指标还不能完全满足设计方案的评价,还需要考虑建设项目全寿命期成本,并考虑质量成本、安全成本及环保成本等诸多因素。

这种方法的优点是:指标全面,分析确切,可通过各种技术经济指标定性或定量直接反映方案技术经济性能的主要方面。其缺点是:不便于考虑对某一功能的评价,不便于综合定量分析,容易出现某一方案有些指标较优,另一些指标较差;而另一方案可能是有些指标较差,另一些指标较优。这样就使分析工作复杂化。有时也会因方案的可比性而产生客观标准不统一的现象。因此,在进行综合分析时,要特别注意检查对比方案在使用功能和工程质量方面的差异,并分析这些差异对各指标的影响,避免导致错误的结论。

(3)多因素评分法

在对设计方案评价中需要使用费用指标,而有时因获取的费用指标不准确,而严重影响方案优选的正确性。这种情况下,可以采用多目标优选法,这种方法首先对需要进行分析评价的设计方案设定若干个评价指标,并按其重要程度确定各指标的权重,然后确定评分标准,并就各设计方案对各指标的满足程度打分,最后计算各方案的加权得分,以加权得分最高者为最优设计方案。这种方法是定性分析、定量打分相结合的方法。本方法的关键是评价指标的选取和指标的权重。其计算公式为:

$$W = \sum_{i=1}^{n} q_i W_i \qquad (4.5)$$

式中　W ——设计方案总得分;

q_i——第 i 个指标权重；

W_i——第 i 个指标的得分；

n——指标数。

【例 4.2】 设计单位为某建设项目提供了甲、乙、丙 3 种设计方案，现组织专家评审，商议确定工程造价（设计概算）、功能性、技术性、环境影响 4 大类评价指标，各指标的权重分别为：0.45、0.25、0.20、0.10，汇总后专家打分见表 4.2 所示。试为建设单位选择出合理的设计方案。

表 4.2　专家打分表

方　案	指　　标			
	工程造价	功能性	技术性	环境影响
甲	8	6	7	9
乙	6	7	7	8
丙	9	6	8	6

【解】 $W_甲 = 8 \times 0.45 + 6 \times 0.25 + 7 \times 0.20 + 9 \times 0.10 = 7.40$

$W_乙 = 6 \times 0.45 + 7 \times 0.25 + 7 \times 0.20 + 8 \times 0.10 = 6.65$

$W_丙 = 9 \times 0.45 + 6 \times 0.25 + 8 \times 0.20 + 6 \times 0.10 = 7.75$

因为 $W_丙 > W_甲 > W_乙$，所以丙方案为较合理的设计方案。

（4）价值工程法

价值工程是指通过各相关领域的协作，对所研究对象的功能与费用进行系统分析，不断创新，旨在提高研究对象价值的思想方法和管理技术。其目的是以研究对象的最低寿命周期成本可靠地实现使用者所需的功能，以获取最佳的综合效益。

价值工程的目标是提高研究对象的价值，在设计阶段运用价值工程法可以使建筑产品的功能更合理，可以有效地控制工程造价，还可以节约社会资源，实现资源的合理配置，其计算方法为：

$$V = \frac{F}{C} \tag{4.6}$$

式中　V——研究对象的价值；

F——研究对象的功能；

C——研究对象的成本，即寿命周期成本。

① 提高价值的途径

a. 在提高功能水平的同时，降低成本，这是最有效且最理想的途径；

b. 在保持成本不变的情况下，提高功能水平；

c. 在保持功能水平不变的情况下，降低成本；

d. 成本稍有增加，但功能水平大幅度提高；

e. 功能水平稍有下降，但成本大幅度下降。

② 价值工程的工作程序，如表 4.3 所示：

表 4.3　价值工程的一般工作程序

阶　段	步　骤
准备阶段	1. 对象选择
	2. 组成价值工程工作小组
	3. 制订工作计划
分析阶段	4. 收集整理信息资料
	5. 功能系统分析
	6. 功能评价
创新阶段	7. 方案创新
	8. 方案评价
	9. 提案编写
实施阶段	10. 审批
	11. 实施与检查
	12. 成果鉴定

【例 4.3】　某厂有三层砖混结构住宅 14 幢,随着企业的不断发展,职工人数逐年增加,职工住房条件日趋紧张。为改善职工居住条件,该厂决定在原有住宅区内新建住宅。

【解】　(1) 新建住宅功能分析。为了使住宅扩建工程达到投资少、效益高的目的。价值工程小组工作人员认真分析了住宅扩建工程的功能,认为增加住房户数(F_1)、改善居住条件(F_2)、增加使用面积(F_3)、利用原有土地(F_4)、保护原有林木(F_5)等五项功能作为主要功能。

(2) 功能评价。经价值工程小组集体讨论,认为增加住房户数最重要,其次改善居住条件与增加使用面积同等重要,利用原有土地与保护原有林木同样不太重要。即 $F_1 > F_2 = F_3 > F_4 = F_5$,利用 0～4 评分法,各项功能的评价系数见表 4.4 所示。

① 很重要的功能因素得 4 分,另一很不重要的功能因素得 0 分;

② 较重要的功能因素得 3 分,另一较不重要的功能因素得 1 分;

③ 同样重要或基本同样重要时,则两个功能因素各得 2 分。

表 4.4　方案功能得分及评价系数

功能	F_1	F_2	F_3	F_4	F_5	得分	功能评价系数
F_1	×	3	3	4	4	14	0.350
F_2	1	×	2	3	3	9	0.225
F_3	1	2	×	3	3	9	0.225
F_4	0	1	1	×	2	4	0.100
F_5	0	1	1	2	×	4	0.100
合计						40	1.000

（3）方案创新。在对该住宅功能评价的基础上，为确定住宅扩建工程设计方案，价值工程人员走访了住宅原设计施工负责人，调查了解住宅的居住情况和建筑物自然状况，认真审核住宅楼的原设计图纸和施工记录，最后认定原住宅地基条件较好，地下水位深且地耐力大；原建筑虽经多年使用，但各承重构件尤其原基础十分牢固，具有承受更大荷载的潜力。价值工程人员经过严密计算分析和征求各方面意见，提出两个不同的设计方案：

方案甲：在对原住宅楼实施大修理的基础上加层。工程内容包括：屋顶地面翻修。内墙粉刷、外墙抹灰。增加厨房、厕所（333 m^2）。改造给排水工程。增建两层住房（605 m^2）。工程需投资 50 万元，工期 4 个月，施工期间住户需全部迁出。工程完工后，可增加住户 18 户，原有绿化林木 50% 被破坏。

方案乙：拆除旧住宅，建设新住宅。工程内容包括：拆除原有住宅两栋，可新建一栋，新建住宅每栋 60 套，每套 80 m^2，工程需投资 100 万元，工期 8 个月，施工期间住户需全部迁出。工程完工后，可增加住户 18 户，原有绿化林木全部被破坏。

（4）方案评价。对两种方案的各项功能的满足程度打分，结果见表 4.5 所示：

表 4.5　方案的功能评分表

项目功能	功能得分	
	方案甲	方案乙
F_1	10	10
F_2	7	10
F_3	9	9
F_4	10	6
F_5	5	1

以功能评价系数作为权数计算各方案的功能评价得分，结果见表 4.6 所示：

表 4.6　各方案功能评价表

项目功能	功能权重	方案甲		方案乙	
		功能得分	加权得分	功能得分	加权得分
F_1	0.350	10	3.500	10	3.500
F_2	0.225	7	1.575	10	2.250
F_3	0.225	9	2.025	9	2.025
F_4	0.100	10	1.000	6	0.600
F_5	0.100	5	0.500	1	0.100
方案加权得分和		8.600		8.475	
方案功能评价系数		0.503 7		0.496 3	

计算各方案的价值系数,见表 4.7 所示:

表 4.7　各方案价值系数计算表

方案名称	功能评价系数	成本费用/万元	成本指数	价值系数
修理加层	0.503 7	50	0.333	1.513
折旧建新	0.496 3	100	0.667	0.744
合计	1.000	150	1.000	

经计算可知,修理加层方案价值系数较大,据此选定方案甲为最优方案。

③ 价值系数分析

a. $V = 1$,即研究对象的功能值等于成本。这表明研究对象的成本与实现功能所必需的最低成本大致相当,研究对象的价值为最佳,一般无需优化。

b. $V < 1$,即研究对象的功能值小于成本。这表明研究对象的成本偏高,而功能要求不高。此时,一种可能是由于存在过剩的功能,另一种可能是功能虽无过剩,但实现功能的条件或方法不佳,以至于实现工程的成本大于工程的实际需要,应以剔除过剩功能及降低现实成本为改进方向,使成本与功能的比例趋于合理。

c. $V > 1$,即研究对象的功能值大于成本。这表明研究对象的功能比较重要,但分配的成本较少。此时,应进行具体分析,功能与成本的分配可能已较理想,或者有不必要的功能,或者应该提高成本。

价值工程法在建设项目设计中的运用过程实际上是发现矛盾、分析矛盾和解决矛盾的过程。具体地说,就是分析功能与成本间的关系,以提高建设工程的价值系数。建设项目设计人员要以提高价值为目标,以功能分析为核心,以经济效益为出发点,从而真正实现对设计方案的优化与选择。

4.4　设计概算的编制与审查

4.4.1　设计概算的概念和内容

1) 设计概算的概念

设计概算是确定和控制工程造价的文件,它是在投资估算的控制下由设计单位根据初步设计(或扩大初步设计)图纸及说明书,利用概算定额(或概算指标)、费用定额(或取费标准)等资料,或参照类似工程预(决)算文件,编制和确定的建设项目从筹建至竣工交付使用所需全部费用的文件。

采用两阶段设计的建设项目,初步设计阶段必须编制设计概算;采用三阶段设计的,技术设计阶段必须编制修正概算。

2) 设计概算的作用

设计概算是设计单位根据有关依据计算出来的工程建设的预期费用,用于衡量建设投资是否超过投资估算并控制下一阶段费用支出。设计概算的主要作用具体表现为:

(1) 设计概算是编制建设项目投资计划、确定和控制建设项目投资的依据

国家规定,编制年度固定资产投资计划,确定计划投资总额及其构成数额,要以批准的初步设计概算为依据,没有批准的初步设计及其概算的建设工程不能列入年度固定资产投资计划。如果设计概算超过投资估算10%以上,要进行概算修正。

经批准的建设项目设计总概算的投资额是该工程建设投资的最高限额。竣工结算不能突破施工图预算,施工图预算不能突破设计概算。

(2) 设计概算是衡量设计方案技术经济合理性和选择最佳设计方案的依据

设计单位在初步设计阶段要选择最佳设计方案,设计概算是设计方案技术经济合理性的综合反映,据此可以用来对不同的设计方案进行技术与经济合理性的比较,以确定出最佳的设计方案。

(3) 设计概算是签订建设工程合同和贷款合同的依据

《中华人民共和国合同法》明确规定,建设工程合同是承包人进行工程建设,发包人支付价款的合同。合同价款的多少是以设计概预算为依据的,而且总承包合同不得超过设计总概算的投资额。

设计概算是银行拨款或签订贷款合同的最高限额,建设项目的全部拨款或贷款以及各单项工程的拨款或贷款的累计总额,不能超过设计概算。如果项目投资计划所列投资额与贷款突破设计概算时,必须查明原因,由建设单位报请上级主管部门调整或追加设计概算总投资,凡未批准之前,其超支部分不予拨付。

(4) 设计概算是控制施工图设计和施工图预算的依据

经上级主管部门批准的设计概算是建设项目投资的最高限额,设计单位必须按照批准的初步设计和总概算进行施工图设计,施工图预算不得突破设计概算。如确需突破总概算时,应按规定程序报经审批。

(5) 设计概算是工程造价管理及编制招标控制价和投标报价的依据

设计总概算一经批准,就作为工程造价管理的最高限额,并据此对工程造价进行严格的控制。以设计概算进行招投标的工程,招标单位编制招标控制价是以设计概算造价为依据的,并以此作为评标定标的依据。参与投标的承包人为了在投标过程中获胜,在编制投标报价时也是以设计概算造价为依据的。

(6) 设计概算是考核建设项目投资效果的依据

通过设计概算与竣工决算对比,可以分析和考核投资效果的好坏,同时还可以验证设计概算的准确性,有利于加强设计概算管理和建设项目的造价管理工作。

3) 设计概算的内容

设计概算文件的编制应采用单位工程概算、单项工程综合概算、建设项目总概算三级概算编制形式。当建设项目为一个单项工程时,可采用单位工程概算、总概算两级概算编

制形式。三级概算之间的相互关系如图 4.1 所示：

- 建设项目总概算
  - 单项工程综合概算
    - 各单位建筑工程概算
    - 各单位设备及安装工程概算
  - 工程建设其他费用概算
  - 预备费、建设期贷款利息、投资方向调节税概算
  - 生产或经营性项目铺底流动资金概算

图 4.1　设计概算的三级概算关系

(1) 单位工程概算

单位工程概算是确定各单位工程建设费用的文件，是单项工程综合概算的组成部分，是编制单项工程综合概算的依据。单位工程概算按其工程性质可分为建筑工程概算和设备及安装工程概算两大类。

建筑工程概算一般包括土建工程概算，给排水工程概算，采暖工程概算，通风、空调工程概算，电气、照明工程概算，弱电工程概算，特殊构筑物工程概算等；设备及安装工程概算包括机械设备及安装工程概算，电气设备及安装工程概算以及工具、器具及生产家具购置费概算等。

(2) 单项工程综合概算

单项工程综合概算是确定一个单项工程所需建设费用的文件，它是由单项工程中的各单位工程概算汇总编制而成，是建设项目总概算的组成部分。单项工程综合概算的组成内容如图 4.2 所示：

- 单项工程综合概算
  - 单位建筑工程概算
    - 一般土建工程概算
    - 给排水、采暖工程概算
    - 通风、空调工程概算
    - 电气、照明工程概算
    - 弱电工程概算
    - 特殊构筑物工程概算
  - 单位设备及安装工程概算
    - 机械设备及安装工程概算
    - 电气设备及安装工程概算
    - 电力设备及安装工程概算
    - 工具、器具及生产家具购置费用概算

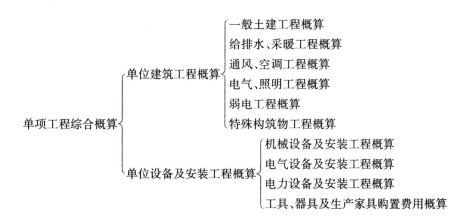

图 4.2　单项工程综合概算的组成内容

(3) 建设项目总概算

建设项目总概算是确定整个建设项目从筹建到竣工验收所需全部费用的文件，它是由各单项工程综合概算、工程建设其他费用概算、预备费和生产或经营性项目铺底流动资金等汇总编制而成。建设项目总概算的组成内容如图 4.3 所示：

```
                                    ┌ 主要生产性单项工程综合概算
                           工程费用概算 ┤ 辅助和服务性单项工程综合概算
                                    │ 室外单项工程(红线以内)综合概算
                                    └ 场外单项工程(红线以外)综合概算
                           工程建设其他费用概算
            建设项目总概算 ┤        ┌ 基本预备费概算
                           预备费概算 ┤
                                    └ 涨价预备费概算
                           建设期贷款利息概算
                           生产或经营性项目铺底流动资金概算
```

图 4.3   建设项目总概算的组成内容

4）设计概算的编制依据

（1）国家、行业和地方政府发布的有关建设和造价管理的法律、法规、规章、规程等。

（2）批准的可行性研究报告及投资估算、设计图纸等有关资料。

（3）有关部门颁布的现行概算定额、概算指标、费用定额和建设项目设计概算编制办法。

（4）有关部门发布的地区工资标准、材料预算价格、机械台班价格及造价指数等。

（5）建设地区的自然、技术、经济条件等资料。

（6）经批准的投资估算文件、设计文件。

（7）水、电和原材料供应情况。

（8）交通运输情况及运输价格。

（9）国家或省（自治区、直辖市）规定的其他工程费用指标和机电设备价目表。

（10）类似工程概算及技术经济指标。

（11）有关合同、协议等其他资料。

4.4.2   单位工程概算编制方法

单位工程是单项工程的组成部分，是指具有单独设计可以独立组织施工，但不能独立发挥生产能力或使用效益的工程。单位工程概算是根据设计图纸和概算指标、概算定额、费用定额和国家有关规定等资料编制的，是确定单位工程建设费用的文件，是单项工程综合概算的组成部分。

单位工程概算包括建筑工程概算和设备及安装工程概算两大类。建筑工程概算的编制方法有概算定额法、概算指标法、类似工程预算法等；设备及安装工程概算的编制方法有预算单价法、扩大单价法、设备价值百分比法和综合吨位指标法等。

1）建筑工程概算的编制方法

（1）概算定额法（又称扩大单价法）

① 概算定额法的概念

概算定额法又叫扩大单价法或扩大结构定额法。它是采用概算定额编制建筑工程概算的方法,是根据初步设计图纸资料和概算定额的项目划分计算出工程量,然后套用概算定额单价(基价),计算汇总后,再计取有关费用,便可得出单位工程概算造价。

概算定额法要求初步设计达到一定深度,建筑结构比较明确,能按照初步设计的平面、立面、剖面图纸计算出楼地面、墙身、门窗和屋面等分部工程(或扩大结构件)项目的工程量时,才可采用。它是采用概算定额编制建筑工程概算的方法。

② 概算定额法编制设计概算的具体步骤

a. 熟悉设计图纸,了解设计意图、施工条件和施工方法。

b. 按照概算定额分部分项顺序,列出单位工程中各分项工程或扩大分项工程的项目名称,并计算其工程量。工程量的计算,必须根据定额中规定的各个扩大分部分项工程内容,遵循定额中规定的计量单位、工程量计算规则及方法来进行。有些无法直接计算工程量的零星工程,如散水、台阶等,可根据概算定额的规定,按主要工程费用的百分比(一般为5%~8%)计算。

c. 确定各部分分项工程项目的概算定额单价(基价)和工料消耗指标。

在采用扩大单价法编制概算时,首先根据概算定额编制成扩大单位估价表(表 4.8、表 4.9),作为概算定额基价,然后用算出的扩大分部分项工程的工程量,乘以单位估价,进行具体计算。扩大单位估价表是确定单位工程中各扩大分部分项工程或完整的结构件所需全部材料费、人工费、施工机械使用费之和的文件。

表 4.8 扩大单价估价表　　　　　　　　　　　　　　　单位:10 m³

序号	项目	单价	数量	合计
1	综合人工	×××	12.35	×××
2	水泥混合砂浆 M 2.5	×××	1.25	×××
3	多孔砖	×××	4.30	×××
4	水	×××	0.87	×××
5	灰浆搅拌机	×××	0.22	×××
合计				×××

表 4.9 扩大单位单价汇总表　　　　　　　　　　　　　　单位:元

定额编号	工程名称	计量单位	单位价格	其中			附注
				人工费	材料费	机械费	
4-23	空斗墙一眠一斗	10 m³	×××				
4-24	空斗墙一眠二斗	10 m³	×××				
4-25	空斗墙一眠三斗	10 m³	×××				

d. 计算各分部分项工程的人、材、机费。

e. 按照有关规定标准计算企业管理费、利润、规费和税金。

f. 计算单位工程概算总造价。

g. 编写概算编制说明。

采用扩大单价法编制建筑工程概算比较准确,但计算比较繁琐。只有具备一定的设计基本知识,熟悉概算定额,才能弄清分部分项的综合内容,才能正确地计算扩大分部分项的工程量。同时在套用扩大单位估价时,如果所在地区的工资标准及材料预算价格与概算定额不一致,则需要重新编制扩大单位估价或测定系数加以调整。

【例 4.4】 某大学拟建一座 8 000 m^2 的图书馆(表 4.10),请按给出的扩大单价和工程量表编制出该图书馆土建工程设计概算造价和平方米造价。各项费率分别为:以定额人工费为基数的企业管理费费率为 50%,利润率为 30%,社会保险费和公积金费率为 25%,按标准缴纳的工程排污费为 50 万元,综合税率为 3.48%(人、材、机、企业管理费、利润、规费为计算基础)。

表 4.10 某图书馆土建工程量和扩大单价

分部工程名称	单位	工程量	扩大单价/元	其中:人工费/元
基础工程	10 m^3	170	2 560	256
混凝土及钢筋混凝土	10 m^3	163	6 850	340
砌筑工程	10 m^3	295	3 300	650
地面工程	100 m^2	50	1 150	133
楼面工程	100 m^2	95	1 800	190
卷材屋面	100 m^2	40	4 500	482
门窗工程	100 m^2	40	5 800	1 055
屋面防水	100 m^2	192	630	126

【解】 根据已知条件和表 4.10 土建工程量和扩大单价,求得该图书馆土建工程概算造价见表 4.11 所示。

表 4.11 某图书馆土建工程量和扩大单价

序号	分部工程名称	单位	工程量	扩大单价/元	合价/元
1	基础工程	10 m^3	170	2 560	435 200
2	混凝土及钢筋混凝土	10 m^3	163	6 850	1 116 550
3	砌筑工程	10 m^3	295	3 300	973 500
4	地面工程	100 m^2	50	1 150	57 500
5	楼面工程	100 m^2	95	1 800	171 000
6	卷材屋面	100 m^2	40	4 500	180 000
7	门窗工程	100 m^2	40	5 800	232 000
8	屋面防水	100 m^2	192	630	120 960
A	人、材、机合计	以上 8 项之和			3 286 710
B	其中:人工费合计	—			401 062.00
C	企业管理费	B×50%			200 531.00
D	利润	B×30%			120 318.60
E	规费	B×25%+500 000			600 265.50
F	税金	(A+C+D+E)×3.48%			146 432.31
	概算造价	A+C+D+E+F			4 354 257.41
	平方米造价	4 354 257.41÷8 000			544.28

（2）概算指标法

概算指标法是将拟建单位工程的建筑面积或体积乘以技术条件相同或基本相同的概算指标编制单位工程概算的方法。

概算指标法的适用范围是当初步设计深度不够，不能准确地计算出工程量，但工程设计技术比较成熟而又有类似工程概算指标可以利用时，可采用此法，但通常需要对结构差异和价格差异进行调整。

由于概算指标比概算定额更为扩大、综合，所以利用概算指标编制的概算比按概算定额编制的概算更加简化，其精确度也比用概算定额编制的概算低，但这种方法具有速度快的优点。利用概算指标法编制单位工程概算可分为下面两种具体情况。

① 拟建工程建筑、结构特征与概算指标相同

当设计对象在结构特征、地质及自然条件上与概算指标完全相同，如基础埋深及形式、层高、墙体、楼板等主要承重构件相同，就可直接套用概算指标编制概算。在直接套用概算指标时，拟建工程应符合以下条件：

a. 拟建工程的建设地点与概算指标中的工程建设地点相同。

b. 拟建工程的工程特征和结构特征与概算指标中的工程特征和结构特征基本相同。

c. 拟建工程的建筑面积与概算指标中工程的建筑面积相差不大。

根据选用的概算指标的内容，可选用以下两种套算方法：

a. 以指标中所规定的工程每平方米或每立方米的造价，乘以拟建单位工程建筑面积或体积，得出单位工程的人、材、机费，再计算其他费用，即可求出单位工程的概算造价。人、材、机费计算公式如下：

$$人、材、机费 = 概算指标每平方米（立方米）工程造价 \times 拟建工程建筑面积（体积） \quad (4.7)$$

b. 以概算指标中规定的每 $100 \ m^2$（或 $1\ 000 \ m^3$）建筑物面积所耗人工工日数和主要材料数量为依据，首先计算拟建工程人工、机械、主要材料耗量，再计算人、材、机费，并取费。根据人、材、机费，结合其他各项取费方法，分别计算管理费、规费、利润和税金。得到每平方米建筑面积的概算单价，乘以拟建单位工程的建筑面积，即可得到单位工程概算造价。

【例 4.5】 某砖混结构住宅建筑面积为 $4\ 100 \ m^2$，其工程特征与在同一地区的概算指标中表 4.12 和表 4.13 的内容基本相同。试根据概算指标编制土建工程概算。

表 4.12 某地区砖混结构住宅概算指标

工程用途	建筑面积	结构类型	层高/檐高	建筑层数	竣工日期
住宅	$3\ 800 \ m^2$	砖混结构	2.8 m/17.2 m	6 层	2009 年 8 月

	基础	墙体	楼面	地面	
	混凝土带形基础	KP1 型多孔砖墙	现浇板上水泥楼面	混凝土地面，水泥砂浆面层	
工程特征	屋面	门窗	装饰	电气照明	给排水
	陶土波形瓦，防水砂浆底混合砂浆坐垫	钢防盗门、胶合板门、塑钢窗	混合砂浆抹内墙面、外墙彩色涂料面	敷设线管、穿线；安装开关插座；预留灯头；弱电分为电话、电视系统	给水管采用 PP-R 管，排水管采用 UPVC 管；卫生洁具预留

表 4.13 工程造价及费用构成

项目		平方米指标/(元/m²)	其中各项费用占总造价百分比/%						
			人工费	材料费	机械费	企业管理费	规费	利润	税金
工程总造价		676.60	9.26	60.15	2.30	5.28	13.65	6.28	3.08
其中	土建工程	594.26	9.49	59.68	2.44	5.31	13.66	6.34	3.08
	给排水工程	34.14	5.85	68.52	0.65	4.55	12.35	5.0	3.07
	电照工程	48.20	7.03	63.17	0.48	5.48	14.78	6.00	3.06

【解】 根据概算指标编制工程概算过程如下：

拟建工程土建工程造价＝4 100×594.26＝2 436 466(元)

其中：

拟建工程人、材、机费＝2 436 466×(9.49%＋59.68%＋2.44%)

$\qquad$ ＝1 744 753.30(元)

拟建工程企业管理费＝2 436 466×5.31%＝129 376.34(元)

拟建工程规费＝2 436 466×13.66%＝332 821.26(元)

拟建工程利润＝2 436 466×6.34%＝154 471.94(元)

拟建工程税金＝2 436 466×3.08%＝75 043.15(元)

② 拟建工程建筑、结构特征与概算指标有局部差异

如拟建工程初步设计的内容与概算指标规定内容有局部差异时，就不能简单按照相似工程的概算指标直接套用，而必须对概算指标进行修正，然后用修正后的概算指标编制概算。修正的方法有如下两种：

a. 调整概算指标中的每平方米(立方米)造价

当设计对象的结构特征与概算指标有局部差异时需要进行这种调整。这种调整方法是将原概算指标中的单位造价进行调整，扣除每平方米(立方米)原概算指标中与拟建工程结构不同部分的造价，增加每平方米(立方米)拟建工程与概算指标结构不同部分的造价，使其成为与拟建工程结构相同的工料单价。计算公式为：

$$结构变化修正概算指标(元/m^2) = J + Q_1 P_1 - Q_2 P_2 \qquad (4.8)$$

式中 J——原概算指标；

$\qquad Q_1$——概算指标中换入新结构的工程量；

$\qquad Q_2$——概算指标中换出旧结构的工程量；

$\qquad P_1$——换入新结构的工料单价；

$\qquad P_2$——换出旧结构的工料单价。

则拟建单位工程的人、材、机费为：

$$人、材、机费 = 修正后的概算指标×拟建工程建筑面积(或体积) \qquad (4.9)$$

求出人、材、机费后，再按照规定的取费方法计算其他费用，最终得到单位工程概算

价值。

　　b. 调整概算指标中的工、料、机数量

　　这种方法是将原概算指标中每 100 m^2（$1\,000 \text{ m}^3$）建筑面积（体积）工、料、机数量进行调整，扣除原概算指标中与拟建工程结构不同部分的工、料、机消耗量，增加拟建工程与概算指标结构不同部分的工、料、机消耗量，使其成为与拟建工程结构相同的每 100 m^2（$1\,000$ m^3）建筑面积（体积）工、料、机数量。计算公式为：

　　　结构变化修正概算指标的工、料、机数量

　　＝ 原概算指标的工、料、机数量 ＋ 换入结构工程量 × 相应定额工、料、机消耗量 －

　　　换出结构件工程量 × 相应定额工、料、机消耗量　　　　　　　　　　（4.10）

　　以上两种方法，前者是直接修正概算指标单价，后者是修正概算指标工料机数量。修正后，方可按上述第一种情况分别套用。

　　【例 4.6】　某新建学生宿舍的建筑面积为 $3\,800 \text{ m}^2$，按概算指标和地区材料预算价格等算出一般土建工程单位造价为 800 元/m^2（其中人、材、机费为 590 元/m^2，人工费为 210 元/m^2），采暖工程 50 元/m^2，给排水工程 56 元/m^2，照明工程 40 元/m^2。按照相关规定，以定额人工费为基数的企业管理费费率为 50%，利润率为 30%，社会保险费和公积金费率为 25%，综合税率为 3.48%。

　　但新建学生宿舍的设计资料与概算指标相比较，其结构构件有部分变更，设计资料表明外墙为 1 砖半，而概算指标中外墙为 1 砖，根据当地土建工程预算定额，外墙带型毛石基础的预算单价为 165 元/m^3，1 砖外墙的预算单价为 182 元/m^3，1 砖半外墙的预算单价为 185 元/m^3，概算指标中每 100 m^2 建筑面积中含外墙带型毛石基础为 20 m^3，1 砖外墙为 48 m^3，新建工程设计资料表明，每 100 m^2 建筑面积中含外墙带型毛石基础为 22 m^3，1 砖半外墙为 65 m^3。请计算调整后的概算单价和新建宿舍的概算造价。

　　【解】　对土建工程中结构构件的变更和单价调整过程如下：

　　结构变化修正概算指标（元/m^2）$= J + Q_1 P_1 - Q_2 P_2$

　　$= 590 - (20 \times 165 + 48 \times 182) \div 100 + (22 \times 165 + 65 \times 185) \div 100$

　　$= 590 - 120.36 + 156.55 = 626.19$（元）

　　企业管理费 $= 210 \times 50\% = 105$（元/m^2）

　　利润 $= 210 \times 30\% = 63$（元/m^2）

　　规费 $= 210 \times 25\% = 52.5$（元/m^2）

　　税金 $= (626.19 + 105 + 63 + 52.5) \times 3.48\% = 29.46$（元/$\text{m}^2$）

　　其余工程单位造价不变，因此经过调整后的概算单价为

　　$626.19 + 105 + 63 + 52.5 + 29.46 + 50 + 56 + 40 = 1\,022.15$（元/$\text{m}^2$）

　　新建学生宿舍楼概算造价为：$1\,022.15 \times 3\,800 = 3\,884\,170$（元）

　　（3）类似工程预算法

　　类似工程预算法是利用技术条件与设计对象相类似的已完工程或在建工程的工程造价资料来编制拟建工程设计概算的方法。当拟建工程初步设计与已完工程或在建工程的

设计相类似而又没有可用的概算指标时可以采用类似工程预算法。类似工程预算法是以相似工程的预算或结算资料，按照编制概算指标的方法，求出工程的概算指标，再按概算指标法编制拟建工程概算。

类似工程预算法对条件有所要求，也就是可比性，即拟建工程项目在建筑面积、结构构造特征要与已建工程基本一致，如层数相同、面积相似、结构相似、工程地点相似等。采用此方法时必须对建筑结构差异和价差进行调整。

① 建筑、结构差异的调整

调整方法与概算指标法的调整方法相同，即先确定有差别的项目，然后分别按每一项目算出结构构件的工程量和单位价格，按编制概算工程所在地区的单价计算，然后以类似预算中相应(有差别)的结构构件的工程数量和单价为基础，算出总差异；将类似预算的人、材、机费总额减去(或加上)这部分差价，就得到结构差异换算后的人、材、机费，再行取费得到结构差异换算后的造价。

② 价差调整

类似工程造价的价差调整方法通常有两种：

a. 类似工程造价资料有具体的人工、材料和机械台班的用量时，可按类似工程造价资料中的主要材料用量、工日数量和机械台班用量乘以拟建工程所在地的主要材料预算价格、人工单价和机械台班单价，计算出人、材、机费，再结合当地费率取费，即可得出所需的造价指标。

b. 类似工程造价资料只有人工、材料和机械台班费用以及其他费用时，可按下面公式调整：

$$D = AK \tag{4.11}$$

$$K = a\%K_1 + b\%K_2 + c\%K_3 + d\%K_4 + e\%K_5 \tag{4.12}$$

式中　　D——拟建工程单方概算造价；

　　　　A——类似工程单方概算造价；

　　　　K——综合价格调整系数；

　　　　$a\%$、$b\%$、$c\%$、$d\%$、$e\%$——分别为类似工程预算的人工费、材料费、施工机具使用费、企业管理费及其他费用占预算成本的比重；

　　　　K_1、K_2、K_3、K_4、K_5——分别为拟建工程地区与类似工程地区人工费、材料费、施工机具使用费、企业管理费及其他费用等方面的差异系数。

【例 4.7】　拟建实验大楼建筑面积为 3 200 m²。类似工程的建筑面积为 2 900 m²，预算造价为 350 万元，各种费用占预算造价的比例为：人工费 12%，材料费 65%，机械使用费 7%，措施费 5%，其他费用 11%，各种价格差异系数为：人工费 $K_1 = 1.05$，材料费 $K_2 = 1.08$，机械使用费 $K_3 = 0.99$，措施费 $K_4 = 1.04$，其他费 $K_5 = 0.90$。试用类似工程预算法编制概算。

【解】　综合调整系数 K

$= 12\% \times 1.05 + 65\% \times 1.08 + 7\% \times 0.99 + 5\% \times 1.04 + 11\% \times 0.90$

$= 1.118$

价差修正后的类似工程预算造价＝3 500 000×1.118＝3 913 000(元)

价差修正后的类似工程预算单方造价＝3 913 000÷2 900＝1 349.31(元)

由此可得,拟建办公楼概算造价＝1 349.31×3 200＝4 317 792(元)

2) 设备及安装工程概算的编制方法

(1) 设备购置费概算的编制方法

设备购置费由设备原价及设备运杂费两项组成。设备原价是指国产标准设备、国产非标准设备、进口设备的原价；设备运杂费是指除设备原价之外的关于设备采购、运输、途中包装及仓库保管等方面支出费用的总和。

国产标准设备原价可根据设备型号、规格、性能、材质、数量及附带的配件,向制造厂家询价,或向设备、材料信息部门查询,或按有关规定逐项计算。国产非标准设备原价计算可参阅本书第2.3节,非主要标准设备和工器具、生产家具的原价可按主要设备原价的百分比计算,百分比指标按主管部门或地区有关规定执行。进口设备的原价是指进口设备的抵岸价,即抵达买方边境港口或边境车站,且交完关税后形成的价格,其计算参阅本书第2.3节。

设备运杂费按有关规定的运杂费率计算,即：

$$设备运杂费 ＝ 设备原价 × 设备运杂费率(\%) \qquad (4.13)$$

(2) 设备安装工程概算的编制方法

设备安装工程概算的编制方法有：

① 预算单价法

当初步设计有详细的设备清单时,可直接按安装工程预算定额单价编制设备安装工程概算,概算程序与安装工程施工图预算基本相同。用预算单价法编制概算,精确度较高。

② 扩大单价法

当初步设计深度不够,设备清单不完备,只有主体设备或仅有成套设备重量时,可采用主体设备、成套设备的综合扩大安装单价来编制概算。

③ 设备价值百分比法(又称安装设备百分比法)

当初步设计深度不够,只有设备出厂价而无详细规格、重量时,安装费可按占设备费的百分比计算。其百分比值(即安装费率)由主管部门制定或由设计单位根据已完类似工程确定。该法常用于价格波动不大的定型产品和通用设备产品。计算公式为：

$$设备安装费 ＝ 设备原价 × 安装费率(\%) \qquad (4.14)$$

④ 综合吨位指标法

当初步设计提供的设备清单有规格和设备重量时,可采用综合吨位指标编制概算,其综合吨位指标由主管部门或设计院根据已完类似工程资料确定。该法常用于价格波动较大的非标准设备和引进设备的安装工程概算。计算公式为：

$$设备安装费 ＝ 设备吨重 × 每吨设备安装费指标 \qquad (4.15)$$

4.4.3 单项工程综合概算的编制方法

1) 单项工程综合概算的含义

单项工程综合概算是确定单项工程建设费用的综合性文件,它是由该单项工程的各专业的单位工程概算汇总而成的,是建设项目总概算的组成部分。

2) 单项工程综合概算文件说明

单项工程综合概算文件一般包括编制说明(不编制总概算时列入)和综合概算表。

（1）编制说明

编制说明内容主要由工程概况、编制依据、编制方法、主要设备、材料(钢材、木材、水泥)的数量及其他需要说明的有关问题。

（2）综合概算表

单项工程综合概算表是根据单项工程所辖范围内的各单位工程概算等基础资料,按照国家或部委所规定统一表格进行编制。

工业建筑项目的综合概算表由建筑工程和设备及安装工程两大部分组成;民用建筑项目的综合概算表一般包括土木建筑工程、给排水、采暖、通风及电气照明等组成。当建设项目只有一个单项工程时,单项工程综合概算(实为总概算)还应包括工程建设其他费用、含建设期贷款利息、预备费和固定资产投资方向调节税等费用项目。单项工程综合概算见表4.14所示:

表 4.14　某单项工程概算表

序号	单位工程和费用名称	概算价格/万元					技术经济指标/(元/m²)			占总投资额/%
		建筑工程费	设备购置费	工器具购置费	其他工程费	合计	单位	数量	单位造价/元	
一	建筑工程	××××				××××	×	·	×	×
1	一般土建工程	×××				×××	×		×	
2	给排水工程	×××				×××	×		×	
3	通风工程	×××				×××	×		×	
4	工业管道工程	×××				×××	×		×	
5	设备安装工程	×××				×××	×		×	
6	电气照明工程	×××				×××	×		×	
						—	—			
二	设备及安装工程		××××			××××	×		×	×
1	机械设备及安装		×××			×××	×		×	
2	动力设备及安装		×××		×××	×××	×		×	
	—					—	—			
三	工器具和生产家具购置			×××		×××	×		×	×
四	合计	××××	××××	×××	××××	××××				

3）单项工程综合概算编制步骤

（1）编制单位工程概算书

单项工程综合概算书的编制，一般从单位工程概算书开始编制，编制内容有一般土建工程、给排水工程、通风工程、工业管道工程、设备安装工程、电气照明工程、设备及安装工程、机械设备及安装、动力设备及安装、工器具和生产家具购置等。各部分内容编制好后统一汇编成相应的单位工程概算书。

（2）编制单项工程技术经济指标

单项工程综合概算表中技术经济指标，应能反映单位工程的特点，并应具有代表性。

（3）填制综合概算表

按照表格形式和所要求的内容，逐项填写计算，最后求出单项工程综合概算总价。

4.4.4　建设项目总概算编制方法

1）建设项目总概算的含义

建设项目总概算是设计文件的重要组成部分，是确定整个建设项目从筹建到竣工交付使用所预计花费的全部费用的文件。它是由各单项工程综合概算、工程建设其他费用、建设期贷款利息、预备费、固定资产投资方向调节税和经营性项目的铺底资金概算所组成，按照主管部门规定的统一表格进行编制而成的。

2）设计总概算的文件组成

设计概算文件一般应由以下内容组成：

（1）封面、签署页及目录。

（2）编制说明。编制说明应包括下列内容：

①工程概况。简述建设项目性质、特点、生产规模、建设周期、建设地点等主要情况。引进项目要说明引进内容及国内配套工程等主要情况。

②资金来源及投资方式。

③编制依据及编制原则。主要说明设计文件依据、定额或指标依据、价格依据、费用标准依据等。

④编制方法。主要说明建设项目中主要专业的编制方法是采用概算定额还是概算指标编制的。

⑤投资分析。主要分析各项投资的比重，各专业投资的比重等经济指标，以及与国内外同类工程进行比较分析投资高低的原因。

⑥主要材料和设备数量。说明建筑安装工程主要材料，如钢材、木材、水泥等的数量，主要机械设备、电气设备数量。

⑦其他需要说明的问题。

（3）总概算表。总概算表应反映静态投资和动态投资两个部分。静态投资是按设计概算编制期价格、费率、利率、汇率等因素确定的投资；动态投资则是指概算编制期到竣工验收前的工程和价格变化等多种因素所需的投资。建设项目总概算见表4.15所示。

（4）工程建设其他费用概算表。工程建设其他费用概算按国家或地区所规定的项目和标准确定，并按统一表格编制。

（5）单项（位）工程概算表。

（6）建筑、安装工程概算汇总表。

（7）建筑工程概算表。

（8）设备安装工程概算表。

（9）工程主要工程量表。

（10）工程主要材料汇总表。

（11）工程主要设备汇总表。

（12）工程工期数量表。

（13）分年度投资汇总表。

（14）资金供应量汇总表。

表 4.15　某工程建设项目总概算表

序号	单项工程综合概算或费用名称	概算价格/万元					技术经济指标/(元/m²)			占总投资额/%
		建筑工程费	设备购置费	工器具购置费	安装工程费用	合计	单位	数量	单位造价/元	
一	单项工程综合概算									×
1	＊＊＊办公楼	×	×	×	×	×	×	×	×	
2	＊＊＊教学楼	×	×	×	×	×	×	×	×	
3	＊＊＊宿舍楼	×	×	×	×	×	×	×	×	
⋮	⋮					⋮	⋮			
	小计	×	×	×	×	×				
二	工程建设其他费用									×
1	建设管理费	×××				×	×		×	
2	可行性研究费	×××				×	×		×	
3	勘察设计费					×				
⋮	⋮					⋮	⋮			
	小计					×				
三	预备费									×
1	基本预备费					×	×		×	
2	涨价预备费					×	×		×	
	小计					×				
四	建设期利息					×	×			×
⋮	⋮			⋮	⋮	⋮				
五	总概算价值	×	×	×	×	×				
	（其中回收金额）	（×）	（×）							
	投资比例/%	×	×	×	×					

3）总概算表的编制步骤

按建设项目总概算表的格式,依次填入各工程项目和费用名称,按项、栏分别汇总,依次求出各工程费用合计,作为单项工程综合概算小计。在编制出单项工程综合概算、工程建设其他费用后,按规定计算不可预见费、建设期贷款利息,计算总概算价值及回收金额。具体步骤如下:

（1）按总概算表的组成顺序和各项费用的性质,将各个单项工程的工程项目名称填入相应栏内,将其综合概算汇总列入总概算表。

（2）将工程建设其他费用中的工程费用名称及各项数值填入相应各栏内,然后按各栏分别汇总。

（3）以前面两项汇总后总额为基础,按取费标准计算预备费、建设期利息、铺底流动资金等。

（4）计算回收金额。回收金额是指在整个基本建设过程中所获得的各种收入。如临时房屋及构筑物、原有房屋拆除所回收的材料和旧设备等的变现收入。

（5）计算总概算价格。

（6）计算技术经济指标。整个项目的技术经济指标应选择有代表性和能说明投资效果的指标填列。

（7）投资分析。计算出各项工程和费用投资占总投资比例,并填在表的末栏。

4.4.5　设计概算的审查

1）审查设计概算的意义

（1）有利于合理分配投资资金、加强投资计划管理,有助于合理确定和有效控制工程造价。设计概算编制偏高或偏低,不仅影响工程造价的控制,也会影响投资计划的真实性,影响投资资金的合理分配。

（2）有利于促进概算编制单位严格执行国家有关概算的编制规定和费用标准,从而提高概算的编制质量。

（3）有利于促进设计的技术先进性与经济合理性。概算中的技术经济指标,是概算的综合反映,与同类工程对比,可看出它的先进与合理程度。

（4）有利于核定建设工程项目的投资规模,可以使建设工程项目总投资力求做到准确、完整,防止任意扩大投资规模或出现漏项,从而减少投资缺口,缩小概算与预算之间的差距,避免故意压低概算投资,搞"钓鱼"项目,最后导致实际造价大幅度地突破概算。

（5）经审查的概算,有利于为建设工程项目投资的落实提供可靠的依据。打足投资,不留缺口,有助于提高建设工程项目的投资效益。

2）设计概算的审查内容

（1）审查设计概算的编制依据

① 审查编制依据的合法性。采用的各种编制依据必须经过国家或授权机关的批准,不得强调情况特殊而擅自更改规定,未经批准的编制依据不能采用。

② 审查编制依据的时效性。各种依据都应执行国家有关部门的现行规定,如定额、指标、相关费率等。

③ 审查编制依据的适用范围。各种编制依据有规定的适用范围,如各主管部门规定的各种专业定额及其取费标准,只适用于该部门的专业工程;各地区规定的各种定额及其取费标准只适用于该地区范围以内。

（2）审查概算编制深度

一般大中型项目的设计概算,应有完整的编制说明和"三级概算",并按有关规定的深度进行编制。审查各级概算的编制、校对、审核是否按规定编制并进行了相关的签署。

① 审查编制说明。通过编制说明的审查,可以检查概算的编制方法、深度和编制依据等重大原则问题,若编制说明存在问题,具体概算必有差错。

② 审查概算编制的完整性。审查项目的设计概算是否符合规定的"三级概算",各级概算的编制、核对、审核是否按规定签署,有无随意简化,有无把"三级概算"简化为"二级概算",甚至"一级概算"。

③ 审查概算的编制范围。审查设计概算编制范围及具体内容是否与主管部门批准的建设项目范围及具体工程内容一致;审查分期建设项目的建筑范围及具体工程内容有无重复交叉,是否重复计算或漏算;审查其他费用所列的项目是否符合规定,静态投资、动态投资和经营性项目铺底流动资金是否分别列出等。

（3）审查工程概算的内容

① 审查概算的编制是否符合党的方针、政策,是否根据工程所在地的自然条件编制。

② 审查建设规模、建设标准、配套工程、设计定员等,是否符合原批准的可行性研究报告或立项批文的标准。对总概算投资超过批准投资估算10%以上的,应查明原因,重新上报审批。

③ 审查编制方法、计价依据和程序是否符合现行规定,包括定额或指标的适用范围和调整方法是否正确。进行定额或指标的补充时,要求补充定额的项目划分、内容组成、编制原则等要与现行的定额规定相一致。

④ 审查工程量是否正确。工程量的计算要根据初步设计图纸、概算定额、工程量计算规则和施工组织设计等进行审查,检查有无多算、重算和漏算,应重点审查工程量大、造价高的项目。

⑤ 审查材料用量和价格。审查主要材料(钢材、木材、水泥、砖)的用量数据是否正确,材料预算价格是否符合工程所在地的价格水平等。

⑥ 审查设备规格、数量和配置。审查所选用的设备规格是否符合设计要求,材质、自动化程度有无提高标准;设备数量是否与设备清单一致,设备原价和运杂费的计算是否正确。非标准设备原价的计价方法是否符合规定,引进设备是否配套、合理,备用设备台数是否恰当,消防、环保设备是否计算,进口设备的各项费用的组成及计算方法是否符合国家主管部门的规定等。

⑦ 审查建筑安装工程的各项费用的计取是否符合国家或地方有关部门的现行规定,审查计算程序和取费标准是否正确。

⑧ 审查综合概算、总概算的编制内容、方法是否符合现行规定和设计文件的要求,有无设计文件外项目,有无将非生产性项目以生产性项目列入。

⑨ 审查总概算文件的组成内容是否完整地包括了建设工程项目从筹建到竣工投产为止的全部费用。

⑩ 审查工程建设其他各项费用。该部分费用内容约占项目总投资 25% 以上,必须认真逐项审查。要按国家和地区规定逐项审查有无随意列项、多列、交叉计列和漏项等现象,不属于总概算范围的费用项目不能列入,具体费率或计取标准是否按国家、行业有关部门规定计算。

⑪ 审查项目的"三废"治理。拟建项目必须同时安排"三废"(废水、废气、废渣)的治理方案和投资,对于未作安排、漏项或多算、重算的项目,要按国家有关规定核实投资,以满足"三废"排放达到国家标准。

⑫ 审查技术经济指标。技术经济指标计算方法和程序是否正确,综合指标和单项指标与同类型工程指标相比,是偏高还是偏低,其原因是什么,并予以纠正。

⑬ 审查投资经济效果。设计概算是初步设计经济效果的反映,要按照生产规模、工艺流程、产品品种和质量,从企业的投资效益和投产后的运营效益全面分析,是否达到了先进可靠、经济合理的要求。

3)审查设计概算的方法与步骤

(1)审查设计概算的方法

设计概算审查前要熟悉设计图纸和有关资料,深入调查研究,了解建筑市场行情,了解现场施工条件,掌握第一手资料,进行经济对比分析,使审批后的概算更符合实际。概算的审查方法有对比分析法、查询核实法及联合会审法。

① 对比分析法

对比分析法主要是通过建设规模、标准与立项批文对比;工程数量与设计图纸对比;综合范围、内容与编制方法、规定对比;各项取费与规定标准对比;材料、人工单价与市场信息对比;引进设备、技术投资与报价要求对比;技术经济指标与同类工程对比等。通过以上对比,容易发现设计概算存在的主要问题和偏差。

② 查询核实法

查询核实法是对一些关键设备和设施、重要装置、引进工程图纸不全、难以核算的较大投资进行多方查询核对,逐项落实的方法。主要设备的市场价向设备供应部门或招标公司查询核实;重要生产装置、设施向同类企业(工程)查询了解;引进设备价格及有关费税向进出口公司调查落实;复杂的建筑安装工程向同类工程的建设、承包、施工单位征求意见;深度不够或不清楚的问题直接同原概算编制人员、设计者询问清楚。

③ 联合会审法

联合会审前,可先采取多种形式分头审查,包括设计单位自审,主管、建设、承包单位初审,工程造价咨询公司评审,邀请同行专家预审,审批部门复审等,经层层审查把关后,由有关单位和专家进行联合会审。在会审大会上,由设计单位介绍概算编制情况及有关问题,各有关单位、专家汇报初审及预审意见。然后进行认真分析、讨论,结合对各专业技术方案的审查意见所产生的投资增减,逐一核实原概算出现的问题。经过充分协商,认真听取设计单位意见后,实事求是地处理和调整。

(2)审查设计概算的步骤

① 掌握数据和资料

了解建设项目的规模、设计能力和工艺流程,熟悉图纸和说明书,弄清设计概算的组成内容、编制依据和方法,概算各表和设计说明相互之间的关系,收集概算定额、指标和有关文件资料、为审查工作做好必要的准备。

② 进行经济对比分析

根据设计和概算列明的工程性质、结构类型、建设条件、费用构成、投资比例、占地面积、生产规模、建筑面积、设备数量、造价指标、劳动定员等和同类型工程分析对比,找出差距,提出问题;利用适当的概算定额或指标,以及有关技术经济指标,与设计概算进行对比分析。

③ 调查研究

在审查中发现的问题,一定要深入细致地调查研究,弄清问题产生的原因。熟悉项目建设的内部和外部条件,了解设计是否技术先进、经济合理,概算采用的定额价格和费用标准是否符合国家或地区的有关规定。

④ 积累资料

要对已建项目的实际造价和有关资料,以及技术经济资料等进行收集整理,为修订概算定额和今后审查工程概算提供参照依据。

4.5 施工图预算的编制与审查

编制施工图预算是工程造价管理人员在项目设计阶段的主要工作内容之一,主要在施工图设计阶段进行,是设计文件的重要组成部分。建设项目施工图预算是施工图设计阶段合理确定和有效控制工程造价的重要依据。因此,应全面准确地对建设项目进行施工图预算。

4.5.1 施工图预算的概念及作用

1)施工图预算的概念

在一般的工程实践中,施工图预算是指以施工图设计文件(包括施工图纸、基础定额、市场价格及各项取费标准等资料)为依据,按照规定的程序、方法和依据,在建设项目施工前对建设项目的工程费用进行的预测与计算。

施工图预算价格既可以是按照政府统一规定的预算单价、取费标准、计价程序计算得到的属于计划或预期性质的施工图预算价格,也可以是通过招标投标法定程序后施工企业根据自身的实力即企业定额、资源市场单价以及市场供求及竞争状况计算得到的反映市场性质的施工图预算价格。

施工图预算书是编制施工图预算的成果,简称施工图预算,它是在施工图设计阶段对工程建设所需资金作出较精确计算的设计文件。

2) 施工图预算的作用

(1) 对投资方

① 施工图预算是设计阶段控制工程造价的重要环节,是控制施工图设计不突破设计概算的重要措施。

② 施工图预算是控制造价及资金合理使用的依据。

③ 施工图预算是确定建设项目招标控制价的依据。

④ 施工图预算可以作为确定合同价款、拨付工程进度款及办理工程结算的基础。

(2) 对施工单位

① 施工图预算是施工单位投标报价的基础。在激烈的建筑市场竞争中,施工单位需要根据施工图预算,结合企业的投标策略,确定投标报价。

② 施工图预算是建设项目预算包干的依据和签订施工合同的主要内容。

③ 施工图预算是施工单位安排调配施工力量、组织材料供应的依据。

④ 施工图预算是施工单位控制工程成本的依据。

⑤ 施工图预算是进行"两算"对比的依据。施工企业可以通过施工图预算和施工预算的对比分析,找出差距,采取必要的措施。

(3) 对工程造价咨询企业

客观、准确地为委托方做出施工图预算,不仅体现出其水平、素质和信誉,而且强化了投资方对工程造价的控制,有利于节省投资,提高建设项目的投资效益。

(4) 对建设项目管理、监督等中介服务企业

客观准确的施工图预算是为业主方提供投资控制的依据。

(5) 对工程造价管理部门

① 施工图预算是其监督、检查执行定额标准、合理确定工程造价、测算造价指数以及审定工程招标控制价的重要依据。

② 如在履行合同的过程中发生经济纠纷,施工图预算是有关仲裁、管理、司法机关按照法律程序处理、解决问题的依据。

4.5.2　施工图预算的内容及编制依据

1) 施工图预算文件的组成

施工图预算由建设项目总预算、单项工程综合预算和单位工程预算组成。建设项目总预算由单项工程综合预算汇总而成,单项工程综合预算由组成本单项工程的各单位工程预算汇总而成,单位工程预算包括建筑工程预算和设备及安装工程预算。

施工图预算根据建设项目实际情况可采用三级预算编制或二级预算编制形式。当建设项目有多个单项工程时,应采用三级预算编制形式,三级预算编制形式由建设项目总预算、单项工程综合预算、单位工程预算组成。当建设项目只有一个单项工程时,应采用二级预算编制形式,二级预算编制形式由建设项目总预算和单位工程预算组成。

采用三级预算编制形式的工程预算文件包括:封面、签署页及目录、编制说明、总预算

表、综合预算表、单位工程预算表、附件等内容。采用二级预算编制形式的工程预算文件包括：封面、签署页及目录、编制说明、总预算表、单位工程预算表、附件等内容。

2）施工图预算的内容

按照预算文件的不同，施工图预算的内容有所不同。建设项目总预算是反映施工图设计阶段建设项目投资总额的造价文件，是施工图预算文件的主要组成部分。由组成该建设项目的各个单项工程综合预算和相关费用组成。具体包括：建筑安装工程费、设备及工器具购置费、工程建设其他费用、预备费、建设期利息及铺底流动资金。施工图总预算应控制在已批准的设计总概算投资范围以内。

单项工程综合预算是反映施工图设计阶段一个单项工程（设计单元）造价的文件，是总预算的组成部分，由构成该单项工程的各个单位工程施工图预算组成。其编制的费用项目是各单项工程的建筑安装工程费和设备及工器具购置费总和。

单位工程预算是依据单位工程施工图设计文件、现行预算定额以及人工、材料和施工机具台班价格等，按照规定的计价方法编制的工程造价文件。包括单位建筑工程预算和单位设备及安装工程预算。单位建筑工程预算是建筑工程各专业单位工程施工图预算的总称，按其工程性质分为一般土建工程预算、给排水工程预算、采暖通风工程预算、煤气工程预算、电气照明工程预算、弱电工程预算、特殊构筑物（如烟窗、水塔等）工程预算以及工业管道工程预算等。安装工程预算是安装工程各专业单位工程预算的总称，安装工程预算按其工程性质分为机械设备安装工程预算、电气设备安装工程预算、工业管道工程预算和热力设备安装工程预算等。

3）施工图预算的编制依据

施工图预算的编制必须遵循以下依据：

（1）国家、行业和地方有关规定。

（2）相应工程造价管理机构发布的预算定额。

（3）施工图设计文件及相关标准图集和规范。

（4）项目相关文件、合同、协议等。

（5）工程所在地的人工、材料、设备、施工机具预算价格。

（6）施工组织设计和施工方案。

（7）项目的管理模式、发包模式及施工条件。

（8）其他应提供的资料。

4）施工图预算的编制原则

（1）严格执行国家的建设方针和经济政策的原则。施工图预算要严格按照党和国家的方针、政策办事，坚决执行勤俭节约的方针，严格执行规定的设计和建设标准。

（2）完整、准确地反映设计内容的原则。编制施工图预算时，要认真了解设计意图，根据设计文件、图纸准确计算工程量，避免重复和漏算。

（3）坚持结合拟建工程的实际，反映工程所在地当时价格。编制施工图预算时，要求实事求是地对工程所在地的建设条件、可能影响造价的各种因素进行认真的调查研究。在此基础上,正确使用定额、费率和价格等各项编制依据,按照现行工程造价的构成,根据有关部门发布的价格信息及价格调整指数,考虑建设期的价格变化因素,使施工图预算尽可能地反映设计内容、施工条件和实际价格。

4.5.3 施工图预算的编制方法

1. 单位工程施工图预算的编制

1)建筑安装工程费计算

单位工程施工图预算包括建筑工程费、安装工程费和设备及工器具购置费。单位工程施工图预算中的建筑安装工程费应根据施工图设计文件、预算定额(或综合单价)以及人工、材料及施工机具台班等价格资料进行计算。由于施工图预算既可以是设计阶段的施工图预算书,也可以是招标或投标,甚至施工阶段依据施工图纸形成的计价文件,因而,它的编制方法较为多样,在设计阶段,主要采用的编制方法是单价法,招标及施工阶段主要的编制方法是基于工程量清单的综合单价法。在此主要介绍设计阶段的单价法,单价法又可分为工料单价法和全费用综合单价法。

(1)工料单价法

工料单价法是指分部分项工程及措施项目的单价为工料单价,将子项工程量乘以对应工料单价后的合计作为人、材、机费,人、材、机费汇总后,再根据规定的计算方法计取企业管理费、利润、规费和税金,将上述费用汇总后得到该单位工程的施工图预算造价。工料单价法中的单价一般采用地区统一单位估价表中的各子目工料单价(定额基价)。

工料单价法计算公式如下:

$$\text{建筑安装工程预算造价} = \sum\left(\text{分项工程量} \times \text{分项工程工料单价}\right) + \text{企业管理费} + \text{利润} + \text{规费} + \text{税金} \quad (4.16)$$

① 准备工作。此步骤主要包括以下工作:

a. 熟悉现行预算定额或基础定额。熟练地掌握预算定额或基础定额及其有关规定,熟悉预算定额或基础定额的全部内容和项目划分,定额子目的工程内容、施工方法、材料规格、质量要求、计量单位、工程量计算方法,项目之间的相互关系以及调整换算定额的规定条件和方法,以便正确地应用定额。

b. 熟悉施工图。在熟悉施工图时,应将建筑施工图、结构施工图、其他工种施工图、相关的大样图、所采用的标准图集、构造做法等相互结合起来,并对构造要求、构件连接、装饰要求等有一个全面认识,对设计图形成主要概念。同时,在识图时,发现图纸上不合理或存在问题的地方,要通知设计单位及时修改,避免返工。

c. 了解和掌握现场情况及施工组织设计或施工方案等资料。对施工现场的施工条件、施工方法、技术组织措施、施工进度、施工机械及设备、材料供应等情况也应了解。同时,对现场的地貌、土质、水位、施工场地、自然地坪标高、土石方挖填运状况及施工方式、总平面布置等与施工图预算有关的资料有详细了解。

② 列项、工程量计算。工程量计算一般按下列步骤进行:首先将单位工程划分为若干

分项工程,划分的项目必须和定额规定的项目一致,这样才能正确地套用定额。不能重复列项计算,也不能漏项少算。工程量应严格按照图纸尺寸和现行定额规定的工程量计算规则进行计算,分项子目的工程量应遵循一定的顺序逐项计算,避免漏算和重算。

a. 根据工程内容和定额项目,列出需计算工程量的分部分项工程。

b. 根据一定的计算顺序和计算规则,列出分部分项工程量的计算式。

c. 根据施工图纸上的设计尺寸及有关数据,代入计算式进行数值计算。

d. 对计算结果的计量单位进行调整,使之与定额中相应的分部分项工程的计量单位保持一致。

③ 套用定额预算单价。核对工程量计算结果后,将定额子项中的基价填于预算表单价栏内,并将单价乘以工程量得出合价,将结果填入合价栏,汇总求出分部分项工程人、材、机费合计。计算分部分项工程人、材、机费时需要注意以下几个问题:

a. 分项工程的名称、规格、计量单位与预算单价或单位估价表中所列内容完全一致时,可以直接套用预算单价。

b. 分项工程的主要材料品种与预算单价或单位估价表中规定材料不一致时,不可以直接套用预算单价,需要按实际使用材料价格换算预算单价。

c. 分项工程施工工艺条件与预算单价或单位估价表不一致而造成人工、机具的数量增减时,一般调量不调价。

④ 编制工料分析表。工料分析是按照各分项工程或措施项目,依据定额或单位估价表,首先从定额项目表中分别将各子目消耗的每项材料和人工的定额消耗量查出;再分别乘以该工程项目的工程量,得到各分项工程或措施项目工料消耗量,最后将各类工料消耗量加以汇总,得出单位工程人工、材料的消耗数量,即:

$$人工消耗量 = 某工种定额用工量 \times 某分项工程或措施项目工程量 \qquad (4.17)$$

$$材料消耗量 = 某种材料定额用量 \times 某分项工程或措施项目工程量 \qquad (4.18)$$

⑤ 按计价程序计取其他费用,并汇总造价。根据规定的税率、费率和相应的计取基础,分别计算企业管理费、利润、规费和税金。将上述费用累计后与人、材、机费进行汇总,求出建筑安装工程预算造价。与此同时,计算工程的技术经济指标,如单方造价等。

⑥ 复核。对项目填列、工程量计算公式、计算结果、套用单价、取费费率、数字计算结果、数据精确度等进行全面复核,及时发现差错并修改,以保证预算的准确性。

⑦ 填写封面、编制说明。封面应写明工程编号、工程名称、预算总造价和单方造价等,编制说明,将封面、编制说明、预算费用汇总表、材料汇总表、工程预算分析表,按顺序编排并装订成册,便完成了单位施工图预算的编制工作。

(2) 全费用综合单价法

采用全费用综合单价法编制建筑安装工程预算的程序与工料单价法大体相同,只是直接采用包含全部费用和税金等项在内的综合单价进行计算时,过程更加简单,其目的是适应目前推行的全过程全费用单价计价的需要。

① 分部分项工程费的计算。建筑安装工程预算的分部分项工程费应由各子目的工程

量乘以各子目的综合单价汇总而成。各子目的工程量应按预算定额的项目划分及其工程量计算规则计算。各子目的综合单价应包括人工费、材料费、施工机具使用费、管理费、利润、规费和税金。

② 综合单价的计算。各子目综合单价的计算可通过预算定额及其配套的费用定额确定。其中人工费、材料费、机具费应根据相应的预算定额子目的人、材、机要素消耗量，以及报告编制期人、材、机的市场价格（不含增值税进项税额）等因素确定；管理费、利润、规费、税金等应依据预算定额配套的费用定额或取费标准，并依据报告编制期拟建项目的实际情况、市场水平等因素确定，同时编制建筑安装工程预算时应同时编制综合单价分析表。

③ 措施项目费的计算。建筑安装工程预算的措施项目费应按下列规定计算：

a. 可以计量的措施项目费与分部分项工程费的计算方法相同。

b. 综合计取的措施项目费应以该单位工程的分部分项工程费和可以计量的措施项目费之和为基数乘以相应费率计算。

④ 分部分项工程费与措施项目费之和即为建筑安装工程施工图预算费用。

2）设备及工、器具购置费计算

设备购置费由设备原价和设备运杂费构成；未到达固定资产标准的工、器具购置费一般以设备购置费为计算基数，按照规定的费率计算。设备及工、器具购置费编制方法及内容可参照设计概算相关内容。

3）单位工程施工图预算书编制

单位工程施工图预算由建筑安装工程费和设备及工、器具购置费组成，将计算好的建筑安装工程费和设备及工、器具购置费相加，即得到单位工程施工图预算，即

$$单位工程施工图预算 = 建筑安装工程预算 + 设备及工、器具购置费 \qquad (4.19)$$

单位工程施工图预算文件由单位建筑工程施工图预算表和单位设备及安装工程预算表组成。

2. 单项工程综合预算的编制

单项工程综合预算由组成该单项工程的各个单位工程预算造价汇总而成，计算方法见式(4.20)，计算完成后填写单项工程综合预算表，最后形成单项工程综合预算书。

$$单项工程施工图预算 = \sum 单位建筑工程费用 + \sum 单位设备及安装工程费用$$

$$(4.20)$$

3. 建设项目总预算的编制

建设项目总预算由组成该建设项目的各个单项工程综合预算以及经计算的工程建设其他费、预备费、建设期贷款利息、固定资产投资方向调节税（暂停征收）、铺底流动资金汇总而成。三级预算编制中总预算由综合预算和工程建设其他费、预备费、建设期利息及铺底流动资金汇总而成，计算公式如下：

$$\begin{array}{l}建设项目\\总预算\end{array} = \sum \begin{array}{l}单项工\\程预算\end{array} + \begin{array}{l}工程建设\\其他费\end{array} + 预备费 + \begin{array}{l}建设期\\利息\end{array} + \begin{array}{l}铺底流\\动资金\end{array} \qquad (4.21)$$

二级预算编制中总预算由单位工程施工图预算和工程建设其他费、预备费、建设期利息及铺底流动资金汇总而成,计算公式如下:

$$\begin{matrix}建设项目\\总预算\end{matrix} = \sum \begin{matrix}单位建筑\\工程费用\end{matrix} + \sum \begin{matrix}单位设备及安\\装工程费用\end{matrix} + \begin{matrix}工程建设\\其他费\end{matrix} + 预备费 + \begin{matrix}建设期\\利息\end{matrix} + \begin{matrix}铺底流\\动资金\end{matrix}$$
$$(4.22)$$

4.5.4 施工图预算的审查

1) 施工图预算审查的意义

(1) 施工图预算审查有利于正确贯彻执行国家工程建设投资管理制度。

(2) 施工图预算审查有利于工程造价的控制。

(3) 施工图预算审查有利于施工承包合同价的合理确定和控制。

(4) 施工图预算审查有利于积累和分析各项技术经济指标,促使设计人员树立经济观念,不断提高设计水平。

2) 施工图预算审查的内容

(1) 审查工程量是否按照规定的工程量计算规则计算工程量,编制预算时是否考虑到了施工方案对工程量的影响,定额中要求扣除项或合并项是否按规定执行,工程计量单位的设定是否与要求的计量单位一致。

(2) 审查单价套用预算单价时,各分部分项工程的名称、规格、计量单位和所包括的工程内容是否与定额一致;有单价换算时,换算的分项工程是否符合定额规定及换算是否正确。采用实物法编制预算时,资源单价是否反映了市场供需状况和市场趋势。

(3) 审查其他的有关费用采用预算单价法计算造价时,审查的主要内容有:是否按本项目的性质计取费用,有无高套取费标准;管理费、规费的计取基础是否符合规定;利润和税金的计取基础和费率是否符合规定,有无多算或重算。

3) 施工图预算审查的方法

施工图预算的审查目标是施工图预算不超过设计概算。重点审查编制依据是否合法及定额的时效性,工程量是否准确,预算单价是否正确,取费标准是否符合规定,有无重复计费,费用调整是否真实等。施工图预算的审查是合理确定工程造价的必要程序及重要组成部分。但由于施工图预算的审查对象不同,或要求的进度不同,或投资规模不同,则审查方法并不相同。

(1) 全面审查法

全面审查法指审查人重新编制施工图预算的方法。首先根据施工图全面计算工程量,然后将计算的工程量与审查对象的工程量逐一进行对比。同时,根据定额或单位估价表逐项核实审查对象的单价。

这种方法常常适用于以下情况:①初学者审查的施工图预算;②投资不多的项目,如维修工程;③工程内容比较简单(分项工程不多)的项目,如围墙、道路挡土墙、排水沟等;④建设单位审查施工单位的预算,或施工单位审查设计单位设计单价的预算。

这种方法的优点是审查后的施工图预算准确度较高,缺点是工作量大(实质是重复劳动)。

(2) 重点审查法

重点审查法类同于全面审查法,它与全面审查法的区别仅是审查范围的不同。该方法有侧重、有选择地根据施工图,计算部分价值较高或占投资比例较大的分项工程量;而对其他价值较低或占投资比例较小的分项目工程,往往忽略不计,重点核实与上述工程量相对应的定额单价,尤其是重点审查定额子目档次易混淆的单价(如构件断面、单体体积),其次是对混凝土标号、砌筑、抹灰砂浆的标号核算。

这种方法在审查进度较紧张的情况下,适用于建设单位审查施工单位的预算或施工单位审查设计单位的预算。这种方法与全面审查法比较,工作量相对减少,但能取得相对较好的效果。

(3) 分析对比审查法

分析对比审查法是在总结分析预结算资料的基础上,找出同类工程造价及工料消耗的规律性,整理出用途不同、结构形式不同、地区不同的工程造价及工料消耗指标。然后,根据这些指标对审查对象进行分析对比,从中找出不符合投资规律的分部分项工程,针对这些子目进行重点审查,分析其差异较大的原因。

常用的指标有以下几种类型:①单方造价指标(元/m、元/m²、元/m³);②分部工程比例;③各种结构比例;④专业投资比例;⑤工料消耗指标。

(4) 常见问题审查法

由于预算人员所处地位不同,立场不同,则在预算编制中不同程度地出现某些常见问题,如:①工程量计算正负误差;②定额单价高套正误差;③项目重复正误差;④综合费用计算正误差;⑤预算项目遗漏负误差等。上述问题的出现具有普遍性,审查施工图预算时,可根据这些线索,剔除其不合理部分,补充完善预算内容,准确计算工程量,合理取定定额单价,以达到合理确定工程造价的目的。

(5) 相关项目、相关数据审查法

利用施工图预算项目、数据之间的联系,认真分析总结,找出数据之间的规律来审查施工图预算。对其中不符合规律的项目及数据,如漏项、重项、工程量数据错误等,进行重点审查,如:①与建筑面积相关的项目和工程量数据;②与室外净面积相关的项目和工程量数据;③与墙体面积相关的项目和工程量数据;④与外墙边线相关的项目和工程量数据;⑤其他相关项目与数据。而对于一些规律性较差的工程量数据,如柱基与柱身、墙基与墙身、梁与柱等,可以采用重点审查法。

4.6　BIM 技术在工程概算编制中的应用

4.6.1　BIM 软件概算编制流程

广联达云计价平台 GCCP5.0 软件编制建设项目概算,编制流程如图 4.4 所示:

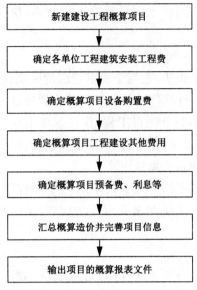

图 4.4　软件编制设计概算的流程

4.6.2　BIM 软件概算编制操作

1）新建工程项目概算

（1）在广联达云计价平台 GCCP 5.0 中点击"新建概算项目"，选择好相应地区后，单击"新建项目"，在弹出的对话框中依次输入项目名称、项目编码、选取所在地区概算定额标准，导入价格文件，单击"下一步"即可完成建设项目概算的新建，如图 4.5 所示。

图 4.5　新建工程项目概算

（2）进入"新建项目"对话框。点击"新建单项工程"，在弹出的"新建单项工程"对话框中，依次输入单项名称、单项数量，并选择单项工程中包含的相应单位工程项目，然后点击"确定"按钮，完成后形成了建设项目的三级概算项目管理体制，如图4.6所示。

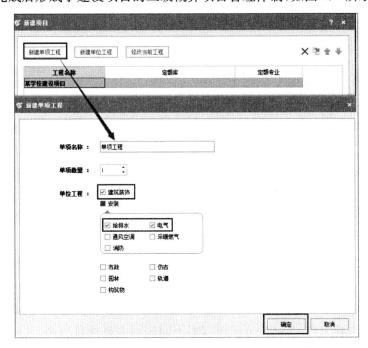

图4.6 新建单项工程和单位工程概算

2）取费设置

（1）单位工程取费设置

在建设项目界面下，根据项目的实际情况对建筑与装饰工程和安装工程等单位工程进行取费设置。软件初始默认条件下，相应费率为黑色字体显示，当进行更改后会变成红色字体显示。更改完成并应用已修改的取费设置数据后，即可完成对相应单位工程取费的设置。

如果一个建设项目下面有多个单项工程，可以在单项工程对应的单位工程界面下分别进行取费设置。

（2）其他费用设置

在建设项目界面，可以依次切换到设备购置费、建设其他费、概算汇总项目对设备购置费、建设其他费、三类费用（包括预备费、利息、流动资金）进行取费计算，最后汇总成建设项目的概算总投资。整体取费设置界面，如图4.7所示。

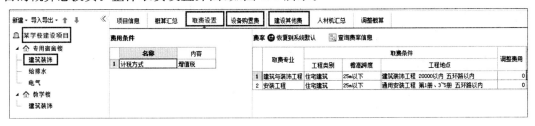

图4.7 建设项目取费设置

3）编制单位工程概算

（1）分部分项工程概算

在单位工程界面，点击"预算书"按钮，即可对单位工程相应的分部分项工程进行添加和修改，编制方法（包括整理子目和定额换算等）与广联达 GBQ 4.0 计价软件中预算编制相同。同时如果单位工程相应的分部分项工程量已经通过相关算量软件或者手工计算得出，也可以采用导入的方式进行快速添加。软件提供了三种导入已完成的概算工程量的方法，即导入 Excel 文件、导入外部工程和导入算量文件，如图 4.8 所示。

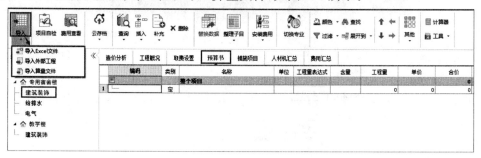

图 4.8　分部分项工程概算编制

导入外部工程是指将利用 GCCP 5.0 软件做好的单位工程概算导入新的基于 GCCP 5.0 软件所做的概算工程中，此种方法可以将不同编制人员各自利用 GCCP 5.0 软件完成的单位工程概算进行汇总整合。导入算量文件时，算量文件必须经过计算并且保存，而且导入的算量文件必须采用定额计价模式，且采用的概算定额必须与 GCCP 5.0 软件一致。目前可支持导入的算量文件有 GCL 土建算量文件、GQI 安装算量文件、GDQ 精装算量文件、GMA 市政算量文件。

（2）措施项目概算

在单位工程界面，点击"措施项目"按钮，即可对单位工程相应的措施项目进行编辑。其中，总价措施项目依据项目实际情况及相关定额规定，需调整措施费费率。单价措施项目根据项目实际情况及工程图纸将模板、脚手架、垂直运输等计入措施项目，以工程量计价，组价方式同分部分项工程概算。措施项目概算界面，如图 4.9 所示。

	序号	类别	名称	单位	计算基数	费率(%)	工程量	单价	合价
			措施项目						241888.4
	一		措施费1						241888.4
1	1		安全文明施工费	项			1	208675.9	208675.9
2		1.1	环境保护	项	ZJF+ZCF+SBF+JSCS_ZJF+JSCS_ZCF+JSCS_SBF	1.23	1	46330.57	46330.57
3		1.2	文明施工	项	ZJF+ZCF+SBF+JSCS_ZJF+JSCS_ZCF+JSCS_SBF	0.69	1	25990.32	25990.32
4		1.3	安全施工	项	ZJF+ZCF+SBF+JSCS_ZJF+JSCS_ZCF+JSCS_SBF	1.33	1	50097.28	50097.28
5		1.4	临时设施	m2	ZJF+ZCF+SBF+JSCS_ZJF+JSCS_ZCF+JSCS_SBF	2.29	1	86257.73	86257.73
6	2		夜间施工增加费	项			1	0	0
7	3		非夜间施工照明	项			1	0	0
8	4		二次搬运费	项			1	0	0
9	5		冬雨季施工增加费	项			1	0	0
10	6		地上、地下设施、建筑物的临时保护设施	项	BGF	3	1	33212.5	33212.5
11	7		已完工程及设备保护费	项			1	0	0
	二		措施费2						0
12	1		脚手架工程	项			1	0	0

图 4.9　措施项目概算编制

（3）人、材、机价差调整

在单位工程界面，点击"人材机汇总"按钮，软件自动将相应单位工程中的分部分项工程和单价措施项目所消耗的人、材、机相关信息进行分类汇总，可以进行查看和调整。软件提供的概算人、材、机价差调整方法包括直接输入市场价调整、载价调整和调整市场价系数3种，操作界面如图4.10所示。

	编码	类别	名称	规格型号	单位	数量	预算价	市场价	市场价合计
1	400044	材	嵌缝剂	DTG砂浆	m3	4.1634	5068.38	5068.38	21101.69
2	400043	材	胶粘剂	DTA砂浆	m3	11.8873	3623.93	3623.93	43078.74
3	400042	商浆	抹面砂浆	DBI	m3	3.6064	3615.38	3700	13343.68
4	400045	材	界面砂浆	DB	m3	0.684	3452.99	3349	2290.72
5	400041	材	胶粘砂浆	DEA	m3	3.585	3179.49	3242	11622.57
6	030001	材	板方材		m3	77.6204	2077	2034	157879.89
7	030003	材	木模板		m3	0.1059	1994.97	1994.97	211.27
8	800281	机	履带式单斗挖土机	1.0m3	台班	0.0877	937.44	937.44	82.21

图4.10　人、材、机价差调整

（4）单位工程概算计算与汇总

在单位工程界面，点击"费用汇总"按钮，软件会根据之前的取费设置自动汇总显示单位工程概算总价。

4）确定设备及工、器具购置费

在建设项目界面，点击"设备购置费"按钮，可以对国内和国外采购设备、工器具、生产家具三种类型的购置费用进行计算汇总。

（1）国产设备购置费计算

国产设备购置费需要区分设备交货方式，如果是在厂家指定地点交货，则需要在软件中输入该设备的运杂费费率，软件会自动计算设备运杂费；如果厂家将设备运至买方指定地点交货，则国产设备出厂价中已经包含了运杂费，此时不需要输入运杂费费率，市场价与出厂价相等。

（2）进口设备购置费计算

进口设备购置费的计算内容较多，软件提供了"进口设备单价计算器"，填写相关信息后可以快速完成进口设备购置费的计算，如图4.11所示。

（3）工、器具和生产家具购置费计算与费用汇总

在"设备购置费"界面下点击"设备购置费汇总"可以在相应工作区分别输入工、器具购置费、生产家具购置费等相应费用的费率，软件可以自动计算相应费用并汇总建设项目的设备及工、器具购置费。

5）确定工程建设其他费

在建设项目界面，点击"建设其他费"按钮，软件提供了"单价×数量""计算基数×费率""手动输入"3种输入方式，可以根据实际发生情况选择使用，如图4.12所示。

其中，"手动输入"只需要在"金额"栏输入该费用发生的实际金额即可。

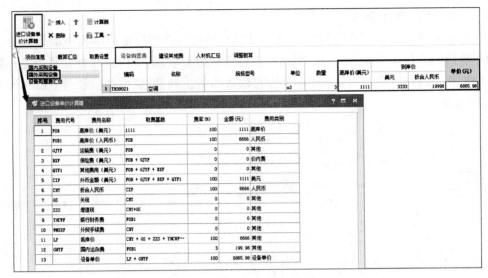

图 4.11　进口设备购置费确定

图 4.12　工程建设其他费确定

6）确定预备费、利息等费用并汇总建设项目概算总投资

在建设项目界面，点击"概算汇总"按钮，汇总建设项目概算总投资的工作界面包含了预备费、建设期贷款利息和铺底流动资金的确定，可以直接在工作界面进行计算、输入，软件自动汇总计算，如图 4.13 所示。

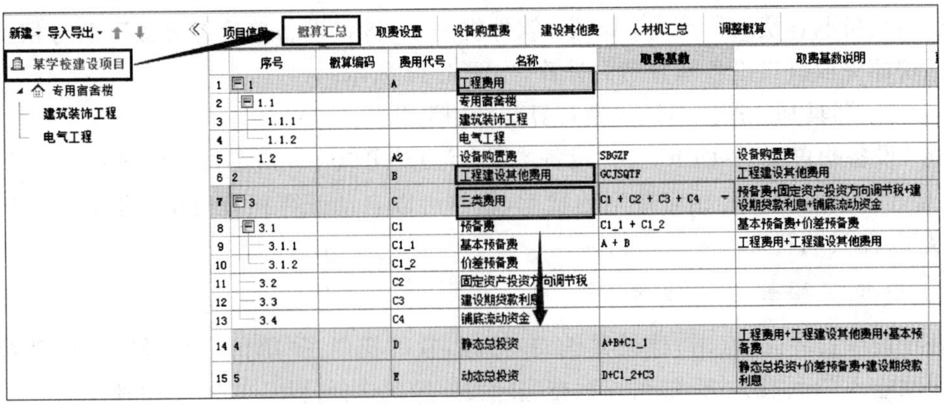

图 4.13　建设项目概算总投资确定

7) 概算报表预览和输出

完成建设项目各级概算文件的编制后,将工作界面切换至"报表",可以选择相应级别的概算文件报表进行预览、导出和打印,如图 4.14 所示。

图 4.14 各级概算表导出与打印

【**案例 4.1**】 某拟建砖混结构住宅工程,建筑面积 3 420.00 m^2,结构形式与已建成的某工程相同,只有外墙保温贴面不同,其他部分均较为接近。类似工程外墙为珍珠岩板保温、水泥砂浆抹面,每平方米建筑面积消耗量分别为:0.044 m^3、0.842 m^2,珍珠岩板 153.1 元/m^3、水泥砂浆 8.95 元/m^2;拟建工程外墙为加气混凝土保温、外贴釉面砖,每平方米建筑面积消耗量分别为:0.08 m^3、0.82 m^2,加气混凝土现行价格 185.48 元/m^3,贴釉面砖现行价格 49.75 元/m^2。类似工程单方造价 588 元/m^2,其中,人工费、材料费、施工机具使用费、企业管理费及其他费用占单方造价比例,分别为:11%、62%、6%、9%和 12%,拟建工程与类似工程预算造价在这几方面的差异系数分别为:2.01、1.06、1.92、1.02 和 0.87,拟建工程除人、材、机费以外费用的综合取费为 20%。

问题:

(1) 应用类似工程预算法确定拟建工程的单位工程概算造价。

(2) 若类似工程预算中,每平方米建筑面积主要资源消耗为:人工消耗 5.08 工日,钢材 23.8 kg,水泥 205 kg,原木 0.05 m^3,铝合金门窗 0.24 m^2;其他材料费为主材费的 45%,机械费占人、材、机费 8%;拟建工程主要资源的现行市场价分别为:人工 20.31 元/工日,钢材 3.1 元/kg,水泥 0.35 元/kg,原木 1 400 元/m^3,铝合金门窗平均 350 元/m^2。试应用概算指标法,确定拟建工程的单位工程概算造价。

(3) 若类似工程预算中,其他专业单位工程预算造价占单项工程造价比例,见表 4.16 所示。试用问题(2)的结果计算该住宅工程的单项工程造价,编制单项工程综合概算书。

表 4.16 各专业单位工程预算造价占单项工程造价比例

专业名称	土建	电气照明	给排水	采暖
占比例/%	85	6	4	5

【**解题要点分析**】 本案例着重考核类似工程预算法和概算指标法编制拟建工程设计概算的方法。

问题(1) 首先根据类似工程背景材料,计算拟建工程的土建单位概算指标。

$$拟建工程概算指标＝类似工程单方造价×综合差异系数 K$$

$$综合差异系数 ＝ a\%K_1 + b\%K_2 + c\%K_3 + d\%K_4 + e\%K_5$$

式中 $a\%$、$b\%$、$c\%$、$d\%$、$e\%$——分别为类似工程预算人工费、材料费、施工机具使用费、

企业管理费及其他费用占单位工程造价的比例；

K_1、K_2、K_3、K_4、K_5——分别为拟建工程地区与类似工程地区在人工费、材料费、施

工机具使用费、企业管理费及其他费用等方面的差异系数。

然后,针对拟建工程与类似工程的结构差异,修正拟建工程的概算指标。

修正概算指标 ＝ 拟建工程概算指标 ＋（换入结构指标 － 换出结构指标）

拟建工程概算造价 ＝ 拟建工程修正概算指标 × 拟建工程建筑面积

问题(2) 首先,根据类似工程预算中每平方米建筑面积的主要资源消耗和现行市场
价计算拟建工程单位建筑面积的人工费、材料费、机械费。

人工费 ＝ 每平方米建筑面积人工消耗指标 × 现行人工工日单价

材料费 ＝ $\sum$（每平方米建筑面积材料消耗指标 × 相应材料的市场价格）

机械费 ＝ $\sum$（每平方米建筑面积机械台班消耗指标 × 相应机械的台班市场价格）

然后,按照所给综合费率计算拟建单位工程概算指标、修正概算指标和概算造价。

拟建单位工程概算指标 ＝（人工费 ＋ 材料费 ＋ 机械费）×（1 ＋ 综合费率）

修正概算指标 ＝ 拟建工程概算指标 ＋（换入结构指标 － 换出结构指标）

拟建单位工程概算造价 ＝ 拟建工程修正概算指标 × 拟建工程建筑面积

问题(3) 首先,根据土建单位工程概算造价计算出单项工程概算造价。

单项工程概算造价 ＝ 土建单位工程概算造价 ÷ 占单项工程概算造价比例

然后,再根据单项工程概算造价计算出其他专业单位工程概算造价。

各专业单位工程概算造价 ＝ 单项工程概算造价 × 各专业概算造价占比例

【解】 (1) ① 拟建工程概算指标＝类似工程单方造价×综合差异系数 K

$K = 11\% × 2.01 + 62\% × 1.06 + 6\% × 1.92 + 9\% × 1.02 + 12\% × 0.87 = 1.19$

② 结构差异额 $= 0.08 × 185.48 + 0.82 × 49.75 - (0.044 × 153.1 + 0.842 × 8.95)$

$= 41.36(元/m^2)$

③ 拟建工程概算指标 $= 588 × 1.19 = 699.72(元/m^2)$

修正概算指标 $= 699.72 + 41.36 × (1 + 20\%) = 749.35(元/m^2)$

④ 拟建工程概算造价＝拟建工程建筑面积×修正概算指标

$= 3\,420 × 749.35 = 2\,562\,777（元）$

$= 256.28（万元）$

(2) ① 计算拟建工程单位平方米建筑面积的人工费、材料费和机械费。

人工费 $= 5.08 × 20.31 = 103.17(元/m^2)$

材料费 $= (23.8 \times 3.1 + 205 \times 0.35 + 0.05 \times 1\,400 + 0.24 \times 350) \times (1 + 45\%)$
$\qquad\qquad = 434.32(元/m^2)$

施工机具使用费＝概算人、材、机费×8％

概算人、材、机费 $= 103.17 + 434.32 +$ 概算人、材、机费 $\times 8\%$

概算人、材、机费 $= (103.17 + 434.32) \div (1 - 8\%) = 584.23(元/m^2)$

② 计算拟建工程概算指标、修正概算指标和概算造价。

概算指标 $= 584.23(1 + 20\%) = 701.08(元/m^2)$

修正概算指标 $= 701.08 + 41.36 \times (1 + 20\%) = 750.71(元/m^2)$

拟建工程概算造价 $= 3\,420 \times 750.71 = 2\,567\,428.20(元) = 256.74(万元)$

（3）单项工程概算造价 $= 256.74 \div 85\% = 302.05(万元)$

电气照明单位工程概算造价 $= 302.05 \times 6\% = 18.12(万元)$

给排水单位工程概算造价 $= 302.05 \times 4\% = 12.08(万元)$

暖气单位工程概算造价 $= 302.05 \times 5\% = 15.11(万元)$

编制该住宅单项工程综合概算书，见表 4.17 所示：

表 4.17 某住宅综合概算书

序号	单位工程和费用名称	概算价格/万元				技术经济指标			占总投资额/%
		建安工程费	设备购置费	建设其他费用	合计	单位	数量	单位造价/(元/m²)	
一	建筑工程				302.05	m²	3 420	883.19	
1	土建工程	256.74			256.74	m²	3 420	750.71	85
2	电气工程	18.12			18.12	m²	3 420	52.98	6
3	给排水工程	12.08			12.08	m²	3 420	35.32	4
4	暖气工程	15.11			15.11	m²	3 420	44.18	5
二	设备安装工程					m²			
1	设备购置								
2	设备安装工程								
	合计	302.05			302.05		3 420	883.19	

（案例引自全国造价工程师执业资格考试培训教材编审组编写的《建设工程造价案例分析》，2013 年版，数据做了适当调整）

【案例 4.2】 某大学拟建一栋综合试验楼，该楼一层为加速器室，2～5 层为工作室。建筑面积 1 360 m²。根据扩大初步设计图纸计算出该综合试验楼各扩大分项工程的工程量以及当地信息价算出的扩大综合单价，列于表 4.18 中。按照住房和城乡建设部、财政部关于印发《建筑安装工程费用项目组成》的通知（建标〔2013〕44 号）文件的费用组成，各项费用现行费率分别为：措施费为分部分项工程费的 9％，其他项目费为 0，社会保险费率为 3％，公积金费率为 0.5％，工程排污费不计，税率 3.48％，零星项目费为扩大分项工程费的 8％。

表 4.18 加速器室工程量及扩大单价表

定额号	扩大分项工程名称	单位	工程量	扩大单价/元
3-1	实心砖基础(含土方工程)	10 m³	1.960	1 614.16
3-27	多孔砖外墙(含勾缝、中等石灰砂浆及乳胶漆)	100 m³	2.184	4 035.03
3-29	多孔砖内墙(含内墙面中等石灰砂浆及乳胶漆)	100 m³	2.292	4 885.22
4-21	无筋混凝土带基(含土方工程)	m³	206.024	559.24
4-24	混凝土满堂基础	m³	169.470	542.74
4-26	混凝土设备基础	m³	1.580	382.70
4-33	现浇混凝土矩形梁	m³	37.860	952.51
4-38	现浇混凝土墙(含内墙面石灰砂浆及乳胶漆)	m³	470.120	670.74
4-40	现浇混凝土有梁板	m³	134.820	786.86
4-44	现浇整体楼梯	10 m²	4.440	1 310.26
5-42	铝合金地弹门(含运输、安装)	樘	2	1 725.69
5-45	铝合金推拉窗(含运输、安装)	樘	15	653.54
7-23	双面夹板门(含运输、安装、油漆)	樘	18	314.36
8-81	全瓷防滑砖地面(含垫层、踢脚线)	100 m²	2.720	9 920.94
8-82	全瓷防滑砖楼面(含踢脚线)	100 m²	10.880	8 935.81
8-83	全瓷防滑砖楼梯(含防滑条、踢脚线)	100 m²	0.444	10 064.39
9-23	珍珠岩找坡保温层	10 m³	2.720	3 634.34
9-70	二毡三油一砂防水层	100 m²	2.720	5 428.80

问题:

(1) 试根据表 4.18 给定的工程量和扩大单价表,编制该工程的土建单位工程概算表,计算土建单位工程的分部分项工程费;根据建标〔2013〕44 号文件的取费程序和所给费率,计算各项费用,编制土建单位工程概算书。

(2) 若同类工程的各专业单位工程造价占单项工程综合造价的比例见表 4.19 所示,试计算该工程的综合概算造价,编制单项工程综合概算书。

表 4.19 各专业单位工程造价占单项工程综合造价的比例

专业名称	土建	采暖	通风空调	电气照明	给排水	设备购置	设备安装	工器具
占比例/%	40	1.5	13.5	2.5	1	38	3	0.5

【解题要点分析】 本案例主要考核:运用扩大单价法编制单位工程和单项工程设计概算的基本知识点。

【解】 (1) 根据背景材料所给定的工程量和相应的扩大单价,编制该工程的土建单位工程概算书、计算土建单位工程概算造价。土建单位工程概算造价由以下费用组成:

① 分部分项工程费 $= \sum$ (扩大分项工程量 $\times$ 相应的扩大单价) + 零星项目费

式中,零星项目费是指扩大初步设计中,未表明的一些分项工程所需费用。按背景资料:

零星项目费 = 扩大分项工程费 $\times$ 零星工程费占比例

② 措施项目费＝按标准计算。本案例措施费以分部分项工程费为基础,按所给费率计取。

③ 规费 ＝(分部分项工程费＋措施项目费＋其他项目费)×费率

④ 税金 ＝(分部分项工程费＋措施项目费＋其他项目费＋规费)×税率

土建单位工程概算造价 ＝ 分部分项工程费＋措施项目费＋其他项目费＋规费＋税金

土建单位工程概算书是由概算表、费用计算表和编制说明等内容组成的。土建单位工程概算见表4.20所示:

表4.20 加速器室土建工程概算表

定额号	扩大分项工程名称	单位	工程量	价格/元	
				基价	合价
3-1	实心砖基础(含土方工程)	10 m³	1.960	1 614.16	3 163.75
3-27	多孔砖外墙(含勾缝、中等石灰砂浆及乳胶漆)	100 m³	2.184	4 035.03	8 812.50
3-29	多孔砖内墙(含内墙面中等石灰砂浆及乳胶漆)	100 m³	2.292	4 885.22	11 196.92
4-21	无筋混凝土带基(含土方工程)	m³	206.024	559.24	115 216.86
4-24	混凝土满堂基础	m³	169.470	542.74	91 978.14
4-26	混凝土设备基础	m³	1.580	382.70	604.66
4-33	现浇混凝土矩形梁	m³	37.860	952.51	36 062.03
4-38	现浇混凝土墙(含内墙面石灰砂浆及乳胶漆)	m³	470.120	670.74	315 328.29
4-40	现浇混凝土有梁板	m³	134.820	786.86	106 084.47
4-44	现浇整体楼梯	10 m²	4.440	1 310.26	5 817.55
5-42	铝合金地弹门(含运输、安装)	樘	2	1 725.69	3 451.38
5-45	铝合金推拉窗(含运输、安装)	樘	15	653.54	9 803.10
7-23	双面夹板门(含运输、安装、油漆)	樘	18	314.36	5 658.48
8-81	全瓷防滑砖地面(含垫层、踢脚线)	100 m²	2.720	9 920.94	26 984.96
8-82	全瓷防滑砖楼面(含踢脚线)	100 m²	10.880	8 935.31	97 221.61
8-83	全瓷防滑砖楼梯(含防滑条、踢脚线)	100 m²	0.444	10 064.39	4 468.59
9-23	珍珠岩找坡保温层	10 m³	2.720	3 634.34	9 885.40
9-70	二毡三油一砂防水层	100 m²	2.720	5 428.80	14 766.33
合 计					866 505.02

由表4.20得:

分部分项工程费 ＝ $\sum$(扩大分项工程量×相应的扩大单价)＋零星项目费

＝ 866 505.02＋866 505.02×8％ ＝ 935 825.42(元)

根据住建部〔2013〕44号文件和背景材料给定费率,列表计算土建单位工程概算造价,见表4.21所示:

表4.21 加速器室土建单位工程概算费用计算表

序号	费用名称	费用计算表达式	费用/元	备注
1	分部分项工程费	扩大分项工程费合计＋零星工程费	935 825.42	
2	措施项目费	(1)×9%	84 224.29	
3	其他项目费		0	
4	规费	(1+2+3)×(3%+0.5%)	35 701.74	
5	税金	(1+2+3+4)×3.48%	36 740.15	
6	土建单位工程概算造价	(1+2+3+4+5)	1 092 491.60	

(2)①根据土建单位工程造价占单项工程综合造价比例,计算单项工程综合概算造价:

土建单位工程概算造价 ＝ 单项工程综合概算造价 × 40%

单项工程综合概算造价 ＝ 土建单位工程概算造价 ÷ 40%

$$＝ 1\,092\,491.60 ÷ 40\% ＝ 2\,731\,229.00(元)$$

② 按各专业单位工程造价占单项工程综合造价的比例,分别计算各单位工程概算造价。

采暖单位工程造价 ＝ 2 731 229.00 × 1.5% ＝ 40 968.44(元)

通风、空调单位工程造价 ＝ 2 731 229.00 × 13.5% ＝ 368 715.92(元)

电气、照明单位工程造价 ＝ 2 731 229.00 × 2.5% ＝ 68 280.73(元)

给排水单位工程造价 ＝ 2 731 229.00 × 1% ＝ 27 312.29(元)

工、器具购置单位工程造价 ＝ 2 731 229.00 × 0.5% ＝ 13 656.15(元)

设备购置单位工程造价 ＝ 2 731 229.00 × 38% ＝ 1 037 867.02(元)

设备安装单位工程造价 ＝ 2 731 229.00 × 3% ＝ 81 936.87(元)

③ 编制单项工程综合概算书,见表4.22所示:

表4.22 加速器室综合概算书

序号	单位工程和费用名称	概算价格/万元				技术经济指标			占总投资额/%
		建安工程费	设备购置费	建设其他费用	合计	单位	数量	单位造价/(元/m²)	
一	建筑工程	159.777			159.777	m²	1 360	1 174.83	58.50
1	土建工程	109.249			109.249			803.30	
2	采暖工程	4.097			4.097			30.13	
3	通风、空调工程	36.872			36.872	m²		271.12	
4	电气、照明工程	6.828			6.828			50.21	
5	给排水工程	2.731			2.731			20.08	

（续表）

序号	单位工程和费用名称	概算价格/万元				技术经济指标			占总投资额/%
		建安工程费	设备购置费	建设其他费用	合计	单位	数量	单位造价/(元/m²)	
二	设备安装工程	8.194	103.787		111.981	m²	1 360	823.39	41.00
1	设备购置		103.787		103.787			763.14	
2	设备安装工程	8.194			8.194			60.25	
三	工器具购置		1.366		1.366	m²	1 360	10.04	0.50
	合计	167.971	105.153		273.124			2 008.26	100
四	占综合投资比例/%	61.50	38.50		100				

本章小结

（1）一般工业与民用建设项目设计可分为"两阶段设计"和"三阶段设计"，技术上较简单的小型工程建设项目经相关部门同意可以简化为施工图设计一阶段进行。设计阶段工程造价管理的主要内容为处理好项目技术先进性与经济合理性之间的关系，优化设计方案，编制设计概算和施工图预算。设计阶段影响工程造价的主要因素分为影响工业建设项目工程造价的主要因素和影响民用建设项目工程造价的主要因素和其他因素。

（2）限额设计可以应用于可行性研究、初步设计、技术设计和施工图设计各个阶段中，提高估算的准确性和合理性是设置限额设计目标的关键环节。实施限额设计应合理划分各专业、各单位工程或分部工程的限额，保证各专业在分配的投资限额内进行设计并保证各专业满足使用功能的要求。

（3）设计方案的优化与选择指通过技术比较、经济分析和效益评价，正确处理技术先进与经济合理之间的关系。优化选择的方法有设计招标和设计方案竞选、限额设计、标准设计以及设计方案优选评价。

（4）设计概算是设计单位根据有关依据计算出来的工程建设的预期费用，用于衡量建设投资是否超过投资估算并控制下一阶段费用支出。设计概算可分为单位工程概算、单项工程综合概算和建设项目总概算三级。单位工程概算包括建筑工程概算和设备及安装工程概算两大类。建筑工程概算的编制方法有概算定额法、概算指标法、类似工程预算法等；设备及安装工程概算的编制方法有预算单价法、扩大单价法、设备价值百分比法和综合吨位指标法等。

（5）施工图预算是施工图设计阶段合理确定和有效控制工程造价的重要依据。施工图预算由建设项目总预算、单项工程综合预算和单位工程预算组成。设计阶段建筑安装单位工程施工图预算主要编制方法有工料单价法和全费用综合单价法。

（6）云计价软件编制建设项目概算的主要流程为：新建工程项目概算；确定各单位工

程建筑安装工程费;确定概算项目设备购置费;确定概算项目工程建设其他费用、预备费、利息等;汇总概算造价并完善项目信息;输出项目的概算报表文件。

《建设项目设计
概算编审规程》

《建设项目施工图
预算编审规程》

习　题

一、单项选择题

1. 工程造价控制的重点阶段是(　　)。
   A. 设计阶段　　　　B. 招投标阶段　　　C. 施工阶段　　　D. 结算审核阶段

2. 按照有关规定编制的初步设计总概算,经有关机构批准,即为控制拟建项目工程造价的(　　)。
   A. 最低限额　　　　B. 最终限额　　　　C. 最高限额　　　　D. 规定限额

3. 根据不同性质的工程综合测算,住宅层高每降低 10 cm,可降低造价(　　)。
   A. 0.8%～1%　　B. 1%～1.2%　　C. 1.2%～1.5%　　D. 无法确定

4. 设计概算的三级概算是指(　　)。
   A. 建筑工程概算,安装工程概算,设备及工(器)具购置费概算
   B. 单位工程概算,单项工程综合概算,建设项目总概算
   C. 主要工程项目概算,辅助和服务性工程项目概算,室内外工程项目概算
   D. 建设投资概算,建设期利息概算,铺底流动资金概算

5. 电气照明工程概算,属于(　　)概算。
   A. 单位设备工程　　　　　　　　B. 单位建筑工程
   C. 土建工程　　　　　　　　　　D. 单位安装工程

6. 设计总概算是编制和确定建设项目(　　)费用的文件。
   A. 从筹建到竣工交付所需全部　　　B. 从筹建到竣工所需建安工程
   C. 从开工到竣工所需建安工程　　　D. 从开工到竣工所需全部

7. 单项工程综合概算是由(　　)汇总构成。
   A. 单位建筑工程概算和单位设备概算
   B. 单位建筑工程概算和单位设备及安装工程概算
   C. 单位建筑工程概算
   D. 单位设备及安装工程概算

8. 以下各项不属于建筑单位工程概算编制方法的是(　　)。
   A. 预算单价法　　　　　　　　　B. 概算定额法
   C. 概算指标法　　　　　　　　　D. 类似工程预算法

9. 某新建住宅土建单位工程概算的分部分项工程费为 800 万元,措施费按分部分项工程

费的8%计算,其他项目费为0,规费费率为3.5%,税率为3.48%,则该住宅的土建单位工程概算造价为(   )万元。

    A. 1 075.4   B. 1 067.2   C. 925.36   D. 1 089.9

10. 对设计概算编制依据的审查主要是审查其(   )。

    A. 合法性、合理性、经济性   B. 合法性、时效性、适用范围

    C. 合法性、合理性、适用范围   D. 合法性、时效性、经济性

11. 在工业项目的工艺设计过程中,影响工程造价的主要因素包括(   )。

    A. 生产方法、工艺流程、功能分区   B. 工艺流程、功能分区、运输方式

    C. 产品方案、工艺流程、设备选型   D. 工艺流程、设备选型、运输方式

12. 柱网布置是否合理,对工程造价和面积的利用效率都有较大影响。建筑设计中对柱网布置说法正确的是(   )。

    A. 柱网的选择与屋顶的承重结构有关

    B. 单跨厂房柱距不变时,跨度越小单位造价越低

    C. 多跨厂房跨度不变时,边跨数目越多越经济

    D. 柱网布置与厂房的高度无关

13. 如果从建筑物周长与建筑面积比角度出发,下列建筑物经济性从强至弱的顺序应为(   )。

    A. 正方形、长方形、圆形、T 形、L 形   B. 圆形、正方形、长方形、L 形、T 形

    C. 圆形、正方形、长方形、T 形、L 形   D. 正方形、圆形、长方形、T 形、L 形

14. 当初步设计达到一定深度、建筑结构比较明确、能结合图纸计算工程量时,编制单位工程概算宜采用(   )。

    A. 扩大单价法   B. 概算指标法

    C. 类似工程预算法   D. 综合单价法

15. 设计概算审查的常用方法不包括(   )。

    A. 联合会审法   B. 概算指标法   C. 查询核实法   D. 对比分析法

16. 下列各项属于单位设备及安装工程概算的是(   )。

    A. 工具、器具及生产家具购置费用概算 B. 空调工程概算

    C. 弱电工程概算   D. 照明工程概算

17. 类似工程预算法是利用(   )相类似的已完工程或在建工程的工程造价资料来编写拟建工程设计概算的方法。

    A. 技术条件与设计对象   B. 施工条件与设计

    C. 施工方案与设计   D. 工程设计

18. 当采用类似工程预算法编制概算时,一般需要调整的是(   )。

    A. 质量差异和进度差异   B. 时间差异和地点差异

    C. 建筑结构差异和价格差异   D. 质量差异和价格差异

19. 采用预算单价法编制设备安装工程概算的条件是(   )。

    A. 初步设计较深,有详细的设备清单

    B. 初步设计深度不够,设备清单不完备

    C. 只有设备出厂价,无详细规格、重量

    D. 初步设计提供的设备清单有规格、重量

20. 设备安装工程费概算编制方法中,设备价值百分比法适用于( )。

    A. 初步设计深度不够,且价格波动较大的国产标准设备

    B. 初步设计深度足够,且价格波动不大的国产标准设备

    C. 初步设计深度足够,且价格波动较大的进口标准设备

    D. 初步设计深度不够,且价格波动不大的通用设备

21. 采用三级概算编制形式编制的概算文件与采用两级概算编制形式不同的一项是
    ( )。

    A. 工程建设其他费用表   B. 单项工程综合概算表

    C. 总概算表   D. 单位工程概算表

二、多项选择题

1. 总平面设计中影响工程造价的因素有( )。

    A. 占地面积   B. 功能分区

    C. 运输方式的选择   D. 工艺设计

2. 设计概算编制方法中,建筑工程概算编制方法包括( )。

    A. 概算定额法   B. 设备价值百分比法

    C. 概算指标法   D. 综合吨位指标法

    E. 类似工程预算法

3. 设计概算的主要作用可归纳为( )。

    A. 是编制建设项目投资计划、确定和控制建设项目投资的依据

    B. 是控制施工图设计和施工图预算的依据

    C. 是衡量设计方案技术经济合理性和选择最佳设计方案的依据

    D. 是考核建设项目投资效果的依据

    E. 是建设项目签订贷款合同的依据

4. 关于施工图预算对投资方的作用,下列说法中正确的有( )。

    A. 是控制施工图设计不突破设计概算的重要措施

    B. 是控制造价及资金合理使用的依据

    C. 是投标报价的基础

    D. 是与施工预算进行"两算"对比的依据

    E. 是调配施工力量、组织材料供应的依据

5. 下列关于单位工程概算编制方法的描述正确的有( )。

    A. 类似工程预算法是利用规划控制条件和设计要点相类似的已完工程或在建工程的
        工程造价资料来编制拟建工程设计概算的方法

    B. 概算指标法是拟建的厂房、住宅的建筑面积或体积乘以技术条件相同或基本相同的
        工程概算指标编制概算的方法

C. 概算定额法是采用概算定额编制建筑工程概算的方法

D. 当初步设计深度不够,设备清单不完备,只有主体设备或仅有成套设备重量时,可采用预算单价法编制概算

E. 当初步设计提供的设备清单有规格的设备重量时,可采用综合吨位指标法编制概算

6. 设备及安装单位工程概算的编制方法有(   )。

A. 概算定额法   B. 预算单价法   C. 概算指标法

D. 扩大单价法   E. 设备价值百分比法

三、案例题

1. 某新建住宅的建筑面积为 4 000 m²,按概算指标和地区材料预算价格等算出一般土建工程单位造价为 680.00 元/m²(其中人、材、机费为 480.00 元/m²,人工费为 200.00 元/m²),采暖工程 34.00 元/m²,给排水工程 38.00 元/m²,照明工程 32.00 元/m²。按照当地造价管理部门规定,以定额人工费为基数的企业管理费费率为 8%,规费费率为 15%,利润率为 7%,综合税率为 3.48%。

但新建住宅的设计资料与概算指标相比较,其结构构件有部分变更,设计资料表明外墙为 1 砖半,而概算指标中外墙为 1 砖,根据当地土建工程预算定额,外墙带型毛石基础的预算单价为 150.00 元/m³,1 砖外墙的预算单价为 177.00 元/m³,1 砖半外墙的预算单价为 178.00 元/m³,概算指标中每 100 m² 建筑面积中含外墙带型毛石基础为 18 m³,1 砖外墙为 46.5 m³,新建工程设计资料表明,每 100 m² 中含外墙带型毛石基础为 19.6 m³,1 砖半外墙为 61.2 m³。请计算调整后的概算单价和新建宿舍的概算造价。

2. 拟建办公楼建筑面积为 3 000 m²,类似工程的建筑面积 2 800 m²,预算造价为 3 200 000 元,各种费用占预算造价的比例为:人工费 10%,材料费 60%,机械使用费 7%,措施费 3%,其他费用 20%,各种价格差异系数为:人工费 $K_1 = 1.02$,材料费 $K_2 = 1.05$,机械使用费 $K_3 = 0.99$,措施费 $K_4 = 1.04$,其他费用 $K_5 = 0.95$。试用类似工程预算法编制概算。

5 建设工程招投标阶段造价管理

 本章提要

　　本章主要讲述项目招投标概述；招投标阶段影响工程造价的主要因素；招标工程量清单和招标控制价的编制方法；投标文件的编制和投标报价策略；合同的计价方式与合同价款；BIM 在招投标阶段的应用。

案例引入

　　A 大学新校区工程招投标阶段的投资控制。A 大学的新校区占地面积为 213.3 hm²（约计 3 200 亩），其中建筑规划面积约占 100 多万 m²，预算需要投入资金为 30 亿元。学校领导对项目招标工作十分重视，成立了新校区基本建设项目招投标领导小组，在招标中进行全过程、全方位的投资控制。对建设项目进行招投标，可以让投资建设方选择高质量的设计单位、设备和材料供货商以及高质量的施工队伍，这可以让校方在考虑资金限额及后续运营后找到最佳的施工单位。在招投标过程中，A 大学采取了以下措施：

　　（1）领导重视、组织得力、控制严格。招投标的所有流程都符合构架规定的相关法律法规，招投标监督小组对整个工作过程严格监督，保证其合规性。

　　（2）选择招标方式。在本次新校区建设项目中，学校坚持面向全社会展开招标活动，仅在特定情况下展开邀请招标活动。

　　（3）招标文件编制。对与项目建设有关的各项数据进行科学合理的收集、筛选、甄别以及总结，而且，对影响项目造价的多种相关因素，应根据影响程度进行详略得当的分析，完成招标文件的编制工作。

　　（4）合理低价确定中标人。在保证工程各项工作都能保质保量，按照预定工期正常完工的情况下，尽量选择造价成本低的投标人中标，以节省工程开支。

　　（5）合同内容详细具体，具有预见性。在制定合同时，应当提前预见各种情况的发生，可以在合同拟定时，即召集法律方面的专家对所拟定的合同进行检查，以防出现不必要的纰漏，对可能出现的问题提前做好防范准备。

　　经过激烈的角逐和竞争，A 大学通过对这一系列过程的严格把控，大幅度节省了投资。投资与国家相关定额预算相比，获得了大约 18%～21% 的报价优惠。

5.1 概述

5.1.1 建设工程招投标的概念与分类

1）概念

工程招标、投标是指招标人对工程建设、货物买卖、中介服务等交易业务，事先公布采购条件和要求，吸引愿意承接任务的众多投标人参加竞争，招标人按照规定的程序和办法择优选定中标人的活动。

其中，工程是指各类房屋和土木工程的建造、设备安装、管线铺设、装饰装修等建设以及附带的服务。货物是指各种各样的物品，包括原材料、产品、设备以及货物供应的附带服务，固态、液态或气态物体和电力。服务是指除工程、货物以外的任何采购对象，如勘察、设计、咨询、监理等。

本章主要针对工程建设招投标阶段造价管理进行论述。

建设工程招标是指招标人在发包建设项目之前，公开招标或邀请投标人，根据招标人的意图和要求提出报价，择日当场开标，以便从中择优选定得标人的一种经济活动。

建设工程投标是工程招标的对称概念，指具有合法资格和能力的投标人根据招标条件，经过初步研究和估算，在指定期限内填写标书，提出报价，并等候开标，决定能否中标的经济活动。

招标是市场经济中一种最普遍和最常见的择优竞争方式，工程业主通常通过招标方式来选择他认为最佳的承包商，承包商必须具备技术优势、经济实力、管理经验才能在投标竞争中取胜。业主是建设项目的提出和组织论证立项者，负责项目的资金筹集和组织实施，也是项目的所有者；承包商是与业主签订工程承包合同，负责完成合同约定的承包内容的企业。

在我国，也把业主称作建设单位、甲方、招标人或发包人；把承包商称作施工单位、乙方、投标人或承包人。

2）工程招投标的分类

建设项目招投标多种多样，按照不同的标准可以进行不同的分类。

（1）按照工程建设程序分类

按照工程建设程序，可以将建设项目招投标分为：

① 建设项目前期咨询招标投标；

② 勘察设计招标；

③ 材料设备采购招标；

④ 工程施工招标；

⑤ 建设项目全过程工程造价跟踪审计招标；

⑥ 工程项目监理招标。

本教材主要以工程施工招标为重点介绍招投标阶段的工程造价管理。

（2）按工程项目承包的范围分类

按工程承包的范围可将工程招标划分为：项目总承包招标、项目阶段性招标、设计施工招标、工程分承包招标及专项工程承包招标。

① 项目全过程总承包招标

项目全过程总承包招标，即选择项目全过程总承包人招标，这种又可分为两种类型，其一是指工程项目实施阶段的全过程招标；其二是指工程项目建设全过程的招标。前者是在设计任务书完成后，从项目勘察、设计到施工交付使用进行一次性招标；后者则是从项目的可行性研究到交付使用进行一次性招标，业主只需提供项目投资和使用要求及竣工、交付使用期限，其可行性研究、勘察设计、材料和设备采购、土建施工设备安装及调试、生产准备和试运行、交付使用，均由一个总承包商负责承包，即所谓"交钥匙工程"。承揽"交钥匙工程"的承包商被称为总承包商，绝大多数情况下，总承包商要将工程部分阶段的实施任务分包出去。

无论是项目实施的全过程还是某一阶段或程序，按照工程建设项目的构成，可以将建设项目招标投标分为全部工程招标投标、单项工程招标投标、单位工程招标投标、分部工程招标投标。全部工程招标投标是指对一个建设项目（如一所学校）的全部工程进行的招标。单项工程招标是指对一个工程建设项目中所包含的单项工程（如一所学校的教学楼、图书馆、食堂等）进行的招标。单位工程招标是指对一个单项工程所包含的若干单位工程（实验楼的土建工程）进行招标。分部工程招标是指对一项单位工程包含的分部工程（如土石方工程、深基坑工程、楼地面工程、装饰工程）进行招标。

应当强调指出的是，为了防止将工程肢解后进行发包，我国一般不允许对分部工程招标，允许特殊专业工程招标，如深基础施工、大型土石方工程施工等。但是，国内工程招标中的所谓项目总承包招标往往是指对一个项目施工过程全部单项工程或单位工程进行的总招标，与国际惯例所指的总承包尚有相当大的差距。

② 工程分包招标

工程分包招标是指中标的工程总承包人作为其中标范围内的工程任务的招标人，将其中标范围内的工程任务，通过招标投标的方式，分包给具有相应资质的分承包人，中标的分承包人只对招标的总承包人负责。

③ 专项工程承包招标

专项工程承包招标是指在工程承包招标中，对其中某项比较复杂或专业性强、施工和制作要求特殊的单项工程进行单独招标。

（3）按工程承发包模式分类

随着建筑市场运作模式与国际接轨进程的深入，我国承发包模式也逐渐呈多样化，主要包括工程咨询承包、交钥匙工程承包模式、设计施工承包模式、设计管理承包模式、BOT工程模式、CM模式、Partnering模式等。

5.1.2 建设项目招标的范围

1）招标投标法的规定

《中华人民共和国招标投标法》（简称《招标投标法》）（2019年修订草案公开征求意见稿）

指出,在中华人民共和国境内进行下列工程建设项目包括项目的勘察、设计、施工、监理、造价以及与工程建设有关的重要设备、材料等的采购,达到规定规模标准的,必须进行招标:

(1) 大型基础设施、公用事业等关系社会公共利益、公众安全的项目;

(2) 全部或者部分使用国有资金投资或者国家融资的项目;

(3) 使用国际组织或者外国政府贷款、援助资金的项目。

采取政府和社会资本合作模式的工程建设项目,达到规定规模标准的,选择社会资本方必须进行招标。

2) 国家发改委对上述工程建设项目招标范围和规模标准的具体规定

(1) 关系社会公共利益、公众安全的基础设施项目的范围包括:

煤炭、石油、天然气、电力、新能源等能源项目;铁路、公路、管道、水运、航空以及其他交通运输业等交通运输项目;邮政、电信枢纽、通信、信息网络等邮电通信项目;防洪、灌溉、排涝、引(供)水、滩涂治理、水土保持、水利枢纽等水利项目;道路、桥梁、地铁和轻轨交通、污水排放及处理、垃圾处理、地下管道、公共停车场等城市设施项目;生态环境保护项目;其他基础设施项目。

(2) 关系社会公共利益、公众安全的公用事业项目的范围包括:

供水、供电、供气、供热等市政工程项目;科技、教育、文化等项目;体育、旅游等项目;卫生、社会福利等项目;商品住宅,包括经济适用住房;其他公用事业项目。

(3) 使用国有资金投资项目的范围包括:

使用各级财政预算资金的项目;使用纳入财政管理的各种政府性专项建设基金的项目;使用国有企业事业单位自有资金,并且国有资产投资者实际拥有控制权的项目。

(4) 国家融资项目的范围包括:

使用国家发行债券所筹资金的项目;使用国家对外借款或者担保所筹资金的项目;使用国家政策性贷款的项目;国家授权投资主体融资的项目;国家特许的融资项目。

(5) 使用国际组织或者外国政府资金的项目的范围包括:

使用世界银行、亚洲开发银行等国际组织贷款资金的项目;使用外国政府及其机构贷款资金的项目;使用国际组织或者外国政府援助资金的项目。

(6) 以上第(1)条至第(5)条规定范围内的各类工程建设项目,包括项目的勘察、设计、施工、监理以及与工程建设有关的重要设备、材料等的采购,达到下列标准之一的,必须进行招标(2018 年 3 月 27 日,国家发改委发布第 16 号令:《必须招标的工程项目规定》自 2018 年 6 月 1 日起施行):

① 施工单项合同估算价在 400 万元人民币以上的;

② 重要设备、材料等货物的采购,单项合同估算价在 200 万元人民币以上的;

③ 勘察、设计、监理等服务的采购,单项合同估算价在 100 万元人民币以上的。

同一项目中可以合并进行的勘察、设计、施工、监理以及与工程建设有关的重要设备、材料等的采购,合同估算价合计达到前款规定标准的,必须招标。

(7) 建设项目的勘察、设计,采用特定专利或者专有技术的,或者其建筑艺术造型有特殊要求的,经项目主管部门批准,可以不进行招标。

（8）依法必须进行招标的项目,全部使用国有资金投资或者国有资金投资占控股或者主导地位的,应当公开招标。

3）其他规定

原建设部第 89 号令《房屋建筑和市政基础设施工程施工招标投标管理办法》（2018 年住房和城乡建设部对此进行了最新修改）及七部委 30 号令《工程建设项目施工招标投标办法》中的规定对于涉及国家安全、国家秘密、抢险救灾或者属于利用扶贫资金实行以工代赈、需要使用农民工等特殊情况,不适宜进行招标的项目,按照国家有关规定可以不进行招标。凡按照规定应该招标的工程不进行招标,应该公开招标的工程不公开招标的,招标单位所确定的承包单位一律无效。建设行政主管部门按照《中华人民共和国建筑法》（简称《建筑法》）第八条的规定,不予颁发施工许可证;对于违反规定擅自施工的,依据《建筑法》第六十四条的规定,追究其法律责任。

5.1.3 建设项目招标的方式

工程项目招标的方式在国际上通行的为公开招标、邀请招标和议标,但《中华人民共和国招标投标法》未将议标作为法定的招标方式,即法律所规定的强制招标项目不允许采用议标方式,主要因为我国国情与建筑市场的现状条件,不宜采用议标方式,但法律并不排除议标方式。

1）公开招标

（1）定义

公开招标又称为无限竞争招标,是由招标单位通过报刊、广播、电视等方式发布招标广告,有投标意向的承包商均可参加投标资格审查,审查合格的承包商可购买或领取招标文件参加投标的招标方式。

（2）公开招标的特点

公开招标方式的优点是:投标的承包商多、竞争范围大,业主有较大的选择余地,有利于降低工程造价,提高工程质量和缩短工期。其缺点是:由于投标的承包商多,招标工作量大,组织工作复杂,需投入较多的人力、物力,招标过程所需时间较长,因而此类招标方式主要适用于投资额度大以及工艺、结构复杂的较大型工程建设项目。公开招标的特点一般表现为以下几个方面:

① 公开招标是最具竞争性的招标方式。它参与竞争的投标人数量最多,且只要符合相应的资质条件便不受限制,只要承包商愿意便可参加投标,在实际生活中,常常少则十几家,多则几十家,甚至上百家,因而竞争程度最为激烈。它可以最大限度地为一切有实力的承包商提供一个平等竞争的机会,招标人也有最大容量的选择范围,可在为数众多的投标人之间择优选择一个报价合理、工期较短、信誉良好的承包商。

② 公开招标是程序最完整、最规范、最典型的招标方式。它形式严密,步骤完整,运作环节环环相扣。公开招标是适用范围最为广阔、最有发展前景的招标

方式。在国际上,谈到招标通常都是指公开招标。在某种程度上,公开招标已成为招标的代名词,因为公开招标是工程招标通常使用的方式。在我国,通常也要求招标必须采用公开招标的方式进行。凡属招标范围的工程项目,一般首先必须要采用公开招标的方式。

③ 公开招标也是所需费用最高、花费时间最长的招标方式。由于竞争激烈,程序复杂,组织招标和参加投标需要做的准备工作和需要处理的实际事务比较多,特别是编制、审查有关资格预审文件和招标文件的工作量较大。

综上所述,不难看出,公开招标有利有弊,但优越性十分明显。

2) 邀请招标

(1) 定义

邀请招标又称为有限竞争性招标。这种方式不发布广告,业主根据自己的经验和所掌握的各种信息资料,向有承担该项工程施工能力的三个以上(含三个)承包商发出投标邀请书,收到邀请书的单位有权选择是否参加投标。邀请招标与公开招标一样都必须按规定的招标程序进行,要制定统一的招标文件,投标人都必须按招标文件的规定进行投标。

(2) 邀请招标的特点

邀请招标方式的优点是:参加竞争的投标商数目可由招标单位控制,目标集中,招标的组织工作较容易,工作量比较小。其缺点是:由于参加的投标单位相对较少,竞争性范围较小,使招标单位对投标单位的选择余地较少,如果招标单位在选择被邀请的承包商前所掌握信息资料不足,则会失去发现最适合承担该项目的承包商的机会。

邀请招标和公开招标是有区别的。主要是:

① 邀请招标在程序上比公开招标简化,如无招标公告及投标人资格审查的环节。

② 邀请招标在竞争程度上不如公开招标强。邀请招标参加人数是经过选择限定的,被邀请的承包商数目在 3~10 个,不能少于 3 个,也不宜多于 10 个。由于参加人数相对较少,易于控制,因此其竞争范围没有公开招标大,竞争程度也明显不如公开招标强。

③ 邀请招标在时间和费用上都比公开招标节省。邀请招标不可以省去发布招标公告费用、资格审查费用和可能发生的更多的评标费用。

但是,邀请招标也存在明显缺陷。它限制了竞争范围,由于经验和信息资料的局限性,会把许多可能的竞争者排除在外,不能充分展示自由竞争、机会均等的原则。

5.1.4 工程招标的程序

1) 建设项目施工公开招标程序

公开招标的工作流程如图 5.1 所示。

(1) 建设工程项目报建

根据《工程建设项目报建管理办法》的规定,凡在我国境内投资兴建的工程建设项目,都必须实行报建制度,接受当地建设行政主管部门的监督管理。

建设工程项目报建,是建设单位招标活动的前提。报建范围包括:各类房屋建筑(包括新建、改建、扩建、翻修等)、土木工程(包括道路、桥梁、房屋基础打桩等)、设备安装、管道线路铺设和装修等建筑工程。报建的内容主要包括:工程名称、建筑地点、投资规模、资金投

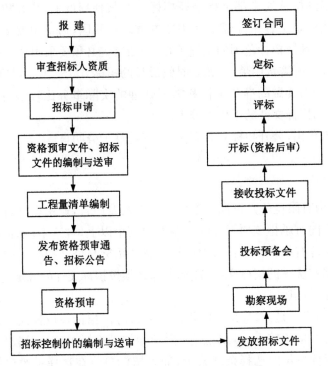

图 5.1　国内公开招标工作流程图

资额、工程规模、发包方式、计划开竣工日期和工程筹建情况等。

办理工程项目报建时应该交验的文件资料包括：立项批准文件或年度投资计划,固定资产投资许可证,建设工程规划许可证,验资证明。

在建设工程项目的立项批准文件或投资计划下达后,建设单位根据《工程建设项目报建管理办法》的要求进行报建,并由建设行政主管部门审批。

（2）审查建设单位资质

审查建设单位是否具备招标条件。不具备有关条件的建设单位,须委托具有相应资质的中介机构代理招标。建设单位与中介机构签订委托代理招标的协议,并报招标管理机构备案。

（3）招标申请

招标申请是指招标单位向政府主管部门提交的,要求开始组织招标、办理招标事宜的一种法律行为。招标单位进行招标,要向招标投标管理机构申报招标申请书,填写"建设工程招标申请表",并经上级主管部门批准后,连同"工程建设项目报建审查登记表"报招标管理机构审批。

申请表的主要内容包括：工程名称、建筑地点、招标建筑规模、结构类型、招标范围、招标方式、要求施工企业的等级、施工前期准备情况（土地征用、拆迁情况、勘察设计情况、施工现场条件等）、招标机构组织情况等。招标申请书批准后,就可以编制资格预审文件和招标文件。

（4）资格预审文件、招标文件的编制与送审

公开招标时,要求进行资格预审。只有通过资格预审的施工单位才可以参加投标。不

采用资格预审的公开招标应进行资格后审,即在开标后进行资格审查。资格预审文件和招标文件须报招标管理机构审查,审查同意后可刊登资格预审公告、招标公告。

（5）发布资格预审公告、招标公告

《招标投标法》规定,招标人采用公开招标形式的,应当发布招标公告。依法必须进行招标项目的招标公告,应该通过国家指定的报刊、信息网络或者其他媒介发布。建设项目的公开招标应该在建设工程交易中心发布信息,同时也可通过报刊、广播、电视等或信息网上发布"资格预审公告"或"招标公告"。

（6）资格预审

对申请资格预审的投标人送交填报的资格预审文件和资料进行评比分析,列出投标人的名单,并报招标管理机构核准。

（7）工程招标控制价的编制与送审

招标控制价是招标人根据国家或省级、行业建设主管部门颁发的有关计价依据和办法,按设计施工图纸计算的,对招标工程限定的最高工程造价。

招标控制价应在招标文件中公布,不应上调或下浮,同时将招标控制价的明细表报工程所在地工程造价管理机构备查。

（8）发放招标文件

将招标文件、图纸和有关技术资料发放给通过资格预审并获得投标资格的投标单位。投标单位收到招标文件、图纸和有关资料后,应认真核对,核对无误后,应以书面形式予以确认。

（9）现场勘察

招标人组织投标人进行现场勘察的目的在于了解工程场地和周围环境情况,以获取投标单位认为有必要的信息。

（10）投标预备会

投标预备会的目的在于澄清招标文件中的疑问,解答投标人对招标文件和现场勘察中所提出的疑问和问题。

（11）投标文件的接收

投标人根据招标文件的要求,编制投标文件,并进行密封和标记,在投标截止时间前按规定的地点递交至招标人。招标人接收投标文件并将其秘密封存。

（12）开标

在投标截止日期后,按规定时间、地点在投标人法定代表人或授权代理人在场的情况下举行开标会议,按规定的议程进行开标。

（13）评标

由招标代理、建设单位上级主管部门协商,按有关规定成立评标委员会,在招标管理机构的监督下,依据评标原则、评标方法,对投标单位报价、工期、质量、主要材料用量、施工方案或施工组织设计、以往业绩、社会信誉、优惠条件等方面进行综合评价,公正合理地择优选择中标单位。

（14）定标

中标单位选定后,由招标管理机构核准,核准后招标单位发出"中标通知书"。

（15）签订合同

招标人与中标人应当自中标通知书发出之日起 30 日内，按照招标文件和中标人的投标文件签订工程承包合同。

2）建设项目施工邀请招标程序

邀请招标程序是直接向适合本工程施工的单位发出邀请，其程序与公开招标大同小异。其不同点主要是没有刊登资格预审公告、招标公告和资格预审的环节，但增加了发出投标邀请书的环节。这里的发出投标邀请书，是指招标人可直接向有能力承担本工程的施工单位发出投标邀请书。

5.1.5 建设工程招投标及其对工程造价的影响

（1）推行招投标制基本形成了由市场定价的价格机制，使工程价格更加趋于合理。

在建设市场推行招标投标制最直接、最集中的表现，就是在价格上的激烈竞争。通过竞争和合理选择确定出工程价格，使其趋于合理或下降。这将有利于节约投资、提高投资效益。这对建设单位在项目准备阶段的建设成本控制起到重要作用，也成为建设单位工程成本控制的重要手段。

（2）推行招投标制能够不断降低社会平均劳动消耗水平使工程价格得到有效控制。

在建筑市场中，不同投标者的个别成本是有差异的。通过推行招标投标制总是那些个别成本最低或接近最低，生产力水平较高的投标者获胜，这样便实现了生产力资源的较优配置，也对不同投标者实行了优胜劣汰。

（3）推行招投标制便于供求双方更好地相互选择，使工程价格更加符合价值基础，进而更好地控制工程造价。

需求者对供给者选择的基本出发点是"择优选择"，即选择那些报价较低、工期较短、资质信誉较高、有良好业绩和管理水平的供给者，使工程价格更加符合价值本身，这样也为合理控制工程造价奠定了基础。

（4）推行招投标制有利于规范价格行为，使公开、公平、公正的原则得以贯彻。

（5）推行招投标制能够减少交易费用，节省人力、物力、财力，进而使工程造价有所降低。

5.1.6 招标投标阶段影响工程造价的因素

1）建筑市场的供需状况

建筑市场的供需状况是影响工程造价的重要因素之一，对工程造价的影响也是客观存在的。影响程度的大小取决于市场竞争的状况，当市场处于完全竞争时，其对工程造价的影响非常敏感。建筑市场任何微小的变化均会反映在工程造价的变化上，当建筑市场处于不完全竞争时，其影响程度相对减小。

2）建设单位的价值取向

建设单位的价值取向反映在对招标工程的质量、进度、造价、安全和技术等方面上。如果建设单位的质量目标超过国家标准，显然需要承包商投入更大的人力、物力、财力和时间。消耗增加,价格自然会提高。在某些情况下,建设单位可能以最短的建筑周期为目标、力图尽快组织生产占领市场,这样,由于承包商施工资源配置不合理导致生产效率低下、成本增加,为保证适当的利润水平而提高投标报价。因此,质量好、进度快都在一定程度上影响工程造价,在招标投标中,必须结合实际情况做出合理选择。

3)招标工程项目的特点

招标工程项目的特点主要包括招标项目的技术含量、建设地点、建筑规模大小等。当采用新的结构、施工工艺和施工方法时,存在一定的技术风险和不确定性,要考虑一定的风险因素,工程造价可能会提高。技术复杂,可能存在技术垄断,容易形成垄断价格。建设地点的环境既影响投标人的吸引力也影响建设成本,同时,增加了设备材料的进场、临时设置的费用。建设规模的大小不同,各项费用的摊销也不同。投标人会根据规模的大小实行不同的报价策略。

4)投标人的策略

投标人作为建筑产品的生产者,其对建筑产品的定价与其投标的策略有密切关系。在报价过程中除要考虑自身实力和市场条件外,还要考虑企业的经营策略和竞争程度。如果急于进入市场往往会报低价,竞争激烈又急于中标时也会报低价。

5.2 招标工程量清单与招标控制价的编制

5.2.1 建设工程招标文件的编制原则

招标文件是招标单位向投标单位介绍招标工程情况和招标的具体要求的综合性文件。因此,招标文件的编制必须做到系统、完整、准确、明晰,即目标明确,能够使投标单位一目了然。建设单位也可以根据具体情况,委托具有相应资质的咨询、监理单位代理招标。编制招标文件一般应遵循以下原则:

(1)招标单位、招标代理机构及建设项目应具备的招标条件。

2003年,七部委颁发了《工程建设项目施工招标投标办法》,对建设单位、投标代理机构及建设项目的招标条件作了明确的规定,其目的在于规范招标单位的行为,确保招标工作有条不紊地进行,稳定招标投标市场秩序。

(2)必须遵守国家的法律、法规及贷款组织的要求。

招标文件是中标人签订合同的基础,也是进行施工进度控制、质量控制、成本控制及合同管理的基本依据。按《中华人民共和国合同法》(简称《合同法》)规定,凡违反法律、法规和国家有关规定的合同均属于无效合同。因此,招标文件必须遵守《合同法》《招标投标法》等法律法规。如果建设项目是贷款项目,则其必须按该组织的各种规定和审批程序来编制招标文件。

(3)公平、公正处理招标单位和承包商的关系,保护双方的利益。

在招标文件中过多地把招标单位风险转移给投标单位一方,势必使投标单位加大风险,提高投标报价,反而会使招标单位增加支出。

（4）招标文件的内容要力求统一，避免文件之间的矛盾。

招标文件涉及投标单位须知、合同条件、技术规范、工程量清单等多项内容。当项目规模大、技术构成复杂、合同多时，编制招标文件应重视内容的统一性。如果各部分之间矛盾多，就会增加投标工作和履行合同过程中的争议，影响工程施工，造成经济损失。

（5）详尽地反映项目的客观和真实情况。

只有客观、真实的招标文件才能使投标单位的投标建立在可靠的基础上，减少签约和履行过程中的争议。

（6）招标文件的用词应准确、简洁、明了。

招标文件是投标文件的编辑依据，投标文件是工程承包合同的组成部分，客观上要求在编写中必须使用规范用语、本专业术语，做到用词准确、简洁和明了，避免歧义。

（7）尽量采用行业招标范本格式或其他贷款组织要求的范本格式编制招标文件。

例如，《中华人民共和国标准施工招标文件》（简称《标准施工招标文件》）（2007 版），给出了招标文件的示范文本。住房和城乡建设部就此示范文本于 2010 年出台本行业示范文本《中华人民共和国房屋建筑和市政工程标准施工招标文件》。此外，对于依法必须进行招标的工程建设项目，工期不超过 12 个月、技术相对简单且设计和施工不是由同一承包人承担的小型项目，其施工招标文件应当根据《简明标准施工招标文件》（2012 版）编制；设计施工一体化的总承包项目，其招标文件应当根据《标准设计施工总承包招标文件》（2012 版）编制。

招标文件的
各种范本

5.2.2　招标文件的内容

招标文件是指由招标人或招标人委托招标代理机构编制的，向潜在投标人发售的明确资格条件、合同条款、评标方法和投标文件相应格式的文件。招标文件是招标投标活动中最重要的法律文件，它规定了完整的招标程序和拟定合同的主要内容，提出了各项具体的技术标准和交易条件，是投标人编制投标文件、评标委员会评标的依据，也是招标人与中标人签订工程承包合同的基础。

根据《标准施工招标文件》（2007 版），招标文件包括以下八章内容：

第一章　招标公告或投标邀请书

第二章　投标人须知及投标人须知前附表

第三章　评标办法及评标办法前附表

第四章　合同条款及格式

第五章　工程量清单

第六章　图纸

第七章　技术标准和要求

第八章 投标文件格式

其中需要重点编写的内容大致分为三类：

（1）关于编写和提交投标文件的规定。其目的是尽量减少承包商或供应商由于不明确如何编写投标文件而处于不利地位或投标文件遭到拒绝的可能。这些内容应在招标文件的投标者须知前附表和投标文件格式中予以明确。

（2）关于对投标人资格审查的标准及投标文件的评审标准和方法。其目的是提高招标过程透明性和公平性。这些内容应在招标文件的评标办法前附表中予以明确。

（3）关于合同的主要条款，其中主要是商务性条款，有利于投标人了解中标后签订合同的主要内容，明确双方的权利和义务。招标人应当在招标文件中规定实质性要求和条件，并用醒目的方式标明。这些内容应在招标文件的合同条款的专用合同条件中予以明确。

除此之外，根据《招标投标法》及住房和城乡建设部的有关规定，招标文件编制中还应注意如下与造价管理密切相关的规定：

（1）说明评标原则和评标办法。招标文件应当明确规定评标时除价格以外的所有评标因素，以及如何将这些因素量化或者据以进行评估。在评标过程中，不得改变招标文件中规定的评标标准、方法和中标条件。

（2）施工招标项目工期超过 12 个月的，招标文件可以规定工程造价指数体系、价格调整因素和调整方法，明确价差调整的范围、方式及规则。

（3）招标文件中建设工期比工期定额缩短 20％以上的，投标报价中可以计算赶工措施费。

（4）在招标文件中应明确投标价格的计算依据，主要有工程计价类别，执行的概预算定额及费用定额，执行的人工、材料、机械设备政策性调整文件等，以及工程量清单。

（5）质量标准必须达到国家施工验收规范合格标准，对于要求质量达到优良标准时，应计取补偿费用，补偿费用的计算方法应按国家或地方有关文件的规定执行，并在招标文件中明确。

（6）由于施工单位原因造成不能按合同工期竣工时，计取赶工措施费的需扣除，同时还应补偿由于误工给建设单位带来的损失。其损失费用的计算方法应在招标文件中明确。

（7）如果建设单位要求按合同工期提前竣工交付使用，应考虑计取提前工期奖，提前工期奖的计算方法应在招标文件中明确。

（8）在招标文件中应明确投标担保、履约担保、预付款担保的数额及支付方式。

（9）合同条款中明确变更、新增项目综合单价或合价的确定方法。

（10）对合同价款的支付进行约定，强化造价管控。包括工程预付款及其扣回、工程进度款支付和工程质保金预留等。

5.2.3 招标工程量清单的编制

工程量清单是招标文件的重要组成部分，招标单位或其委托的工程造价咨询人需依据国家标准、招标文件、设计文件及施工现场实际情况，按国家颁布的统一的项目编码、项目名称、计量单位和工程量计算规则计算工程量，随招标文件提供给投标单位作为投标报价的基础,是对招投标双方具有约束力的重要文件,是招投标活动的重要依据。

由于工程量清单的专业性较强、内容较复杂,所以需要具有较高业务技术水平的专业技术人员进行编制。因此,一般来说,工程量清单应由具有编制能力的经过国家注册的造价工程师和具有工程造价咨询资质并按规定的业务范围承担工程造价咨询业务的中介机构进行编制。工程量清单封面上必须要有注册造价工程师签字并盖执业专用章方有效。招标工程量清单包括对其的说明和表格,招标工程量清单的准确性和完整性由招标人负责。

1) 招标工程量清单编制依据及准备工作

(1) 招标工程量清单的编制依据

① 《建设工程工程量清单计价规范》(GB 50500—2013)、《房屋建筑与装饰工程工程量计算规范》(GB 50854—2013)以及各专业工程计量规范等。

② 国家或省级、行业建设主管部门颁发的计价定额和办法。

③ 建设工程设计文件及相关资料。

④ 与建设工程有关的标准、规范、技术资料。

⑤ 拟定的招标文件。

⑥ 施工现场情况、地勘水文资料、工程特点及常规施工方案。

⑦ 其他相关资料。

(2) 招标工程量清单编制的准备工作

① 初步研究。主要包括:

a. 熟悉《建设工程工程量清单计价规范》(GB 50500—2013)和各专业工程计量规范、当地计价规定及相关文件;熟悉设计文件,掌握工程全貌,便于清单项目列项的完整、工程量的准确计算及清单项目的准确描述,对设计文件中出现的问题应及时提出。

b. 熟悉招标文件、招标图纸,确定工程清单编审的范围及需要设定的暂估价;收集相关市场价格信息、为暂估价的确定提供依据。

c. 对《建设工程工程量清单计价规范》(GB 50500—2013)缺项的新材料、新技术、新工艺,收集足够的基础资料,为补充项目的制定提供依据。

② 现场踏勘。为了选用合理的施工组织设计和施工技术方案,需进行现场踏勘,以充分了解施工现场情况及工程特点,主要包括自然地理条件踏勘和施工条件踏勘。

a. 自然地理条件。工程所在地的地理位置、地形、地貌、用地范围等;气象、水文情况,包括气温、湿度、降雨量等;地质情况,包括地质构造及特征、承载能力等;地震、洪水及其他自然灾害情况。

b. 施工条件。工程现场周围的道路、进出场条件、交通限制情况;工程现场施工临时设施、大型施工机具、材料堆放场地安排情况;工程现场邻近建筑物与招标工程的间距、结构形式、基础埋深、新旧程度、高度;市政给排水管线位置、管径、压力、废水、污水处理方式,市政、消防供水管道管径、压力、位置等;现场供电方式、方位、距离、电压等;工程现场通信线路的连接和铺设;当地政府有关部门对施工现场管理的一般要求、特殊要求及规定等。

③ 拟定常规施工组织设计。编制工程量清单前需要根据项目的具体情况拟定工程的

施工方案、施工顺序、施工方法等,便于工程量清单的编制及准确计算,特别是工程量清单中的措施项目。需注意的问题包括:

a. 估算整体工程量。根据概算指标或类似工程进行估算,且仅对主要项目加以估算即可,如土石方、混凝土等。

b. 拟定施工总方案。施工总方案仅需对重大问题和关键工艺作原则性的规定,不需考虑施工步骤,主要包括施工方法、施工机械设备的选择、科学的施工组织、合理的施工进度、现场平面布置及各种技术措施。制定总方案要满足以下原则:从实际出发,符合现场的实际情况,在切实可行的范围内尽量求其先进和快速;满足工期的要求;确保工程质量和施工安全;尽量降低施工成本,使方案更加经济合理。

c. 确定施工顺序。合理确定施工顺序需要考虑各分部分项工程之间的关系,施工方法和施工机械的要求,当地的气候条件和水文要求,施工顺序对工期的影响。

2) 招标工程量清单的编制内容

招标工程量清单包括分部分项工程量清单、措施项目清单、其他项目清单、规费和税金清单等内容。

(1) 分部分项工程量清单的编制

分部分项工程量清单所反映的是拟建工程分项实体工程项目名称和相应数量的明细清单,招标人负责包括项目编码、项目名称、项目特征描述、计量单位和工程量在内的五项内容。

① 项目编码。同一招标工程的项目编码不得有重码。

② 项目名称。

③ 项目特征描述:

工程量清单的项目特征是确定一个清单项目综合单价不可缺少的重要依据,没有项目特征的准确描述,对于相同或相似的清单项目名称,就无从区分;项目特征还是确定综合单价的前提,工程量清单项目的特征描述决定了工程实体的实质内容,清单项目特征描述得准确与否,必然关系到综合单价的准确确定;同时,项目特征是履行合同义务的基础,如果项目特征描述不清甚至漏项、错误,从而引起在施工过程中的更改,都会引起分歧,导致纠纷、索赔。因此,项目特征必须准确描述。

分部分项工程量清单在进行项目特征描述时,应按拟建工程的实际要求,根据计价规范附录中有关项目特征的要求,结合技术规范、标准图集、施工图纸,按照工程结构、使用材质及规格或安装位置等,予以详细而准确的表述和说明,以能满足确定综合单价的需要为前提。项目特征描述对于哪些内容需要描述、哪些内容可以不描述,以及怎样描述可按下列原则执行。

a. 以下直接关系综合单价的内容要准确描述:

涉及正确计量的内容,如门窗洞口尺寸或框外围尺寸。

涉及结构要求的内容,如混凝土构件的混凝土的强度等级。

涉及材质要求的内容,如油漆的品种、管材的材质、实心砖墙中砌筑砂浆种类和强度等。

涉及安装方式的内容,如管道工程中钢管的连接方式、勾缝做法、塑料管的连接方式等。

b. 以下内容无需描述：

对计量计价没有实质影响的内容，如对现浇混凝土柱的高度、断面大小等特征。

应由投标人根据施工方案确定的内容，如对石方的预裂爆破的单孔深度及装药量的特征规定。

应由投标人根据当地材料和施工要求确定的内容，如对混凝土构件中的混凝土拌和料使用的石子种类及粒径、砂的种类及特征规定。

应由施工措施解决的内容，如对现浇混凝土板、梁的标高的特征规定。

c. 无法准确描述或施工图纸、标准图集标注已经很明确的，可不再详细描述：

无法准确描述的内容，如土壤类别，可考虑其描述为"综合"，注明由投标人根据地质勘探资料自行确定土壤类别，决定报价。

施工图纸、标准图集标注明确的，对这些项目可描述为见××图集××页及节点大样等，但对不能满足项目特征描述要求的部分，仍应用文字描述进行补充。

清单编制人在项目特征描述中应注明由投标人自定的，如土方工程中的"取土运距""弃土运距"等。

d. 当计价规范规定多个计量单位时，应以选定的计量单位进行恰当的特征描述。在项目特征描述时，当以"根"为计量单位时，单桩长度应描述为确定值，只描述单桩长度即可；当以"m"为计量单位时，单桩长度可以按范围值描述，并注明根数。

e. 计价规范中没有要求，但影响报价的重要因素必须描述。例如，"A5.1 厂库房大门、特种门"，计价规范以"樘"作为计量单位，但又没有规定门大小的特征描述，但"框外围尺寸"是影响报价的重要因素，需要描述。

④ 计量单位。当附录中有两个或两个以上计量单位的，应结合拟建工程项目的实际选择其中一个确定。

⑤ 工程量的计算：

清单工程量计算需按照《建设工程工程量清单计价规范》(GB 50500—2013)中的工程量规则计算。进行分部分项工程量清单的工程量计算时要注意：《建设工程工程量清单计价规范》(GB 50500—2013)是以现行的《全国统一建筑工程基础定额》为基础编制的清单工程量计算规则，其工程量一般指按图纸净尺寸计算出来的产品工程量与目前各地投标报价所参考使用的《建筑工程消耗量定额》有所不同，特别是项目划分、计量单位、工程量计算规则等方面有些区别，不同之处主要有以下几点：

a. 编制对象与综合内容不同。清单项目具有实体与措施相分离的特点，能够充分体现施工企业的实际，工程量清单项目的工程内容是以最终产品为对象，按实际完成一个综合实体项目所需工程内容列项。工程量清单的工程内容是按实际完成的实体项目所需工程内容列项，并以主体工程的名称作为工程量清单项目的名称。其工程量计算规则是根据主体工程项目设置的，其内容涵盖了主体工程项目及主体项目以外的完成该综合实体（清单项目）的其他工程项目的全部工程内容；地方定额项目多数是以施工过程为对象划分的，未对工程内容进行组合，仅是单一的工程内容，其组合的是单一工程内容的各个工序。每一个分项工程对应的工程量计量规则仅是单一的某项工序的工程内容。

例如,混凝土工程中带形基础梁,其工程量计算时,计价规范和定额计量都是按设计图示尺寸以体积计算,不扣除构件内钢筋、预埋铁件所占体积,两者没有区别。而在工程内容的表述中,计价规范给出的工程内容综合了敷设垫层,混凝土制作、运输、浇筑、振捣、养护,地脚螺栓二次灌浆三项内容,定额子目表现的则仅仅是其中的第二项内容,敷设垫层和地脚螺栓二次灌浆作为单独的定额子目处理。

b. 计算方法的改变。工程量清单对分项工程是按工程图纸标明的净量计量,即产品完成后的实体尺寸,不考虑施工方法和加工余量。地方定额分部分项工程量是按实际发生量计量,即要求考虑施工操作过程的加工损耗,对工程量按净值加不同施工方法和加工余量的施工过程的实际数量来计量。

c. 工程量清单项目名称和计量单位有些和地方定额会有区别。工程量清单的计量单位一般采用基本计量单位,如 m、kg、t 等,大部分计量单位与相应定额子项的计量单位是一致的。但一般消耗量定额中的计量单位除基本计量单位外有时出现一些扩大单位,如 100 m^3、100 m^2、10 m、100 kg 等。例如:土(石)方工程中,"计价规范"项目名称为"挖土方",计量单位为 m^3;"消耗量定额"项目名称为"人工挖土方",计量单位为 100 m^3。

(2) 措施项目清单编制

措施项目清单是指为完成工程项目施工,发生于该工程施工前或施工过程中的非工程实体项目和相应数量的清单,包括技术、安全、生活等方面的相关非实体项目。应区分可计算工程量和不可计算工程量的措施项目,分别用不同的方式编制招标工程量清单。

措施项目分为可计算工程量和不可计算工程量的措施项目两类:

可计算工程量的措施项目是与完成的实体项目密切相关的,可以精确计算工程量的项目,典型的是模板及支架、脚手架工程,凡是能够计算工程量的措施项目宜采用分部分项工程量清单的方式编制,列出项目编码、项目名称、项目特征、计量单位和工程量,采用综合单价更有利于措施费的确定和调整。

不可计算工程量的措施项目是其费用的发生和金额的大小与使用时间、施工方法或者两个以上工序相关,与实际完成的实体工程量的多少关系不大,典型的是施工机械安拆、安全及文明施工措施费、二次搬运、雨季施工措施费、临时设施等,对于这些不可计算工程量的项目,以"项"为计量单位计量。

(3) 其他项目清单的编制

其他项目清单是应招标人的特殊要求而发生的与拟建工程有关的其他费用项目和相应数量的清单。工程建设标准的高低、工程的复杂程度、工程的工期长短、工程的组成内容、发包人对工程管理要求等都直接影响到其具体内容。当出现未包含在表格中的内容项目时,可根据实际情况补充。其他项目清单按照下列内容列项。

① 暂列金额

暂列金额用途是发包人用于在施工合同签订时尚未确定或者不可预见的所需材料、设备、服务的采购,以及施工中可能发生的工程变更、合同约定调整因素出现时的工程价款调整及发生的索赔、现场签证确认等的费用。它包括在合同价之内,但并不直接属承包人所有,而是由发包人暂定并掌握使用的一笔款项。只有按照合同约定程序实际发生后,才能成为中标人的应得金额,纳入合同结算价款中。由于暂列金额由招标人支配,实际发生后才得以支付,因此,在确定暂列金额时应根据施工图纸的深度、暂估价设定的水平、合同价款约定调整的因素及工程实际情况合理确定。

确定或者不可预见的所需材料、工程设备、服务的采购费用,施工中可能发生的工程变更、合同约定调整因素出现时的合同价款调整,以及发生的索赔、现场签证确认等的费用。不同专业预留的暂列金额应分别列项,由招标人填写其项目名称、计量单位、暂列金额等。

若不能详列,也可只列暂列金额总额,一般可按分部分项工程量清单的 $10\% \sim 15\%$ 确定。

② 暂估价

暂估价是指招标阶段直至签订合同协议时,招标人在招标文件中提供的用于支付必然要发生但暂时不能确定价格的材料、工程设备的单价以及专业工程的金额。暂估价类似于 FIDIC 合同条款中的 Prime Cost Items,在招标阶段预见肯定要发生,只是因为标准不明确或者需要由专业承包人完成,暂时无法确定价格。暂估价包括在合同价之内,但并不直接归属承包人所有,而是由发包人暂定并使用的一笔款项。暂估价数量和拟用项目应当结合"工程量清单"的"暂估价表"予以补充说明。

为方便合同管理,需要纳入分部分项工程量清单项目综合单价中的暂估价应只是材料费,以方便投标人组价。以"项"为计量单位给出的专业工程的暂估价一般应是综合暂估价,应当包括除规费和税金以外的管理费、利润等取费。

总承包招标时,专业工程设计深度往往是不够的,一般需要交由专业设计人设计,国际上,出于提高可建造性考虑,一般由专业承包人负责设计,以发挥其专业技能和专业施工经验的优势。这类专业工程交由专业分包人完成是国际工程的良好实践。在我国工程建设领域,通过建设项目招标人与施工总承包人共同组织的招标,来公开透明地合理确定这类暂估价的实际开支金额的途径已经比较普遍。

③ 计日工

计日工是为了解决现场发生的零星工作或项目的计价而设立的。计日工为额外工作的计价提供一个方便快捷的途径。

计日工对完成零星工作所消耗的人工工时、材料数量、机械台班进行计量,并按照计日工表中填报的适用项目的单价进行计价支付。编制计日工表格时,一定要给出暂定数量,并且需要根据经验,尽可能估算一个比较贴近实际的数量,并尽可能把项目列全,以消除因此而产生的争议。

④ 总承包服务费

总承包服务费是为了解决招标人在法律、法规允许的条件下进行专业工程发包以及自行供应材料、设备,并需要总承包人对发包的专业工程提供协调和配合服务(如分包人使用总包人的脚手架、水电接驳等);对供应的材料、设备提供收发和保管服务以及对施工现场进行统一管理;对竣工资料进行统一汇总整理等发生并向总承包人支付的费用。招标人应当预计该项费用并按投标人的投标报价向投标人支付该项费用。

（4）规费和税金项目清单的编制

规费和税金项目清单应按照规定的内容列项，当出现规范中没有的项目，应根据省级政府或有关部门的规定列项。税金项目清单除规定的内容外，如国家税法发生变化或增加税种，应对税金项目清单进行补充。规费、税金的计算基础和费率均应按国家或地方相关部门的规定执行。

（5）工程量清单总说明的编制

工程量清单编制总说明包括以下内容：

① 工程概况。工程概况中要对建设规模、工程特征、计划工期、施工现场实际情况、自然地理条件、环境保护要求等做出描述。

② 工程招标及分包范围。招标范围是指单位工程的招标范围，如建筑工程招标范围为"全部建筑工程"，装饰装修工程招标范围为"全部装饰装修工程"，或招标范围不含桩基础、幕墙头、门窗等。工程分包是指特殊工程项目的分包，如招标人自行采购安装"铝合金门窗"等。

③ 工程量清单编制依据。包括建设工程工程量清单计价规范、设计文件、招标文件、施工现场情况、工程特点及常规施工方案等。

④ 工程质量、材料、施工等的特殊要求。工程质量的要求是指招标人要求拟建工程的质量应达到合格或优良标准；对材料的要求是指招标人根据工程的重要性、使用功能及装饰装修标准提出，诸如对水泥的品牌、钢材的生产厂家、花岗石的出产地和品牌等的要求；施工要求一般是指建设项目中对单项工程的施工顺序等的要求。

⑤ 其他需要说明的事项。

（6）招标工程量清单汇总

分部分项工程量清单、措施项目清单、其他项目清单、规费和税金项目清单编制完成以后，经审查复核，与工程量清单封面及总说明汇总并装订，由相关责任人签字和盖章，形成完整的招标工程量清单文件。

【案例5.1】 ××地块项目土建总包工程工程量清单编制说明。

一、工程概况

建设地点：××路南侧、××路西侧。

建筑性质：办公、商业等。

本工程总建筑面积：$\times\times$ m²；建筑基底面积：$\times\times$ m²。其中：地上：$\times\times$ m²；地下：$\times\times$ m²（含地下人防工程建筑面积$\times\times$ m²）。建筑层数、高度：其中地上$\times\times$层；地下$\times\times$层。建筑高度：$\times\times$ m（室外设计地面至建筑主体屋面面层）。

二、工程招标范围

由××建筑设计有限公司设计的××项目，详见图纸及清单。包括基坑30 cm余土开挖及工程土方回填、土建、水电、暖通、消防、人防、电梯等工程。

（1）室内楼梯栏杆、扶手、玻璃栏板是否要做？

回复：不在本次招标范围内。疏散楼梯面层也不在此次招标范围内。

（2）地下卫生间内隔断、蹲位小型砌体、洗水台面、无障碍卫生间扶手、多功能台、挂钩等是否均要做？如要做请明确洗水台面规格、多功能台规格、挂钩等型号、大小。

回复：不放在本次招标范围内。

（后23条答疑略）

三、工程量清单编制依据

《建设工程工程量清单计价规范》（GB 50500—2013）、《房屋建筑与装饰工程工程量计算规范》（GB 50854—2013）、《江苏省建筑与装饰工程计价定额》（2014版）、《江苏省安装工程计价定额》（2014版），业主提供的图纸、相关资料、省（区、市）相关文件规定等。

四、工程质量、材料、施工等的特殊要求

见招标文件、施工图设计文件及答疑要求。

五、需说明的其他问题

（一）土石方工程

1. 本工程设计±0.00标高为3.75 m，地下一层开挖从−6.5 m考虑。本次招标基坑土方开挖为筏板垫层底标高以上300 mm至基坑底土方，筏板垫层底标高以上300 mm至原地面标高土方由基坑围护施工单位完成，开挖过程中应结合施工图控制开挖深度，如发生超挖，由责任方承担相关处理费用，考虑人工整理基坑土方。

2. 开挖土方均外运，运距投标单位自行考虑，结算不调整。

3. 清单中土方开挖综合单价，标底已经按照地质勘探报告中的不同土质类别分别计价，再最后组价，此组价及投标单位中标价不以"实际开挖土质类别与地勘不同"而调整竣工结算单价。

4. 开挖过程中，如果遇到地下管线需进行"保护性移位"的，按签证结算；如果只是简单的当作废弃物进行开挖，竣工结算则不调整。

（二）主体工程

1. 本工程所用混凝土均按商品混凝土考虑。砂浆采用预拌考虑。

2. 现场临时便道如在施工中需由承包人租用钢板进行铺垫，由投标人自行报价，结算时不再调整。

六、答疑澄清（略）

5.2.4 招标控制价的编制

1）招标控制价的概念

招标控制价是指招标人根据国家或省级、行业建设主管部门颁发的有关计价依据和办法，按设计施工图纸计算的，对招标工程限定的最高工程造价。招标控制价是反映招标人对招标工程造价期望的最高控制值，投标人的投标报价高于招标控制价的，其投标报价应予以拒绝。

2）招标控制价和标底的关系

招标控制价是推行工程量清单计价过程中对传统标底概念的性质进行界定后所设置的专业术语，它使招标时评标定价的管理方式发生了很大的变化。我国的招标经历了设标底招标到无标底招标到招标控制价招标的变化：

① 设标底招标。易发生泄露标底，从而失去招标的公平公正性；同时将标底作为衡量投标人报价的基准，导致投标人尽力地去迎合标底，往往招投标过程反映的不是投标人实力的竞争。

② 无标底招标。有可能出现哄抬价格或者不合理的底价招标的情况；同时评标时，招标人对投标人的报价没有参考依据和评判标准。

③ 招标控制价招标。采用招标控制价招标有以下优点：可有效控制投资，防止恶性哄抬报价带来的投资风险；提高了透明度，避免了暗箱操作、寻租等违法活动的产生；投标人自主报价、公平竞争，符合市场规律；投标人自主报价，不受标底的左右；既设置了控制上限又尽量地减少了业主依赖评标基准价的影响。

但是采用招标控制价招标也可能出现如下问题：

若"最高限价"大大高于市场平均价时可能诱导投标人串标围标；若公布的最高限价远远低于市场平均价，就会影响招标效率。

3）招标控制价文件的内容

按照《建设工程工程量清单计价规范》(GB 50500—2013)要求，一份完整的招标控制价文件由封面、编制说明、工程招标控制价汇总、单位工程招标控制价、分部分项工程量清单与计价表、工程量清单综合单价分析表等多项内容汇总而成的。同时，表格的内容还要结合工程实际予以取舍，如在有的单位工程项目中不考虑计日工，则相应的表格可省略等。详细的成果文件有如下内容：

（1）招标控制价封面；

（2）总说明；

（3）工程项目招标控制价；

（4）单项工程招标控制价；

（5）单位工程招标控制价；

（6）分部分项工程量清单与计价表；

（7）工程量清单综合单价分析表；

（8）措施项目清单与计价表（一）；

（9）措施项目清单与计价表（二）；

（10）其他项目清单与计价汇总表；

（11）暂列金额明细表；

（12）材料暂估价表；

（13）专业工程暂估价表；

（14）计日工表；

（15）总承包服务费计价表；

（16）规费、税金项目清单及计价表。

4）招标控制价的编制规定与依据

（1）编制招标控制价的规定

① 有资金投资的工程建设项目应实行工程量清单招标,招标人应编制招标控制价,并应当拒绝高于招标控制价的投标报价,即投标人的投标报价若超过公布的招标控制价,则其投标作为废标处理。

② 招标控制价应由具有编制能力的招标人或受其委托、具有相应资质的工程造价咨询人编制。工程造价咨询人不得同时接受招标人和投标人对同一工程的招标控制价和投标报价的编制。

③ 招标控制价应在招标文件中公布,不得进行上浮或下调。

④ 在公布招标控制价时,应公布招标控制价各组成部分的详细内容,不得只公布招标控制价总价。

⑤ 招标控制价超过批准的概算时,招标人应将其报原概算审批部门审核。这是由于我国对国有资金投资项目的投资控制实行的是设计概算审批制度,国有资金投资的工程原则上不能超过批准的设计概算。

⑥ 投标人经复核认为招标人公布的招标控制价未按照《建设工程工程量清单计价规范》(GB 50500—2013)的规定进行编制的,应在开标前 5 日向招标投标监督机构或(和)工程造价管理机构投诉。招标投标监督机构应会同工程造价管理机构对投诉进行处理,当招标控制价误差大于±3%的应责成招标人改正。

⑦ 招标人应将招标控制价及有关资料报送工程所在地工程造价管理机构备查。

(2) 招标控制价的编制依据

招标控制价的编制依据是指在编制招标控制价时需要进行工程量计量、价格确认、工程计价的有关参数、费率值的确定等工作时所需的基础性资料,主要包括以下几方面:

① 现行国家标准《建设工程工程量清单计价规范》(GB 50500—2013)与专业工程计算规范。

② 国家或省级、行业建设主管部门颁发的计价定额和计价办法。

③ 建设工程设计文件及相关资料。

④ 拟定的招标文件及招标工程量清单。

⑤ 与建设项目相关的标准、规范、技术资料。

⑥ 施工现场情况、工程特点及常规施工方案。

⑦ 工程造价管理机构发布的工程造价信息,工程造价信息没有发布的参照市场价。

⑧ 其他相关资料。

5) 招标控制价的编制

招标控制价的编制内容包括分部分项工程费、措施项目费、其他项目费、规费和税金,各个部分有不同的计价方法:

(1) 分部分项工程费的编制

分部分项工程费的计算应以招标文件中提供的分部分项工程量清单为依据,按照招标文件中的分部分项工程量清单项目的特征描述及有关要求,确定综合单价计算,即:

$$分部分项工程费 = \sum 分部分项工程量 \times 相应分部分项综合单价 \qquad (5.1)$$

为使招标控制价与投标报价所包含的内容一致,综合单价中应包括招标文件中要求投标人所承担的风险内容及其范围(幅度)产生的风险费用,即综合单价应包括人工费、材料费、施工机械使用费和企业管理费(含城市建设维护税、教育费附加、地方教育附加)与利润。招标文件提供了暂估单价的材料,应按暂估的单价计入综合单价。

(2)措施项目费的编制

措施项目应按招标文件中提供的措施项目清单确定。对于可精确计量的措施项目,应按措施项目清单中的工程量采用与分部分项工程量清单单价相同的方式确定综合单价;对于不可精确计量工程量的措施项目,即以"项"为单位的措施项目,采用费率法按有关规定综合取定,采用费率法时需确定某项费用的计费基数及其费率,结果应是包括除规费、税金以外的全部费用。

计算公式为:

$$以"项"计算的措施项目清单费 = 措施项目计费基数 \times 费率 \tag{5.2}$$

措施项目费中的安全文明施工费应当按照国家或省级、行业建设主管部门的规定标准计价(有些地区移入规费中),该部分不得作为竞争性费用。

(3)其他项目费的编制要求

其他项目费用包括暂列金额、暂估价、计日工及总承包服务费。

① 暂列金额。暂列金额可根据工程的复杂程度、设计深度、工程环境条件(包括地质、水文、气候条件等)进行估算,一般可以分部分项工程费的10%～15%为参考。

② 暂估价。暂估价中材料单价应按照工程造价管理机构发布的工程造价信息中的材料单价计算,工程造价信息未发布的材料单价,其单价参考市场价格估算;暂估价中的专业工程暂估价应分不同专业,按有关计价规定估算。

【**案例5.2**】 某项目专业工程暂估价。

某大型商业综合体项目,施工总承包招标阶段,由于图纸深度仅满足初步设计阶段,电气图纸仅有低压配电系统图、动力平面干线图,暖通图纸仅为平面示意。考虑到工期、成本以及施工管理等因素,招标人要求设计完善电气、给排水专业图纸,将这两个专业按招标图纸编制分部分项工程量清单;暖通工程由于部件规格随通风管道大小,极有可能与之后施工图有较大差异,若按现有图纸编制清单则会造成大量子目日后重新批价,使得投资不可控。故招标人决定将暖通工程同消防工程、智能化工程、幕墙工程、精装修工程等,一并列入专业工程暂估价中,纳入招标范围,待图纸完善之后,再另行招标。

专业工程暂估价的确定方法如下:

a. 概算指标法

在方案设计中,由于设计无详图而只有概念性设计或初步设计深度不够,不能准确地计算出工程量,但工程设计采用的技术比较成熟而又有类似工程概算指标可以利用时,可采用概算指标法。出现两种不同的情况:直接套用所选定的预算指标有较高的可靠度,即所确定的概算指标与拟建工程的结构特征能较全面吻合;概算指标与拟建工程在建筑特征、结构特征、市场价格、自然条件和施工条件上不完全一致,此时需对所拟用的概算指标进行调整后才能套用。

b. 类似工程预算法

当拟建项目缺少完整的初步设计方案而又急于上报设计概算,通常采用类似工程预算编制设计概算的方法。而对于类似工程数据的积累和选用,首先要明确类似工程数据包含的内容:建设项目的决策信息、单项工程结算信息、建设项目的人工价格、机械的租赁价格、材料价格、设备价格、工具器具及周转材料的租赁价格、劳务价格等。拟建工程项目在建筑面积、体积、结构特征和经济性方面完全或基本类似,即可以采用已建或在建工程的相关数额。

c. 询价法

对于幕墙工程、钢架构工程以及电梯工程等所需专业型技术或工艺的专业工程,无法利用一般的工程量清单计价模式下施工图预算法或设计概算等方法来确定其专业工程价时,可以采用询价法来确定专业工程暂估价。对于一些安装材料价格,尤其是电气材料价格、智能及消防材料价格,其品种繁多,新材料层出不穷,审核工作中常常找不到材料价格的参考依据,因此存在着价格信息不完全的问题。所以招标人在利用询价法时,应结合工程特点和自身需求选择一种或多种询价渠道方式来进行。

【案例 5.3】 概算指标法估算专业工程暂估价。

某新建建筑屋面及防水工程总面积 1 500 m²,因所需材料特殊,专业技术比较强,设计、施工的技术要求高,而总包单位缺少相应资质的特殊专业工程,需通过分包给专业公司进行二次设计后,才可以确定工程规模和施工程序,因此可列成专业工程暂估价。按概算指标和材料预算价格等算出膜结构屋面一般造价为 650 元/m²(其中人材机费用共 480 元/m²),屋面基层处理 200 元/m²,屋面防水刷处理剂 120 元/m²,屋面铺设防水层防水 90 元/m²,措施费费率为 8%,间接费费率为 15%,利润率为 7%,税率为 3.4%。但新建住宅设计资料与概算指标相比,其结构构件有部分变更,具体调整如表 5.1 所示。

表 5.1 利用概算指标法对屋面防水专业工程相关材料造价进行替换

序号	结构名称	数量(每 100 m² 含量)/m³	单价/元	合计/元
1	换出部分外屋面钢架品种 M 规格 N	18.00	150.00	10 930.50 2 700.00
		46.50	177.00	8 230.50
2	换入部分外屋面钢架品种 R 规格 L	19.60	150.00	13 833.60 2 940.00
		61.20	178.00	10 893.60
结构变化修正指标		480－10 930.50/100＋13 833.60/100＝509.00(元)		

表 5.1 中计算结果为人材机单价,需取费得到修正后的单位工程造价,即

$$509 \times (1+8\%) \times (1+15\%) \times (1+7\%) \times (1+3.4\%) = 699.43(元/m²)$$

其余单位造价不变,因此,经过调整后的概算单价为

$$699.43 + 200 + 120 + 90 = 1\ 109.43(元/m^2)$$

该工程屋面防水工程暂估价为

$$1\ 109.43 \times 1\ 500 = 1\ 664\ 145(元)$$

③ 计日工。在编制招标控制价时,对计日工中的人工单价和施工机械台班单价应按省级、行业建设主管部门或其授权的工程造价管理机构公布的单价计算;材料应按工程造价管理机构发布的工程造价信息中的材料单价计算,工程造价信息未发布单价的材料,其价格应按市场调查确定的单价计算。

④ 总承包服务费。总承包服务费应按照省级或行业建设主管部门的规定计算,在计算时可参考以下标准:

a. 招标人仅要求对分包的专业工程进行总承包管理和协调时,按分包的专业工程估算造价的1.5%计算。

b. 招标人要求对分包的专业工程进行总承包管理和协调,并同时要求提供配合服务时,根据招标文件中列出的配合服务内容和提出的要求,按分包的专业工程估算造价的3%～5%计算。

c. 招标人自行供应材料的,按招标人供应材料价格的1%计算。

(4) 规费和税金的编制要求

规费和税金必须按照国家或省级、行业建设主管部门的规定计算。建筑行业实行营改增后,税金部分只单独计取增值税。税金计算公式如下:

$$税金 = \left(\begin{matrix}分部分项\\工程量清单费\end{matrix} + \begin{matrix}措施项目\\清单费\end{matrix} + \begin{matrix}其他项目\\清单费\end{matrix} + 规费\right) \times 综合税率 \qquad (5.3)$$

(5) 编制招标控制价时应注意的问题

① 采用的材料价格应是工程造价管理机构通过工程造价信息发布的材料价格,工程造价信息未发布材料单价的材料,其材料价格应通过市场调查确定。

② 施工机械设备的选型应根据工程项目特点和施工条件,本着经济实用、先进高效的原则确定。

③ 应该正确、全面地使用行业和地方的计价定额与相关文件。

④ 不可竞争的措施项目和规费、税金等费用的计算应按国家有关规定计算。

⑤ 对于竞争性的措施费用的确定,招标人应首先编制常规的施工组织设计或施工方案,然后经专家论证确认后再合理确定措施项目与费用。

5.2.5 招标控制价的计价与组价

1) 招标控制价计价程序

建设工程的招标控制价反映的是单位工程费用,各单位工程费用是由分部分项工程

费、措施项目费、其他项目费、规费和税金组成。单位工程招标控制价计价程序见表5.2所示：

表5.2 单位工程招标控制价计价程序　　　　　　　工程名称：××工程

序号	内容	计算方法	金额/元
1	分部分项工程费	按计价规定计算	
1.1			
1.2			
1.3			
⋮			
2	措施项目费	按计价规定计算	
2.1	其中：安全文明施工费	按规定标准计算	
3	其他项目费		
3.1	其中：暂列金额	按计价规定估算	
3.2	专业工程暂估价	按计价规定估算	
3.3	计日工	按计价规定估算	
3.4	总承包服务费	按计价规定估算	
4	规费	按规定标准计算	
5	税金(扣除不列入计税范围的工程设备金额)	(1＋2＋3＋4)×规定税率	

注：招标控制价合计＝1＋2＋3＋4＋5

2) 综合单价的组价

综合单价是指完成一个规定清单项目所需的人工费、材料和工程设备费、施工机械使用费和企业管理费、利润及一定范围内的风险费用。

招标控制价的分部分项工程费应由各单位工程的招标工程量清单乘以其相应综合单价汇总而成。综合单价的组价，首先依据提供的工程量清单和施工图纸，按照工程所在地区颁发的计价定额的规定，确定所组价的定额项目名称，并计算出相应的工程量；其次依据工程造价政策规定或工程造价信息，确定其人工、材料、机械台班单价；同时，在考虑风险因素确定管理费率和利润率的基础上，按规定程序计算出所组价定额项目的合价，然后将若干项所组价的定额项目合价相加除以工程量清单项目工程量，便得到工程量清单项目综合单价，对于未计价材料费(包括暂估单价的材料费)应计入综合单价中。

$$定额项目合价 = 定额项目工程量 \times \left[\sum (定额人工消耗量 \times 人工单价) + \sum (定额材料消耗量 \times 材料单价) + \sum (定额机械台班消耗量 \times 机械台班单价) + 价差(基价或人工、材料、机械费用) + 管理费和利润 \right] \quad (5.4)$$

$$工程量清单综合单价 = \frac{\sum (定额项目合价) + 未计价材料}{工程量清单项目工程量} \quad (5.5)$$

3）确定综合单价应考虑的因素

编制招标控制价在确定其综合单价时,应考虑一定范围内的风险因素。在招标文件中应通过预留一定的风险费用,或明确说明风险所包括的范围及超出该范围的价格调整方法。对于招标文件中未作任何要求的可按以下原则确定:

(1) 对于技术难度较大和管理复杂的项目,可考虑一定的风险费用,并纳入综合单价中。

(2) 对于工程设备、材料价格的市场风险,应根据招标文件的规定,工程所在地或行业工程造价管理机构的有关规定,以及市场价格趋势考虑一定率值的风险费用,纳入综合单价中。

(3) 税金、规费等法律、法规、规章和政策变化的风险和人工单价等风险费用不纳入综合单价。

(4) 工程量清单的项目名称、工程数量、项目特征描述,依据工程所在地区颁发的计价定额和人工、材料、机械台班价格信息等进行组价确定,并应编制工程量清单综合单价分析表。

4）编制招标控制价时应注意的问题

(1) 采用的材料价格应是工程造价管理机构通过工程造价信息发布的材料价格,工程造价信息未发布材料单价的材料,其材料价格应通过市场调查确定。另外,未采用工程造价管理机构发布的工程造价信息时,需在招标文件或答疑补充文件中对招标控制价采用的与造价信息不一致的市场价格予以说明。采用的市场价格则应通过调查、分析确定,并有可靠的信息来源。

(2) 施工机械设备的选型直接关系到综合单价水平,应根据工程项目特点和施工条件,本着经济实用、先进高效的原则确定。

(3) 应该正确、全面地使用行业和地方的计价定额与相关文件。

(4) 不可竞争的措施项目和规费、税金等费用的计算均属于强制性的条款,编制招标控制价时应按国家有关规定计算。

(5) 不同工程项目、不同施工单位会有不同的施工组织办法,所发生的措施费也会有所不同,因此,对于竞争性的措施费用的确定,招标人应首先编制常规的施工组织设计或施工方案,然后经专家论证确认后再合理确定措施项目与费用。

5.2.6 招标控制价的审查

1）审查招标控制价的编制依据

审查招标控制价所有编制依据是否合理。

2）审查招标控制价的方法

依据项目的规模、特征、性质及委托方的要求等可采用重点审查法、全面审查法。重点审查法适用于投标人对个别项目进行投诉的情况,全面审查法适用于名目的审查。

3）审查重点

招标控制价应重点审查以下几个方面:招标控制价的项目编码、项目名称、工程数量、计量单位等是否与发布的招标工程量清单项目一致;招标控制价的总价是否全面,汇总是否正确;分部分项工程综合单价的组成是否符合工程量清单计价规范和其他工程造价计价依据的要求;措施项目施工方案是否正确、可行;费用的计取是否符合工程量清单计价规范和其他工程造价计价依据的要求;安全文明施工费是否执行了国家或省级、行业建设主管部门的规定;管理费、利润、风险费及主要材料和设备的价格是否正确、得当;规费、税金是否符合《建设工程工程量清单计价规范》(GB 50500—2013)的要求,是否执行了国家或省级、行业建设主管部门的规定。

5.2.7　招标控制价的投诉与处理规定

(1) 投标人经复核认为招标人公布的招标控制价未按照规范的规定进行编制的,应在招标控制价公布后 5 天内向招标投标监督机构和工程造价管理机构投诉。

(2) 投诉人不得进行虚假、恶意投诉,阻碍招投标活动的正常进行。

(3) 工程造价管理机构在接到投诉书后应在 2 个工作日内进行审查,对有下列情况之一的不予受理:

① 投诉人不是所投诉招标工程招标文件的收受人;

② 投诉书提交的时间不符合规定的;

③ 投诉书未由单位盖章和法定代表人或其委托人签名或盖章的;

④ 投诉事项已进入行政复议或行政诉讼程序的。

(4) 工程造价管理机构应在不迟于结束审查的次日将是否受理投诉的决定,书面通知投诉人、被投诉人,以及负责该工程招标投标监督的招标投标管理机构。

(5) 工程造价管理机构受理投诉后,应立即对招标控制价进行复查,组织投诉人、被投诉人或其委托的招标控制价编制人等单位人员对投诉问题逐一核对。有关当事人应当予以配合,并应保证所提供资料的真实性。

(6) 工程造价管理机构应当在受理投诉的 10 天内完成复查,特殊情况下可适当延长,并作出书面结论通知投诉人、被投诉人及负责该工程招标投标监督的招标投标管理机构。

(7) 当招标控制价复查结论与原公布的招标控制价误差大于±3%时,应当责成招标人改正。

(8) 招标人根据招标控制价复查结论需要重新公布招标控制价的,其最终公布的时间至招标文件要求提交投标文件截止时间不足 15 日的,应相应延长投标文件的截止时间。

5.3 投标文件及投标报价的编制

5.3.1 建设项目施工投标与投标文件的编制

1）投标的含义

建设工程投标是指具有合法资格和能力的承包商根据招标条件,经过初步研究和估算,在指定期限内填写标书,提出报价,争取承包建设工程项目的经济活动。投标是建筑企业取得工程施工合同的主要途径,它是针对招标的工程项目,力求实现决策最优化的活动。

2）投标决策的概念

投标决策,就是投标人选择和确定投标项目与制定投标行动方案的决定,工程投标决策是指建设工程承包商为实现其生产经营目标,针对建设工程招标项目,而寻求并实现最优化的投标行动方案的活动。因为投标决策是公司经营决策的重要组成部分,并指导投标全过程,与公司经济效益紧密相关,所以必须及时、迅速、果断地进行投标决策。

投标决策主要包括三个方面的内容:投标机会决策,即是否投标的机会研究;投标定位决策,即投何种性质的标;投标方法性决策,采用何种策略和技巧。

（1）投标机会决策

投标机会决策主要是投标人及其决策组织成员对是否参加投标进行研究、论证并作出决策,一般是在投标人购买资格预审文件前后完成。在这一阶段当中,进行决策的主要依据包括招标人发布的招标公告,投标人对工程项目的跟踪调查情况,投标人对招标人情况进行的调查研究及了解资料。针对国际项目,进行决策的依据还应该包括投标人对工程所在国及所在地的调查研究及了解。

在下列情况下,投标人可以根据实际情况的调查,放弃投标:

① 工程资质要求超过本企业资质等级的项目;

② 本企业业务范围和经营能力之外的项目;

③ 本企业在手承包任务比较饱满,而招标工程的风险较大或盈利水平较低的项目;

④ 本企业投标资源投入量过大时面临的项目;

⑤ 有在技术等级、信誉、水平和实力等方面具有明显优势的潜在竞争对手参加的项目。

（2）投标定位决策

如果投标人经过前期的投标机会研究决定进行投标,便进入投标后期的投标定位决策。定位决策是指投标人从申报投标资格预审资料至投标报价为止的期间,研究投什么样的标及怎样进行投标。在进行决策时,可以根据投标性质的不同,考虑投风险标或保险标;或者根据效益情况的不同,考虑投盈利标、保本标或亏损标。

① 保险标是指承包商对基本上不存在什么技术、设备、资金和其他方面问题的,或虽有技术、设备、资金和其他方面的问题,但可预见并已有解决办法的工程项目而投的标。若企业经济实力较弱,经不起失误或风险的打击,投标人往往投保险标,尤其是在国际工程承包

市场上承包商大多愿意投保险标。

② 风险标是指承包商对存在技术、设备、资金或其他方面未解决的问题，承包难度比较大的招标工程而投的标。投标后若对于存在的问题解决得好，则可以取得较好的经济效益，同时可以得到更多的管理经验；若对于存在的问题解决得不好，企业则面临经济损失、信誉损害等问题。因此这种情况下的投标决策必须谨慎。

③ 盈利标是指承包商为能获得丰厚利润回报而投的标。

④ 保本标是指承包商对不能获得多少利润但一般也不会出现亏损的招标工程而投的标。

（3）投标方法性决策

投标方法性决策即投标报价策略，将在 5.3.4 节中介绍。

3）施工投标前期工作

（1）研究招标文件

招标文件是投标和报价的主要依据，全面研究招标文件，对工程本身和招标方的要求有基本的了解之后，投标单位就可以制订自己的投标工作计划，为争取中标，有秩序地开展工作。通过对招标文件的认真研究，对疑问之处整理记录，交由参加现场踏勘和标前会议的人员，使其在标前会议上尽力予以澄清，也可随时向业主及招标人致函咨询。全面权衡利弊得失，才能据此做出评价和投标报价决策。重点通常放在以下几方面：

① 研究工程的综合说明，借以获得工程全貌的轮廓。

② 熟悉并详细研究设计图纸和技术说明书及特殊要求、材料样品。其目的在于了解工程的技术细节和具体要求，使制定施工方案和报价有确切的依据。详细了解设计规定的各部分工艺做法和对材料品种加工规格的要求，对整个建筑装饰设计及其各部位详图的尺寸、各种图纸之间的关系都要清晰，发现不清楚或互相矛盾之处，要提请招标方解释或订正。

③ 研究合同的主要条款。明确中标后应承担的义务和责任及应享有的权利。重点注意承包方式，开竣工时间及工期奖罚，材料供应及价款结算办法，预付款的支付和工程款结算办法，工程变更及停工、窝工损失处理办法等。这些因素关系到施工方案的安排，或关系到资金的周转，以及工程管理的成本费用，最终都会反映在标价上，所以都必须认真研究，以减少承包风险。

④ 熟悉投标须知，投标人取得招标文件后，为保证工程量清单报价的合理性，应对投标人须知、合同条件、技术规范、图纸和工程量清单等重点内容进行分析。明确在投标过程中，投标方应在什么时间做什么事和不允许做什么事，目的在于提高效率，避免造成废标，徒劳无功。

（2）收集资料、准备投标

研究招标文件后，就要尽快通过调查研究，获取投标所需的有关数据和情报，对发现的问题进行质询与澄清，解决在招标文件中存在的问题并进行投标准备。投标准备包括：组建投标机构、参加现场踏勘及投标预备会、询问市场情况、计算和复核招标文件中提供的工程量等内容。

① 收集相关资料和情报

收集相关资料和情报主要是对投标和中标后履行合同有影响的各种客观因素、业主和监理工程师的资信及工程项目的具体情况等进行深入细致的了解和分析。

a. 政治、政策和法律情况。投标人首先应当了解在招标投标活动中及在合同履行过程中有可能涉及的法律，也应当了解与项目有关的政治形势、国家政策等，即国家对该项目采取的是鼓励政策还是限制政策。

b. 自然条件。包括工程所在地的地理位置和地形、地貌，气象状况（气温、湿度、主导风向、年降水量等），洪水、台风及其他自然灾害状况等。

c. 工程项目的情况。包括工程性质、规模、发包范围及与其他工程之间的关系；工程的技术规程和对材料性能及工人技术水平的要求；总工期及分批竣工交付使用的要求；施工场地的地形、地质、地下水位、交通运输、给水排水、供电、通信条件的情况；工程项目资金来源；对购买器材和雇用工人有无限制条件；工程价款的支付方式、外汇所占比例等。

d. 招标人和监理的情况。包括招标人的资信情况、履约态度、支付能力，在其他项目上有无拖欠工程款的情况，对实施的工程需求的迫切程度等。监理工程师的资历、职业道德和工作作风等。

e. 竞争对手资料。掌握竞争对手的情况，是投标策略中的一个重要环节，也是投标人参加投标能否获胜的重要因素。投标人在制定投标策略时必须考虑竞争对手的情况。

② 参加现场踏勘

投标人进行现场踏勘的内容，主要包括以下几个方面：

a. 对工程施工现场情况包括工程所在地的地理位置和地形、地貌、地质、有无障碍物、地下水位、交通、电力运输、给水排水、水源、通信条件等情况进一步了解。

b. 投标人参与投标的那一部分工程与其他承包商或分包商之间的关系。

c. 进出现场的方式，现场附近有无食宿条件、料场开采条件、其他加工条件、设备维修条件等。

d. 现场附近治安情况。

③ 参加投标预备会

投标预备会，又称答疑会、标前会议，一般在现场踏勘之后的1～2天内举行。答疑会的目的是解答投标人对招标文件和在现场中所提出的各种问题，并对图纸进行交底和解释。

投标人在对招标文件进行认真分析和对现场进行踏勘之后，应尽可能多地将投标过程中可能遇到的问题向招标人提出疑问，争取得到招标人的解答，为下一步投标工作的顺利进行打下基础。投标人应在投标人须知前附表规定的时间前，以书面形式将提出的问题送达招标人，以便招标人在会议期间澄清。

④ 询价及市场调查

为了能够准确地确定投标报价，投标时应认真调查工程所在地的人工工资标准、材料来源、价格、运输方式、机械设备租赁价格等和报价有关的市场信息，为准确报价提供依据。

a. 询价：

• 生产要素询价。包括材料询价、施工机械设备询价和劳务询价。其中劳务询价主要有两种情况：一是成建制的劳务公司；另一种是劳务市场招募零散劳动力。

· 分包询价。对分包人询价应注意以下几点：分包标函是否完整；分包工程单价所包含的内容；分包人的工程质量、信誉及可信赖程度；质量保证措施；分包报价。

b. 市场调查。投标人调查市场情况是一项非常艰巨的工作，其内容也非常多，主要包括：建筑材料、施工机械设备、燃料、动力、水和生活用品的供应情况、价格水平、物价指数及今后的变化趋势和预测；劳务市场情况，如工人技术水平、工资水平、有关劳动保护和福利待遇的规定等；金融市场情况，如银行贷款的难易程度及银行贷款利率等。

对材料设备的市场情况尤其需要详细了解，包括原材料和设备的来源方式，购买的成本，来源国或厂家供货情况；材料、设备购买时的运输、税收、保险等方面的规定、手续、费用；施工设备的租赁、维修费用。

⑤ 计算或复核工程量，复核招标控制价

现阶段我国进行工程施工投标时，招标文件中给出的工程数量比较准确。但是投标人还必须进行校核，否则，一旦投标人自己计算漏项或其他错误，就会影响中标或造成不应有的经济损失。投标人在进行投标时，应根据图纸等资料对给定工程量的准确性进行复核，为投标报价提供依据。

复核工程量的目的不是修改工程量清单，即使有误，投标人也不能修改工程量清单中的工程量，因为修改了清单就等于擅自修改了合同。对工程量清单存在的错误，可以向招标人提出，由招标人统一修改并把修改情况通知所有投标人。

针对工程量清单中工程量的遗漏或错误，是否向招标人提出修改意见取决于投标策略。

4）工程投标文件的内容

建设工程投标文件是建设工程投标单位单方面阐述自己响应招标文件要求，旨在向招标单位提出意愿订立合同的意思表示，是投标单位确定、修改和解释有关投标事项的各种书面表达形式的统称。建设工程投标文件作为一种要约，必须符合一定的条件才能产生约束力。这些条件主要包括必须明确向招标单位表示愿意按招标文件的内容订立合同的意思、必须对招标文件提出的实质性要求和条件作出响应且不得以低于成本的报价竞标、必须有资格的投标单位编制、必须按照规定的时间和地点递交给招标单位等。根据《工程建设项目施工招标投标办法》中第三十六条的规定：投标人应当按照招标文件的要求编制投标文件，投标文件应当对招标文件提出的实质性要求和条件做出响应。凡不符合的投标文件将被拒绝。

建设工程投标文件是由一系列有关投标方面的书面资料组成的。《标准施工招标文件》示范文本第八章给出了投标文件的格式，包括封面、目录和内容，主要内容有投标函及投标函附录、法定代表人身份证明、授权委托书、联合体协议书、投标保证金、已标价工程量清单、施工组织设计、项目管理机构、拟分包项目情况表、资格审查资料、其他材料等。参见《标准施工招标文件》(2007版)。需要指出的是投标单位必须使用招标文件提供的投标文件表格格式，但表格可以按同样格式扩展。

5.3.2 投标报价的编制

1) 投标报价的含义

投标报价是在工程招标发包过程中，由投标人按照招标文件的要求，根据工程特点，并结合自身的施工技术、装备和管理水平，依据有关计价规定自主确定的工程造价，是投标人希望达成工程承包交易的期望价格，它不能高于招标人设定的招标控制价。作为投标计算的必要条件，应预先确定施工方案和施工进度。此外，投标计算还必须与采用的合同形式相协调。

2) 投标报价的编制依据

投标报价应根据下列依据编制：

（1）建设工程工程量清单计价规范。

（2）国家或省级、行业建设主管部门颁发的计价办法。

（3）企业定额，国家或省级、行业建设主管部门颁发的计价定额。

（4）招标文件、工程量清单及其补充通知、答疑纪要。

（5）建设工程设计文件及相关资料。

（6）施工现场情况、工程特点及拟定的投标施工组织设计或施工方案。

（7）与建设项目相关的标准、规范等技术资料。

（8）市场价格信息或工程造价管理机构发布的工程造价信息。

（9）其他的相关资料

3) 投标报价的编制原则

报价是投标的关键性工作，报价是否合理不仅直接关系到投标的成败，还关系到中标后企业的盈亏。投标价应由投标人或受其委托、具有相应资质的工程造价咨询人员编制。投标报价编制原则如下：

（1）投标报价由投标人自主确定，但必须执行《建设工程工程量清单计价规范》（GB 50500—2013)的强制性规定。投标人必须按招标工程量清单填报价格。项目编码、项目名称、项目特征描述、计量单位、工程量必须与招标工程量清单一致；投标人的投标报价高于招标控制价的应予废标。

（2）投标人的投标报价不得低于成本。《招标投标法》第四十一条规定，中标人的投标能够满足招标文件的实质性要求，并且经评审的投标价格最低，但是投标价格低于成本的除外。《评标委员会和评标方法暂行规定》（七部委第12号令）第二十一条规定，在评标过程中，评标委员会发现投标人的报价明显低于其他投标报价或者在设有标底时明显低于标底，使得其投标报价可能低于其个别成本的，应当要求该投标人做出书面说明并提供相关证明材料，投标人不能合理说明或者不能提供相关证明材料的，由评标委员会认定该投标人以低于成本报价竞标，其投标应作为废标处理。

（3）投标报价要以招标文件中设定的发承包双方责任划分，作为考虑投标报价费用项目和费用计算的基础，发承包双方的责任划分不同，会导致合同风险不同的分摊，从而导致投标人选择不同的报价,根据工程发承包模式考虑投标报价的费用内容和计算深度。

(4) 以施工方案、技术措施等作为投标报价计算的基本条件,以反映企业技术和管理水平的企业定额作为计算人工、材料和机械台班消耗量的基本依据,充分利用现场考察、调研成果、市场价格信息和行情资料等编制基础标价。

(5) 报价计算方法要科学严谨,简明适用。

(6) 招标工程量清单与计价表中列明的所有需要填写的单价和合价的项目,投标人均应填且只允许有一个报价。未填写单价和合价的项目,可视为此项费用已包含在已标价工程量清单中其他项目的单价和合价之中。竣工结算时,此项目不得重新组价予以调整。

(7) 投标总价应当与分部分项工程费、措施项目费、其他项目费和规费、税金的合计金额一致。进行工程量清单招标的投标报价时,不能进行投标总价优惠(或降价、让利),投标人对招标人的任何优惠(或降价、让利)均应反映在相应清单项目的综合单价中。

4) 投标报价的编制方法和内容

编制投标报价时,应首先根据招标人提供的工程量清单编制分部分项工程和措施项目计价表,其他项目计价表,规费、税金项目计价表,计算完毕之后,汇总得到单位工程投标报价汇总表,再层层汇总,分别得出单项工程投标报价汇总表和工程项目投标总价汇总表。

在编制过程中,投标人应按招标人提供的工程量清单填报价格。填写的项目编码、项目名称、项目特征描述、计量单位、工程量必须与招标人提供的一致。

(1) 分部分项工程项目和单价措施项目清单与计价表的编制

分部分项工程项目和单价措施项目费应按招标文件中分部分项工程项目和单价措施项目清单与计价表的特征描述确定综合单价计算。因此,确定综合单价是分部分项工程项目和单价措施项目计价表编制过程中最主要的内容。

综合单价包括完成一个规定清单项目所需的人工费、材料和工程设备费、施工机具使用费、企业管理费、利润,并考虑风险费用的分摊。其计算公式为

$$综合单价 = 人工费 + 材料和工程设备费 + 施工机具使用费 + 企业管理费 + 利润$$
$$(5.6)$$

① 确定综合单价时的注意事项

a. 以项目特征描述为依据。项目特征是确定综合单价的重要依据之一。在招标投标过程中,当出现招标工程量清单特征描述与设计图纸不符时,投标人应以招标工程量清单的项目特征描述为准,确定投标报价的综合单价。当施工中施工图纸或设计变更与招标工程量清单项目特征描述不一致时,发承包双方应按实际施工的项目特征,依据合同约定重新确定综合单价。

b. 材料、工程设备暂估价的处理。招标文件中的其他项目清单提供了暂估单价的材料和工程设备,应按其暂估的单价计入清单项目的综合单价中。

c. 招标文件中要求投标人承担的风险费用,投标人应考虑计入综合单价中。在施工过程中,当出现的风险内容及其范围(幅度)在招标文件规定的范围(幅度)内时,综合单价不得变动,合同价款不做调整。根据国际惯例并结合我国工程建设的特点,发承包双方对工

程施工阶段的风险宜采用如下分摊原则：

· 对于主要由市场价格波动导致的价格风险，如工程造价中的建筑材料、燃料等价格风险，发承包双方应当在招标文件中或在合同中对此类风险的范围和幅度予以明确约定，进行合理分摊。根据工程特点和工期要求，一般采取的方式是承包人承担 5% 以内的材料、工程设备价格风险，10% 以内的施工机具使用费风险。

· 对于法律、法规、规章或有关政策出台导致工程税金、规费、人工费发生变化，并由省级、行业建设行政主管部门或其授权的工程造价管理机构根据上述变化发布的政策性调整，承包人不应承担此类风险，应按照有关调整规定执行。

· 对于承包人根据自身技术水平、管理、经营状况能够自主控制的风险，如承包人的管理费、利润的风险，承包人应结合市场情况，根据企业自身的实际合理确定、自主报价，该部分风险由承包人全部承担。

② 分部分项工程项目和单价措施项目单价的确定步骤和方法

a. 确定计算基础。计算基础主要包括消耗量的指标和生产要素的单价。应根据本企业实际消耗量水平，并结合拟订的施工方案确定完成清单项目需要消耗的各种人工、材料、机械台班的数量。计算时应采用企业定额，在没有企业定额或企业定额缺项时，可参照与本企业实际水平相近的国家、地区、行业定额，并通过调整来确定清单项目的人工、材料、机械台班单位用量。各种人工、材料、机械台班的单价，则应根据询价的结果和市场行情综合确定。

b. 分析每一清单项目的工程内容。在招标文件提供的工程量清单中，招标人已对项目特征进行了准确、详细的描述，投标人根据这一描述，再结合施工现场情况和拟订的施工方案确定完成各清单项目实际应发生的工程内容。必要时可参照《建设工程工程量清单计价规范》(GB 50500—2013)中提供的工程内容，有些特殊的工程也可能出现规范列表之外的工程内容。

c. 计算工程内容的工程数量与清单单位含量。清单单位含量是指每一计量单位的清单项目所分摊的工程内容的工程数量。由于"清单计价规范"和"消耗量定额"或"企业定额"在工程项目划分上不完全一致。工程量清单以"综合实体"项目为主划分(实体项目中一般可以包括许多工程内容)。而消耗量定额一般是按施工工序设置的，包括的工程内容一般是单一的。因此需要清单计价的编制人根据工程量清单描述的项目特征和工作内容确定清单项目所包含的消耗量定额子目。

$$\begin{matrix} \text{每一计量单位清单} \\ \text{项目某种资源的使用} \end{matrix} = \begin{matrix} \text{该资源的定额} \\ \text{单位使用量} \end{matrix} \times \begin{matrix} \text{相应定额条目的} \\ \text{清单单位含量} \end{matrix} \qquad (5.7)$$

$$\text{清单单位含量} = \frac{\text{某工程内容的定额工程量}}{\text{清单工程量}} \qquad (5.8)$$

d. 分部分项工程人工、材料、机械费用的计算。它以完成每一计量单位的清单项目所需的人工、材料、机械用量为基础计算，即

$$\text{完成单位清单项目人工费} = \text{所需人工的工日数量} \times \text{人工工日单价} \qquad (5.9)$$

$$完成单位清单项 \atop 目所需材料费 = 各种材料、半 \atop 成品的数量 \times 各种材料、半 \atop 成品单价 \qquad (5.10)$$

$$完成单位清单项目 \atop 所需施工机具使用费 = 各种机械的 \atop 台班数量 \times 各种机械的 \atop 台班单价 + 仪器仪表 \atop 使用费 \qquad (5.11)$$

当招标人提供的其他项目清单中列示了材料暂估价时,应根据招标人提供的价格计算材料费,并在分部分项工程量清单与计价表中表现出来。

e. 计算综合单价。企业管理费和利润的计算按人工费、施工机械使用费之和,按照企业取定的费率取费计算,即

$$企业管理费 = (人工费 + 施工机械使用费) \times 企业管理费费率(\%) \qquad (5.12)$$

$$利润 = (人工费 + 施工机械使用费) \times 利润率(\%) \qquad (5.13)$$

将上述五项费用汇总,并考虑合理的风险费用后,即可得到清单综合单价。根据计算出的综合单价,可编制分部分项工程量清单与计价表。

③ 工程量清单综合单价分析表的编制

为表明综合单价的合理性,投标人应对其进行单价分析,以作为评标时的判断依据。综合单价分析表的编制应反映上述综合单价的编制过程,并按照规定的格式进行。

(2) 总价措施项目清单与计价表的编制

对于不能精确计量的措施项目,应编制总价措施项目清单与计价表。投标人对措施项目中的总价项目投标报价应遵循以下原则:

① 招标人提出的措施项目清单是根据一般情况确定的,没有考虑不同投标人的"个性",投标人投标时应根据自身编制的投标施工组织设计或施工方案确定措施项目,对招标人提供的措施项目进行调整。措施项目的内容应依据招标人提供的措施项目清单和投标人投标时拟订的施工组织设计或施工方案确定。投标人根据投标施工组织设计或施工方案调整和确定的措施项目应通过评标委员会的评审。

② 措施项目费由投标人自主确定,但其中的安全文明施工费必须按照国家或省级、行业建设主管部门的规定计价,不得作为竞争性费用。招标人不得要求投标人对该项费用进行优惠,投标人也不得将该项费用参与市场竞争。

(3) 其他项目清单与计价表的编制

其他项目费主要包括暂列金额、暂估价、计日工及总承包服务费。投标人对其他项目费进行投标报价时应遵循以下原则:

① 暂列金额应按照招标人提供的其他项目清单中列出的金额填写,不得变动。

② 暂估价不得变动和更改。暂估价中的材料、工程设备暂估价必须按照招标人提供的暂估单价计入清单项目的综合单价;专业工程暂估价必须按照招标人提供的其他项目清单中列出的金额填写。

③ 计日工应按照招标人提供的其他项目清单列出的项目和估算的数量,自主确定各项综合单价并计算费用。

④ 总承包服务费应根据招标人在招标文件中列出的分包专业工程内容和供应材料、设

备情况,按照招标人提出的协调、配合与服务要求和施工现场管理需要自主确定。

(4) 规费、税金项目清单与计价表的编制

由于规费和税金的计取标准是依据有关法律、法规和政策规定制定的,具有强制性,因此,规费和税金应按国家或省级、行业建设主管部门的规定计算,不得作为竞争性费用。

5) 投标报价的汇总

投标人的投标总价应当与组成工程量清单的分部分项工程费、措施项目费、其他项目费和规费、税金的合计金额相一致,即投标人在进行工程量清单招标的投标报价时,不能进行投标总价优惠(或降价、让利),投标人对投标报价的任何优惠(或降价、让利)均应反映在相应清单项目的综合单价中。

5.3.4 工程投标报价策略与技巧

投标报价策略是投标人在投标竞争中的系统工作部署及参与投标竞争的方式和手段。对投标单位而言,投标报价策略是投标取胜的重要方式、手段和艺术。投标报价策略可分为基本策略和报价技巧两个层面。

为了在竞争中取胜,决策者应当对报价计算的准确度,期望利润是否合适,报价风险及本公司的承受能力,当地的报价水平,以及对竞争对手优势的分析评估等进行综合考虑,才能决定最后的报价金额。

1) 基本策略

报价决策的主要资料依据应当是本公司算标人员的计算书和分析指标。报价决策不是由算标人员的具体计算,而是由决策人员同算标人员一起,对各种影响报价的因素进行分析,并作出果断和正确的决策。投标报价的基本策略主要是指投标单位应根据招标项目的不同特点,并考虑自身的优势和劣势,选择不同报价。基本策略主要有以下三种:

① 生存型策略。投标报价以克服生存危机为目标而争取中标,可以不考虑各种影响因素。

② 竞争型策略。投标报价以竞争为手段,以开拓市场、低盈利为目标,在精确计算成本的基础上,充分估计竞争对手的报价目标,以有竞争力的报价达到中标的目的。投标人处在以下几种情况时,应采取竞争型报价策略:经营状况不景气,近期接收到的投标邀请较少;竞争对手有威胁性;试图打入新的地区;开拓新的工程施工类型;投标项目风险小、施工工艺简单、工程量大、社会效益好的项目;附近有本企业其他正在施工的项目。这种策略是大多数企业采用的,也叫保本低利策略。

③ 盈利型策略。这种策略投标报价时要充分发挥自身优势,以实现最佳盈利为目标。下面几种情况可以采用盈利型报价策略:如投标人在该地区已经打开局面、施工能力饱和、信誉度高、竞争对手少、具有技术优势并对招标人有较强的名牌效应、投标人目标主要是扩大影响,或者施工条件差、难度高、资金支付条件不好、工期质量要求苛刻等。

2）报价分析

按一定的策略得到初步报价后，应当对这个报价进行多方面分析，分析的目的是探讨这个报价的合理性、竞争性、盈利性及风险性。

影响报价的因素很多，往往难以做定量的测算，因此就需要进行定性分析。报价的最终目的有两个：一个是提高中标的可能性；另一个是中标后企业能获得盈利。不同投标单位算标人员获得的基础价格资料是相近的，因此从理论上分析，各投标人报价同标底价格都应当相差不远。之所以出现差异，主要是由于以下原因：

① 各公司期望盈余（计划利润和风险费）不同，有的投标人急于中标以维持生存局面，不得不降低利润率，甚至不计取利润；也有的投标人机遇较好，并不急切求得中标，而追求较高的利润。

② 各自拥有不同优势，有的投标人拥有闲置的机械和材料，有的投标人拥有雄厚的资金，有的投标人拥有众多的优秀管理人才等。

③ 选择的施工方案不同，对于大中型项目和一些特殊的工程项目，施工方案的选择对成本影响较大。科学合理的施工方案包括工程进度的合理安排、机械化程度的正确选择、工程管理的优化等，都可以明显降低施工成本，因而降低报价。

④ 管理费用有差别等，集团企业和中小企业、老企业和新企业、项目所在地企业和外地企业之间的管理费用的差别是比较大的。在清单计价模式下显示投标人个别成本，这种差别显得更加明显。

鉴于以上情况，在进行投标决策研讨时，应当正确分析本公司和竞争对手情况、优势和劣势，并进行实事求是的对比评估，报出合理的价格。

毋庸置疑，低报价会增加中标概率，但在工程量清单计价下的低价必须讲"合理"，并不是越低越好，不能低于投标人的个别成本，不能由于低价中标而造成亏损。投标人必须是在保证质量、工期的前提下，保证预期的利润及在考虑一定风险的基础上确定最低成本价。低价虽然重要，但不是报价的唯一因素，除了低报价之外，投标人可以采取策略或投标技巧战胜对手或可以提出能够让招标人降低投资的合理化建议或对招标人有利的一些优惠条件，这些措施都可以弥补报高价的不足。

3）报价技巧

报价技巧是指投标中具体采用的对策和方法，即在投标报价中采用既能使招标人接受，而中标后又能获得更多利润的方法。投标人在工程投标时，主要应该在先进合理的技术方案和较低的投标价格上下功夫，以争取中标，但还有一些投标技巧对中标及中标后的获利有一定的帮助。

（1）不平衡报价

不平衡报价指在总价基本确定的前提下，如何调整内部各个子项的报价，以期既不影响总报价，又在中标后投标人可尽早收回垫支于工程中的资金和获取较好的经济效益。但要注意避免畸高畸低现象，避免失去中标机会。通常采用的不平衡报价有下列几种情况：

① 对能早期结账收回工程款的项目（如土方、基础等）的单价可报以较高价，以利于资

金周转;对后期项目(如装饰、电气设备安装等)单价可适当降低。

② 估计今后工程量可能增加的项目,其单价可提高,而工程量可能减少的项目,其单价可降低。

但上述两点要统筹考虑。对于工程量数量有错误的早期工程,如不可能完成工程量表中的数量,则不能盲目抬高单价,需要具体分析后再确定。

③ 图纸内容不明确或有错误,估计修改后工程量要增加的,其单价可提高;而工程内容不明确的,其单价可降低。

④ 没有工程量只填报单价的项目(如疏浚工程中的开挖淤泥工作等),其单价宜高。这样,既不影响总的投标报价,又可多获利。

⑤ 对于暂定项目,其实施的可能性大的项目,价格可定高价;估计该工程不一定实施的可定低价。

⑥ 对于零星用工(计日工)单价,如果是单纯报计日工单价,且不计入总报价中,则可报高些,以便在建设单位额外用工或使用施工机械时多盈利。但如果计日工单价要计入总报价时,则要具体分析是否报高价,以免抬高总报价。总之,要分析建设单位在开工后可能使用的计日工数量,再来确定报价策略。

⑦ 量大价高的提高报价。工程量大的少数子项适当提高单价,工程量小的大多数子项则报低价。这种方法适用于采用单价合同的项目。

【案例 5.4】 不平衡报价法应用案例。

某办公楼施工招标文件的合同条款中规定:预付款数额为合同价的 30%,开工后 3 天内支付,上部结构工程完成一半时一次性全额扣回,工程款按季度支付。

某承包商对该项目投标,经造价工程师估算,总价为 9 000 万元,总工期为 24 个月,其中:基础工程估价为 1 200 万元,工期为 6 个月;上部结构工程估价为 4 800 万元,工期 12 个月;装饰和安装工程估价为 3 000 万元,工期为 6 个月。

该承包商为了既不影响中标,又能在中标后取得较好的收益,决定采用不平衡报价法对造价工程师的原估价做适当调整,基础工程调整为 1 300 万元,结构工程调整为 5 000 万元,装饰和安装工程调整为 2 700 万元。

另外,该承包商还考虑到,该工程虽然有预付款,但平时工程款按季度支付不利于资金周转,决定除按上述调整后的数额报价外,还建议业主将支付条件改为:预付款为合同价的 5%,工程款按月支付,其余条款不变。

(2) 多方案报价法

多方案报价法是投标人利用工程说明书或合同条款不够明确之处或某些不足,提出有利于业主的替代方案(又称备选方案),用合理化建议吸引业主争取中标的一种投标技巧。

多方案报价法的适用情况是:对于一些招标文件,工程范围不很明确,条款不清楚或很不公正,或技术规范要求过于苛刻时,往往使投标人承担较大风险。为了减少风险就必须扩大工程单价,增加"不可预见费",但这样做又会因报价过高而增加被淘汰的可能性。多方案报价法就是为对付这种两难局面而出现的。

其具体做法是在标书上报两价目单价,一是按原工程说明书合同条款报一个价,二是加以注解,"如工程说明书或××合同条款可作某些改变时",则可降低多少的费用,使报价成为最低,以吸引业主修改说明书和合同条款。但是,这种方法的应用要根据招标文件的要求,如果招标文件中明确规定不允许报多个方案和多个报价,则不可以采用此种方法。

(3)增加备选方案报价法

有时招标文件中规定,可以提一个建议方案,即是可以修改原设计方案,提出投标者的方案。

投标人这时应抓住机会,组织一批有经验的设计和施工工程师,对原招标文件的设计和施工方案仔细研究,提出更合理的方案以吸引业主,促成自己的方案中标。

这种新的建议方案可以降低总造价或提前竣工或使工程运用更合理,但要注意的是对原招标方案一定也要报价,以供业主比较。

增加建议方案时,不要将方案写得太具体,保留方案的技术关键,防止业主将此方案交给其他承包商,同时要强调的是,建议方案一定要比较成熟,或过去有实践经验,因为投标时间不长,如果仅为中标而匆忙提出一些没有把握的方案,可能引起后患。

(4)突然降价法

报价是一件保密的工作,但是对手往往通过各种渠道、手段来刺探情况;因此在报价时可以采取迷惑对方的手法。即先按一般情况报价或表现出自己对该工程兴趣不大,到快投标截止时,再突然降价。如鲁布革水电站引水系统工程招标时,日本大成公司知道其主要竞争对手是前田公司,因而在临近开标前把总报价突然降低8.04%,取得最低标,为以后中标打下基础。

采用这种方法时,一定要在准备投标报价的过程中考虑好降价的幅度,在临近投标截止日期前,根据情报信息与分析判断,再做最后决策。

如果由于采用突然降价法而中标,因为开标只降总价,在签订合同后可采用不平衡报价的思想调整工程量表内的各项单价或价格,以期取得更高的效益。

【例5.5】 某土建工程项目确定采用公开招标的方式招标,共有A、B、C、D、E、F六家单位参加投标,其中C投标单位在投标截止日前一天,采取突然降价方法,将分部分项工程费合计由3 290万元降到了3 230万元,并相应地调整了部分费率:规费税率按照分部分项工程合计取5%,措施费30万元,其他项目费100万元,税率3.51%。C单位根据以上数据进行了报价(取整到万元),并确定了工期为520天。在投标截止日当天上午9点第二次更改了投标报价,将投标价格更改为3 980万元,工期仍然为520天。

问题1. C投标单位的第一次投标报价是多少万元?

问题2. C投标单位的有效投标报价为多少万元?

【解】

问题1. 分部分项工程费:3 230万元

措施费:30万元

其他项目费:100万元

规费：(3 230+30+100)×5%＝168(万元)

税金：(3 230+30+100+168)×3.51%＝124(万元)

合计：3 230+30+100+168+124＝3 652(万元)

C投标单位的第一次投标报价为3 652万元。

问题2. C投标单位的有效投标报价为3 980万元。

(5) 先亏后盈法

有的承包商为了打进某一地区,依靠国家、某财团或自身的雄厚资金实力,而采取一种不惜代价,只求中标的低价投标方案。应用这种手法的承包商必须有较好的资信条件,并且提出的施工方案也是先进可行的,同时要加强对公司情况的宣传,否则即使低标价,也不一定被业主选中。

(6) 许诺优惠条件法

投标报价附带优惠条件是行之有效的一种手段。招标人评标时,除了主要考虑报价和技术方案外,还要分析其他条件,如工期、质量、支付条件等。在投标时投标人主动提出提前竣工、低息贷款、免费转让新技术、免费技术协作、代为培训人员等,均是吸引业主、利于中标的有效手段。

(7) 无利润投标

缺乏竞争优势的承包商,在不得已的情况下,只好在算标中根本不考虑利润去夺标。这种办法一般是处于以下条件时采用：

① 有可能在得标后,将大部分工程分包给索价较低的一些分包商;

② 对于分期建设的项目,先以低价获得首期工程,而后赢得机会创造第二期工程中的竞争优势,并在以后的实施中赚得利润;

③ 较长时间内,承包商没有在建的工程项目,如果再不得标,就难以维持生存,因此,虽然本工程无利可图,只要能有一定的管理费维持公司的日常运转,就可设法度过暂时困难。

上述策略与技巧是投标报价中经常采用的,施工投标报价是一项系统工程,报价策略与技巧的选择需要掌握充足的信息,更需要在投标实践中灵活使用,否则就可能导致投标失败。

5.4 工程合同类型和合同价款的确定

5.4.1 施工合同类型

业主与承包商所签订的建设工程合同,按照承包工程计价方式分为总价合同、单价合同、成本加酬金合同。

1) 总价合同

总价合同有时也称为约定总价合同,或称包干合同。一般要求投标人按照招标文件要求报一个总价,在这个价格下完成合同规定的全部项目,即业主支付给承包商的施工工程款项在承包合同中是一个规定的金额。

总价合同一般有以下两种方式：

（1）固定总价合同

承包商的报价以业主方的详细设计图纸和计算为基础，并考虑到一些费用上涨的因素，如图纸及工程要求不变动则总价固定，但当施工中图纸或工程质量要求有变更，或工期要求提前，则总价也应改变。

由于固定总价合同是以不改变合同总价作为委托方式，因此在合同履行过程中，双方均不能以工程量、设备和材料价格、工资变动等为理由提出对合同总价调值的要求。承包商将承担全部风险，并将为许多不可预见的因素付出代价，因此，一般报价较高。

固定总价合同对于承包人来说有利有弊，如果能降低成本则有可能盈利，反之，如果误解了业主招标时设计、规范的要求，遗漏了部分承包范围，则有亏损的风险。固定总价合同对于业主来说同样有利有弊，在签订合同的同时就确定了工程造价，便于资金筹措，但前提是必须在招标时就明确工程的设计、规范，需要有充足的准备时间，所以工期比较长。

固定总价合同一般适用于工期在一年之内且对工程要求非常明确的项目。

（2）可调总价合同

在报价及签订合同时，按招标文件的要求及当时的物价计算总价。但在合同条款中双方商定：如果在执行合同中，由于通货膨胀引起工料成本增加达到某一限度时，合同总价应相应调整。

可调总价合同列出的有关调价的特定条款，往往是在合同专用条款中列明，调价必须按照这些特定的调价条款进行。这种合同与固定总价合同的不同之处在于，它对合同实施中出现的风险做了分摊，发包方承担了通货膨胀的风险，而承包方承担合同实施中实物工程量、成本和工期因素等其他风险。

可调总价合同适用于工程内容和建筑技术经济指标规定很明确的工程项目，由于其合同中有调价条款，因此建设工期在一年以上的工程项目均适合采用这种合同形式。

可调总价合同常用的调价方法包括文件证明法、票据价格调整法和公式调价法。我国的大部分省市确定合同价格的依据是当地的定额，与定额相配套有各种各样的调价方式：月或季度的调价系数、竣工期调价系数、材料信息价或市场价与招标文件规定的基期价的差额等。

2）单价合同

单价合同以工程量清单和单价表为计算报价的依据。通常由建设单位委托设计单位或专业估算师（造价工程师）提出工程量清单，列出分部分项工程量，由承包商填报单价，再算出总造价。

单价合同大多用于工期长、技术复杂、实施过程中发生各种不可预见因素较多的大型土建工程，以及业主为了缩短工程建设周期，初步设计完成后就进行施工招标的工程。

单价合同可分为以下两种形式：

（1）固定单价合同

固定单价合同是指合同的价格计算是以图纸及规定、规范为基础，工程任务和内容明确，业主的要求和条件清楚，合同单价一次包死，固定不变，即不再因为环境的变化和工程量的增减而变化的一类合同。

在这类合同中，清单综合单价在合同有效期内固定不变，承包商几乎承担了合同执行过程中的全部风险。因此，承包商投标时，合同所确定的固定单价应包含完成合同清单项目所需的全部费用，包括人工费、材料费、机械费、脚手架搭拆费、工资性津贴、其他直接费、现场经费、间接费、利润、税金、材料代用、人工调差，材料价差、机械价差、政策性调整、施工措施费用及合同包含的所有风险责任等。在项目实施过程中，在每月结账时，以实际完成的工程量乘以清单单价结算。在工程全部完成时以竣工图最终结算工程的价款。

【案例 5.6】 某工程项目专用合同条款 12.1——综合单价包含的风险范围。

本合同采用固定综合单价报价。承包人已充分考虑了施工期间可能发生的各类市场风险和国家政策性调整风险系数。在合同约定的风险范围以内，综合单价不再调整，超出风险范围的按双方约定调整。风险范围包括：施工期间各类建材的市场风险和国家政策性调整风险。其中：(1) 工程量增减 10% 以内，综合单价不调整(但不平衡报价除外)。

(2) 合同期内乙供材料价格上涨或下跌 5% 以内不调整。

【案例 5.7】 某固定单价合同基础工程结算案例。

某基础工程，招标文件的工程量清单中给出挖土方为 200 m³，混凝土为 100 m³。某承包商经过市场调查并分析自身能力，估算挖土方价格为 15 元/m³、混凝土价格为 500 元/m³。所以该承包商报价为：

挖土方 200×15＝3 000(元)

混凝土 100×500＝50 000(元)

中标后业主和该承包商经过现场实际测量，确认挖掘的土方量为 220 m³，浇筑的混凝土量为 92 m³。所以实际支付的工程款：

挖土方 220×15＝3 300(元)

混凝土 92×500＝46 000(元)

有的合同中规定，当某一子项工程的实际工程量比招标文件中估算的工程量相差超过一定百分比时，双方可以讨论改变单价，但单价调整的方法和比例最好在订合同时即写明，以免以后发生纠纷。

(2) 可调单价合同

可调单价合同一般是指在合同中签订的单价，根据合同约定的条款，如在工程实施过程中物价发生变化等，可作调整，调整方式在合同中约定。有的工程在招标或签约时，因某些不确定因素而在合同中暂定某些分部分项工程的单价，在工程结算时，再根据实际情况和合同约定对合同单价进行调整确定实际结算单价。

【案例 5.8】 某工程专用合同条款 11.1——市场价格波动是否调整合同价格的约定。

1. 人工费调整原则：(1)人工单价发生变化且符合省级或行业建设主管部门发布的人工费调整规定，按省级或行业建设主管部门或其授权的工程造价管理机构发布的人工费等文件调整合同价格,但承包人对人工费或人工单价的报价高于发布价格的除外。(2)调整时间以最新发布的政策文件中注明的适用时间为准,对于该适用时间之前已经完成的工程量部分(无论是否审计或审计是否结束),人工工日单价执行合同价不调整。(3)调整人工费时,承包人投标报价中的人工含量与定额人工含量相比较,人工含量按含量低的计取。

2. 材料价格调整原则:(1)材料价格仅调整××市城乡和住房建设局公布的建设工程材料指导价。(2)合同工期内,由于承包人原因,造成工期拖延的,在拖延期间材料价格下跌的,价格下跌产生的差价由发包人受益;材料价格上涨的,价格上涨产生的差价由承包人承担。(3)施工过程中如非因承包人原因引起上涨或下跌时,幅度在风险范围以内的,其价差由承包人承担或受益,幅度超过风险范围的,其超过部分的价差由发包人承担或受益。(4)原投标综合单价中有发包人约定为暂定材料价格的,结算时按发包人确认后的材料价格替换招标时所约定的暂定材料价格。(5)原投标综合单价中的材料应发包人要求变更时,结算时按发包人确认后的变更材料价格替换原综合单价分析表中的材料价格。

3. 材料差价调整方法:施工期间可调价要素价格的涨、跌幅度以招标控制价所采用的月份价格为基准单价,涨、跌幅度在5%以内(含5%)时,其差价由承包人承担或受益;涨、跌幅度超出5%时,其超出部分的差价由发包人承担或受益。调整方法如下:

(1) 材料差价:以招标控制价所采用×月份的"××工程造价信息"提供的建设工程材料指导价的材料价格×(1±5%)为基础[上式中,当材料价格上涨时选(1+5%),当材料价格下跌时选(1-5%),下同],调差规定按本条约定执行(沥青混凝土不考虑设计采用的沥青混凝土级配、沥青品种等差异,仅按对应粒径的普通沥青混凝土差价进行调整)。

(2) 材差调整数量的确定:以构成工程实体的数量×(1+××省市政工程计价定额损耗率)。

(3) 调差规定:

① 上涨超出5%时,差价(正值)=(施工期间可调价要素加权平均价-控制价所用月份"××市工程造价信息"提供的材料指导价×1.05)×(1-中标下浮率)。

② 下跌超出5%时,差价(负值)=(施工期间可调价要素加权平均价-控制价所用月份"××市工程造价信息"提供的材料指导价×0.95)×(1-中标下浮率)。

③ 施工期间可调价要素加权平均价 = $\sum$[每月实际使用量(需有承包人、监理人及发包人相关验收资料支撑)×当月价格]/该要素总用量。

④ 当某个月造价管理部门发布一次以上价格时,当月价格按当月调整的次数加权平均计算;当每月实际使用量无法确定时,可以根据当月完成的工作量分析出的数量计算(需有承包人、监理人及发包人相关验收资料支撑)。

4. 机械费调整原则:施工机械台班单价或使用费发生变化,超省级或行业建设主管部门或其授权的工程造价管理机构规定的范围时,按有关政策文件执行,所计差价均需按中标下浮率同比例下浮。

固定合同价与可调合同价的区别如表5.3所示。

表 5.3　固定合同价与可调合同价的区别

合同价确定方式	分类	区　别			
		单价	工程量	结算总价（与合同总价对比）	备注
固定合同价	固定合同总价	不变	不变	不变	
	固定合同单价	不变	根据实际工程量调整	总价变化	
可调合同价	可调合同总价	不变	不变	总价变化	由于通货膨胀引起成本的增加达到某一限度时
	可调合同单价	单价可调	根据实际工程量调整	总价变化	

3）成本加酬金合同

成本加酬金合同的基本特点是按工程实际发生的成本（包括人工费、材料费、施工机械使用费、其他直接费和施工管理费以及各项独立费，但不包括承包企业的总管理费和应缴税金），加上商定的总管理费和利润，来确定工程总造价。对于工程内容及其技术经济指标尚未完全确定而又急于上马的工程，如旧建筑物维修、翻新的工程、抢险和救灾工程，或完全崭新的工程以及施工风险很大的工程可采用这种合同。这种合同可分为以下四种主要形式：

（1）成本加固定或比例酬金合同

对人工、材料、机械台班费等直接成本实报实销，对于管理费及利润则是在考虑工程规模、估计工期、技术要求、工作性质及复杂性、所涉及的风险等基础上，根据双方讨论确定一笔固定数目或一定比例的报酬金额。如果设计变更或增加新项目，当直接费用超过原定估算成本的10%左右时，固定的报酬费也要增加。工程的合同总价表达式为：

$$C = C_d + F \tag{5.14}$$

式中　F——双方约定的酬金具体数额。

或：
$$C = C_d + C_d \times P \tag{5.15}$$

式中　C——合同价；

$\qquad C_d$——实际发生的成本；

$\qquad P$——双方事先商定的酬金固定百分比。

在工程总成本一开始估计不准，可能变化较大的情况下，可采用此合同形式，有时可分为几个阶段谈判付给固定报酬。这种方式虽然不能鼓励承包商关心降低成本，但为了尽快得到酬金，承包商会关心缩短工期。有时也可在固定费用之外，根据工程质量、工期以及节约成本等因素，给予承包商一定的奖励，以鼓励承包商积极工作。

这种合同形式通常多用于勘察设计和项目管理合同方面。

（2）成本加奖罚合同

奖金是根据报价书中成本概算指标制定的。合同中对这个概算指标规定了一个"底点"（Floor）（约为工程成本概算的60%～75%）和一个"顶点"（Ceiling）（约为工程成本概算的110%～135%）。承包商在概算指标的"顶点"之下完成工程则可得到奖金，超过"顶点"则要对超出部分支付罚款。如果成本控制在"底点"之下，则可加大酬金值或酬金比例。采用这种方式通常规定，当实际成本超过"顶点"，对承包商罚款时，最大罚款限额不超过原先议定的最高酬金值。成本加奖罚合同的计算表达式为：

$$C = C_d + F(C_d = C_o) \tag{5.16}$$

$$C = C_d + F + \Delta F(C_d < C_o) \tag{5.17}$$

$$C = C_d + F - \Delta F(C_d > C_o) \tag{5.18}$$

式中　C_o——签订合同时双方约定的预期成本；

　　　ΔF——奖罚金额（可以是百分数，也可以是绝对数，而且奖与罚可以是不同计算标准）。

当招标前，设计图纸、规范等准备不充分，不能据以确定合同价格，而仅能制定一个概算指标时，可采用这种形式。

（3）成本加保证最大酬金合同

订合同时，双方协商一个保证最大酬金，施工过程中及完工后，业主支付给承包商在工程中花费的直接成本（包括人工、材料等）、管理费及利润。但最大限度不得超过成本加保证最大酬金。如实施过程中，工程范围或设计有较大变更，双方可协商新的保证最大酬金。

这种合同适用于设计已达到一定深度，工作范围已明确的工程。

（4）限额最大成本加酬金合同

这种合同是在工程成本总价合同基础上加上固定酬金费用的方式，即设计深度已达到可以报总价的深度，投标人报一个工程成本总价，再报一个固定酬金（包括各项管理费、风险费和利润）。合同规定，若实际成本超过合同中的工程成本总价，则由承包商承担所有额外的费用；若承包商在实际施工中节约了工程成本，节约部分由业主和承包商分享，在签订合同时要确定节约分成比例。

不同的合同形式具有不同的应用范围和特点，如下表5.4所示：

表5.4　合同类型及适用范围

合同类型		适用范围	选择时应考虑的因素
总价合同	固定总价合同	适合于工期较短（一般不超过1年），对工程要求十分明确的项目	1. 项目规模和工期长短 2. 项目的竞争情况 3. 项目的复杂程度 4. 项目的明确程度 5. 项目准备时间的长短 6. 项目的外部环境因素 7. 在选择合同类型时，应当综合考虑项目的各种因素，考虑承包人的承受能力，确定双方都能认可的合同类型
	可调总价合同	适合工期较长（如1年以上的工程）的项目	
单价合同	固定单价合同	适用于设计或其他建设条件还不太落实的情况下（技术条件应明确），而以后又需增加工程内容或工程量的项目	
	可调单价合同	适用范围较宽	
成本加酬金合同	成本加固定（或定比）费用合同	主要适用于需要立即开展工作的项目，如震后的救灾工程；新型的工程项目或对项目工程内容及技术经济指标未确定；风险很大的项目	
	成本加奖罚合同		
	成本加保证最大酬金合同		
	限额最大成本加酬金合同		

5.4.2 中标价及合同价款的约定

1）评标的准备与初步评审

（1）初步评审

初步评审包括形式评审标准、资格评审标准、响应性评审标准三方面：

① 形式评审标准：包括投标人名称与营业执照、资质证书、安全生产许可证一致，投标函上有法定代表人或其委托代理人签字或加盖单位章等。

② 资格评审标准：如果是未进行资格预审的，应具备有效的营业执照，具备有效的安全生产许可证，并且资质等级、财务状况等，均符合规定。

③ 响应性评审标准：主要的投标内容包括投标报价校核，审查全部报价数据计算的正确性，分析报价构成的合理性，并与招标控制价进行对比分析，还有工期、工程质量、投标有效期、投标保证金、权利义务、已标价工程量清单、技术标准和要求、分包计划等，均应符合招标文件的有关要求。

【**案例 5.9**】 某项目初步评审的内容及规定。（见表 5.5）

表 5.5 项目初步评审的内容及标准

条款号	评审因素	评审标准
形式评审标准	投标人名称	与营业执照、资质证书、安全生产许可证一致
	投标函签字盖章	有法定代表人的电子签章并加盖法人电子印章
	报价唯一	只能有一个有效报价
	暗标	符合招标文件有关暗标的要求
资格评审标准	营业执照	具备有效的营业执照
	安全生产许可证	具备有效的安全生产许可证
	资质证书	具备有效的资质证书
	资质等级	符合招标公告的要求
	财务要求	符合招标公告的要求
	业绩要求	符合招标公告的要求
	拟派项目负责人要求	符合招标公告的要求
	其他要求	符合招标公告的要求
响应性评审标准	投标内容	符合"投标人须知"招标范围、计划工期和质量要求规定
	工期	符合"投标人须知"招标范围、计划工期和质量要求规定
	工程质量	符合"投标人须知"招标范围、计划工期和质量要求规定
	投标有效期	投标函附录中承诺的投标有效期符合第二章"投标人须知"项规定
	投标保证金	符合第二章"投标人须知"规定
	已标价工程量清单	符合第二章"投标人须知"规定①投标报价不低于工程成本或者不高于招标文件设定的招标控制价或者招标人设置的投标限价的；②未改变"招标工程量清单"给出的项目编码、项目名称、项目特征、计量单位和工程量的；③未改变招标文件规定的暂估价、暂列金额及甲供材料价格；④未改变不可竞争费用项目或费率或计算基础的
	其他要求	无评标办法第 3.3.6 款（废标条款）所列情形

以上各项有一项不符合评审标准的,作无效标处理。

(2) 投标文件的澄清和说明

评标委员会可以书面方式要求投标人对投标文件中含义不明确的内容作必要的澄清、说明或补正,但是澄清、说明或补正不得超出投标文件的范围或者改变投标文件的实质性内容。但评标委员会不得向投标人提出带有暗示性或诱导性的问题,或向其明确投标文件中的遗漏和错误。同时,评标委员会不接受投标人主动提出的澄清、说明或补正。

(3) 报价有算术错误的修正

投标报价有算术错误的,评标委员会按以下原则对投标报价进行修正,修正的价格经投标人书面确认后具有约束力。投标人不接受修正价格的,其投标作废标处理。

① 投标文件中的大写金额与小写金额不一致的,以大写金额为准;

② 总价金额与依据单价计算出的结果不一致的,以单价金额为准修正总价,但单价金额小数点有明显错误的除外。

此外,如对不同文字文本投标文件的解释发生异议的,以中文文本为准。

(4) 废标

经初步评审后否决投标的情况。未能在实质上响应的投标,评标委员会应当否决其投标。具体情形包括:

① 投标文件未经投标单位盖章和单位负责人签字;

② 投标联合体没有提交共同投标协议;

③ 投标人不符合国家或者招标文件规定的资格条件;

④ 同一投标人提交两个以上不同的投标文件或者投标报价,但招标文件要求提交备选投标的除外;

⑤ 投标报价低于成本或者高于招标文件设定的最高投标限价;

⑥ 投标文件没有对招标文件的实质性要求和条件作出响应;

⑦ 投标人有串通投标、弄虚作假、行贿等违法行为。

2) 详细评审标准与方法

建设部89号令《房屋建筑和市政基础设施工程施工招标投标管理办法》第四十一条规定,评标可以采用综合评估法、经评审的最低投标价法或者法律法规允许的其他评标方法。

(1) 经评审的最低投标价法

经评审的最低投标价法是指评标委员会对满足招标文件实质要求的投标文件,根据详细评审标准规定的量化因素及量化标准进行价格折算,按照经评审的投标价由低到高的顺序推荐中标候选人,或根据招标人授权直接确定中标人,但投标报价低于其成本的除外。经评审的投标价相等时,投标报价低的优先;投标报价也相等的,由招标人自行确定。

① 适用范围:该方法主要适用于具有通用技术、性能标准或者招标人对其技术、性能没有特殊要求的招标项目。

② 详细评审标准:根据《标准施工招标文件》的规定,主要的量化因素包括单价遗漏和付款条件等,招标人可以根据项目具体特点和实际需要,进一步删减、补充或细化量化因素和标准;世界银行贷款项目采用此种评标方法时,通常考虑的量化因素和标准包括:一定条

件下的优惠、工期提前的效益和多个标段的评标修正。

③ 根据经评审的最低投标价法完成详细评审后,评标委员会应当拟定一份"价格比较一览表",连同书面评标报告提交招标人。"价格比较一览表"应当载明投标人的投标报价、对商务偏差的价格调整和说明以及已评审的最终投标价。

(2) 综合评估法

不宜采用经评审的最低投标价法的招标项目,一般应当采取综合评估法进行评审。根据综合评估法,最大限度地满足招标文件中规定的各项综合评价标准的投标,应当推荐为中标候选人。

综合评估法是对价格、施工组织设计(或施工方案)、项目经理的资历和业绩、质量、工期、信誉和业绩等因素进行综合评价,从而确定最大限度地满足招标文件中规定的各项综合评价标准的投标为中标人的评标定标方法。它是适用最广泛的评标定标方法。

综合评估法需要综合考虑投标书的各项内容是否同招标文件所要求的各项文件、资料和技术要求相一致。不仅要对价格因素进行评议,还要对其他因素进行评议。主要包括:①标价(即投标报价);②施工方案或施工组织设计;③投入的技术及管理力量;④质量;⑤工期;⑥信誉和业绩。

综合评估法按其具体分析方式的不同,又可分为定性综合评估法和定量综合评估法。

① 定性综合评估法,又称评议法,通常的做法是,由评标组织对工程报价、工期、质量、施工组织设计、主要材料消耗、安全保障措施、业绩、信誉等评审指标,分项进行定性比较分析,综合考虑,经过评议后,选择其中被大多数评标组织成员认为各项条件都比较优良的投标人为中标人,也可用记名或无记名投票表决的方式确定投标人。

定性综合评议法的优点是不量化各项评审指标。它是一种定性的优选法。采用定性综合评议法,一般要按从优到劣的顺序,对各投标人排列名次,排序第一名的即为中标人。

这种方法虽然能深入地听取各方面的意见,但由于没有进行量化评定和比较,评标的科学性较差。其优点是评标过程简单,较短时间内即可完成。一般适用于小型工程或规模较小的改扩建项目。

② 定量综合评估法,又称打分法、百分制计分评议法。通常的做法是:事先在招标文件或评标定标办法中将评标的内容进行分类,形成若干评价因素,并确定各项评价因素在百分率中占的比例和评分标准,开标后由评标组织中的每位成员按评标规则,采用无记名方式打分,最后统计投标人的得分,得分前三名推荐为中标候选人。

这种方法的主要特点是,量化各评审因素对工程报价、工期、质量、施工组织设计、主要材料消耗、安全保障措施、业绩、信誉等评审指标,确定科学的评分及权重分配,充分体现整体素质和综合实力,符合公平、公正的竞争法则使质量好、信誉高、价格合理、技术强、方案优的企业能中标。

【案例 5.10】 综合评估法评标办法示例。

本次评标采用综合评估法。评标委员会对满足招标文件实质要求的投标文件,按照评分标准进行打分,并按得分由高到低顺序推荐中标候选人。综合评分相等时,以投标报价低的优先;投标报价也相等的,由招标人自行确定。

1. 分值构成(总分 95 分)

投标报价:82 分

施工组织设计:8 分

投标人业绩:1 分

投标人市场信用评价:4 分

投标报价的合理性:扣 0~1 分

2. 评标基准价计算方法

以有效投标文件(有效投标文件是指初步评审合格的投标文件,下同)的评标价(评标价是指经澄清、补正和修正算术计算错误的投标报价,下同)算术平均值为 A[当有效投标文件≥7 家时,去掉最高和最低 20%(四舍五入取整)后进行平均;当有效投标文件 4~6 家时,剔除最高报价后进行算术平均;当有效投标文件<4 时,则次低报价作为投标平均价 A]。

$$评标基准价 = A \cdot K$$

K 值在开标时由投标人推选的代表随机抽取确定,K 值的取值范围为 95%~98%。

3. 投标报价得分(满分 82 分)

投标报价等于评标基准价的得满分,投标报价相对评标基准价每低 1% 扣 0.6 分(不少于 0.6 分),每高 1% 扣 0.9 分(负偏离扣分的 1.5 倍);偏离不足 1% 的,按照插入法计算得分。

4. 施工组织设计(满分 8 分)

(1) 评标委员会按下列评审因素对施工组织设计进行评审,见表 5.6:

表 5.6 施工组织设计的评审因素及评分

评审因素	分值	分项最高页数	得分
总体概述:施工组织总体设想、方案针对性及施工标段划分	1	10	
施工现场平面布置和临时设施、临时道路布置	1	10	
施工进度计划和各阶段进度的保证措施	1	10	
劳动力、机械设备和材料投入计划	1	10	
关键施工技术、工艺及工程项目实施的重点、难点和解决方案	1	15	
新技术、新产品、新工艺、新材料应用	1	5	
√项目负责人陈述及答辩(采用书面暗标形式)	2	—	

(2) 施工组织设计各评分点得分应当取所有技术标评委评分中分别去掉一个最高和最低评分后的平均值为最终得分。

(3) 施工组织设计中除缺少相应内容的评审要点不得分外,其他各项评审要点得分不应低于该评审要点满分的 70%(不包含项目负责人陈述及答辩和第 4 项篇幅扣分)。

(4) 施工组织设计各评分点篇幅要求如下:各评分点页数超过该分项最高页数的,每超过 1 页,扣 0.01 分。

5. 投标人业绩评分标准(满分 1 分)

项目负责人承担过类似工程。

类似工程认定标准:类似工程以 3 年内承担过单项合同金额为 2 400 万元(金额以中标

通知书上的中标金额为准)及以上的公共建筑项目(地下室基坑围护采用 SMW 工法桩),质量为合格,2015 年 5 月至今,时间以竣工验收证明的验收日期为准。(类似工程业绩证明材料,需提供中标通知书、施工合同和竣工验收报告、图纸的扫描件;与本项目招标公告中要求的类似业绩不得为同一个)

6. 投标人市场信用评价评分标准

折算比例为:4%。

$$企业信用标得分＝企业信用分值×折算比例$$

对同时具有建筑工程、市政公用工程总承包资质的建筑业企业,在参加非申报资质评标时,其业绩分、奖励分乘上相应的系数后计入企业的综合信用分。两项资质同级别的取0.95,相差一个级别的取 0.90,相差两个级别的取 0.85。

$$企业信用标得分＝[企业信用分值＋(业绩分＋奖励分)×(相应系数－1)]×折算比例$$

未取得信用评价结果的企业信用分为:本市行政区域内同类别、同等级企业平均信用分的 80% 计。

7. 报价合理性得分标准

投标人工程量清单各子目的报价合理性分析评标基准值为各有效投标文件的相应子目综合单价平均值(有效投标≥5 个时,去掉其中最高和最低的综合单价平均)。

合价偏差金额 3 000 元(一般为评标价的 0.5%～1%),每 1 项扣 0.02 分,最多扣 1 分(≤1 分)。

3) 中标人的确定

(1) 中标候选人的确定

对使用国有资金投资或者国家融资的项目,招标人应当确定排名第一的中标候选人为中标人。招标人可以授权评标委员会直接确定中标人。招标人不得向中标人提出压低报价、增加工作量、缩短工期或其他违背中标人意愿的要求,以此作为发出中标通知书和签订合同的条件。

(2) 公示与中标通知

① 公示中标候选人

依法必须进行招标的项目,招标人应当自收到评标报告之日起 3 日内公示中标候选人,公示期不得少于 3 日。投标人或者其他利害关系人对依法必须进行招标的项目的评标结果有异议的,应当在中标候选人公示期间提出。公示的项目范围是依法必须进行招标的项目,公示内容是对中标候选人全部名单及排名进行公示,而不是只公示排名第一的中标候选人。

公示期间,投标人及其他利害关系人应当先向招标人提出异议,经核查后发现在招投标过程中确有违反相关法律法规且影响评标结果公正性的,招标人应当重新组织评标或招标。招标人拒绝自行纠正或无法自行纠正的,则向行政监督部门提出投诉。

② 发出中标通知书并订立书面合同

在签订合同前,中标人以及联合体的中标人应按招标文件有关规定的金额、担保形式和招标文件规定的履约担保格式,向招标人提交履约担保。履约担保有现金、支票、履约担保书和银行保函等形式,可以选择其中的一种作为招标项目的履约担保,一般采用银行保函和履约担保书。履约担保金额一般为中标价的 10%。发包人应在工程接收证书颁发后 28 天内把履约担保退还给承包人。

4)合同价款的约定

(1)签约合同价与中标价的关系

合同价就是中标价,因为中标价是指评标时经过算术修正的并在中标通知书中申明招标人接受的投标价格。

(2)合同签订的时间及规定

招标人和中标人应当自中标通知书发出之日起 30 天内,根据招标文件和中标人的投标文件订立书面合同。招标人与中标人签订合同后 5 个工作日内,应当向中标人和未中标的投标人退还投标保证金。

5.5　BIM 在招投标阶段过程中的应用

工程建设项目招标阶段主要内容是招标文件的编制和投标申请人资格审查,而招标文件里的工程量清单和招标控制价的编制是最重要也是最基础的工作,它决定了整个招投标活动管理的质量与效率,与招投标活动能否顺利开展息息相关。基于 BIM 技术的引用,招标人可以设计单位提供的 BIM 建筑信息模型为基础,将数据模型导入相关的算量软件,可以准确、快速以及高效地计算和汇总各个专业的工程量,根据工程项目特征,编制招标文件里的工程量清单。与此同时,结合国家、行业或者市场颁布的相关工程定额,获得招标控制价,为招标单位节省了时间,减少成本,提高了报价的准确性。

在投标阶段,由于业主单位招标时间紧,准确地进行工程量计算和工程计价成为困扰施工单位的两大难题,特别是工程量计算,一般工程很难做到为保证清单工程量的准确而进行反复核实,只能对重点单位工程或重要分部工程进行复核,避免误差。本阶段使用 BIM 技术,在设计模型的基础上,构建三维算量模型。可以快速准确地计算工程量。并通过计价软件进行组价,自动将量价信息与模型绑定,为 5D 造价管理工作提供基础。同时,在中标后。针对投标建立的算量模型,结合市场价、企业定额等,进一步编制工程预算,为项目目标成本和成本控制提供依据。

BIM 技术对于招标人,不仅可以给招标工作带来优势与提升,还能做到与投标人的无缝对接,比如招标阶段建立的模型可以在投标过程中直接利用,模型所存储的信息会毫无损失地传递到投标人手中,再进行施工模拟、进度控制等一系列操作。同时,招标文件的电子档编制,也是投标工作的前提,能够帮助投标人通过信息共享平台,快速获取相关数据,简化购买标书等过程;电子化数据的获得也方便了投标方进行数据处理、分析,有利于科学合理、快速高效地进行投标活动。

5.5.1　BIM 技术在工程招投标中的优势分析

BIM 技术应用到招投标领域,可以有效提升视觉效果,加快工程量计算,进行一模多用,高度云端共享。在招标阶段中,建模过程采用 BIM 技术可以提高模型精细度、自动计价,招标文件编制过程采用 BIM 技术可以智能检测招标策划、电子招标文件编制;在投标阶段,BIM 技术应用于商务标可以做到科学报价、改善信息不对称、降低风险,应用于技术标可以做到虚拟化施工、进度资源控制、灾害模拟。

1)三维显示,视觉效果好

传统的招投标过程,都是以文字为沟通交流方式,抽象且枯燥,难以表达一个项目的全方面信息,而且光凭文字容易造成歧义,还可能被某一方利用玩起文字游戏,设置陷阱。

应用 BIM 技术后,招标单位在招标时,可以在项目概况、设计图纸、招标要求等方面加以 3D 模型的辅助,用形象直观的图形来充分展示该项目的特征,吸引更多投标方,同时也有利于投标商进一步加强自我判断,考虑是否投标,减少盲目竞争和不必要的精力。

投标方在投标时,为了提高中标概率,可以利用 BIM 技术设计精美的图表、图形,提升标书的质量和表现力,获取业主的认可,方便评标专家的评价。

2)软件算量,计算效率高

工程量的获取是招投标的关键,精准全面的工程量是减少工程变更、索赔、结算超预算等难点的有力保障。采用 BIM 技术,按照要求建立相关模型,便可自动生成工程量,大幅提高计算工程量的准确性和效率,将人们从繁琐的手工劳动中解放出来,节省更多人力物力用于询价、风险评估等更有技术含量和价值的工作中,有效降低人为因素造成的潜在错误,得到更客观的数据,编制更精确的预算。

3)模型传递,综合使用效率高

BIM 技术的一个重要应用就是建模,但是建模的工作量很大,很占用时间,如果不同阶段、不同专业在使用 BIM 时,都从头建模,那么将会重复大量工作,往往得不偿失。这时就得在 BIM 技术的应用上寻求合适的技巧与方法。如图 5.2,基于 CAD 图纸,首先用 Revit 软件建立模型,然后通过插件导入广联达钢筋软件 GGJ 中配置钢筋,接着将钢筋模型导入图形软件 GGJ,套用做法,再将土建模型导入计价软件 GBQ,进行组价,导出所需报表。同时,还可以将 Revit 建立的模型导入 Lumion 软件进行漫游的制作。在编制技术标时,先用 Project 编制进度计划,施工现场布置软件建立场布模型,将二者同钢筋模型、土建模型、清单计价一同导入 BIM 5D,进行施工进度的模拟动画。

4)信息共享,监督力度高

传统的招投标模式大都以纸质文件往来,有正副本,再加上图纸,一个项目仅在招投标阶段就耗费大量纸张。而基于 BIM 技术的电子化招投标,采用现代信息技术,通过数据电文的形式进行无纸化招投标,节约能源与资源,提高工作效率。同时,基于 BIM 的信息共享平台,每一次招投标过程都会如实记录各方的具体信息,包括信誉、所属企业、招投标中的表现及结果等,这样便可在下次招投标时迅速获取各方的信息,若发现某几家投标商经常一起出现,有抬高或压低报价的趋势,就要引起警惕,防止围标。换个角度,由于信息的通透性,各投标方为了各自的信誉,也会降低违法违规的行为。

BIM 云端共享平台的应用,可以汇总各类型评标信息,经过不断地研究和摸索,逐步创

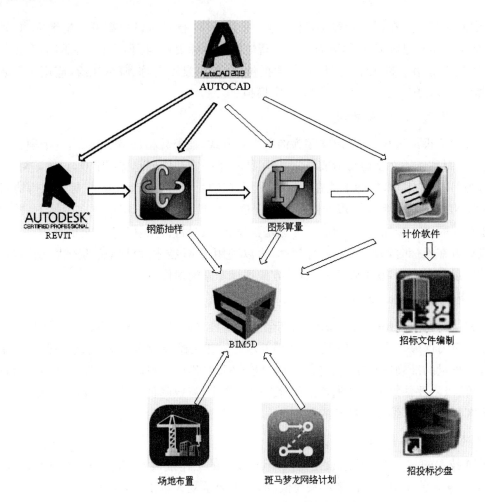

图 5.2 各类 BIM 软件及其模型传递与转换

建统一的科学规范的评标体系,减少因评标专家的水平、素质差异而造成的失误。由于 BIM 技术在虚拟建造方面的优势,可以将施工阶段进行形象化模拟,使得技术标的评定具有一定的参照标准,不再只关注其最终的报价,从而提高评标水平。由于评标系统的透明度与公正性的提升,也会抑制招标人与投标人之间、投标人与投标人之间的串标、围标行为,投标人对评标专家的贿赂收买等行为,保障监督力度,预防腐败等违法违规行为。

5.5.2 基于 BIM 的招投标阶段工作流程

招投标阶段的整体工作流程是站在全局的角度进行设计的,大致按照招标方、投标方、评标方的工作内容进行串联,其中 BIM 软件的应用与信息的集成是支撑系统运营的基础,各参与方的工作与沟通是促进系统运转的动力。只有各组成相互配合,主线不断,次线贯穿,才能保证招投标管理系统整体流程的正常施行。

招投标工作流程图主要分为招标、投标、评标、签订合同四个环节,其中 BIM 相关软件的应用与 BIM 共享平台会参与到各个过程中,不仅可以实时传输数据,还能将各参与方沟通联系起来,用 BIM 网络覆盖整个招投标流程,实现不同参与方无缝沟通的新型模式。

同时,基于 BIM 的信息共享平台能够有效地保证各项信息的公开透明,招标方发布的信息能够第一时间传递到所有投标单位,避免了信息不对称的情况发生。

基于 BIM 的评标系统可以为专家提供直观的方案展示,专家在评审中可以对建筑物外观、内部结构、各个专业的方案等进行详细分析和对比,并且可以借助 BIM 方案展示,模拟整个施工过程,更加准确地评估施工方案的合理性,使评标过程更加科学、高效和准确。

BIM 技术与互联网可以有效地结合,使得招投标过程更加透明,相关信息更加准确,可以极大地促进招投标管理部门对整个招投标过程的监管,围标串标难度进一步提升,行业数据积累和再利用更加方便、快捷。这些都会大幅度提升监管部门行政效能和监督效果,减少舞弊现象和腐败现象的滋生,有力地推动建筑业朝着更加规范和透明的方向发展。如图 5.3 所示。

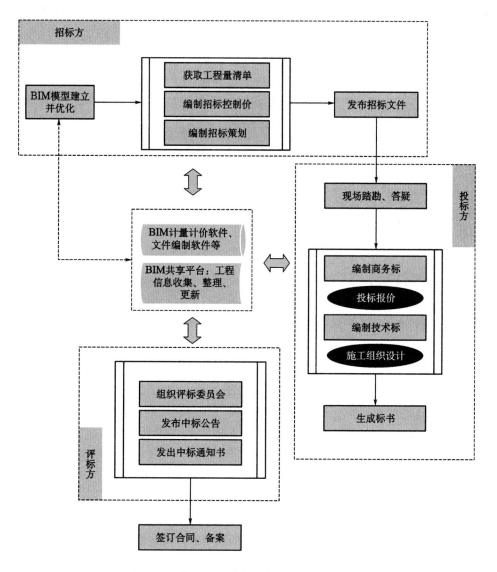

图 5.3 基于 BIM 的招投标阶段工作流程图

5.5.3 BIM 在招标阶段的应用

招标阶段的应用过程是:首先利用插件将已经建好的土建模型转换到广联达相关软件(GGJ、GCL、GBQ)中,进行模型的契合与修改,再利用其算出工程量和招标控制价;接着通过广联达工程招投标沙盘模拟执行评测系统编制招标策划,设定招标条件、招标方式等,再用广联达电子招标文件编制工具V6.0,填写项目信息,套用模板,生成招标文件。其内容如图5.4所示。

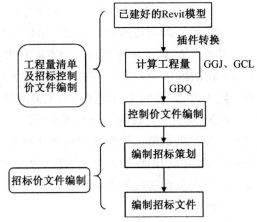

图 5.4 基于 BIM 的招标阶段工作内容

1) 设计模型导入

基于 BIM 技术进行招投标管理,最重要也是最基础的工作就是建立各专业的 BIM 模型。建立 BIM 模型的方式常用的有三种:

第一种,建立 BIM 模型的方式最常用、最基础的是根据工程建设项目各个专业的图纸中提供的构配件数据,直接在 BIM 软件中逐步建立模型。

第二种,BIM 软件可以直接导入电子版 Dwg 格式的施工图纸,在导入过程中,会发生数据篡改和丢失的现象,因此操作完成后,仍需要手动补充完善相关数据,成为完整的 BIM 模型。

第三种,将已经建好的设计 BIM 建筑信息模型,直接以 GFC 格式导出,然后再导入算量软件中,经过修改和补充完善,构建算量模型,从而大大节约了技术人员建模的时间和精力,同时也提高算量的精确性,减少了很多人为因素带来的错误。

2) 基于 BIM 的工程量计算汇总

基于 BIM 建立算量模型,算量软件自动计算汇总工程量,根据工程项目特征,编制出招标文件里的工程量清单,套用当地政府或行业颁布的工程定额,从而得到招标文件最基础也是最重要的招标控制价。应用 BIM 技术不仅大大节约了技术人员建模的时间和精力,同时也提高算量的精确性,减少了很多人为因素带来的错误。基于 BIM 的工程量计算汇总,算量软件主要操作步骤如下:

(1) 基于 BIM 建立算量模型

建立 BIM 算量模型主要有两种方式。一种是可以根据招标文件里提供的各个专业的图纸,直接在 BIM 算量软件中建立各个专业的算量模型。如:装修、安装以及结构等工程。另外一种是将已经达到符合设计标准的设计模型直接导入算量软件,得到算量模型。算量模型可以把工程中各个构配件的几何、物理以及空间等相关的信息以参数化、可视化的方式呈现给造价咨询技术人员。

从目前实际应用来讲,由于设计包括建筑、结构、机电等多个专业,会产生不同的设计模型或图纸,这导致工程量计算工作也会产生不同专业的算量模型,包括建筑模型、钢筋模型、机电模型等。不同的模型在具体工程量计算时是可以分开进行的,最终可以基于统一 IFC 标准和 BIM 图形平台进行合成,形成完整的算量模型,支持后续的造价管理工作。

（2）输入工程主要参数

根据招标文件里提供的各个专业的图纸,在算量软件建立算量模型过程中,需要输入工程的一些主要参数,比如钢筋的损耗率、绑扎方式以及楼地面的标高数据等。这样才能使计算的工程量更加符合施工过程中实际发生的工程量,具有参考意义。建立模型后,需要套取做法,选取合适的清单定额,才能进行计价,生成报表。采用 BIM 技术,可以简单有效地解决这个问题。我们一般采用的是广联达土建软件 GTJ 和安装软件 GQI,可以先定义好做法再建立模型,也可以建模之后再定义。这样,软件就能自动获取各项工程量,生成工程量清单。

【案例 5.11】 *广联达土建软件(GTJ)梁柱建模及属性定义。*

框架梁、柱工程量十分的庞大,而梁构件涉及集中标注、原位标注、梁高等因素,梁建模的基础操作相对其他构件来说是比较繁琐的。梁一根一根地建模显然是不合理的。梁的建模可以通过识别梁的方式来进行智能建模。只需要识别梁边线,然后将所有的集中标注和原位标注都识别,点击自动识别即会显示被识别的梁信息,如图 5.5 所示。

	名称	截面(b*h)	上通长筋	下通长筋	侧面钢筋	箍筋	肢数
1	KL12(2)	400*1900	8C25 6/2	5C25	N14C12	C8@100/200(4)	4
2	KL14(3)	400*850	2C25+(2C...		G4C14	C8@100/200(4)	4
3	KL15(3)	400*850	2C25+(2C...		G4C14	C8@100/200(4)	4
4	KL16(3)	400*850	2C25+(2C...		G4C14	C8@100/200(4)	4
5	KL17(3)	400*1900	2C25+(2C...		N14C12	C8@100/200(4)	4
6	KL18(4)	400*2600	2C25+(2C...		N22C12	C8@100(4)	4
7	KL19(4)	400*1050	2C25+(2C...		G6C12	C8@100/200(4)	4
8	KL20(4)	400*850	2C25+(2C...		G4C14	C8@100/150(4)	4
9	KL37(3)	400*1900	2C25+(2C...		N14C12	C8@100/200(4)	4
10	L3(1)	200*400	2C8	2C18		C8@200(2)	2
11	L6(1)	300*700	(2C12)	6C25 2/4	G6C12	C8@200(2)	2

请检查并确认得到的梁信息

图 5.5　识别梁信息

当然,识别也不是万能的,倘若图纸绘制得不够规范,难免会出现识别上的错误。所以识别出梁的信息后,一定要双击名称,软件便会自动跳转到那根梁旁,以便检查信息。务必一根一根地检查识别是否准确,以免工程量上出现问题。当一切无误后,点击继续,软件会自动将梁布置上去。

【案例 5.12】 *广联达安装软件(GQI)水专业建模。*

图纸上给水管、排水管、雨水管、喷淋管等线路错综复杂,首先要仔细阅读给排水设计说明,了解各种图元的含义,再有条不紊地分类(按不同颜色)进行绘制。

新建一个管道要注意管道的材质、管径、标高等。管道又包括水平管和立管,立管的绘制尤其要注意标高的设置,当两条连接立管的水平管已经布置完毕,在这种情况下,还可以使用自动生成立管功能,如图 5.6 所示。

图 5.6　管道属性定义

3）基于 BIM 的招标文件编制

（1）招标策划和计划

招标策划是招标机构与业主在准备招标文件前共同分析项目概况、项目特点、潜在投标人情况等信息后，从而拟定招标方案。

在 BIM 中，编制招标策划有对应的沙盘操作执行软件，我们只需输入项目的基本信息，确定招标条件、招标方式，系统便会给出招标计划的大致框架，如图 5.7 所示。

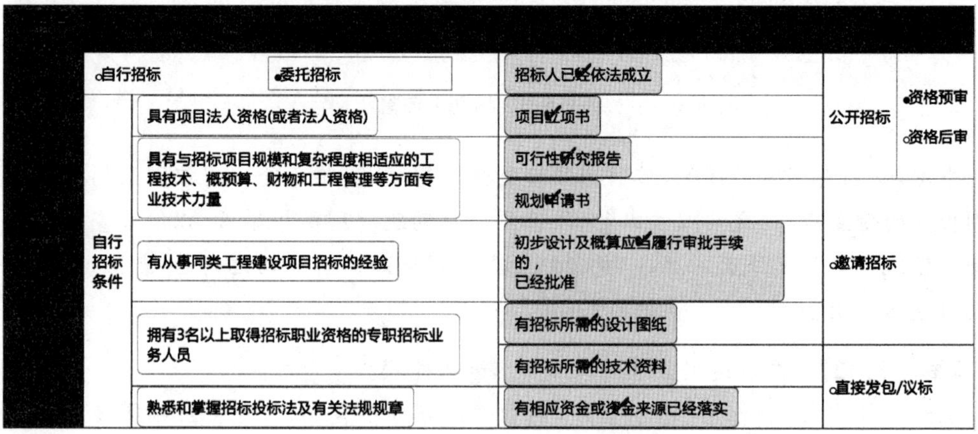

图 5.7　项目招标条件、招标方式分析表

当选取所需的计划流程后，确定每一项工作具体时间时，系统都会给出规定的上下限范围，一旦输错马上提示，降低了对工作人员的经验要求，大大提高了效率。

例如,招标计划在编制过程中需满足以下实践安排要求:

发布招标公告:以公告中公示的时间为准,有效期至少 5 天,与报名同步;备注:至少包含 2 个工作日,最后一天必须是工作日。

潜在投标报名:以公告中公示的时间为准,公告期内进行,公告发布日期结束及截止报名。

发售资格预审文件:资格预审文件发售期不得少于 5 日,与公告、报名同步;备注:根据项目时间情况,至少包含 2 个工作日,最后一天必须是工作日。

投标申请人对资格预审文件提出质疑:投标申请人对资格预审文件有异议的,在提交资格预审申请文件截止时间两日前提出。

招标人对资格预审文件发布澄清或修改:提交资格预审申请文件截止时间至少 3 日前,不足 3 日的,顺延提交资格预审申请文件截止时间。

……(其他时间规定略)

通过 BIM 智能编辑招标策划,防止时间冲突,如图 5.8 所示。

序号	工作项	开始日期	结束日期	工作周期(日)
1	发布招标公告	2017/01/10	2017/01/23	14
2	潜在投标人报名	2017/01/10	2017/01/23	14
3	发售资格预审文件	2017/01/10	2017/01/23	14
4	投标申请人对资格预审文件提出质疑	2017/01/10	2017/01/28	19
5	招标人对资格预审文件发布澄清或修改	2017/01/10	2017/01/27	18
6	招标人预约资评审室	2017/01/24	2017/01/24	1
7	招标人申请资审专家	2017/01/30	2017/01/30	1
8	提交资格预审申请文件	2017/01/10	2017/01/30	21
9	资格审查会	2017/01/31	2017/01/31	1
10	发布资格预审结果通知	2017/02/01	2017/02/01	1
11	发售招标文件、领取施工图纸	2017/02/02	2017/02/06	5
12	现场踏勘	2017/02/07	2017/02/07	1
13	投标预备会	2017/02/08	2017/02/08	1
14	投标申请人对招标文件提出质疑	2017/02/02	2017/02/14	13
15	招标人对招标文件发布澄清或修改	2017/02/02	2017/02/09	8
16	招标人预约开标室	2017/02/07	2017/02/07	1
17	招标人申请评标专家	2017/02/23	2017/02/23	1
18	提交投标保证金	2017/02/02	2017/02/24	23
19	提交投标文件	2017/02/02	2017/02/24	23
20	开标	2017/02/24	2017/02/24	1
21	评标	2017/02/24	2017/02/24	1
22	中标公示	2017/02/26	2017/02/28	3
23	中标通知	2017/03/01	2017/03/01	1
24	签订合同	2017/03/02	2017/03/09	1
25	招标结果备案	2017/03/09	2017/03/09	1
26	向投标人退还投标保证金	2017/03/05	2017/03/07	3

图 5.8　招标计划图

(2) 编制招标文件

利用广联达电子招标文件编制工具可以进行招标文件的编制(图 5.9)。

首先打开软件新建项目选择《房屋建筑和市政工程标准施工招标文件》(2010 版),将项目另存为 GZB 类型。进入软件第一步先填写项目信息以及招标人招标代理机构信息等其他基本信息,接着根据合同要求设置合适的评标办法,其中,要进行参数设置、初步评审、详细评审以及废标条款设置,在初步评审中包括形式评审、资格评审和响应性评审,在详细评审中包括对施工组织设计的要求、项目管理机构评审、经济标评审及其他因素评审。最后对招标文件中封面、投标邀请书、投标人须知、评标办法、合同条款及格式、技术标准和要求及投标文件格式进行编制。

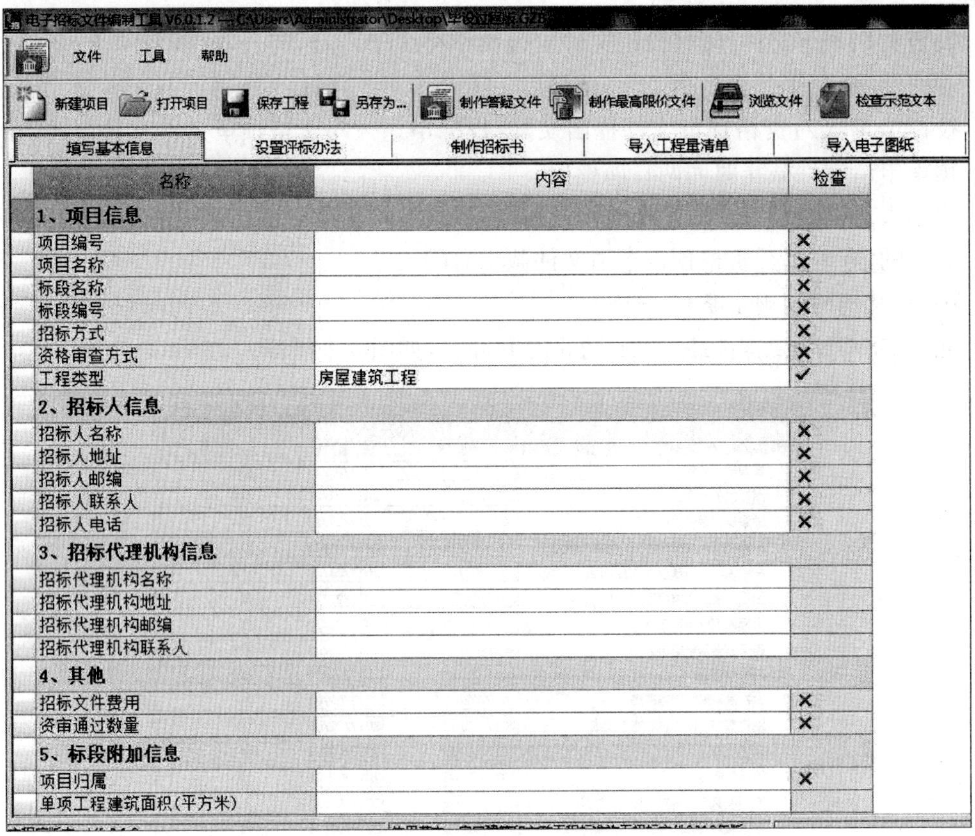

图 5.9　招标文件编制

4) 基于 BIM 的招标控制价编制

基于 BIM 的工程量计算软件形成了算量模型,并基于模型进行精确算量,算量结果可以直接导入 BIM 计价软件进行组价,套用当地政府、行业或市场颁布的工程定额,从而得到招标文件最基础也是最重要的招标控制价。把 BIM 技术和工程建设项目招标文件里的工程量清单和招标控制价的编制结合起来,大大减少了造价咨询技术人员的计算时间。

【案例 5.13】　安装算量计价。

以消防管道为例,打开完成的消防管道 GQI,选择工程量下的汇总计算命令,对工程进行计算汇总,汇总之后点击套做法命令(图 5.10),然后选择添加清单,对清单进行添加,完成之后在每个清单下方点击添加定额进行定额的添加,全部添加完后点击匹配项目特征(图 5.11),再点击保存。

打开广联达云计价平台 GCCP 软件,新建一个安装工程,把电气、给排水和消防全部选

图 5.10 自动套做法

图 5.11 清单定额指引

中,进入后,点击分部分项,然后选中导入命令下的导入算量文件的命令,把做好的 GQI 文件导入(图 5.12),一般来说,因为在 GQI 中进行了自动套做法操作,在这里就不用再另外添加清单定额了,不过对于有些没导出来的,可以手动添加,可通过插入命令下的插入子目命令进行添加,对于一些定额工程量没有显示出来的,对照清单工程量填一下就行了,全部

图 5.12 导入 GQI

做完后,点击报表,选择底下的招标控制价(图 5.13),点底下的表格,可以查看分部分项工程和单价措施项目清单与计价表等细节。

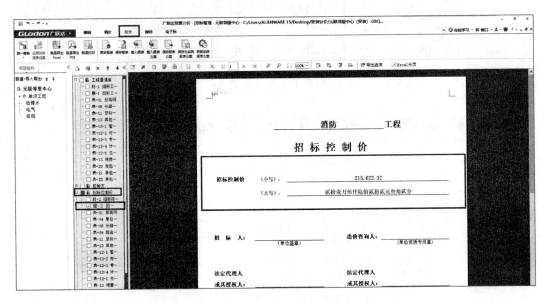

图 5.13　招标控制价

【案例 5.14】　土建、钢筋算量计价。

打开广联达 GCCP 云计价平台,点击"个人模式"→"新建"→"新建招投标项目"。在"清单计价"中选择"新建招标项目"(图 5.14),在其中填写"项目名称""地区标准"以及

图 5.14　新建招标项目

"定额标准"。点击"新建单位工程",在"单位工程"中选择"建筑",出现如图 5.15 所示的页面,在"项目结构"中选择"建筑"→"分部分项",在"分部分项"中导入算量文件(图 5.15),然后开始一个个插入定额(图 5.16),定额插完之后,会自动形成最后土建的招标控制价(图 5.17)。钢筋的计价同土建相似,也是在 GCCP 里面,将定额一个个插入进去,最后形成钢筋的招标控制价。

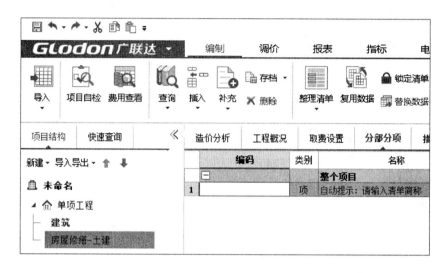

图 5.15 分部分项导入算量文件

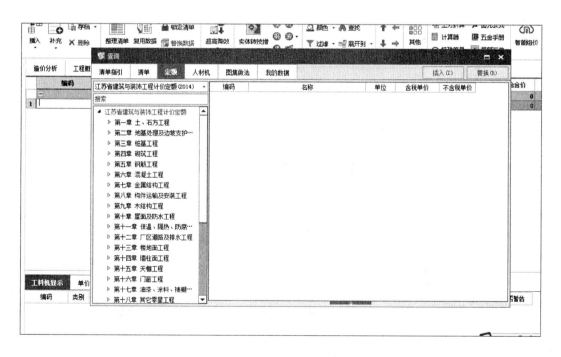

图 5.16 插入定额

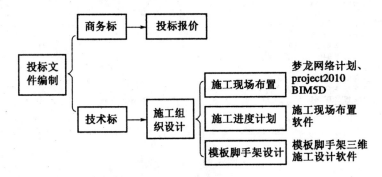

房屋修缮—土建　　　工程

招 标 控 制 价

招标控制价（小写）：　　8,866,753.02

　　　　　　（大写）：　　捌佰捌拾陆万陆仟柒佰伍拾叁元零贰分

招 标 人：＿＿＿＿＿＿＿　　　造价咨询人：＿＿＿＿＿＿＿
　　　　　　（单位盖章）　　　　　　　　　（单位资质专用章）

法定代理人　　　　　　　　　法定代理人
或其授权人：＿＿＿＿＿＿＿　或其授权人：＿＿＿＿＿＿＿
　　　　　　（签字或盖章）　　　　　　　　（签字或盖章）

编 制 人：＿＿＿＿＿＿＿　　　复 核 人：＿＿＿＿＿＿＿
　　　　　（造价人员签字盖专用章）　　　　（造价工程师签字专用章）

编制时间：＿＿＿＿＿＿＿　　　复核时间：＿＿＿＿＿＿＿

扉-2

图 5.17　招标控制价封面

5.5.4　BIM 在投标阶段的应用

投标阶段,通过广联达电子招标工具编制商务标和技术标,其中商务标的重点是投标报价,技术标的重点是施工组织设计,如图 5.18 所示。

```
投标文件编制 ──┬── 商务标 ──→ 投标报价
              │
              └── 技术标 ──→ 施工组织设计 ──┬── 施工现场布置 ── 梦龙网络计划、project2010 BIM5D
                                           │
                                           ├── 施工进度计划 ── 施工现场布置软件
                                           │
                                           └── 模板脚手架设计 ── 模板脚手架三维施工设计软件
```

图 5.18　基于 BIM 的投标阶段工作内容

1) 基于 BIM 的施工方案模拟

在 BIM 建筑信息模型中,整个施工过程都是可模拟的,基于 BIM 技术的工程建设项目三维立体数据模型的构建,使项目在投资决策、设计、招投标、施工、竣工运营等各个阶段实施过程可视化,为项目参与者提供一个更好的沟通、讨论与决策的共享平台,投标人还可以借助 BIM 模型对施工方案进行深入设计。

基于 BIM 技术构建工程建设项目三维立体数据模型,再根据施工进度计划安排,以相关软件为平台,对工程建设项目各个阶段进行施工现场布置,模拟施工状况,使得现场布置更加形象直观,易于规划,提高工作效率,同时也可以对施工组织设计进行审查,从而检查出施工方案的缺点和瑕疵,优化不同的方案,使施工方案设计得更加合理,为工程施工过程中的重要施工节点提供技术上的支持与建议。

2) 基于 BIM 的 5D 进度成本模拟

基于 BIM 技术的工程建设项目 3D 立体数据模型的构建,加上施工进度计划,构成 BIM 的 4D,再结合投标报价时建立的预算成本模型,则将空间信息与时间信息、成本信息整合在一个可视的 5D 模型中。基于 BIM 的 5D 进度成本模拟,可以明确直接地获取每一段时间施工现场的工程量完成情况,以及未来短期内的资金和资源供应情况,借助进度模拟,可以对施工现场和施工过程有一个清晰的认识,同时也可以对整个施工现场的技术、资源、进度进行控制与调节,达到节约资源、保证工期、保障质量,从而实现工程效益的增长。

在工程建设项目投标阶段,采用基于 BIM 的 5D 进度成本模拟,可以让招标方对投标人的施工方案里的施工过程以及施工过程中的资源配置计划有一个清晰认识,有利于大大增加投标单位中标的概率。下面是软件编制的双代号时标网络图(图 5.19)。

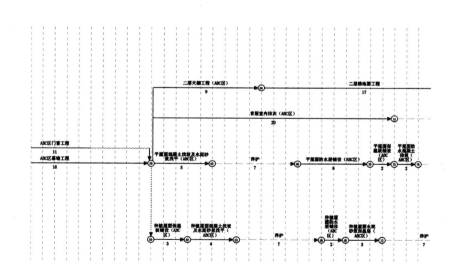

图 5.19 斑马梦龙软件编制的双代号时标网络图

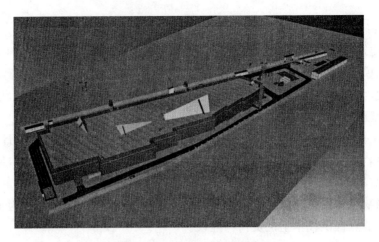

图 5.20　BIM 5D 模拟施工

BIM5D 模拟
施工视频

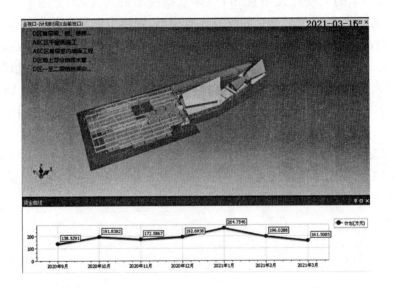

图 5.21　5D 模拟形象进度资金曲线

BIM 5D 模拟施工见图 5.20 所示,BIM 5D 管理——资金、资源曲线见图5.21
所示。

3) 基于 BIM 的投标报价

BIM 模型可以存储大量数据,在为造价人员直接给出精准工程量数据的同
时,还可以提供造价编制所需的构件信息,比如尺寸、材质、厂家、价格等,有助于
造价人员快速地获取相关资料,节省更多时间用于劳务、材料、机械等的对比选
择,让报价更加科学合理,让施工质量更有保障。当面对诸多种人材机数据信息
时,造价人员的挑选范围也就增大,怎样选择合适的价位,就成了拉开各投标单位
投标竞争的重要指标,过低的价格难以保证质量,过高的价格又会增加成本,这
时在 BIM 平台上,造价人员的工作经验,施工单位的专业技能和对人材机的熟

知程度就可以发挥关键性作用,同时也促进了各劳务分包单位、材料供应商、机械供应商等加大自身完善力度,在 BIM 平台上拿出更高质量的服务与商品,才能适应日益激烈的市场竞争。

BIM 平台上,连接了各行各业的价格库,这是一种高度共享的云端,可以快速获取所需材料的实时价格。这时,为获取某一材料价格,若不是指定厂家指定材料,可以采取市场平均值,或者工作经验、市场询价等途径,建立系统化的材料价格信息库,降低因信息不全而定价不准带来的风险,投标报价更加科学合理。

4) 基于 BIM 的模板脚手架设计

基于 BIM 技术的模板脚手架设计,通过导入设计阶段的三维模型,根据多种规则进行拼模设计,为施工提供最优的拼模方案,并且可以输出三维效果图、材料统计表等(图 5.22,图 5.23)。用看得见的三维拼模方案效果图代替传统的经验估计,使得下料更加有依据,让每一处拼模下料更加直观清晰,技术交底更加便捷,节约成本。

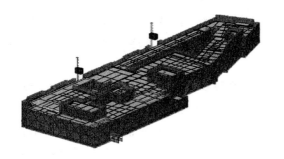

图 5.22 外脚手架三维模型

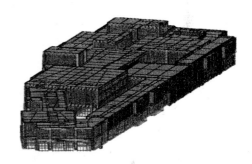

图 5.23 模板支架三维模型

建筑模型导入模板脚手架软件,完成创建案例工程的外脚手架和各类构件模板的模型,生成安全计算书,进而完成整个模板脚手架专项工程的方案编制。

5) 基于 BIM 的技术标编制

利用 BIM 技术创建 3D 模型后,凭借其三维可视化特征,可以直观地创建虚拟场景,通过连环画形式展示整个施工过程,使工序更加形象直观。对于各个重要里程碑节点或特殊部位施工工艺,以及施工现场平面布置等,都可以通过 BIM 技术进行模拟分析、指导改进。在这种模式下,评标专家能够直观地了解投标商对该项目采取的主要施工方案与工艺,投标商也可以把自身在工艺上的某些优势形象化表达,超越书面文字性描述,使投标领域活跃起来,加大竞争力度,提升工程质量。

同时,对于投标商而言,通过模型预知施工重难点,提前比对自身资质水准,判断是否能胜任,避免中标后无法完成标书计划而遭受损失,降低信誉。

【案例 5.15】 国家体育馆——"鸟巢"工程合同总价确定历程。

国家体育场为特级体育建筑。主体结构设计使用年限 100 年,耐火等级为一级,抗震设防烈度8度,地下工程防水等级1级。工程总占地面积21 hm²,场内观众座席约为91 000个。工程于2003年12月24日开工,于2007年底前完工,2008年3月底竣工。

在国家体育场项目法人合作方的招标过程中,中国中信集团联合体一举中标,北京市国有资产经营有限责任公司(投资比例58%)和中信联合体(投资比例42%)共同投资设立了发包人——国家体育场有限责任公司。发包人依据其与北京市政府签订的《国家体育场特许权协议》承担该项目的建设、运营。

依据北京市政府在该项目法人招标文件中允诺的优惠政策,作为中信联合体内部成员的北京城建集团有限责任公司因为具备总承包特级资质,没有经过施工总承包招标直接成为该工程的总承包人。中国中信集团下属建筑企业——中信国华国际工程承包公司作为A区承包商承担48%工程承包任务。

1. 暂定合同价款

依据北京市发展和改革委员会于2004年12月27日颁发的京发改〔2004〕2878号《关于国家体育场项目初步设计概算的批复》,发包人与总承包人于2005年9月30日签署了《国家体育场项目建筑安装工程施工总承包合同协议书》,合同价款暂定为23.1亿元人民币。双方进一步约定,依据合同附件所列的施工图预算编制原则,承包人应依据经设计院审查确认的施工图纸,编制施工图预算提交发包人、工程师审核;最终按照经双方协商一致的施工图预算金额调整合同价款。

合同附件确定的施工图预算编制原则如下:①直接费中所有工作的工、料、机耗量原则执行北京市2001年建设工程预算定额体系中规定的水平;②人工费、材料费、机械费按双方商定的市场价格水平进行调整;③包括按2004年版设计出图时间计算的抢工费用;④包括完成本合同项下工程所需的技术措施费;⑤其他细节由发包人和承包人在合同价格构成清单编制过程中共同确定。

2. 总承包合同价格的谈判

1)工程量计算及核对

2005年5月至9月期间,承包人基本组织完成国家体育场项目工程量计算工作。2005年1月至2006年2月,在发包人、承包人、A区承包人、设计、监理单位的共同参与下,经多次核对,承发包双方完成了除钢结构之外的其他专业施工图纸核对工作。实施过程中,承包人组织、策划了以下主要商务活动:①建立以承包人主要领导为第一责任人的组织保障体系,按照参建单位的施工任务划分界面,依据2001年定额体系计算规则,计算设计单位正式下发的施工图纸工程量。②相同专业制定统一工程量计算表格,统一编码,便于电脑自动识别,以实现工程量快速汇总、查阅。③工程量计算完毕,即组织完成工程量计算书电子版整理上报工作,以便日后工程计量、结算、审计备查。④联合技术部、机电部,进行图纸交圈,定义各专业间计算界面,避免重复、漏项现象发生。⑤对图纸不清或有疑问之处,分专业致函发包人,请示提前召开设计交底会,或以公文形式,提请发包人书面答复,并将往来信函作为计算依据。⑥与发包人议定核对日程,由承包人负责安排地点集中核对,双方指定授权代表在核对成果上签字确认,对逾期未完成核对任务的相关人员延长工作时间,确保总进度推进。⑦对钢筋等难点项目核对,提请建立周例会制度,建立组织保障机制,必要时约请设计和监理单位人员参与。

2）承发包双方议定的预算编制原则要点

对总承包合同附件施工图预算编制原则进行细化，使之具有可操作性。

（1）工程量计算：以中国建筑设计院正式下发的设计施工图纸为依据。

（2）定额体系：执行 2001 年《北京市建设工程预算定额》《北京市建设工程费用定额》及有关文件、规定。

（3）人工单价的确定：基础桩、锚喷护坡及降水工程按 2004 年第 4 期《北京工程造价信息》建筑工程工费价格区间的算术平均值乘以 1.1 确定；其他专业按 2005 年第 10 期《北京工程造价信息》建筑工程工费价格区间的算术平均值乘以 1.1 确定。

（4）材料价格的确定：按 2005 年第 6 期《北京工程造价信息》计列，缺项部分按发包人市场询价计入，并计 2% 采购保管费。基础桩工程施工期在 2004 年 1 月至 2004 年 7 月，基础桩工程按 2004 年第 4 期《北京工程造价信息》材料价格执行，计取 2% 采购保管费；商品混凝土按 0.6% 计取采购费；钢筋除基础桩工程外，均按经监理审定的各采购当期的采购量对应采购当期的《北京工程造价信息》价格加权平均计算价格。

（5）机械费的确定：按 2001 年《北京市建设工程机械台班费用定额》计取；钢结构吊装用大型吊车：参考正式有效的设备租赁合同价格计入。

（6）取费标准：执行 2001 年费用定额规定，其中利润应计取 7%，让利 3% 后，利润按 4% 计取。

3）施工图预算超设计概算分析

自 2005 年 8 月起，承包人即依据双方谈定的施工图预算编制原则，开始分专业组织国家体育场工程造价编制工作。承包人经初步测算，国家体育场施工图预算超设计概算约 10 亿元。为了响应"鸟巢瘦身，节俭办奥运"的要求，同时确保自身基本利益，承包人针对施工图预算超设计概算现象进行了系统内部超概算分析，总结主要原因是适用不同定额体系造成价差：施工图设计阶段设计深化后使工程量产生变化，设计标准的提高，奥组委的特殊要求，政府设计变更要求引起价差，取消屋盖引起的停窝工损失，部分材料设备市场价格高于概算，工程的特殊性增加措施费，等等。

4）制定预算造价编制策略

针对国家体育场工程的具体情况，承包人经过认真分析对比，内部充分挖潜，制定执行了"图示量、市场价、补充定额、措施费、风险费"的报价策略，核心思想包括：

（1）坚决执行既定的"图示量、市场价、竞争费率"的组价原则；

（2）对定额中未包含而工程中特殊使用的新工艺、新技术编制补充定额，提请监理配合业主确认工、料、机消耗量，并努力推广普及，扩充完善原定额子目；

（3）针对机电装饰材料市场价格幅度大的特点，至少提供三家以上的市场询价，力争以鸟巢工程得天独厚的国内外影响力，最大限度降低材料市场采购成本，创造品牌效益；

（4）鉴于工程已发生大量模架措施费的事实，且尚无法测算未来全部措施费、风险费的现状，参照集团同类型重点工程经验，计取措施费、风险费。

3. 总承包合同价格的确定

自 2006 年 2 月至 12 月,承发包双方就总包合同价格进行了数月多轮磋商,寻找出如下签订总承包合同价格的途径。

1）通过定义 A、B1、B2、C 类项目形式化解承发包双方施工过程中的部分风险

（1）A 类项目

A 类项目指总价签订前已经明确设计要求、技术标准、档次标准,且工程量和价格均已确定的项目。除非发生《国家体育场施工总承包合同》约定的调价情形,A 类项目的工程量和价格均固定包死。如发包人在本协议签订后调整某（些）A 类项目的技术标准、档次标准,双方应协商确定是否应将其调整入 B 类。A 类项目基本锁定国家体育场工程 90% 以上的施工图预算,既避免了承包人因漏项或材料市场价格波动而有可能提出增加造价的现象,保证了发包人利益,同时保留了承包人因发包人调整材料设备标准而将 A 类适度转化成 B 类的权益,有利于保证承包人利益。

（2）B 类项目

B 类项目指以暂估价计入合同总价,待与业主通过联合招标方式确定分包合同价格后,按此价格加总包管理费后最终调整替换暂估价的项目。包括 B1 类项目（指专业分包工程部分,如室内外燃气工程、室外热力工程、VRV 空调系统、集散大厅异型灯具、地源热泵工程等）和 B2 类项目（指材料或设备部分,如铜管及铜芯电缆）。B 类项目指签订合同时设计图纸还没有到位,尚无法准确计算工程量及确定单价的项目,另有部分行业垄断项目,无法按市场价正常报价,承发包双方不具备签订固定总价条件,双方商议按联合招标价格增加总包管理费后,调整替换暂估价,既有利于发包人降低成本,同时降低了承包人的承包风险。

（3）C 类项目

C 类项目指在本协议签订时暂不具备准确计算工程量的条件,但已确定固定单价的项目（具体包括土方工程、环外基础桩工程及锚喷护坡桩工程）。待日后具备工程量计算条件时,按发包人审定的工程量替换暂定工程量以确定该类项目的合同价格。此部分施工内容工程量计算多与施工方案密切相关,承发包双方议定在执行 2001 定额平均耗量的基础上,已经现场监理工程师签批的施工方案计算并经发包人审定的工程量计入,在量、价上合理顾全了承发包双方利益。

2）暂时搁置争议费用

尽管承发包双方在总价谈判过程中表现出了相当灵活性、专业性,但鸟巢工程的特殊性还是决定了双方留存部分争议项目。为推动工程进展,双方议定将双方争议部分的费用作为协议书的附件暂时搁置,待日后寻找解决途径。

3）总承包合同价格

2006 年 12 月 11 日承发包双方签署了《国家体育场项目建筑安装工程施工总承包合同之补充协议（二）》,该工程合同价款为人民币 28.96 亿元,（其中：A 类 26.29 亿元；B1 类 1.05 亿元；B2 类 0.58 亿元；C 类 1.04 亿元）,尚存在争议费用约 3.65 亿元。

[本案例部分选自刘杰.国家体育场工程合同总价确定历程[J].国际工程与劳务, 2010(9):38-40]

本 章 小 结

(1) 项目招标投标阶段造价管理的主要工作包括招标阶段编制工程量清单和招标控制价,以及投标阶段编制投标文件和投标报价,最终通过评标确立中标合同价。

(2) 本章从招投标概述入手,介绍了招投标的基本概念和程序,投标阶段影响工程造价的主要因素包括业主的价值取向、工程项目的特点、市场竞争状况和投标人的投标策略等。

(3) 工程合同按照计价方式分为总价合同、单价合同和成本加酬金合同,适用于不同类型的工程项目。

(4) BIM 技术的推广与应用,极大地促进了招投标管理的精细化程度和管理水平。

习 题

一、单项选择题

1. 当工程内容明确、工期较短时,宜采用( )。
   A. 总价可调合同
   B. 总价不可调合同
   C. 单价合同
   D. 成本加酬金合同

2. 按计价方式不同,建设工程施工合同可分为:(1)总价合同,(2)单价合同,(3)成本加酬金合同三种。以承包商所承担的风险从小到大的顺序来排列,应该是( )。
   A. (1)(2)(3)
   B. (3)(2)(1)
   C. (2)(3)(1)
   D. (2)(1)(3)

3. 根据《招标投标法》和有关规定,全部或部分使用国有资金投资或国家融资的项目,其重要设备材料的采购,单项合同估算价格在( )万元人民币以上时,必须进行招标。
   A. 3 000
   B. 1 000
   C. 100
   D. 50

4. 投标人少于( )个的,招标人应当依照《招标投标法》重新投标。
   A. 3
   B. 4
   C. 5
   D. 10

5. 下列关于招标控制价的说法中,正确的是( )。
   A. 招标控制价必须由招标人编制
   B. 招标控制价只需公布总价
   C. 招标人不得对招标控制价提出异议
   D. 招标控制价不应上调或下浮

6. 下列关于招标控制价及其编制的说法中,正确的是( )。
   A. 综合单价中包括应由招标人承担的风险费用
   B. 招标人供应的材料,总承包服务费应按材料价值的 1.5% 计算
   C. 措施项目费应按招标文件中提供的措施项目清单确定
   D. 招标文件提供暂估价的主要材料,其主材费用应计入其他项目清单费用

7. 投标人针对工程量清单中工程量的遗漏或错误,可以采取的正确做法是( )。
   A. 即向招标人提出异议,要求招标人修改

B. 不向招标人提出异议,风险自留

C. 是否向招标人提出修改意见取决于投标策略

D. 等中标后,要求招标人按实调整

8. 根据《建设工程工程量清单计价规范》(GB 50500—2013),下列关于承发包双方施工阶段风险分摊原则的表述正确的是( )。

A. 各类原因所致人工费变化的风险由承包人承担

B. 10%以内的材料价格风险由承包人承担

C. 10%以内的施工机械使用费风险由承包人承担

D. 5%以内的人工费风险由承包人承担

9. 工程施工项目评标时,下列做法符合有关规定的是( )。

A. 当评标委员会发现某投标人的施工方案的表述存在含义不明确之处时,则要求该投标人作出书面澄清

B. 当评标委员会发现因某个单价金额小数点明显错误时,对该单价进行修正后继续评标

C. 当投标人发现其投标文件对同一问题前后表述不一致时,向评标委员会提出澄清,评标委员会应予接受

D. 当投标人不接受评标委员会按规定原则对其投标报价的算术错误所作修正时,评标委员会仍可按修正结果评审

10. 下列有关建设项目施工招标投标评标定标的表述中,正确的是( )。

A. 若有评标委员会成员拒绝在评标报告上签字同意的,评标报告无效

B. 使用国家融资的项目,招标人不得授权评标委员会直接确定中标人

C. 招标人和中标人只需按照中标人的投标文件订立书面合同

D. 合同签订后5个工作日内,招标人应当退还中标人和未中标人的投标保证金

二、多项选择题

1. 在编制分部分项工程量清单时,下列项目特征中可以不作描述的有( )。

A. 门窗洞口尺寸或外框外围尺寸　　B. 混凝土拌合料和砂种类

C. 混凝土构件的混凝土强度等级　　D. 土壤类别

E. 石方预裂爆破的单孔深度

2. 对投标文件的初步评审中,属于响应性评审标准的内容包括( )。

A. 投标文件格式符合要求　　B. 质量管理体系与措施

C. 投标报价校核　　D. 审查全部报价数据计算的正确性

E. 分析报价构成的合理性

3. 为了便于措施项目费的确定和调整,通常采用分部分项工程量清单方式编制的措施项目有( )。

A. 脚手架工程　　B. 垂直运输工程

C. 二次搬运工程　　D. 已完工程及设备保护

E. 施工排水降水

4. 根据《建设工程工程量清单计价规范》(GB 50500—2013),在其他项目清单中,应由投标人自主确定价格的有( )。

　　A. 暂列金额　　　　　　　　　B. 专业工程暂估价

　　C. 材料暂估单价　　　　　　　D. 计日工单价

　　E. 总承包服务费

5. 根据《建设工程工程量清单计价规范》(GB 50500—2013),招标控制价中综合单价中应考虑的风险因素包括( )。

　　A. 项目管理的复杂性　　　　　B. 项目的技术难度

　　C. 人工单价的市场变化　　　　D. 材料价格的市场风险

　　E. 税金、规费的政策变化

三、案例题

背景:某土建工程项目立项批准后,经批准公开招标,6家单位通过资格预审,并按规定时间报送了投标文件,招标方按规定组成了评标委员会,并按照招标文件中的评标办法进行评标,具体规定如下:

(1) 招标控制价为4 444万元,以招标控制价与投标报价的算术平均数的加权值为评标基准价,以评标基准价为评定投标报价得分依据,规定:

$$评标基准价 = 招标控制价 \times 0.9 \times 0.6 + 投标单位报价算术平均数 \times 0.4$$

(2) 以评标基准价为依据,计算投标报价偏差度 x。

$$x = (投标报价 - 评标基准价) \div 评标基准价$$

按照投标报价偏差度确定各单位投标报价得分,具体标准见表5.7所示:

表5.7 数据表

x	$x < -5\%$	$-5\% \leqslant x < -3\%$	$-3\% \leqslant x < -1\%$	$-1\% \leqslant x \leqslant 1\%$	$1\% < x \leqslant 3\%$	$3\% < x \leqslant 5\%$	$x > 5\%$
得分	废标	55	65	70	60	50	废标

(3) 投标方案中商务标部分满分为100分,其中投标报价满分为70分,其他内容满分为30分。投标报价得分按照报价偏差度确定得分,其他内容得分按各单位投标报价构成合理性和计算正确性确定得分。技术方案得分为100分,其中施工工期得分占20分(规定工期为20个月,若投标单位所报工期超过20个月为废标),若工期提前则规定每提前1个月增加1分。其他方面得分包括:施工方案25分;施工技术装备20分,施工质量保证体系10分,技术创新10分,企业信誉业绩及项目经理能力15分。(得分已由评标委员会评出,见表5.8所示)

采取综合评分法,综合得分最高者为中标人。

$$综合得分 = 投标报价得分 \times 60\% + 技术性评分 \times 40\%$$

（4）E单位在投标截止时间2小时之前向招标方递交投标补充文件，补充文件中提出E单位报价中的直接工程费由3 200万元降至3 000万元，并提出措施费费率为9%，间接费率（含其他）为8%，利润率为6%，税率为3.5%，E单位据此为最终报价。

表5.8 评分数据表

投标单位	A	B	C	D	E	F	单位
投标报价	3 840	3 900	3 600	4 080		4 240	万元
报价构成	24	23	25	27	26	28	分
施工工期	17	17	18	16	18	18	月
技术装备	15	19	17	15	17	16	分
质保体系	8	7	6	6	9	9	分
技术创新	7	9	6	6	9	9	分
施工方案	21	19	20	18	23	22	分
企业业绩及项目经理	11	14	14	13	13	12	分

问题1：投标文件应包括哪些内容？确定中标人的原则是什么？

问题2：E单位的最终报价为多少？

问题3：采取综合评标法确定中标人。

四、问答题

1. 什么是工程招投标？招投标对工程造价有什么影响？
2. 我国规定哪些工程项目必须进行招标？
3. 工程合同计价方式有哪几种形式？各有何特点？
4. BIM在招投标中主要有哪些应用？
5. 招标控制价和投标报价编制方法有什么不同？

6 建设工程施工阶段造价管理

 本章提要

本章主要讲述施工阶段造价控制内容、影响工程造价的因素、工程变更与合同价款的调整、工程索赔及其费用的计算、工程价款结算、工程结算审查及 BIM 技术在施工阶段造价管理中的应用。

案例引入

鲁布革水电站是我国首次实行国际竞争性招标的试点工程项目,该工程由枢纽工程、引水系统工程、地下厂房工程等三部分组成。电站装机容量 60 万 kW,年发电量 27.5 亿 kW·h,工程投资 8.9 亿元。

该项目引水系统工程的索赔涉及业主违约、指定分包商违约、不利自然条件、其他承包商干扰、工程师指令增加、合同缺陷、政策法规变化等原因,共发生 21 起单项费用索赔和 1 起工期索赔,索赔总额为 229.10 万元人民币,占合同总额的 2.83%。其中,日本大成建筑株式会社对业主的违约索赔影响较大,承包商指出业主未按合同规定提供合格的三级标准现场公路,造成其车辆只能在块石垫层路面上行使,引起严重的轮胎非正常消耗,最终业主赔偿了 208 条轮胎,共计 1 900 万日元(约 16 万元人民币)。

6.1 施工阶段造价管理概述

施工阶段是实现建设工程价值的主要阶段,也是资金投入量最大的阶段。在建设项目实际建设中,由于施工阶段的施工组织设计、工程变更、索赔、工程计量方式的差别以及工程施工中各种不可预见因素的存在,使得施工阶段的造价管理难度加大,因此,常常把施工阶段作为工程造价控制的重要阶段。

建设工程实施阶段涉及的面很广,利益相关主体涉及建设单位、施工单位、监理单位、材料供应商等,彼此之间相互影响、相互制约。施工阶段工程造价控制的任务由于主体不同,着重点也不同。建设单位应通过编制资金使用计划、及时进行工程计量与结算、预防并处理好工程变更与索赔,有效控制工程造价。施工承包单位也应做好成本计划及动态监控等工作,综合考虑建造成本、工期成本、质量成本、安全成本、环保成本等全要素,有效控制施工成本。

本书主要从建设方的角度来谈施工阶段工程造价控制的主要任务,是通过工程付款控制、工程变更费用控制、预防并处理好费用索赔、挖掘节约工程造价潜力来实现实际发生的费用不超过计划投资。

6.1.1 施工阶段影响工程造价的因素

建设工程施工阶段涉及的面很广,涉及的人员很多,与工程造价控制有关的工作也很多。施工阶段工程量的变化、物价的波动、法律法规的变动、工程变更和工程索赔都可能造成工程价款的变动,而引起这些变化的因素归纳起来主要包括:人为因素、社会环境因素、自然环境因素三方面。

1) 人为因素

人是生产经营活动的主体,也是工程项目建设的决策者、管理者和操作者。在施工阶段,参与人员的行为将直接或间接地对项目实施阶段的工程造价产生影响。例如在施工阶段,发包人为了提前竣工而指示施工单位加速施工,或者要求改变工作范围等行为都有会导致工程造价的变化。人为因素对工程造价的影响主要包括以下几个方面:

(1) 发包人行为的影响

工程项目的复杂性决定发包人在招投标阶段所确定的方案往往存在某方面的不足。随着工程的进展和对工程本身认识的加深,以及其他外部因素的影响,发包人常常在工程施工中提出需要对工程的范围、技术要求等进行修改;或者发包人原因造成的工期延误、暂停施工、延误支付工程款等状况,会导致工程项目的变更(如发包人提出增加或者删减原项目内容)、工程量变更、进度计划的变更或施工条件的变更,这些变更必然引起工程造价的变化。

(2) 设计方行为的影响

设计方原因造成的设计变更也是多种多样的,主要有:设计方案不合理;设计不符合有关标准规定;设计遗漏、计算及绘图错误;各专业配合失误。由于设计部门的错误或缺陷造成的变更费用以及采取的补救措施,如返修、加固、拆除等费用,将导致工程造价的增加。

(3) 监理人行为的影响

在施工阶段,监理工程师指令有时也会产生索赔,造成工程造价的增加。如监理人指令承包人加速施工、进行某项工作、更换某些材料、采取某些措施等,并且这些指令不是由于承包人的原因造成的。

(4) 承包人行为的影响

在施工阶段,承包人如果因为自身原因造成施工方案不合理、施工组织不力、工期赶工,导致分包商和业主之间的索赔等状况,造成费用损失,这些损失不在工程索赔范围内,但会使承包商的建筑成本增加。从承包人的角度看,施工成本的控制是其在施工阶段造价管理的重要内容。

另外,在施工中如果因建筑材料一时供应不上,或无法采购,或由于自然环境造成施工条件不便,承包人认为需要改用其他材料代替,或者需要改变某些工程项目的具体设计而引起的设计变更和工程签证,这将带来工程造价的变化。

2) 社会环境因素

施工阶段涉及的社会环境因素分为两类,第一类是不可抗力的社会事件,包括国家政策、法律、法令的变更,战争、叛乱及罢工等,这些社会事件的发生都将直接影响到工程造价。通常情况下,国家的法律、法规规章和政策发生变化引起工程造价增减变化的,在签订施工合同时,均不在承包人应承担的风险范围内,即一旦发生政策性变化,承发包双方必须无条件地执行,建设工程费用必须进行相应的调整。第二类是物价变化因素,在合同履行期间,出现工程造价管理机构发布的人工、材料、工程设备和施工机械台班单价或价格与合同工程基准日期相应单价或价格比较出现涨落,并符合国家相关规章制度的,发承包双方应调整合同价款。

3) 自然环境因素

施工阶段涉及的自然环境因素分为两类,第一类是不可抗力的自然事件,它是工程施工过程中不可避免发生并不能克服的自然灾害,包括地震、海啸、瘟疫、台风、泥石流等。这类风险的规避一般采用工程保险转嫁风险,客观上增加了工程造价。第二类是相异的现场条件,如承包人在施工现场遇到的不可预见的自然物质条件,非自然的物质障碍(如文物)、污染物和地下水文条件等情况。由于实际的现场条件不同于招标书描述的条件或合同谈判、签订时的现场条件,其往往导致设计的变更和施工难度的增加,而设计变更和施工方案的改变会引起工程造价的增加。

建设工程实施阶段涉及的面很广,利益相关主体涉及建设单位、施工单位、监理单位、材料供应商等,各个主体在施工阶段应积极主动地进行工程造价控制,密切关注各方面状况,从而保证工程造价控制在合理的范围内。

6.1.2 施工阶段造价控制的内容

建设项目的投资主要发生在施工阶段,该阶段需要投入大量的人力、物力和财力,是工程项目建设投资消耗最多的阶段,浪费投资的可能性也比较大,所以,精心组织施工、挖掘各方潜力、节约资源消耗仍可以取得节约投资的明显效果。对施工阶段工程造价控制给予足够的重视,除了有效控制工程款的支付外,还应从组织、经济、技术、合同等多个方面采取措施。

1) 组织工作内容

(1) 落实项目管理班子中进行工程造价控制的人员分工、任务分工和职能分工。

(2) 编制施工阶段工程造价控制的工作计划和详细的工作流程图。

2) 经济工作内容

(1) 编制资金使用计划,确定、分解工程造价控制目标。

(2) 对工程项目造价控制目标进行风险分析,并制订防范性对策。

(3) 根据设计图纸、技术规范及施工合同约定进行工程计量。

(4) 复核工程付款账单,签发付款证书。

（5）在施工过程中进行工程造价跟踪控制,定期进行造价实际支出值与计划目标值的比较。发现偏差,分析产生偏差的原因,并对未来支出做出预测,采取积极有效的措施进行纠偏。

（6）协商确定工程变更的价款。

（7）审核竣工结算。

3）技术工作内容

（1）对设计变更进行技术经济比较,严格控制设计变更。

（2）继续寻找通过设计挖潜节约造价的可能性。

（3）审核施工组织设计,对主要施工方案进行技术经济分析。

4）合同工作内容

（1）做好工程施工记录,积累索赔素材,保存各种文件及图纸,特别是注有实际施工变更情况的图纸,为正确处理可能发生的索赔提供依据。

（2）遵从相关规定,掌握索赔的处理程序,参与处理索赔事宜。

（3）参与合同修改、补充工作,着重考虑它对造价控制的影响。

6.2　工程变更与合同价款的调整

6.2.1　概述

在工程项目建设过程中,由于涉及的利益主体较多,受自然环境因素、社会环境因素的影响大,导致项目的实际施工情况与招投标时的情况有一些变化,从而形成工程变更。

1）工程变更的概念

工程变更指在合同实施过程中,由发包人提出或由承包人、设计人、监理人等提出,经发包人批准的对合同工程的工作内容、工程数量、质量要求、施工顺序与时间、施工条件、施工工艺或其他特征及合同条件等的改变,当合同状态改变时,为保证工程顺利实施所采取的对原合同文件的修改与补充的一种措施。

工程变更是合同标的物的变化,这就导致了发包人和承包人之间权利与义务指向的变化。工程变更指令发出后,应当迅速落实指令,全面修改相关的各种文件。承包人也应当抓紧落实,如果承包人不能全面落实变更指令,则扩大的损失应当由承包人承担。

2）工程变更的范围

在不同的合同文本中规定的工程变更的范围可能会有所不同,以《标准施工招标文件》（2007 版）和《建设工程施工合同（示范文本）》（GF—2017-0201）为例,两者规定的工程变更范围的差异如表 6.1 所示:

表6.1 不同合同文本中工程变更范围的差异

标准施工招标文件	施工合同示范文本
(1) 取消合同中任何一项工作,但被取消的工作不能转由发包人或其他人实施; (2) 改变合同中任何一项工作的质量或其他特性; (3) 改变合同工程的基线、标高、位置或尺寸; (4) 改变合同中任何一项工作的施工时间或改变已批准的施工工艺或顺序; (5) 为完成工程需要追加的额外工作	(1) 增加或减少合同中任何工作,或追加额外的工作; (2) 取消合同中任何工作,但转由他人实施的工作除外; (3) 改变合同中任何工作的质量标准或其他特性; (4) 改变工程的基线、标高、位置和尺寸; (5) 改变工程的时间安排或实施顺序

除《建设工程施工合同(示范文本)》第(1)条明确指出"增加或减少合同中任何工作"属于工程变更外,两份合同文本的工程变更范围是一致的。

3) 工程变更引起的合同价款调整程序

当工程变更范围内相关事件发生时,合同价款调整应按以下程序进行:

① 出现合同价款调增事项(不含工程量偏差、计日工、现场签证、施工索赔)后的14天内,承包人应向发包人提交合同价款调增报告并附相关资料,若承包人在14天内未提交合同价款调增报告的,应视为承包人对该事项不存在调整价款请求。

② 出现合同价款调减事项(不含工程量偏差、施工索赔)后的14天内,发包人应向承包人提交合同价款调减报告并附相关资料,若发包人在14天内未提交合同价款调减报告的,应视为发包人对该事项不存在调整价款请求。

③ 发(承)包人应在收到承(发)包人合同价款调增(减)报告及相关资料之日起14天内对其核实,予以确认的应书面通知承(发)包人。当有疑问,应向承(发)包人提出协商意见。发(承)包人在收到合同价款调增(减)报告之日起14天内未确认也未提出协商意见的,应视为承(发)包人提交的合同价款调增(减)报告已被发(承)包人认可。发(承)包人提出协商意见的,承(发)包人应在收到协商意见后的14天内对其核实,予以确认的应书面通知发(承)包人。承(发)包人在收到发(承)包人的协商意见后14天内既不确认也未提出不同意见的,视为发(承)包人提出的意见已被承(发)包人认可。

④ 发包人与承包人对合同价款调整的不同意见不能达成一致的,只要对发承包双方履约不产生实质影响,双方应继续履行合同义务,直到其按照合同约定的争议解决方式得到处理。

⑤ 经发承包双方确认调整的合同价款,作为追加(减)合同价款,应与工程进度款或结算款同期支付。

6.2.2 《建设工程施工合同(示范文本)》(GF—2017-0201)的工程变更

1) 变更权

发包人和监理人均可以提出变更。变更指示均通过监理人发出,监理人发出变更指示前应征得发包人同意。承包人收到经发包人签认的变更指示后,方可实施变更。未经许可,承包人不得擅自对工程的任何部分进行变更。涉及设计变更的,应由设计人提供变更后的图纸和说明。如变更超过原设计标准或批准的建设规模时,发包人应及时办理规划、设计变更等审批手续。

2) 变更程序

(1) 发包人提出变更

发包人提出变更的,应通过监理人向承包人发出变更指示,变更指示应说明计划变更的工程范围和变更的内容。

(2) 监理人提出变更建议

监理人提出变更建议的,需要向发包人以书面形式提出变更计划,说明计划变更工程范围和变更的内容、理由,以及实施该变更对合同价格和工期的影响。发包人同意变更的,由监理人向承包人发出变更指示。发包人不同意变更的,监理人无权擅自发出变更指示。

(3) 变更执行

承包人收到监理人下达的变更指示后,认为不能执行的,应立即提出不能执行该变更指示的理由。承包人认为可以执行变更的,应当书面说明实施该变更指示对合同价格和工期的影响,且合同当事人应当按照变更估价的原则和程序来确定变更估价。

3) 变更估价

(1) 变更估价原则

除专用合同条款另有约定外,变更估价按照下列约定处理:

① 已标价工程量清单或预算书有相同项目的,按照相同项目单价认定。

当变更项目和内容直接适用合同中已有项目时,由于合同中的工程量单价和价格由承包人投标时提供,用于变更工程,容易被发包人、承包人及工程师所接受,从合同意义上讲也是比较公平的。

② 已标价工程量清单或预算书中无相同项目,但有类似项目的,参照类似项目的单价认定。

当变更项目和内容类似合同中已有项目时,可以将合同中已有项目的工程量清单的单价和价格拿来间接套用,即依据工程量清单,通过换算后采用;或者是部分套用,即依据工程量清单,取其价格中的某一部分使用。

③ 变更导致实际完成的变更工程量与已标价工程量清单或预算书中列明的该项目工程量的变化幅度超过15%的,或已标价工程量清单或预算书中无相同项目及类似项目单价的,按照合理的成本与利润构成的原则,由合同当事人按照商定或确定的方式确定变更工作的单价。

当合同中没有适用或类似于变更工程的价格,由承包人提出适当的变更价格,经工程师确认后执行。

如双方不能达成一致的,双方可提请工程所在地工程造价管理机构进行咨询或按合同约定的争议解决程序办理。

(2) 变更估价程序

承包人应在收到变更指示后14天内,向监理人提交变更估价申请。监理人应在收到承包人提交的变更估价申请后 7 天内审查完毕并报送发包人,监理人对变更估价申请有异议的,通知承包人修改后重新提交。发包人应在承包人提交变更估价申请后 14 天内审批完毕。发包人逾期未完成审批或未提出异议的,视为认可承包人提交的变更估价申请。因变更引起的价格调整应计入最近一期的进度款中支付。

4)承包人的合理化建议

承包人提出合理化建议的,应向监理人提交合理化建议说明,说明建议的内容和理由,以及实施该建议对合同价格和工期的影响。

除专用合同条款另有约定外,监理人应在收到承包人提交的合理化建议后 7 天内审查完毕并报送发包人,发现其中存在技术上的缺陷,应通知承包人修改。发包人应在收到监理人报送的合理化建议后 7 天内审批完毕。合理化建议经发包人批准的,监理人应及时发出变更指示,由此引起的合同价格调整按照变更估价约定执行。发包人不同意变更的,监理人应书面通知承包人。

合理化建议降低了合同价格或者提高了工程经济效益的,发包人可对承包人给予奖励,奖励的方法和金额在专用合同条款中约定。

5)变更引起的工期调整

因变更引起工期变化的,合同当事人均可要求调整合同工期,由合同当事人按照"商定或确定"的方式,并参考工程所在地的工期定额标准确定增减工期天数。

6)暂估价

暂估价专业分包工程、服务、材料和工程设备的明细由合同当事人在专用合同条款中约定。

(1)依法必须招标的暂估价项目

对于依法必须招标的暂估价项目,采取以下第 1 种方式确定。合同当事人也可以在专用合同条款中选择其他招标方式。

第 1 种方式:对于依法必须招标的暂估价项目,由承包人招标,对该暂估价项目的确认和批准按照以下约定执行:

① 承包人应当根据施工进度计划,在招标工作启动前 14 天将招标方案通过监理人报送发包人审查,发包人应当在收到承包人报送的招标方案后 7 天内批准或提出修改意见。承包人应当按照经过发包人批准的招标方案开展招标工作。

② 承包人应当根据施工进度计划,提前 14 天将招标文件通过监理人报送发包人审批,发包人应当在收到承包人报送的相关文件后 7 天内完成审批或提出修改意见;发包人有权确定招标控制价并按照法律规定参加评标。

③承包人与供应商、分包人在签订暂估价合同前,应当提前 7 天将确定的中标候选供应商或中标候选分包人的资料报送发包人,发包人应在收到资料后 3 天内与承包人共同确定中标人;承包人应当在签订合同后 7 天内,将暂估价合同副本报送发包人留存。

第 2 种方式:对于依法必须招标的暂估价项目,由发包人和承包人共同招标确定暂估价供应商或分包人的,承包人应按照施工进度计划,在招标工作启动前 14 天通知发包人,并提交暂估价招标方案和工作分工。发包人应在收到后 7 天内确认。确定中标人后，由发包人、承包人与中标人共同签订暂估价合同。

（2）不属于依法必须招标的暂估价项目

除专用合同条款另有约定外，对于不属于依法必须招标的暂估价项目，采取以下第 1 种方式确定：

第 1 种方式：对于不属于依法必须招标的暂估价项目，按下列约定确认和批准：

① 承包人应根据施工进度计划，在签订暂估价项目的采购合同、分包合同前 28 天向监理人提出书面申请。监理人应当在收到申请后 3 天内报送发包人，发包人应当在收到申请后 14 天内给予批准或提出修改意见，发包人逾期未予批准或提出修改意见的，视为该书面申请已获得同意。

② 发包人认为承包人确定的供应商、分包人无法满足工程质量或合同要求的，发包人可以要求承包人重新确定暂估价项目的供应商、分包人。

③ 承包人应当在签订暂估价合同后 7 天内，将暂估价合同副本报送发包人留存。

第 2 种方式：承包人按照"依法必须招标的暂估价项目"约定的第 1 种方式确定暂估价项目。

第 3 种方式：承包人直接实施的暂估价项目。

承包人具备实施暂估价项目的资格和条件的，经发包人和承包人协商一致后，可由承包人自行实施暂估价项目，合同当事人可以在专用合同条款约定具体事项。

（3）暂估价合同订立和履行延迟

因发包人原因导致暂估价合同订立和履行迟延的，由此增加的费用和（或）延误的工期由发包人承担，并支付承包人合理的利润。因承包人原因导致暂估价合同订立和履行迟延的，由此增加的费用和（或）延误的工期由承包人承担。

7）暂列金额

暂列金额应按照发包人的要求使用，发包人的要求应通过监理人发出。合同当事人可以在专用合同条款中协商确定有关事项。

8）计日工

需要采用计日工方式的，经发包人同意后，由监理人通知承包人以计日工计价方式实施相应的工作，其价款按列入已标价工程量清单或预算书中的计日工计价项目及其单价进行计算；已标价工程量清单或预算书中无相应的计日工单价的，按照合理的成本与利润构成的原则，由合同当事人商定或确定计日工的单价。

采用计日工计价的任何一项工作，承包人应在该项工作实施过程中，每天提交以下报表和有关凭证报送监理人审查：

（1）工作名称、内容和数量。

（2）投入该工作的所有人员的姓名、专业、工种、级别和耗用工时。

（3）投入该工作的材料类别和数量。

（4）投入该工作的施工设备型号、台数和耗用台时。

（5）其他有关资料和凭证。

计日工由承包人汇总后,列入最近一期进度付款申请单,由监理人审查并经发包人批准后列入进度付款。

6.2.3 FIDIC 合同条件下的工程变更与估价

1) 变更权

根据 2017 版 FIDIC 施工合同条件的约定,无论由业主方还是承包方发起变更,在确认变更后业主方都应签发变更指示,即变更的决定权在业主方,由业主方决定是否变更、如何变更。但对于业主方发起的变更,承包方可以合理理由拒绝接受变更或者拒绝提交变更建议书。这些理由如下:

(1) 从工程的范围和性质考虑,该变更工作是不可预见的。

(2) 承包商不能获得实施变更所需的物资。

(3) 该变更会严重影响承包商履行"健康和安全"以及"保护环境"等条款下的义务。

收到承包商的拒绝通知后,业主方可以取消、确认或修改变更指示。

2) 工程变更范围

2017 版 FIDIC 施工合同条件将工程变更划分为以下六种类型:

(1) 对合同中任何工作的工程量的改变(此类改变并不一定必然构成变更)。

(2) 任何工作的质量或其他特性的改变。

(3) 工程任何部位的标高、位置和(或)尺寸的变化。

(4) 任何工作的删减,但删减未经双方同意由他人实施的除外。

(5) 永久工程所需的任何附加工作、生产设备、材料或服务,包括任何联合竣工试验、钻孔和其他试验以及勘探工作。

(6) 工程的实施顺序或时间安排的变动。

承包商不应对永久工程作任何改变和修改,除非且直到工程师发出指示或同意变更。

3) 变更程序

2017 版 FIDIC 系列合同条件中,根据变更发起人的不同将变更分为由业主方(包括业主和工程师,红皮书和黄皮书中为工程师,银皮书中为业主)发起的变更和由承包商发起的变更。变更流程如图 6.1 所示(以 2017 版黄皮书为例)。如果实际变更处理过程中,出现业主发出变更建议书邀请,承包商提出反对的理由后,业主修改原变更建议书邀请的内容,承包商再次提出反对理由,会出现反复循环的情况,考虑到图的简洁性,图 6.1 没有将这种循环状态表示出来。

(1) 业主方发起的变更

业主方发起的变更又可分为业主方直接签发变更指示发起变更("指示变更")和业主方要求承包商提交变更建议书发起变更("建议变更")。

① 指示变更。工程师可根据"工程师的指示"规定,向承包商发出通知来指示变更。承包商执行变更,并应在收到工程师指示后 28 天内(或承包商建议并经工程师同意的其他期限内),向工程师提交详细的文件材料,材料包括:a. 对已完成或将要完成的各项变更工作

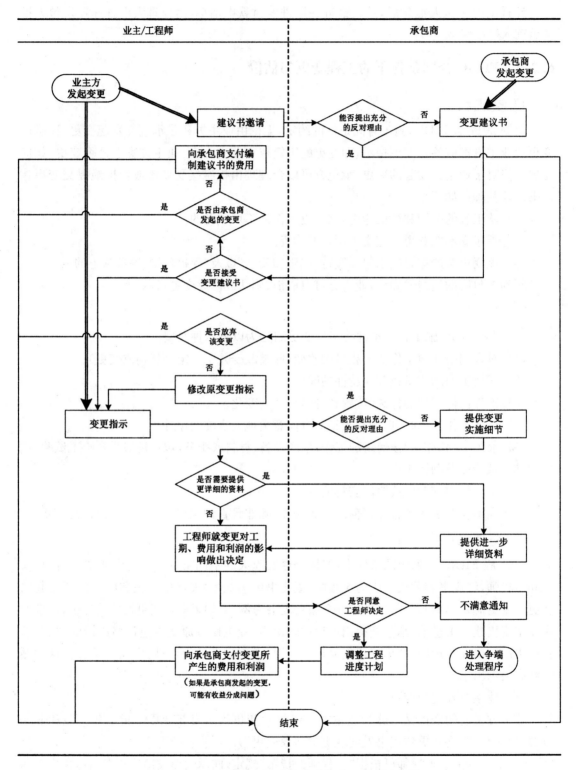

图 6.1 2017 版 FIDIC 黄皮书变更处理流程示意图

的描述,包括承包商已采用或将采用的资源和方法;b. 承包商对计划和竣工时间进行的必要修改及建议;c. 承包商对变更进行估价以调整合同价格的建议。然后,工程师应根据第3.7款"商定或决定"同意或决定合同价格和工期的调整。

② 建议变更。工程师可在指示变更前,向承包商发出通知(说明拟议变更),要求承包商提出变更建议。承包商应在可行的情况下尽快对本通知作出回应,方式是:提交一份建议书,内容应包括"指示变更"(a)至(c)项所述的事项;参照变更权中的三项内容的所述事项,说明合同方不能遵守的原因(如果存在此类事件)。如果承包商提交了一份建议书,工程师应在收到建议书后,尽快向承包商发出通知,说明其同意或其他方式。在等待答复期间,承包商不得延误任何工作。如果工程师同意该建议,无论是否有意见,工程师应指示变更。此后,承包商应提交工程师可能要求的进一步的文件材料。如果工程师不同意该建议,无论有无意见,如果承包商因提交该建议而产生费用,承包商应有权要求业主方支付该费用。

(2) 承包商发起的变更

承包商发起的变更由承包商从价值工程的角度自发提交变更建议书,由业主方确认是否变更,其流程与业主方征求建议书变更基本相同,不同的是:

① 出发点不同。业主方征求建议书变更是承包商按业主方要求提交变更建议书供其审阅并确定是否变更,而承包商发起的变更是承包商从价值工程的角度(包括可加快完工,降低业主实施、维护或运营工程的成本,能为业主提高工程的效率或价值以及为业主带来其他效益)自发提交变更建议书。

② 编制建议书的费用承担方不同。由承包商发起的变更,编制建议书的相关费用由承包商自行承担。而由业主方发起的变更,如果业主方最终决定不变更,则承包商编制建议书的费用由业主承担。

③ 对于承包商发起的变更,业主方在确认签发变更令时,应在其中说明合同双方对价值工程产生的效益、费用和(或)延误的分享和分担机制。

4) 工程变更的估价

工程师应通过 FIDIC 施工合同条件(2017 版)的第 12 条"测量与估价"对变更进行定价,即以工程量乘以适用单价即为该变更工作的估价。具体是根据第 12.1 款"需测量的工程"和第 12.2 款"测量方法"商定或确定工程变更项目的工程量,按第 12.3 款"工程的估价"对适用单价、价格费率进行处理,然后对每项工程进行估价。否则按照第 3.7 款"商定或确定"由双方商定或业主/工程师确定价格。具体估计原则如下:

(1) 变更工作在工程量清单表中有相同工作内容的适宜费率或价格,则应以此费率或价格为合同对此类工作内容规定的费率或价格。

(2) 如果合同中无某项内容,应取类似工作的费率或价格。工程量清单或其他附表中确定但未规定费率或价格的任何工程项目应视为包含在工程量清单或其他附表中的其他费率和价格中。

(3) 在下列情况下,有关工作内容宜采用新的费率或价格。

第一种情况:

该项目未在工程量清单或其他附表中确定,也未在工程量清单或其他附表中规定该项目的费率或价格,且由于该项目与合同中的任何项目不具有类似的性质,或未在类似的条件下执行,因此没有适用的特定费率或价格。

第二种情况:

① 如果此项工作实际测量的工程量比工程量清单表或其他报表中规定的工程量的变动大于10%;

② 工程量的变化与该项工作规定的费率的乘积超过了中标合同金额的0.01%;

③ 该工程量的变化直接造成该项工作单位成本的变动超过1%;

④ 这项工作不是合同中规定的"固定费率项目"或"固定费用"。

第三种情况:

① 此工作是根据变更与调整的指示进行的;

② 合同中没有规定此项工作的费率或价格;

③ 由于该项工作与合同中的任何工作没有类似的性质或不在类似的条件下进行,故没有一个规定的费率或价格适用。

每种新的费率或价格应考虑以上描述的有关事项对合同中相关费率或价格加以合理调整后得出。如果没有相关的费率或价格可供推算新的费率或价格,应根据实施该工作的合理成本和合同中规定的适用利润百分比(如果没有规定,则为5%),并考虑其他相关事项后得出。

(4) 按"商定或确定"条款由双方商定或业主/工程师确定价格。如果工程师和承包商无法就变更的工程项目商定适当的费率或价格,则承包商应向工程师发出通知,说明承包商不同意的原因。在收到承包商通知后,除非当时该费率或价格已受第13.3.1款"指示变更"最后阶段的约束,否则工程师应根据第3.7款"商定或确定"来商定或确定适当的费率或价格;工程师收到承包商通知的日期应为第3.7.3款规定的协议期限的开始日期。

工程师应在商定或确定适宜费率或价格前,确定用于期中付款证书的临时费率或价格。

(5) 删减工作内容的费用调整

删减工作内容是一种常见的工程变更形式。工程师发布删减工作的变更指示后,承包商不再实施部分工作,导致承包商无法获得被删减工作产生费用的款项,承包商由此损失该部分工作的间接费、利润、税金等利益。引起工作删减的原因可能来自工程项目不同参与方或客观因素,常见情形大致可分为设计优化、施工条件改变和不可抗力等。工作的删减会改变雇主与承包商之间订立合同的初始状态,符合下列四个条件时承包商可向工程师发出通知提出费用索赔,并提供具体的证明材料。

① 删减的工作使承包商发生的费用未另行约定的;

② 如果工程未被删减,承包商将产生(或已经产生)费用构成中标合同金额的一部分;

③ 删减的工作产生的费用不构成合同价格的一部分;

④ 所删减工作的价值,即产生的费用,未包含在任何替代工作的估价中。

承包商能否获得删减工作的利润补偿,还需考虑删减工作发生后承包商实际的利润损失和报价行为的合理性。当由于雇主原因导致工作内容删减时,如果承包商损失的利益包含在其他应支付或已支付的项目中,或者雇主提出用其他替代工作补偿承包商因删减工作导致的利益损失,则承包商实际上并不存在利益损失,故不能获取删减工作的利润补偿。

当采用不平衡报价策略进行投标时,承包商在维持总报价保持竞争力的前提下,调整某些工程量清单项目的综合单价以降低风险、争取在结算时获取更高利益;但对于雇主来说,若不能准确识别承包商的不平衡报价行为,在此情况下发生删减工作,按照原报价向承包商进行利润补偿,则将导致低价中标、高价结算,造成经济损失。因此,在承包商采取不平衡报价方法参与投标的情况下,删减工作的利润补偿应进行适当调整。对于报价远高于正常水平的工作内容,其利润补偿应依据正常水平报价进行计算;对于报价低于正常水平但仍有利润的工作内容,其利润补偿应依据原报价进行计算;对于报价低到不计利润时,其利润补偿不成立。

【例 6.1】 雇主和承包商签订的合同内容主要包括科研楼和职工宿舍的土建、水电及消防工程。在双方签订工程承包合同之后,承包商按合同约定的开工日期如期进场。工程开工后,雇主欲对科研楼进行二次装饰,故将楼地面找平层、天棚粉刷和楼梯栏杆等工作内容删减,同时将科研楼二次装饰的工作继续分配给了该承包商。承包商就工作删减提出利润补偿要求,但雇主不同意,双方由此产生分歧。

【解】 在该案例中,承包商投标报价不存在不平衡报价行为,完成楼地面找平层、天棚粉刷和楼梯栏杆等工作本可获得相应的报酬,同时由于雇主在施工中提出新的施工要求,修改了原定项目计划导致工作删减,承包商理应得到相应利润补偿。但是,雇主提出将二次装饰任务作为替代工作,弥补了承包商由于删减工作产生的利益损失。故该承包商不满足删减工作的利润补偿条件,雇主也无需向其进行利润补偿。

6.2.4 合同价款调整

合同价款的调整是指在基准日期后,出现由于法律变化等合同价款调整因素后,导致承包人在合同履行过程中所需要的费用发生约定以外的增减,发包人和承包人根据合同的约定,对合同价款进行变动的提出、计算和确认。

合同履行过程中,由于项目实际情况的变化,引起合同价款调整的事项有很多,发承包双方在施工合同中约定的合同价款可能会出现变动。为合理分配双方的合同价款变动风险,有效地控制工程造价,发承包双方应当在施工合同中明确约定合同价款的调整事件、调整方法及调整程序。对合同价款调整作出相关规定的主要有《建设工程工程量清单计价规范》(GB 50500—2013)、《建设工程施工合同(示范文本)》(GF—2017-0201)等规范和文本。

1) 合同价款应当调整的事项

以下事项(但不限于)发生,发承包双方应当按照合同约定调整合同价款:

(1) 法律法规变化;

(2) 工程变更;

（3）项目特征描述不符；

（4）工程量清单缺项；

（5）工程量偏差；

（6）物价变化；

（7）暂估价；

（8）计日工；

（9）现场签证；

（10）不可抗力；

（11）提前竣工（赶工补偿）；

（12）误期赔偿；

（13）施工索赔；

（14）暂列金额；

（15）发承包双方约定的其他调整事项。

2）法律法规变化导致的合同价款调整

在施工合同履行过程中，经常会遇到法律法规的变化引起合同价格和工期调整问题，具体调整如下：

（1）招标工程以投标截止日前28天，非招标工程以合同签订前28天为基准日，其后国家的法律、法规、规章和政策发生变化引起工程造价增减变化的，发承包双方应按照省级或行业建设主管部门或其授权的工程造价管理机构据此发布的规定调整合同价款。

（2）因承包人原因导致工期延误的，按第（1）条规定的调整时间，在合同工程原定竣工时间之后，合同价款调增的不予调整，合同价款调减的予以调整。

基准日期后，法律变化导致承包人在合同履行过程中所需要的费用发生除市场价格波动引起的调整约定以外的增加时，由发包人承担由此增加的费用；减少时，应从合同价格中予以扣减。基准日期后，因法律变化造成工期延误时，工期应予以顺延。如果因法律变化引起的合同价格和工期调整，合同当事人无法达成一致的，由总监理工程师按"商定或确定"条款的约定处理。

【例6.2】 某项工程的建设期为2018年4月到2019年6月，位于江苏省苏州市，项目如期完成。在工程项目建设期内，国家相关政府部门分别发布了苏建函价〔2019〕178号文、国家税务总局江苏省税务局公告2018年第21号文、苏工价〔2019〕5号文，引起了规费和税金的变化，请问工程价款应该如何调整？

【解】 江苏省住房和城乡建设厅于2019年3月29日发布的《关于调整建设工程计价增值税税率的通知》（苏建函价〔2019〕178号），规定采用一般计税方法的建设工程，增值税税率从10%调整为9%，该规定于2019年4月1日实施。因此该工程在2018年4月到2019年3月期间，增值税按照10%计算，2019年4月到6月期间增值税按照9%计算。

国家税务总局江苏省税务局、江苏省生态环境厅于2018年12月12日发布《江苏省税务局江苏省生态环境厅关于部分行业环境保护税应纳税额计算方法的公告》（国家税务总局江苏省税务局公告2018年第21号），自2019年1月1日起施行。苏州市工程造价管理处于 2019 年 3 月 27 日发布《关于明确建设工程环境保护税计价问题的通知》(苏工价〔2019〕5 号),明确如下:"环境保护税"由各类建设工程的建设方(含代建方)按照相关规定向税务机关缴纳,在承发包工程造价中不再计列,该规定自发文之日起执行。因此,2018 年 4 月到 2018 年 12 月期间,建安工程费用中计算"工程排污费";2019 年 1 月到 3 月 27 日期间,建安工程费用中计算"环境保护税";3 月 28 日到 6 月期间,环境保护税不再计入建安工程费用。

3) 工程变更导致的合同价款调整

(1) 因工程变更引起已标价工程量清单项目或其工程数量发生变化时,应按照下列规定调整:

① 已标价工程量清单中有适用于变更工程项目的,应采用该项目的单价;但当工程变更导致该清单项目的工程数量发生变化,且工程量偏差超过 15% 时,该项目单价的调整应按照规范中"工程量偏差"的规定调整。

② 已标价工程量清单中没有适用但有类似于变更工程项目的,可在合理范围内参照类似项目的单价。

③ 已标价工程量清单中没有适用也没有类似于变更工程项目的,应由承包人根据变更工程资料、计量规则和计价办法、工程造价管理机构发布的信息价格和承包人报价浮动率提出变更工程项目的单价,并应报发包人确认后调整。承包人报价浮动率可按公式(6.1)和公式(6.2)计算:

$$招标工程:承包人报价浮动率\ L = \left(1 - \frac{中标价}{招标控制价}\right) \times 100\% \tag{6.1}$$

$$非招标工程:承包人报价浮动率\ L = \left(1 - \frac{报价}{施工图预算}\right) \times 100\% \tag{6.2}$$

④ 已标价工程量清单中没有适用也没有类似于变更工程项目,且工程造价管理机构发布的信息价格缺价的,应由承包人根据变更工程资料、计量规则、计价办法和通过市场调查等取得有合法依据的市场价格提出变更工程项目的单价,并应报发包人确认后调整。

(2) 工程变更引起施工方案改变并使措施项目发生变化时,承包人提出调整措施项目费的,应事先将拟实施的方案提交发包人确认,并应详细说明与原方案措施项目相比的变化情况。拟实施的方案经发承包双方确认后执行,并应按照下列规定调整措施项目费:

① 安全文明施工费应按照实际发生变化的措施项目依据规范规定调整。

② 采用单价计算的措施项目费,应按照实际发生变化的措施项目,按《建设工程工程量清单计价规范》(GB 50500—2013)的第 9.3.1 款的规定确定单价。

③ 按总价(或系数)计算的措施项目费,按照实际发生变化的措施项目调整,但应考虑承包人报价浮动因素,即调整金额按照实际调整金额乘以《建设工程工程量清单计价规范》(GB 50500—2013)的第 9.3.1 款规定的承包人报价浮动率计算。如果承包人未事先将拟实施的方案提交给发包人确认,则视为工程变更不引起措施项目费的调整或承包人放弃调整措施项目费的权利。

（3）当发包人提出的工程变更因非承包人原因删减了合同中的某项原定工作或工程，致使承包人发生的费用或（和）得到的收益不能被包括在其他已支付或应支付的项目中，也未被包含在任何替代的工作或工程中时，承包人有权提出并应得到合理的费用及利润补偿。

4）项目特征描述不符导致的合同价款调整

（1）发包人在招标工程量清单中对项目特征的描述，应被认为是准确的和全面的，并且与实际施工要求相符合。承包人应按照发包人提供的招标工程量清单，根据其项目特征描述的内容及有关要求实施合同工程，直到项目被改变为止。

（2）承包人应按照发包人提供的设计图纸实施合同工程，若在合同履行期间出现设计图纸（含设计变更）与招标工程量清单任一项目的特征描述不符，且该变化引起该项目的工程造价增减变化的，应按照实际施工的项目特征，按规范"工程变更"条款的规定重新确定相应工程量清单项目的综合单价，并调整合同价款。

5）工程量清单缺项导致的合同价款调整

（1）合同履行期间，由于招标工程量清单项目缺项，新增分部分项工程清单项目的，应按照《建设工程工程量清单计价规范》（GB 50500—2013）的第 9.3.1 款的规定确定单价，并调整合同价款。

（2）新增分部分项工程清单项目后，引起措施项目发生变化的，应按《建设工程工程量清单计价规范》（GB 50500—2013）的第 9.3.2 款的规定，在承包人提交的实施方案被发包人批准后调整合同价款。

（3）由于招标工程量清单中措施项目缺项，承包人应将新增措施项目实施方案提交发包人批准后，按照《建设工程工程量清单计价规范》（GB 50500—2013）的第 9.3.1 和第 9.3.2 款的规定调整合同价款。

6）工程量偏差导致的合同价款调整

（1）合同履行期间，当应予计算的实际工程量与招标工程量清单出现偏差，且符合第（2）、（3）条规定的，发承包双方应调整合同价款。

（2）对于任一招标工程量清单项目，如果因本条规定的工程量偏差和《建设工程工程量清单计价规范》（GB 50500—2013）第 9.3 条规定的工程变更等原因导致工程量偏差超过 15% 时，可进行调整。当工程量增加 15% 以上时，增加部分的工程量的综合单价应予调低；当工程量减少 15% 以上时，减少后剩余部分的工程量的综合单价应予调高。至于具体的调整方法，可参见公式（6.3）和公式（6.4）。

① 当 $Q_1 > 1.15 Q_0$ 时，$\qquad S = 1.15 Q_0 P_0 + (Q_1 - 1.15 Q_0) P_1$ $\hfill$ (6.3)

② 当 $Q_1 < 0.85 Q_0$ 时，$\qquad S = Q_1 P_1$ $\hfill$ (6.4)

式中　S——调整后的某一分部分项工程费结算价；

　　　Q_1——最终完成的工程量；

　　　Q_0——招标工程量清单中列出的工程量；

　　　P_1——按照最终完成工程量重新调整后的综合单价；

　　　P_0——承包人在工程量清单中填报的综合单价。

公式(6.3)和公式(6.4)的关键就是确定新的综合单价 P_1，确定 P_1 的方法有两种：一是发承方双方协商确定；二是与招标控制价相联系。当工程量偏差项目出现承包人在工程量清单中填报的综合单价与发包人招标控制价相应清单项目的综合单价偏差超过 15%，则工程量偏差项目的综合单价可参考下列公式调整：

① 当 $Q_1 < 0.85Q_0$ 时：

若 $P_0 < P_2 \times (1-L) \times (1-15\%)$，该类项目的综合单价 P_1 按照 $P_2 \times (1-L) \times (1-15\%)$ 调整；

若 $P_0 \geqslant P_2 \times (1-L) \times (1-15\%)$，则 $P_1 = P_2$。

② 当 $Q_1 > 1.15Q_0$ 时：

若 $P_0 > P_2 \times (1+15\%)$，该类项目的综合单价 P_1 按照 $P_2 \times (1+15\%)$ 调整；

若 $P_0 \leqslant P_2 \times (1+15\%)$ 时，则 $P_1 = P_2$。

其中：P_0 为承包人在工程量清单中填报的综合单价；P_2 为发包人招标控制价相应清单项目的综合单价；L 为承包人报价浮动率。

(3) 当工程量出现第(2)条的变化，且该变化引起相关措施项目相应发生变化时，按系数或单一总价方式计价的，工程量增加的措施项目费调增，工程量减少的措施项目费适当调减。

【例6.3】 某分部分项工程在招标控制价中的清单项目综合单价为 360 元，在投标报价的清单项目综合单价为 430 元，工程变更后该清单项目的综合单价如何调整？

【解】 $\dfrac{P_0}{P_2} = \dfrac{430}{360} = 1.19$，偏差为 19% > 15%，则工程变更项目的综合单价应进行调整。

$P_2 \times (1+15\%) = 360 \times (1+15\%) = 414(元)$，$P_0 = 430(元)$

当 $P_0 > P_2 \times (1+15\%)$ 时，该类项目的综合单价按照 $P_2 \times (1+15\%)$ 调整，则该分部分项工程在工程变更后的综合单价应该调整为 414 元。

【例6.4】 某分部分项工程招标工程量清单数量为 1 680 m³，施工中由于设计变更调减为 1 320 m³，该分部分项工程招标控制价中的综合单价为 375 元/m³，投标报价中的综合单价为 315 元/m³，该工程投标报价下浮率为 9%，则合同价款如何调整？

【解】 $\dfrac{Q_1}{Q_0} = \dfrac{1\ 320}{1\ 680} = 78.57\%$，则 $Q_1 = 0.79Q_0 < 0.85Q_0$

$P_2 \times (1-L) \times (1-15\%) = 375 \times (1-9\%) \times (1-15\%) = 290.06(元/m^3)$

$P_0 = 315(元/m^3)$

当 $Q_1 < 0.85Q_0$ 时，若 $P_0 \geqslant P_2 \times (1-L) \times (1-15\%)$，则 $P_1 = P_2 = 375(元/m^3)$

$S = Q_1 \times P_1 = 1\ 320 \times 375 = 495\ 000(元)$

7) 计日工导致的合同价款调整

(1) 发包人通知承包人以计日工方式实施的零星工作，承包人应予执行。

(2) 采用计日工计价的任何一项变更工作，在该项变更的实施过程中，承包人应按合同约定提交相关报表和有关凭证送发包人复核。

(3) 任一计日工项目持续进行时，承包人应在该项工作实施结束后的 24 小时内向发包人提交有计日工记录汇总的现场签证报告一式三份。发包人在收到承包人提交现场签证报告后的 2 天内予以确认并将其中一份返还给承包人,作为计日工计价和支付的依据。发包人逾期未确认也未提出修改意见的,应视为承包人提交的现场签证报告已被发包人认可。

(4) 任一计日工项目实施结束后,发包人应按照确认的计日工现场签证报告核实该类项目的工程数量,并应根据核实的工程数量和承包人已标价工程量清单中的计日工单价计算,提出应付价款;已标价工程量清单中没有该类计日工单价的,由发承包双方按《建设工程工程量清单计价规范》(GB 50500—2013)的第 9.3 条的规定商定计日工单价计算。

(5) 每个支付期末,承包人应按照《建设工程工程量清单计价规范》(GB 50500—2013)的第 10.3 条的规定向发包人提交本期间所有计日工记录的签证汇总表,并应说明本期间自己认为有权得到的计日工金额,调整合同价款,列入进度款支付。

8) 物价变化导致的合同价款调整

(1) 合同履行期间,因人工、材料、工程设备、机械台班价格影响合同价款时,应根据合同约定,按《建设工程工程量清单计价规范》(GB 50500—2013)附录 A 的方法之一调整合同价款。

(2) 承包人采购材料和工程设备的,应在合同中约定主要材料、工程设备价格变化的范围或幅度,当没有约定,且材料、工程设备单价变化超过 5%,超过部分的价格应按《建设工程工程量清单计价规范》(GB 50500—2013)附录 A 的方法计算调整材料、工程设备费。

(3) 发生合同工程工期延误的,应按照下列规定确定合同履行期价格的调整:

① 因非承包人原因导致工期延误的,计划进度日期后续工程的价格,应采用计划进度日期与实际进度日期两者的较高者。

② 因承包人原因导致工期延误的,则计划进度日期后续工程的价格,应采用计划进度日期与实际进度日期两者的较低者。

(4) 发包人供应材料和工程设备的,不适用第(1)、(2)条规定,应由发包人按照实际变化调整,列入合同工程的工程造价内。

除专用合同条款另有约定外,市场价格波动超过合同当事人约定的范围,合同价格应当调整。合同当事人可以在专用合同条款中约定选择价格指数调整法或价格信息调整法对合同价格进行调整。

第 1 种方式:采用价格指数进行价格调整。

因人工、材料和设备等价格波动影响合同价格时,根据专用合同条款中约定的数据,按公式(6.5)计算差额并调整合同价格:

$$\Delta P = P_0\Big[A + \Big(B_1 \times \frac{F_{t1}}{F_{01}} + B_2 \times \frac{F_{t2}}{F_{02}} + B_3 \times \frac{F_{t3}}{F_{03}} + \cdots + B_n \times \frac{F_{tn}}{F_{0n}}\Big) - 1\Big] \quad (6.5)$$

式中　　ΔP——需调整的价格差额;

P_0——约定的付款证书中承包人应得到的已完成工程量的金额,此项金额应不包括价格调整、不计质量保证金的扣留和支付、预付款的支付和扣回,约定的变更及其他金额已按现行价格计价的,也不计在内;

A——定值权重(即不调部分的权重);

B_1，B_2，B_3，$\cdots$，B_n——各可调因子的变值权重(即可调部分的权重)，为各可调因子在签约合同价中所占的比例;

F_{t1}，F_{t2}，F_{t3}，$\cdots$，F_{tn}——各可调因子的现行价格指数，指约定的付款证书相关周期最后一天的前42天的各可调因子的价格指数;

F_{01}，F_{02}，F_{03}，$\cdots$，F_{0n}——各可调因子的基本价格指数，指基准日期的各可调因子的价格指数。

以上价格调整公式中的各可调因子、定值和变值权重，以及基本价格指数及其来源在投标函附录价格指数和权重表中约定，非招标订立的合同，由合同当事人在专用合同条款中约定。价格指数应首先采用工程造价管理机构发布的价格指数，无前述价格指数时，可采用工程造价管理机构发布的价格代替。

在运用这一价格调整公式进行工程价格差额调整时，应注意以下三点:

(1) 暂时确定调整差额

在计算调整差额时无现行价格指数的，合同当事人同意暂用前次价格指数计算。实际价格指数有调整的，合同当事人进行相应调整。

(2) 权重的调整

因变更导致合同约定的权重不合理时，按照合同当事人商定或确定后的权重执行。

(3) 因承包人原因工期延误后的价格调整

因承包人原因未按期竣工的，对合同约定的竣工日期后继续施工的工程，在使用价格调整公式时，应采用计划竣工日期与实际竣工日期的两个价格指数中较低的一个作为现行价格指数。

第2种方式:采用造价信息进行价格调整。

合同履行期间，因人工、材料、工程设备和机械台班价格波动影响合同价格时，人工、机械使用费按照国家或省、自治区、直辖市建设行政管理部门、行业建设管理部门或其授权的工程造价管理机构发布的人工、机械使用费系数进行调整;需要进行价格调整的材料，其单价和采购数量应由发包人审批，发包人确认需调整的材料单价及数量，作为调整合同价格的依据。

(1) 人工单价发生变化且符合省级或行业建设主管部门发布的人工费调整规定，合同当事人应按省级或行业建设主管部门或其授权的工程造价管理机构发布的人工费等文件调整合同价格，但承包人对人工费或人工单价的报价高于发布价格的除外。

(2) 材料、工程设备价格变化的价款调整按照发包人提供的基准价格，按以下风险范围规定执行:

① 承包人在已标价工程量清单或预算书中载明材料单价低于基准价格的:除专用合同条款另有约定外，合同履行期间材料单价涨幅以基准价格为基础超过5%时，或材料单价跌幅以在已标价工程量清单或预算书中载明材料单价为基础超过5%时，其超过部分据实调整。

② 承包人在已标价工程量清单或预算书中载明材料单价高于基准价格的:除专用合同

条款另有约定外,合同履行期间材料单价跌幅以基准价格为基础超过 5%时,或材料单价涨幅以在已标价工程量清单或预算书中载明材料单价为基础超过 5%时,其超过部分据实调整。

③ 承包人在已标价工程量清单或预算书中载明材料单价等于基准价格的:除专用合同条款另有约定外,合同履行期间材料单价涨跌幅以基准价格为基础超过±5%时,其超过部分据实调整。

④ 承包人应在采购材料前将采购数量和新的材料单价报发包人核对,发包人确认用于工程时,发包人应确认采购材料的数量和单价。发包人在收到承包人报送的确认资料后 5 天内不予答复的视为认可,作为调整合同价格的依据。未经发包人事先核对,承包人自行采购材料的,发包人有权不予调整合同价格。发包人同意的,可以调整合同价格。

前述基准价格是指由发包人在招标文件或专用合同条款中给定的材料、工程设备的价格,该价格原则上应当按照省级或行业建设主管部门或其授权的工程造价管理机构发布的信息价编制。

(3) 施工机械台班单价或施工机械使用费发生变化超过省级或行业建设主管部门或其授权的工程造价管理机构规定的范围时,按规定调整合同价格。

【例 6.5】 施工合同中约定,承包人承担的钢筋价格风险幅度为+5%,超出部分依据《建设工程工程量清单计价规范》(GB 50500—2013)造价信息法调差。已知投标人投标价格、基准期发布价格分别为 5 100 元/t、4 800 元/t,2019 年 12 月、2020 年 7 月的造价信息发布价分别为 4 300 元/t、5 600 元/t。则该两月钢筋的实际结算价格应分别为多少?

【解】 (1) 2019 年 12 月信息价下降,应以较低的基准价基础计算合同约定的风险幅度值。

$$4\,800\times(1-5\%)=4\,560(元/t)$$

因此钢筋每吨应下浮价格=4 560-4 300=260(元/t)

2019 年 12 月实际结算价格=5 100-260=4 840(元/t)

(2) 2020 年 7 月信息价上涨,应以较高的投标价格为基础计算合同约定的风险幅度值。

$$5100\times(1+5\%)=5355(元/t)$$

因此钢筋每吨应上调价格=5 600-5 355=245(元/t)

2020 年 7 月实际结算价格=5 100+245=5 345(元/t)

9) 暂估价导致的合同价款调整

暂估价是指招标人在工程量清单中提供的用于支付必然发生但暂时不能确定价格的材料、工程设备的单价以及专业工程的金额。在招投标阶段,那些无法当时确定准确价格的材料、工程设备及专业工程由当事人在专用合同条款中约定。

(1) 发包人在招标工程量清单中给定暂估价的材料、工程设备属于依法必须招标的,应由发承包双方以招标的方式选择供应商,确定价格,并应以此为依据取代暂估价,调整合同价款。

（2）发包人在招标工程量清单中给定暂估价的材料、工程设备不属于依法必须招标的，应由承包人按照合同约定采购，经发包人确认单价后取代暂估价，调整合同价款。

（3）发包人在工程量清单中给定暂估价的专业工程不属于依法必须招标的，应按照《建设工程工程量清单计价规范》(GB 50500—2013)的第 9.3 条相应条款的规定确定专业工程价款，并应以此为依据取代专业工程暂估价，调整合同价款。

（4）发包人在招标工程量清单中给定暂估价的专业工程，依法必须招标的，应当由发承包双方依法组织招标选择专业分包人，并接受有管辖权的建设工程招标投标管理机构的监督，还应符合下列要求：

① 除合同另有约定外，承包人不参与投标的专业工程分包招标，应由承包人作为招标人，但拟定的招标文件、评标工作、评标结果应报送发包人批准。与组织招标工作有关的费用应当被认为已经包括在承包人的签约合同价（投标总报价）中。

② 承包人参加投标的专业工程发包招标，应由发包人作为招标人，与组织招标工作有关的费用由发包人承担。同等条件下，应优先选择承包人中标。

③ 应以专业工程发包中标价为依据取代专业工程暂估价，调整合同价款。

10）不可抗力导致的合同价款调整

因发生暴动、海啸、地震等不可抗力事件导致的人员伤亡、财产损失、费用增加及工期延长，发承包方应按施工合同的约定进行分担并调整。如果施工合同没有约定或者约定不明确的，发承包双方应按以下原则分别承担并调整工程价款和工期。

（1）工程价款调整原则

① 合同工程本身的损害、因工程损害导致第三方人员伤亡和财产损失以及运至施工场地用于施工的材料和待安装的设备的损害，应由发包人承担；

② 发包人、承包人人员伤亡应由其所在单位负责，并应承担相应费用；

③ 承包人的施工机械设备损坏及停工损失，应由承包人承担；

④ 停工期间，承包人应发包人要求留在施工场地的必要的管理人员及保卫人员的费用应由发包人承担；

⑤ 工程所需清理、修复费用，应由发包人承担。

（2）工期调整原则

不可抗力解除后复工的，若不能按期竣工，应合理延长工期。发包人要求赶工的，赶工费用应由发包人承担。

11）提前竣工（赶工补偿）导致的合同价款调整

为了保证工程质量，承包人除了根据标准规范、施工图纸进行施工外，还应当按照科学合理的施工组织设计，按部就班地进行施工作业。《建设工程质量管理条例》第十条规定："建设工程发包单位不得迫使承包方以低于成本的价格竞标，不得任意压缩合理工期"，据此，《建设工程工程量清单计价规范》(GB 50500—2013)作了以下规定：

（1）招标人应依据相关工程的工期定额合理计算工期，压缩的工期天数不得超过定额工期的 20%。超过者，应在招标文件中明示增加赶工费用。

（2）发包人要求合同工程提前竣工的，应征得承包人同意后与承包人商定采取加快工程进度的措施,并应修订合同工程进度计划。发包人应承担承包人由此增加的提前竣工(赶工补偿)费用。

(3) 发承包双方应在合同中约定提前竣工每日历天应补偿额度,此项费用应作为增加合同价款列入竣工结算文件中,应与结算款一并支付。

赶工费用主要包括:①人工费的增加,例如新增加投入人工的报酬;②材料费的增加,例如材料提前交货可能增加的费用以及材料运输费的增加等;③机械费的增加,例如可能增加机械设备投入。

12) 误期赔偿导致的合同价款调整

(1) 承包人未按照合同约定施工,导致实际进度迟于计划进度的,承包人应加快进度,实现合同工期。合同工程发生误期,承包人应赔偿发包人由此造成的损失,并按照合同约定向发包人支付误期赔偿费。即使承包人支付误期赔偿费,也不能免除承包人按照合同约定应承担的任何责任和应履行的任何义务。

(2) 发承包双方应在合同中约定误期赔偿费,并应明确每日历天应赔额度。误期赔偿费列入竣工结算文件中,在结算款中扣除。

(3) 在工程竣工之前,合同工程内的某单项(位)工程已通过了竣工验收,且该单项(位)工程接收证书中表明的竣工日期并未延误,而是合同工程的其他部分产生了工期延误,误期赔偿费应按照已颁发工程接收证书的单项(位)工程造价占合同价款的比例幅度予以扣减。

13) 索赔导致的合同价款调整

发生索赔事件时,当合同一方向另一方提出索赔时,应有正当的索赔理由和有效证据,并应符合合同的相关约定。工程索赔包括承包人的索赔和发包人的索赔。

承包人要求赔偿时,可以选择以下一项或几项方式获得赔偿:①延长工期;②要求发包人支付实际发生的额外费用;③要求发包人支付合理的预期利润;④要求发包人按合同的约定支付违约金。

发包人要求赔偿时,可以选择以下一项或几项方式获得赔偿:①延长质量缺陷修复期限;②要求承包人支付实际发生的额外费用;③要求承包人按合同的约定支付违约金。承包人、发包人提出索赔的程序和处理索赔的程序在本书6.3.2节中详细阐述。

14) 现场签证导致的合同价款调整

现场签证是指发包人或其授权现场代表(包括工程监理人、工程造价咨询人)与承包人或其授权现场代表就施工过程中涉及的责任事件所作的签认证明。施工合同履行期间出现现场签证事件的,发承包双方应调整合同价款。

(1) 现场签证的提出

① 承包人应发包人要求完成合同以外的零星项目、非承包人责任事件等工作的,发包人应及时以书面形式向承包人发出指令,并应提供所需的相关资料;承包人在收到指令后,应及时向发包人提出现场签证要求。

② 承包人应在收到发包人指令后的7天内向发包人提交现场签证报告,发包人应在收

到现场签证报告后的 48 小时内对报告内容进行核实,予以确认或提出修改意见。发包人在收到承包人现场签证报告后的 48 小时内未确认也未提出修改意见的,视为承包人提交的现场签证报告已被发包人认可。

③ 在施工过程中,当发现合同工程内容因场地条件、地质水文、发包人要求等不一致时,承包人应提供所需的相关资料,并提交发包人签证认可,作为合同价款调整的依据。

(2)现场签证的价款计算

① 现场签证的工作如已有相应的计日工单价,应在现场签证中列明完成该类项目所需的人工、材料设备和施工机械台班的数量。

② 合同工程发生现场签证事项,未经发包人签证确认,承包人便擅自施工的,除非征得发包人书面同意,否则发生的费用由承包人承担。

③ 现场签证工作完成后的 7 天内,承包人应按照现场签证内容计算价款,报送发包人确认后,作为增加合同价款,与进度款同期支付。

15)暂列金额导致的合同价款调整

(1)已签约合同价中的暂列金额由发包人掌握使用。

(2)发包人按照规范规定所作支付后,暂列金额如有余额归发包人。

以上发承包双方按照合同约定调整合同价款的若干事项,还可以归纳分为五类:①法规变化类,主要包括法律法规变化事件;②工程变更类,主要包括工程变更、项目特征不符、工程量清单缺项、工程量偏差、计日工等事件;③物价变化类,主要包括物价波动、暂估价事件;④工程索赔类,主要包括不可抗力、提前竣工(赶工补偿)、误期赔偿、索赔等事件;⑤其他类,主要包括现场签证以及发承包双方约定的其他调整事项,现场签证根据签证内容,有的可归于工程变更类,有的可归于索赔类,有的可能不涉及合同价款调整。经发承包双方确认调整的合同价款,作为追加(减)合同价款,应与工程进度款或结算款同期支付。

6.3 工程索赔

6.3.1 工程索赔的概念、分类及产生原因

索赔事件的发生,可以是违约行为造成的,也可以由不可抗力引起;可以是合同当事人一方引起,也可以是任何第三方行为引起。在项目实施的各个阶段都可能发生索赔,但发生索赔最集中、处理难度最复杂的情况发生在施工阶段。

1)工程索赔的概念

工程索赔是指在工程合同履行过程中,当事人一方因非己方的原因而遭受经济损失或工期延误,按照合同约定或法律规定,应由对方承担责任,而向对方提出工期和(或)费用补偿要求的行为。

在《建设工程施工合同(示范文本)》(GF—2017-0201)中,索赔是双方向的,承包人可向发包人索赔,发包人也可向承包人索赔。但在工程实践中,发包人索赔数量较小,而且处理方便,可以通过冲账、扣拨工程款、扣保证金等实现对承包人的索赔;而承包人对发包人的

索赔则比较困难一些。通常情况下，索赔是指承包人在合同实施过程中，对非自身原因造成的工程延期、费用增加而要求发包人给予补偿损失的一种权利要求。

索赔有较广泛的含义，可以概括为如下三个方面：

（1）一方违约使另一方蒙受损失，受损方向对方提出赔偿损失的要求。

（2）发生应由发包人承担责任的特殊风险或遇到不利自然条件等情况，使承包人蒙受较大损失而向发包人提出补偿损失要求。

（3）承包人本应当获得的正当利益，由于没能及时得到监理人的确认和发包人应给予的支付，而以正式函件向发包人索赔。

索赔的性质属于经济补偿，而不是惩罚。索赔的损失结果与被索赔人的行为并不一定存在法律上的因果关系。

2）工程索赔的分类

工程索赔依据不同的标准和方法，从不同的角度，可以进行不同的分类。

（1）按索赔的当事人分类

根据索赔的合同当事人不同，可以将工程索赔分为：

① 承包人与发包人之间的索赔。这类索赔发生在建设工程施工合同的双方当事人之间，既包括承包人向发包人的索赔，也包括发包人向承包人的索赔。但是在工程实践中，最常见的是承包人向发包人提出工期索赔和费用索赔。

② 总承包人和分包人之间的索赔。在建设工程分包合同履行过程中，索赔事件发生后，凡属于发包人的原因造成的索赔事件，均由总承包人汇总编制后向发包人提出索赔要求。凡属于总承包人的原因所致，则由分包人向总承包人提出索赔要求。

③ 承发包人与供货人之间的索赔。发包人根据项目的质量及工期要求采购主材和主要设备，或者承包人中标之后，根据合同规定的机械设备、材料质量及工期要求，向设备供应商或材料供应商询价订货，签订供货合同；合同一般规定供货商提供的设备及材料的型号、数量、质量标准和供货时间等具体要求，在合同履约过程中，如果货品质量不符合合同的规定，使承发包人受到经济损失时，承发包人有权向供货商提出索赔，反之亦然。

④ 承发包人与保险公司之间的索赔。项目建设过程中，施工单位为施工管理财产、车辆等购置财产保险费，给工人购买工伤保险；建设单位购买建筑安装工程一切险、人身意外伤害险等保险。当购买方在项目建设过程中遭遇灾害、事故等事件时，按保险单向其投保的保险公司索赔。

（2）按索赔事件的性质分类

根据索赔事件的性质不同，可以将工程索赔分为以下几种索赔。

① 工程延误索赔。因发包人未按合同要求提供施工条件，如未及时交付设计图纸，施工现场未达到开工条件，施工所需的临时水、电、道路、通信等未能满足，或因发包人指令工程暂停或不可抗力事件等原因造成工期拖延的，承包人可以向发包人提出索赔；如果由于承包人原因导致工期拖延，发包人可以向承包人提出索赔。

② 工程变更索赔。由于发包人或监理工程师指令增加或减少工程量或增加附加工程、修改设计、变更工程顺序等，造成工期延长和费用增加，承包人对此提出索赔。

③ 合同终止的索赔。该索赔可以是双向的,当发包人违约或发生不可抗力事件等原因造成合同非正常终止,承包人因其遭受经济损失应向发包人提出索赔。如果是由于承包人原因导致合同非正常终止,或者合同无法继续履行,发包人可以就此向承包人提出索赔。

④ 加速施工索赔。造成承包人的人、财、物额外开支的原因是发包人指令承包人加快施工速度,缩短工期,承包人应向发包人提出索赔。

⑤ 不可预见的不利条件索赔。在工程实施过程中,施工现场遇到一个有经验的承包人通常不能合理预见的不利施工条件或外界障碍,例如施工现场出现不可预见的地下水、地质断层、溶洞、地下障碍物等引起的索赔。

⑥ 不可抗力事件的索赔。工程施工期间,因不可抗力事件的发生而遭受损失的一方,可以根据合同中对不可抗力风险分担的约定,向对方当事人提出索赔。

⑦ 其他索赔。如因货币贬值、汇率变化、物价上涨、政策法令变化等原因引起的索赔。

（3）按索赔目的和要求分类

根据索赔的目的和要求不同,可以将工程索赔分为工期索赔和费用索赔。

① 工期索赔。一般是指工程合同履行过程中,由于非因自身原因造成工期延误,按照合同约定或法律规定,承包人向发包人提出合同工期补偿要求的行为。工期索赔形式上是对权利的要求,以避免在原定合同竣工日不能完工时,被发包人追究拖期违约责任。工期顺延的要求获得批准后,不仅可以免除承包人承担拖期违约赔偿金的责任,而且承包人还有可能因工期提前获得赶工补偿（或奖励）,最终仍体现在经济效益方面。

② 费用索赔。费用索赔是指工程承包合同履行中,当事人一方因非己方原因而遭受费用损失,按合同约定或法律规定应由对方承担责任,而向对方提出增加费用要求的行为。费用索赔的目的是要求经济补偿,当施工的客观条件改变导致承包人增加开支,要求对超出计划成本的附加开支给予补偿,以挽回不应由承包人承担的经济损失。

（4）按索赔的处理方式分类

① 单项索赔。单项索赔是针对某一干扰事件提出的索赔。索赔的处理是在合同实施的过程中,干扰事件发生时或发生后立即执行,它由合同管理人员处理,并在合同规定的索赔有效期内提交索赔意向书和索赔报告。

单项索赔通常处理及时,实际损失易于计算。例如,监理工程师指令将某碎石垫层改为混凝土垫层,对此只需提出与该垫层有关的费用索赔即可。

② 总索赔。总索赔又叫一揽子索赔或综合索赔。一般在工程竣工前,承包人将施工过程中未解决的单项索赔集中起来,提出一篇总索赔报告。合同双方在工程交付前后进行最终谈判,以一揽子方案解决索赔问题。

（5）按索赔的合同依据分类

按索赔的合同依据可以将工程索赔分为合同中明示的索赔和合同中默示的索赔。

① 合同中明示的索赔。明示的索赔是指承包人所提出的索赔要求,在该项目的合同文件中有文字依据,承包人可以据此提出索赔要求,并取得经济补偿。这些在合同文件中有文字规定的合同条款,称为明示条款。

② 合同中默示的索赔。即承包人的该项索赔要求,虽然在项目的合同条款中没有专门

的文字叙述,但可以根据该合同的某些条款的含义,推论出承包人有索赔权。这种索赔要求,同样有法律效力,有权得到相应的经济补偿。这种有经济补偿含义的条款,在合同管理工作中被称为"默示条款"。

默示条款是一个广泛的合同概念,它包含合同明示条款中没有写入但符合双方签订合同时设想的愿望和当时环境条件的一切条款。这些默示条款,或者从明示条款所表述的设想愿望中引申出来,或者从合同双方在法律上的合同关系引申出来,经合同双方协商一致,或被法律和法规所指明,都成为合同文件的有效条款,要求合同双方遵照执行。

3)工程索赔产生的原因

(1)当事人违约

当事人违约主要表现为没有按照合同约定履行自己的义务。承包人违约的情况主要是没有按照合同约定的质量、期限完成项目施工,或者由于承包人的不当行为给发包人造成的其他损害;发包人违约则常表现为没有为承包人提供合同约定的施工条件、未按照合同约定的期限和数额付款等。监理工程师未能按照合同约定完成工作,如未能及时发出指令视为发包人违约。

(2)不可抗力或不利的物质条件

不可抗力又可以分为社会事件和自然事件。社会事件包括国家政策、法律、法令的变更,战争、罢工等;自然事件主要是工程施工过程中不可避免发生并不能克服的自然灾害,包括地震、海啸、瘟疫、水灾等。不利的物质条件通常是指承包人在施工现场遇到的不可预见的自然物质条件、非自然的物质障碍和污染物,包括地下和水文条件。

(3)合同缺陷

合同缺陷表现为合同文件规定不严谨甚至矛盾、合同中的遗漏或错误。在这种情况下,工程师应当给予解释,如果这种解释将导致成本增加或工期延长,发包人应当给予补偿。

(4)合同变更

合同变更表现为设计变更、施工方法变更、追加或者取消某些工作、合同规定的其他变更等。

(5)工程师指令

工程师指令有时也会产生索赔,如工程师指令承包人加速施工、进行某项工作、更换某些材料、采取某些措施等,并且这些指令不是由于承包人的原因造成的。

(6)其他第三方原因

其他第三方原因常常表现为与工程有关的第三方的问题而引起的对本工程的不利影响。

4)索赔成立的条件

承包人工程索赔成立的基本条件包括:

(1)索赔事件已造成了承包人直接经济损失或工期延误;

(2)造成费用增加或工期延误的索赔事件是因非承包人的原因发生的;

(3)承包人已经按照工程施工合同规定的期限和程序提交了索赔意向通知、索赔报告及相关证明材料。

6.3.2 工程索赔的依据、程序及索赔报告

1) 索赔依据及其要求

当合同一方向另一方提出索赔时,应有正当的索赔理由和有效的依据。对正当索赔理由的说明必须具有相关文件或凭证。没有依据或者依据缺乏,索赔是很难成功的。

（1）索赔依据

提出索赔和处理索赔都要依据下列文件或凭证：

① 工程施工合同文件。工程施工合同文本及附件是工程索赔中最关键和最主要的依据,施工期间,发承包双方关于工程的洽商、变更等书面协议或文件,也是索赔的重要依据。

② 国家法律、法规。国家制定的相关法律、行政法规,是工程索赔的法律依据。部门规章以及工程项目所在地的地方性法规或地方政府规章,也可以作为工程索赔的依据,但应当在施工合同专用条款中约定为工程合同的适用法律。

③ 国家、部门和地方有关的标准、规范和定额。对于工程建设的强制性标准,是合同双方必须严格执行的;对于非强制性标准,必须在合同中有明确规定的情况下,才能作为索赔的依据。

④ 工程施工合同履行过程中与索赔事件有关的各种凭证。这是承包人因索赔事件所遭受费用或工期损失的事实依据,它反映了工程的计划情况和实际情况。如工程各项信件、指令、信函、通知、答复,工程图样变更、交底记录的送达份数及日期记录,现场气候记录,材料采购、运输、进场、验收及使用等方面的凭证。

（2）索赔依据的要求

① 真实性。索赔证据必须是在实施合同过程中确定存在和发生的,必须完全反映实际情况,能经得住推敲。

② 全面性。所提供的证据应能说明事件的全过程。索赔报告中涉及的索赔理由、事件过程、影响、索赔数额等都应有相应证据,不能零乱和支离破碎。

③ 关联性。索赔的证据应当能够互相说明,相互具有关联性,不能互相矛盾。

④ 及时性。索赔证据的取得及提出应当及时,符合合同约定。

⑤ 具有法律证明效力。一般要求证据必须是书面文件,有关记录、协议、纪要必须是双方签署的;工程中重大事件、特殊情况的记录、统计必须由合同约定的发包人现场代表或监理工程师签证认可。

2)《建设工程施工合同（示范文本）》（GF—2017-0201）中的施工索赔程序

发生索赔事件时,合同一方向另一方提出索赔时,除应有正当的索赔理由和有效证据外,还应该符合《建设工程施工合同（示范文本）》的索赔程序约定。

（1）承包人的索赔

① 承包人向发包人提出索赔的程序

根据合同约定,若承包人认为非承包人原因发生的事件造成了承包人的经济损失,承包人应在确认该事件发生后,承包人认为有权得到追加付款和（或）延长工期的,应按以下

程序向发包人提出索赔:

a. 承包人应在知道或应当知道索赔事件发生后 28 天内,向监理人递交索赔意向通知书,并说明发生索赔事件的事由;承包人未在前述 28 天内发出索赔意向通知书的,丧失要求追加付款和(或)延长工期的权利。

b. 承包人应在发出索赔意向通知书后 28 天内,向监理人正式递交索赔报告;索赔报告应详细说明索赔理由以及要求追加的付款金额和(或)延长的工期,并附必要的记录和证明材料。

c. 索赔事件具有持续影响的,承包人应按合理时间间隔继续递交延续索赔通知,说明持续影响的实际情况和记录,列出累计的追加付款金额和(或)工期延长天数。

d. 在索赔事件影响结束后 28 天内,承包人应向监理人递交最终索赔报告,说明最终要求索赔的追加付款金额和(或)延长的工期,并附必要的记录和证明材料。

② 发包人对承包人索赔的处理程序

a. 监理人应在收到索赔报告后 14 天内完成审查并报送发包人。监理人对索赔报告存在异议的,有权要求承包人提交全部原始记录副本。

b. 发包人应在监理人收到索赔报告或有关索赔的进一步证明材料后的 28 天内,由监理人向承包人出具经发包人签认的索赔处理结果。发包人逾期答复的,则视为认可承包人的索赔要求。

c. 承包人接受索赔处理结果的,索赔款项在当期进度款中进行支付;承包人不接受索赔处理结果的,按照合同约定的争议解决方式处理。

(2) 发包人的索赔

① 发包人向承包人提出索赔的程序

根据合同约定,承包人未能按合同约定履行自己的各项义务或发生错误,给发包人造成经济损失,发包人认为有权得到赔付金额和(或)延长缺陷责任期的,监理人应向承包人发出通知并附有详细的证明。

发包人应在知道或应当知道索赔事件发生后 28 天内,通过监理人向承包人递交索赔意向通知书,发包人未在前述 28 天内发出索赔意向通知书的,丧失要求赔付金额和(或)延长缺陷责任期的权利。发包人应在发出索赔意向通知书后 28 天内,通过监理人向承包人正式递交索赔报告。

② 承包人对发包人索赔的处理程序

a. 承包人收到发包人提交的索赔报告后,应及时审查索赔报告的内容、查验发包人证明材料。

b. 承包人应在收到索赔报告或有关索赔的进一步证明材料后 28 天内,将索赔处理结果答复发包人。如果承包人未在上述期限内作出答复的,则视为对发包人索赔要求的认可。

c. 发包人接受索赔处理结果的,发包人可从应支付给承包人的合同价款中扣除赔付的金额或延长缺陷责任期;发包人不接受索赔处理结果的,按"争议解决"条款的约定处理。

(3) 提出索赔的期限

① 承包人按照合同约定的竣工结算审核条款接收竣工付款证书后,应被视为已无权再提出在工程接收证书颁发前所发生的任何索赔。

② 承包人按照合同约定的最终结清条款提交的最终结清申请单中,只限于提出工程接收证书颁发后发生的索赔。提出索赔的期限自接受最终结清证书时终止。

3) 索赔报告

索赔报告的内容,随索赔事件性质的不同而不同,一般来说,完整的索赔报告应包括以下四个部分。

(1) 总论部分

总论部分一般包括序言、索赔事项概述、具体索赔要求、索赔报告编写及审核人员名单等内容。

总论首先应概要地论述索赔事件的发生日期及过程;承包人为该索赔事件所付出的努力和附加开支;承包人的具体索赔要求。最后,附上索赔报告编写组主要人员及审核人员的名单,注明有关人员的职称、职务及施工经验,以表示该索赔报告的严肃性和权威性。总论部分的阐述要简明扼要、说明问题。

(2) 根据部分

根据部分主要是说明自己的索赔权利,这是索赔能否成立的关键。该部分的内容主要来自该工程项目的合同文件,并参照有关法律规定。该部分中承包人应引用合同中的具体条款,说明自己理应获得经济补偿或工期延长。

一般地说,根据部分应包括以下内容:索赔事件的发生情况,已递交索赔意向书的情况,索赔事件的处理过程,索赔要求的合同根据;所附的证据资料。在写法结构上,按照索赔事件发生、发展、处理和最终解决的过程编写,并明确全文引用有关的合同条款,使建设单位和监理工程师能及时地、全面地了解索赔事件的始末,并充分认识该项索赔的合理性和合法性。

(3) 计算部分

计算部分是以具体的计算方法和计算过程,说明自己应得经济补偿的款额或延长时间。如果说根据部分的任务是解决索赔能否成立,则计算部分的任务就是决定应得到多少索赔款额和工期。前者是定性的,后者是定量的。

在款额计算部分,承包人必须阐明下列问题:索赔款的要求总额;各项索赔款的计算,如额外开支的人工费、材料费、管理费和损失利润;指明各项开支的计算依据及证据资料,承包人应注意采用合适的计价方法。至于采用何种计价法,应根据索赔事件的特点及自己所掌握的证据资料等因素来确定。其次,应注意每项开支款的合理性,并指出相应的证据资料的名称及编号。切忌采用笼统的计价方法和不实的开支款额。

(4) 证据部分

证据部分包括该索赔事件所涉及的一切证据资料,以及对这些证据的说明,证据是索赔报告的重要组成部分,没有翔实可靠的证据,索赔是不能成功的。在引用证据时,要注意该证据的效力或可信程度。为此,对重要的证据资料最好附以文字证明或确认件。

6.3.3 费用索赔与工期索赔的计算

1)《标准施工招标文件》条款中规定的可索赔条款

《标准施工招标文件》(2007年版)的通用合同条款中,按照引起索赔事件的原因不同,对一方当事人提出的索赔可能给予合理补偿工期、费用和(或)利润的情况,分别做出了相应的规定。

(1)承包人可向发包人索赔的条款

引起承包人索赔的事件以及可能得到的合理补偿内容如表6.2所示。

表 6.2 承包人的索赔事件及可补偿内容

序号	条款号	索赔事件	可补偿内容		
			工期	费用	利润
1	1.6.1	迟延提供图纸	√	√	√
2	1.10.1	施工中发现文物、古迹	√	√	
3	2.3	迟延提供施工场地	√	√	√
4	4.11	施工中遇到不利物质条件	√	√	
5	5.2.4	发包人要求提前向承包人提供材料、工程设备		√	
6	5.2.6	发包人提供材料、工程设备不合格或迟延提供或变更交货地点	√	√	
7	8.3	承包人依据发包人提供的错误资料导致测量放线错误	√	√	
8	9.2.6	因发包人原因造成承包人人员工伤事故		√	
9	11.3	因发包人原因造成工期延误	√	√	√
10	11.4	异常恶劣的气候条件导致工期延误	√		
11	11.6	发包人要求承包人提前竣工		√	
12	12.2	发包人暂停施工造成工期延误	√	√	√
13	12.4.2	工程暂停后因发包人原因无法按时复工	√	√	√
14	13.1.3	因发包人原因导致承包人工程返工	√	√	√
15	13.5.3	监理人对已经覆盖的隐蔽工程要求重新检查且检查结果合格	√	√	√
16	13.6.2	因发包人提供的材料、工程设备造成工程不合格	√	√	
17	14.1.3	承包人应监理人要求对材料、工程设备和工程重新检验且检验结果合格	√	√	√
18	16.2	基准日后法律的变化		√	
19	18.4.2	发包人在工程竣工前提前占用工程	√	√	√
20	18.6.2	因发包人的原因导致工程试运行失败		√	√
21	19.2.3	工程移交后因发包人原因出现新的缺陷或损坏的修复		√	√
22	19.4	工程移交后因发包人原因出现的缺陷修复后的试验和试运行		√	√
23	21.3.1(4)	因不可抗力停工期间应监理人要求照管、清理、修复工程		√	
24	21.3.1(5)	因不可抗力造成工期延误	√		
25	22.2.2	因发包人违约导致承包人暂停施工	√	√	√

对于合同实施过程中发生上述索赔事件,承包人有权根据合同约定,向发包人提出费

用、利润和工期的索赔。

（2）发包人可向承包人索赔的条款

引起发包人索赔的事件以及可能得到的合理补偿内容如表 6.3 所示。

表 6.3　发包人的索赔事件及可补偿内容

序号	条款号	索赔事件	可补偿内容		
			工期	费用	利润
1	5.2.5	发包人提供的材料和工程设备,承包人要求更改交货日期或地点的	√	√	
2	5.4.1	承包人提供了不合格的材料或工程设备	√	√	
3	6.3	承包人使用的施工设备不能满足合同进度计划和(或)质量要求时,监理人要求承包人增加或更换施工设备	√	√	
4	11.5	由于承包人原因导致工期延误	√		√
5	12.1	由于承包人原因导致暂停施工	√	√	
6	12.4.2	暂停施工后承包人无故拖延和拒绝复工的	√	√	
7	13.1.2	因承包人原因造成工程质量达不到合同约定验收标准的,监理人要求承包人返工至符合合同要求	√	√	
8	13.5.3	监理人对覆盖工程重新检查,经检验证明工程质量不符合合同要求的	√	√	
9	13.5.4	承包人未通知监理人到场检查,私自将工程隐蔽部位覆盖的,监理人指示承包人钻孔探测或揭开检查	√	√	
10	13.6.1	承包人使用不合格材料、工程设备,或采用不适当的施工工艺,或施工不当,造成工程不合格的	√	√	
11	14.1.3	监理人要求承包人重新试验和检验,重新试验和检验结果证明该项材料、工程设备和工程的质量不符合合同要求	√	√	
12	18.6.2	由于承包人的原因导致试运行失败的	√		
13	19.2.3	属承包人原因造成的工程缺陷或损坏	√		
14	22.1.2	承包人违约	√		
15	22.1.6	在工程实施期间或缺陷责任期内发生危及工程安全的事件,承包人无能力或不愿进行抢救,而且此类抢救属于承包人义务范围之内	√	√	

对于合同实施过程中发生上述索赔事件,发包人有权根据合同约定,向承包人提出费用、违约金和工期的索赔。

2）费用索赔的计算

（1）费用索赔的组成

对于不同原因引起的索赔,承包人可索赔的具体费用内容是不完全一样的。哪些内容可以索赔,要按照各项费用的特点、具体条件进行分析论证。但归纳起来,索赔费用的要素与建设工程造价的构成基本类似,一般可归结为人工费、材料费、施工机械使用费、分包费、施工管理费、利息、利润、保险费等。

① 人工费。人工费包括计时工资或计件工资、奖金、津贴补贴、加班加点工资及特殊情况下支付的工资等费用。人工费的索赔包括:法定人工费增长;由于完成合同之外的额外工作所花费的人工费用;超过法定工作时间加班劳动;因非承包商原因导致工程停工的人

员窝工费和工资上涨费,在计算停工损失中人工费时,通常采取人工单价乘以折算系数计算;因非承包商原因导致工效降低所增加的人工费用等。

② 材料费。材料费包括材料原价、运杂费、运输损耗费、采购及保管费等费用,如果由于承包商管理不善,造成材料损坏失效,则不能列入索赔款项内。材料费的索赔包括:由于索赔事件的发生造成材料实际用量超过计划用量而增加的材料费;由于发包人原因导致工程延期期间的材料价格上涨和超期储存费用。在施工过程中,为了证明材料单价的上涨,承包商向发包人提供可靠的订货单、采购单或官方公布的材料价格调整系数。

③ 施工机具使用费,主要内容为施工机械使用费。施工机械使用费的索赔包括:由于完成合同之外的额外工作所增加的机械使用费;非因承包人原因导致工效降低所增加的机械使用费;由于发包人或工程师指令错误或迟延导致机械停工的台班停滞费。在计算机械设备台班停滞费时,不能按机械设备台班费计算,因为台班费中包括设备使用费。如果机械设备是承包人自有设备,一般按台班折旧费、人工费与其他费之和计算;如果是承包人租赁的设备,一般按台班租金加上每台班分摊的施工机械进出场费计算。

④ 管理费。管理费又分为现场管理费和总部管理费。现场管理费的索赔包括承包人完成合同之外的额外工作以及由于发包人原因导致工期延期期间的现场管理费,包括管理人员工资、办公费、通信费、交通费等。总部管理费的索赔主要指的是由于发包人原因导致工程延期期间所增加的承包人向公司总部提交的管理费,包括总部职工工资、办公大楼折旧、办公用品、财务管理、通信设施以及总部领导人员赴工地检查指导工作等开支。

⑤ 保险费与保函手续费。因发包人原因导致工程延期时,承包人必须办理工程保险、施工人员意外伤害保险及相关履约保函等的延期手续,对于由此而增加的费用,承包人可以提出索赔。

⑥ 利息。在索赔款额的计算中,通常要考虑投资的融资成本,尤其是由于工程变更和工期延误时引起的投资增加,承包商有权索取所增加的投资部分的利息。利息的索赔包括:发包人拖延支付工程款利息;发包人迟延退还工程质量保证金的利息;承包人垫资施工的垫资利息;发包人错误扣款的利息等。至于具体的利率标准,双方可以在合同中明确约定,没有约定或约定不明的,可以按照中国人民银行发布的同期同类贷款利率计算。

⑦ 利润。承包人在以下几种情况下可以提出利润索赔:工程范围的变更、发包人提供的文件有缺陷或错误、发包人未能提供施工场地以及因发包人违约导致的合同终止等事件引起的索赔,承包人都可以列入利润;因发包人原因暂停施工导致的工期延误,承包人有权要求发包人支付合理的利润(表6.2)。索赔利润的计算通常是与原报价单中的利润百分率保持一致。

(2) 费用索赔的计算方法

索赔费用的计算应以赔偿实际损失为原则,包括直接损失和间接损失。索赔费用的计算方法通常有以下三种:

① 分项法。分项法又称实际费用法,是工程索赔时最常见的一种方法。该方法是根据索赔事件所造成的损失或成本增加,按费用项目逐项进行分析、计算索赔金额,然后将各项目的索赔值汇总,即可得到总索赔值。这种方法比较复杂,但能客观地反映施工单位的实

际损失,比较合理,易于被当事人接受。采用该计算方法时需要系统而准确地积累实际发生的成本记录或单据资料,注意不要遗漏费用项目。

② 总费用法。总费用即总成本法,就是当发生多次索赔事件后,重新计算工程的实际总费用,再从该实际总费用中减去投标报价时的估算总费用,即为索赔金额。其计算见公式(6.6)所示:

$$索赔金额 = 实际总费用 - 投标报价估算总费用 \qquad (6.6)$$

总费用法并不十分科学,因为没有考虑实际总费用中可能包括由于承包商的原因(如施工组织不善)而增加的费用,投标报价估算总费用也可能是由于承包人为谋取中标而导致过低的报价,中标后通过索赔来得到补偿的技巧。所以这种方法只有在难以采用分项法时采用。

③ 修正的总费用法。该方法是对总费用法的改进,即在总费用计算的原则上,去掉一些不合理的因素,使其更为合理。具体的修正内容如下:

a. 将计算索赔款的时段局限于受到索赔事件影响的时间,而不是整个施工期;

b. 只计算受到索赔事件影响时段内的某项工作所受影响的损失,而不是计算该时段内所有施工工作所受的损失;

c. 与该项工作无关的费用不列入总费用中;

d. 对投标报价费用重新进行核算,即按受影响时段内该项工作的实际单价进行核算,乘以实际完成的该项工作的工程量,得出调整后的报价费用。

按修正后的总费用计算索赔金额见公式(6.7)所示:

$$索赔金额 = 某项工作调整后的实际总费用 - 该项工作的报价费用 \qquad (6.7)$$

修正的总费用法与总费用法相比,有了实质性的改进,它的准确程度已接近于实际费用法。

【例 6.6】 某施工承包商与某业主签订了某建筑工程项目施工承包合同。合同专用条款约定,采用综合单价形式计价;人工日工资标准为 80 元;管理费和利润为人工费用的 28%(人工窝工计取管理费为人工费用的 12%,不计取利润);规费和增值税综合费税为人材机费用、管理费、利润之和的 16%。

承包商的项目经理部在开工前制定了施工方案,拟按三个施工段组织流水施工。施工过程划分及作业内容和每个施工作业时间安排如表 6.4 所示,并编制了施工进度计划如表 6.5 所示。

表 6.4　施工过程、作业内容与每个施工作业时间

施工过程	作业内容	每个施工作业时间/周	说明
Ⅰ	土方开挖、地基处理	2	1. Ⅲ、Ⅳ间技术间歇时间不小于 2 周; 2. 钢筋由业主采购; 3. 水电设备工程实行专业分包,主要设备由业主采购
Ⅱ	基础施工、土方回填	2	
Ⅲ	地上承重结构	6	
Ⅳ	地上非承重结构	4	
Ⅴ	水电、装饰装修	4	

表 6.5 施工进度计划

施工过程	施工进度/周															
	2	4	6	8	10	12	14	16	18	20	22	24	26	28	30	32
Ⅰ																
Ⅱ																
Ⅲ																
Ⅳ																
Ⅴ																

总监理工程师批准了该施工方案,施工单位如期开工。施工过程中发生了如下几项事件:

事件1:业主未能按合同约定提供充分的场地条件,使施工过程Ⅰ在第一、第二施工段作业效率降低,作业时间比原计划分别延长3天和2天,增加A种租赁机械作业5个台班(机械租赁费用900元/台班),多用人工50个工日。

事件2:施工劳务作业队伍人员数量不足,使施工过程Ⅱ在第一、第二施工段作业时间比原计划均延长2天,增加B种自有机械作业延长4个台班(机械费用为800元/台班)。

事件3:业主提供的钢材进场时间比原计划时间推迟7天,使施工过程Ⅲ在钢材进场后才开始作业,C、D两种按原计划时间进场的机械均发生闲置(C种机械租赁费用为1 200元/台班、D种自有机械费用为700元/台班),35名工人也因此窝工。

事件4:业主提供的某种主要设备进场验收时,发现型号与设计不符,因其退换货使施工过程Ⅴ在第一、第二施工段作业时间比计划作业时间分别延长7天、5天,设备安装专业工人窝工30个工日,同时影响到装饰装修作业效率,使装饰装修专业工人多用人工40个工日。

其他施工过程均按计划进行。

问题:如果自有机械闲置索赔标准为台班费的60%,租赁机械闲置索赔标准为租赁台班费,工人窝工索赔标准为日工资的50%,试逐项计算监理工程师认为合理的事件的可索赔费用及总计费用索赔。

【解】 上述事件2由于是承包人责任造成的,所以其费用损失应由承包人承担,不可以向业主提出费用索赔。

事件1费用索赔:

$[5×900+50×80×(1+28\%)]×(1+16\%)=11\ 159.20(元)$

事件3费用索赔:

$2×[(1\ 200+700×60\%)+35×80×50\%×(1+12\%)]×(1+16\%)=7\ 396.16(元)$

事件4费用索赔:

$[30×80×50\%×(1+12\%)+40×80×(1+28\%)]×(1+16\%)=6\ 310.40(元)$

总计费用索赔:$11\ 159.20+7\ 396.16+6\ 310.40=24\ 865.76(元)$

3) 工期索赔的计算

在施工过程中,常会发生一些未能预见的干扰事件,使施工不能按预定的施工计划顺利进行,造成工期延长。承包商提出工期索赔的目的通常有两个:一是免去自己对已产生的工期延长承担合同责任,使自己尽可能不支付工期延长的罚款;二是要求业主对自己因工期延长而遭受的费用损失进行补偿。

工期索赔,一般是指承包人依据合同对由于因非自身原因导致的工期延误向发包人提出的工期顺延要求。

(1) 工期索赔中应当注意的问题

① 划清施工进度拖延的责任。因承包人的原因造成施工进度滞后,属于不可原谅的延期;只有承包人不应承担任何责任的延误,才是可原谅的延期。有时工程延期的原因中可能包含有双方责任,此时监理人应进行详细分析,分清责任比例,只有可原谅延期部分才能批准顺延合同工期。可原谅延期,又可细分为可原谅并给予补偿费用的延期和可原谅但不给予补偿费用的延期;后者是指非承包人责任事件的影响并未导致施工成本的额外支出,大多属于发包人应承担风险责任事件的影响,如异常恶劣的气候条件影响的停工等。

② 被延误的工作影响了总工期。只有位于关键线路上工作内容的滞后,才会影响到竣工日期。但有时也应注意,既要看被延误的工作是否在批准进度计划的关键路线上,又要详细分析这一延误对后续工作的可能影响。因为若对非关键路线工作的影响时间较长,超过了该工作可用于自由支配的时间,也会导致进度计划中非关键路线转化为关键路线,其滞后将影响总工期的拖延。此时,应充分考虑该工作的自由时间,给予相应的工期顺延,并要求承包人修改施工进度计划。

(2) 工期索赔的计算方法

① 直接法。如果某干扰事件直接发生在关键线路上,造成总工期的延误,可以直接将该干扰事件的实际干扰时间(延误时间)作为工期索赔值。

② 网络图分析法。网络图分析法是利用进度计划的网络图,分析其关键线路。如果延误的工作为关键工作,则延误的时间为索赔的工期;如果延误的工作为非关键工作,当该工作由于延误超过时差限制而成为关键工作时,可以索赔延误时间与时差的差值;若该工作延误后仍为非关键工作,则不存在工期索赔问题。

该方法通过分析干扰事件发生前和发生后网络计划的计算工期之差来计算工期索赔值,可以用于各种干扰事件和多种干扰事件共同作用所引起的工期索赔。

③ 比例计算法。如果某干扰事件仅仅影响某单项工程、单位工程或分部分项工程的工期,要分析其对总工期的影响,可以采用比例计算法。

a. 已知受干扰部分工程的延期时间:

$$工期索赔值 = 受干扰部分工期拖延时间 \times \frac{受干扰部分工程的合同价格}{原合同总价} \qquad (6.8)$$

b. 已知额外增加工程量的价格:

$$工期索赔值 = 原合同总工期 \times \frac{额外增加的工程量的价格}{原合同总价} \qquad (6.9)$$

比例计算法虽然简单方便,但有时不符合实际情况,不适用于变更施工顺序、加速施工、删减工程量等事件的索赔。

（3）共同延误的处理

在实际施工过程中，工期拖期很少是由一方造成的，往往是多方原因同时发生（或相互作用）而形成的，故称为"共同延误"。在这种情况下，要具体分析哪一种情况延误是有效的，应依据以下原则：

① 首先判断造成拖期的哪一种原因是最先发生的，即确定"初始延误"者，它应对工程拖期负责。在初始延误发生作用期间，其他并发的延误者不承担拖期责任。

② 如果初始延误者是发包人原因，则在发包人原因造成的延误期内，承包人既可得到工期延长，又可得到经济补偿。

③ 如果初始延误者是客观原因，则在客观因素发生影响的延误期内，承包人可以得到工期延长，但很难得到费用补偿。

④ 如果初始延误者是承包人原因，则在承包人原因造成的延误期内，承包人既不能得到工期补偿，也不能得到费用补偿。

【例 6.7】 某施工承包商与某业主签订了某建筑工程项目施工承包合同。其具体背景材料见例题 6.6 所述。

问题：

（1）根据施工进度计划表分析，在不影响工期的前提下，哪些作业有机动时间？其机动时间分别是多少？

（2）逐项分析每项事件发生后，工期拖延几天？承包商可否就每项事件向业主索赔工期？可以索赔工期为多少天？

（3）每项事件发生后，累计索赔工期和预计工期为多少天？

【解】 问题（1）：

在不影响工期的前提下，施工过程 I、II 在第二、第三施工段上的作业（I_2、I_3、II_2、II_3）有机动时间，I_2、II_2 机动时间为 4 周，I_3、II_3 机动时间为 8 周。

问题（2）：

① 每项事件发生后，工期拖延分析：

事件 1：工期拖延 3 天；因为施工过程 I 在第一施工段的作业时间拖延影响工期；在第二施工段的作业时间拖延没有超过机动时间，不影响工期。

事件 2：工期拖延 2 天；因为施工过程 II 在第一施工段的作业时间拖延影响工期；在第二施工段的作业时间拖延没有超过机动时间，不影响工期。

事件 3：工期拖延 2 天；因为施工过程 III 开始作业时间比原计划拖延 7 天，其中 5 天是与事件 1、事件 2 造成的作业时间拖延 5 天（3+2=5 天）同时发生的。

事件 4：工期拖延 5 天；因为事件 3 发生后，施工过程 III、IV 在第三施工段的开始作业时间均推迟了 7 天，导致施工过程 V 在第一、第二施工段上有 7 天的机动时间，事件 4 发生后使施工过程 V 作业时间延长 12 天（7+5=12 天），超过机动时间 5 天（12-7=5 天）。

② 每项事件发生后，可否索赔工期，可索赔工期分析：

事件 1：可以向业主提出工期索赔，因为这是由于业主未能完全履行合同约定义务的责任事件造成的,其时间损失应由业主承担。

事件2:不可以向业主提出工期索赔,因为这是由于承包商责任事件造成的,其时间损失应由承包商承担。

事件3:可以向业主提出工期索赔,因为这是由于业主负责采购的钢材进场时间推迟造成的,其时间损失应由业主承担;可以索赔工期2天。

事件4:可以向业主提出工期索赔,因为这是由于业主负责采购的设备退换货造成的,其时间损失应由业主承担;可索赔工期5天。

问题(3):

每项事件发生后,累计预计工期和索赔工期分析过程见表6.6所示:

表 6.6 预计工期、索赔工期分析表

序号	发生事件	工期拖延/天	预计工期/天	索赔工期/天	累计索赔工期/天
0	—	—	32×7＝224	—	—
1	事件1	3	224＋3＝227	3	3
2	事件2	2	227＋2＝229	0	3
3	事件3	2	229＋2＝231	2	5
4	事件4	5	231＋5＝236	5	10

6.4 工程价款结算

6.4.1 概述

1) 工程价款结算的概念

工程价款结算又称工程结算,是指承包商在工程项目实施过程中,根据国家有关法律、法规规定、合同约定及已完成的工程量,按照规定的程序进行合同价款的计算、调整和确认,并向建设单位(业主)收取工程价款的一项经济活动。在履行施工合同过程中,工程价款结算分为工程预付款、工程进度款和工程竣工价款结算三个阶段。

由于工程项目施工周期长,施工单位在工程施工过程中需要向建设单位预收备料款和结算工程款,其目的是用以补偿施工过程中支付的各项资金和物资的耗用,保证工程施工的顺利进行。

2) 工程价款结算的依据

根据《建设项目工程结算编审规程》(CECA/GC 3—2010)中的有关规定,工程价款结算应按合同约定办理,合同未约定或约定不明的,承发包双方应根据下列规定与文件协商处理:

(1) 国家有关法律、法规和规章制度。

(2) 国家建设行政主管部门或有关部门发布的工程造价计价标准、计价办法等有关规定。

（3）施工发承包合同、专业分包合同及补充合同，有关材料、设备采购合同。

（4）招投标文件等相关可依据的材料。

3）工程价款结算的方式

按照财政部、建设部印发的《建设工程价款结算暂行办法》（财建〔2004〕369号）的规定，工程价款结算与支付的方式有以下三种：

（1）分段结算与支付

分段结算是按照工程形象进度，划分不同阶段进行结算。比如当年开工、当年不能竣工的工程按部位不同划分为：±0.00以下基础结构工程、±0.00以上主体结构工程、装修工程、室外工程及收尾等形象部位，确定各部位完成后支付施工合同价一定百分比的工程款。这样的结算不受月度限制，各形象部位达到完工标准，就可以进行该部位的工程结算。

（2）按月结算与支付

按月结算是实行每月结算一次工程款、竣工后清算的办法。即承包人每月提出已完成工程的月报表，连同工程价款结算账单，经建设单位签证、银行办理工程价款结算的方法。合同工期在两个年度以上的工程，在年终进行工程盘点，办理年度结算。

（3）双方约定的其他结算方式

其他结算方式是承发包双方根据工程性质，在合同中约定具体的其他方式办理结算，但前提是有利于工程质量、进度及造价管理，并且双方同意。原则上其他结算方式的预付比例不低于合同金额的10%，不高于合同金额的30%．

4）工程价款结算的作用

（1）工程价款结算是工程进度的主要指标

在施工过程中，承包商进行工程价款结算时需要已完成工程的工程量，也就是说，完成的工程量越多，结算的工程价款就应越多。所以，根据累计已结算的工程价款占合同总价款的比例，能够近似反映出工程的进度。

（2）工程价款结算是加速资金周转的重要环节

承包商通过办理已完工程的工程价款，能够尽快地分阶段收回工程款，有利于偿还债务，也有利于资金的回笼，降低内部运营成本，补充生产过程的资金消耗。通过加速资金周转，提高资金使用的有效性。

（3）工程价款结算是考核经济效益的重要指标

对于承包商来说，只有工程价款如数地结算，才意味着完成了项目，避免了经营风险，才能获得相应的利润，进而得到良好的经济效益。

6.4.2 工程预付款

1）工程预付款的概念

工程预付款是发包人为解决承包人在施工准备阶段资金周转问题而提供的协助款项。

承包人对预付款必须专用于合同工程,预付款的用途是用于支付承包人为合同工程施工购置材料、工程设备,购置或租赁施工设备以及组织施工队伍进场等所需的费用。

发包人拨付给承包人的工程预付款属于预支的性质,仅用于承包方支付施工开始时与本工程有关的动员费用。如承包方滥用此款,发包方有权立即收回。

2)工程预付款的支付

施工企业承包工程,一般都实行包工包料,这就需要有一定数量的备料周转金。预付备料款在施工合同签订后拨付,拨付备料款的安排要适应工程承包的方式,并在施工合同中明确约定。

对于包工包全部材料的工程而言,当预付备料款数额确定后,由建设单位通过其开户银行,将备料款一次性或按施工合同规定分次付给施工单位;对包工包地方材料的工程而言,当供应材料范围和数额确定后,建设单位应及时向施工单位结算;对于包工不包料的工程而言,建设单位不需要向施工单位预付备料款。按施工合同规定由发包人供应材料的,按招标文件提供的"发包人供应材料价格表"所示的暂定价,由发包人将材料转给承包人,材料价款在结算工程款时陆续抵扣,这部分材料,承包人不应收取备料款。

(1)工程预付款的支付时间

承包人应在签订合同或向发包人提供与预付款等额的预付款保函(如有)后向发包人提交预付款支付申请。发包人应在收到支付申请的7天内进行核实,向承包人发出预付款支付证书,并在签发支付证书后的7天内向承包人支付预付款。发包人逾期支付预付款超过7天的,承包人有权向发包人发出要求预付的催告通知,发包人收到通知后7天内仍未支付的,承包人有权暂停施工,并按发包人违约的情形执行。

(2)预付款担保

发包人要求承包人提供预付款担保的,承包人应在发包人支付预付款7天前提供预付款担保,专用合同条款另有约定的除外。预付款担保可采用银行保函、担保公司担保等形式,具体由合同当事人在专用合同条款中约定。在预付款完全扣回之前,承包人应保证预付款担保持续有效。

发包人在工程款中逐期扣回预付款后,预付款担保额度应相应减少,但剩余的预付款担保金额不得低于未被扣回的预付款金额。

(3)工程预付款的数额

预付款的支付比例要求:包工包料的工程预付比例不得低于签约合同价(扣除暂列金额)的10%,不宜高于合同金额(扣除暂列金额)的30%;对重大工程项目,按年度工程计划逐年预付。实行工程量清单计价的工程,实体性消耗和非实体性消耗部分应在合同中分别约定预付款比例(或金额)。

(4)安全文明施工费

发包人应在工程开工后的28天内预付不低于当年施工进度计划的安全文明施工费总额的60%,其余部分按照提前安排的原则进行分解,与进度款同期支付。发包人没有按时支付安全文明施工费的,承包人可催告发包人支付,发包人在付款期满后的7天内仍未支付的,若发生安全事故,发包人应承担连带责任。

（5）工程预付款的计算

① 百分比法

在实际工作中,发包人要根据各工程类型、合同工期、承包方式和供应体制等不同条件来确定工程预付款的百分比。例如,工业项目中钢结构和管道安装占比重较大的工程,其主要材料所占比重比一般安装工程要高,因而工程预付款数额也要相应提高;工期短的工程比工期长的要高,材料由承包人自购的比由发包人提供材料的要高。

百分比法工程预付款的计算公式为:

$$工程预付款 = 施工合同价 \times 预付备料款额度（\%） \tag{6.10}$$

工程预付款的额度,执行地方规定或由合同双方商定。原则是要保证施工所需材料和构件的正常储备。数额太少,备料不足,可能造成施工生产停工待料;数额太多,影响投资的有效使用。施工招标时在合同条件中应约定工程预付款的百分比。

② 公式计算法

公式计算法是根据主要材料（含结构件等）占年度承包工程总价的比重,材料储备定额天数和年度施工天数等因素,通过公式计算预付款额度的一种方法。对于施工企业常年应备的工程预付款数额,可按下式计算:

$$工程预付款 = \frac{年度工程总价 \times 材料比例（\%）}{年度施工天数} \times 材料储备定额天数 \tag{6.11}$$

式中　年度施工天数按 365 天日历天计算;

　　　材料储备定额天数由当地材料供应的在途天数、加工天数、整理天数、供应间隔天数、保险天数等因素决定。

3）工程预付款的扣回

发包人支付给承包人的工程预付款属于预支性质,随着工程的逐步实施后,原已支付的预付款应以充抵工程价款的方式陆续扣回,抵扣方式应当由双方当事人在合同中明确约定。扣款的方法主要有以下两种:

（1）按合同约定扣款。预付款的扣款方法由发包人和承包人通过洽商后在合同中予以确定,一般是在承包人完成金额累计达到合同总价的一定比例后,由承包人开始向发包人还款,发包人从每次应付给承包人的金额中扣回工程预付款,发包人至少在合同规定的完工期前将工程预付款的总金额逐次扣回。除专用合同条款另有约定外,预付款在进度付款中同比例扣回。在颁发工程接收证书前,提前解除合同的,尚未扣完的预付款应与合同价款一并结算。

（2）起扣点计算法。从未施工工程尚需的主要材料及构件的价值相当于工程预付款数额时起扣,此后每次结算工程价款时,按材料所占比重扣减工程价款,至工程竣工前全部扣清。起扣点的计算公式如下:

$$T = P - \frac{M}{N} \tag{6.12}$$

式中　T——起扣点,即工程预付款开始扣回时的累计完成工程金额;

  M——工程预付款总额；

  P——承包工程年度合同总额；

  N——主要材料及构件所占比重。

【例6.8】 某工程计划完成年度建筑安装工作量为750万元，按本地区规定工程备料款额度为25％，材料比例为50％，7月份累计完成建筑安装工作量425万元，当月完成建筑安装工作量112万元，8月份当月完成建筑安装工作量108万元。试用起扣点法计算7月份和8月份月终结算时应抵扣的工程预付款数额。

【解】 工程预付款数额为：$750 \times 25\% = 187.5$（万元）

  累计工作量表示的起扣点为：$750 - 187.5 \div 50\% = 375$（万元）

  7月份应抵扣工程预付款数额为：$(425 - 375) \times 50\% = 25$（万元）

  8月份应抵扣工程预付款数额为：$108 \times 50\% = 54$（万元）

6.4.3 工程进度款结算

  承包人在施工过程中，按逐月（或形象进度）完成的工程数量计算各项费用，向发包人办理工程进度款的支付（即中间结算）。进度款的支付周期应与合同约定的工程计量周期一致。

  1）工程计量

  工程量的正确计量是发包人向承包人支付合同价款的前提和依据。无论采用何种计价方式，其工程量必须按照相关工程现行国家计量规范规定的工程量计算规则计算。采用全国统一的工程量计算规则，对于规范工程建设各方的计量计价行为，有效减少计量争议具有重要意义。除专用合同条款另有约定外，工程量的计量按月进行。

  （1）工程计量的原则

  工程量计量按照合同约定的工程量计算规则、图纸及变更指示等进行计量。工程量计算规则应以相关的国家标准、行业标准等为依据，由合同当事人在专用合同条款中约定。

  若发现工程量清单中出现漏项、工程量计算偏差，以及工程变更引起工程量的增减变化，应据实调整，正确计量。对于不符合合同文件要求的工程，承包人超出施工图纸范围或因承包人原因造成返工的工程量，不予计量。

  （2）单价合同的计量

  按照《建设工程施工合同（示范文本）》（GF—2017-0201）的规定，除专用合同条款另有约定外，单价合同的工程计量的一般程序如下：

  ① 承包人应于每月25日向监理人报送上月20日至当月19日已完成的工程量报告，并附具进度付款申请单、已完成工程量报表和有关资料。

  ② 监理人应在收到承包人提交的工程量报告后7天内完成对承包人提交的工程量报表的审核并报送发包人，以确定当月实际完成的工程量。监理人对工程量有异议的，有权要求承包人进行共同复核或抽样复测。承包人应协助监理人进行复核或抽样复测，并按监理人要求提供补充计量资料。承包人未按监理人要求参加复核或抽样复测的，监理人复核或修正的工程量视为承包人实际完成的工程量。

③ 监理人未在收到承包人提交的工程量报表后的 7 天内完成审核的,承包人报送的工程量报告中的工程量视为承包人实际完成的工程量,据此计算工程价款。

(3) 总价合同的计量

按照《建设工程施工合同(示范文本)》(GF—2017-0201)的规定,除专用合同条款另有约定外,按月计量支付的总价合同工程计量的一般程序如下:

① 承包人应于每月 25 日向监理人报送上月 20 日至当月 19 日已完成的工程量报告,并附具进度付款申请单、已完成工程量报表和有关资料。

② 监理人应在收到承包人提交的工程量报告后 7 天内完成对承包人提交的工程量报表的审核并报送发包人,以确定当月实际完成的工程量。监理人对工程量有异议的,有权要求承包人进行共同复核或抽样复测。承包人应协助监理人进行复核或抽样复测,并按监理人要求提供补充计量资料。承包人未按监理人要求参加复核或抽样复测的,监理人审核或修正的工程量视为承包人实际完成的工程量。

③ 监理人未在收到承包人提交的工程量报表后的 7 天内完成复核的,承包人提交的工程量报告中的工程量视为承包人实际完成的工程量。

2) 工程进度款的计算

按照施工合同约定的时间、方式和工程师确认的工程量,承包人按构成合同价款相应项目的单价和取费标准计算,要求支付工程进度款。进度款支付周期,应与合同约定的工程计量周期一致。进度款的支付比例按照合同约定,按期中结算价款总额计算,不低于 60%,不高于 90%。

(1) 进度付款申请单的编制内容

除专用合同条款另有约定外,进度付款申请单编制时应包括以下内容:①截至本次付款周期已完成工作对应的金额。②根据"变更"条款约定应增加和扣减的变更金额。③根据"预付款"条款约定应支付的预付款和扣减的返还预付款。④根据"质量保证金"条款约定应扣减的质量保证金。⑤根据"索赔"条款应增加和扣减的索赔金额。⑥对已签发的进度款支付证书中出现错误的修正,应在本次进度付款中支付或扣除的金额。⑦根据合同约定应增加和扣减的其他金额。

(2) 期中支付的文件

① 进度款支付申请。承包人应在每个计量周期到期后向发包人提交已完工程进度款支付申请一式四份,详细说明此周期认为有权得到的款额,包括分包人已完工程的价款。

② 进度款支付证书。发包人应在收到承包人进度款支付申请后,根据计量结果和合同约定对申请内容予以核实,确认后向承包人出具进度款支付证书。若发、承包双方对有的清单项目的计量结果出现争议,发包人应对无争议部分的工程计量结果向承包人出具进度款支付证书。

③ 支付证书的修正。发现已签发的任何支付证书有错、漏或重复的数额,发包人有权予以修正,承包人也有权提出修正申请。经发承包双方复核同意修正的,应在本次到期的进度款中支付或扣除。

(3) 工程进度款的计算程序

① 开工前期进度款结算

从工程项目开工,到施工进度累计完成的产值小于"起扣点",这期间称为开工前期。开工前期每月结算的工程进度款应等于当月(期)已完成的产值。其计算公式为:

$$本月(期)应结算的工程进度款 = 本月(期)已完成产值$$

$$= \sum 本月已完成工程量 \times 预算单价 + 相应收取的其他费用 \tag{6.13}$$

② 对于"起扣点"恰好处于本月完成产值的当月进度款结算

其计算公式为:

$$\begin{matrix}"起扣点"当月应\\抵扣的预付备料款\end{matrix} = \left(\begin{matrix}累计\\完成产值\end{matrix} - 起扣点\right) \times \begin{matrix}主材费\\所占比重\end{matrix} \tag{6.14}$$

$$\begin{matrix}"起扣点"当月应\\结算的工程进度款\end{matrix} = \begin{matrix}本月(期)\\完成产值\end{matrix} - \left(\begin{matrix}累计\\完成产值\end{matrix} - 起扣点\right) \times \begin{matrix}主材费\\所占比重\end{matrix} \tag{6.15}$$

③ 施工中期进度款结算

当工程施工进度累计完成的产值达到"起扣点"以后,至工程竣工结束前一个月,这期间称为施工中期。此时,每月结算的工程进度款,应扣除当月(期)应扣回的工程预付备料款。其计算公式为:

$$\begin{matrix}本月(期)应抵\\扣的预付备料款\end{matrix} = 本月(期)已完成产值 \times 主材费所占比重 \tag{6.16}$$

$$\begin{matrix}本月(期)应结\\算的工程进度款\end{matrix} = 本月(期)已完成产值 - \begin{matrix}本月(期)应抵\\扣的预付备料款\end{matrix}$$

$$= \begin{matrix}本月(期)\\已完成产值\end{matrix} \times (1 - 主材费所占比重) \tag{6.17}$$

④ 工程尾期进度款结算

按照国家有关规定,工程项目总造价中发包人应按照合同约定方式预留质量保证金,质量保证金总预留比例不得高于工程价款结算总额的 3%。如果合同中没有明确预留质量保证金的方式,一般是在工程尾期预留一定比例的尾留款作为质量保修费用,又称"保留金"。待工程项目保修期结束后,视保修情况最后支付。

工程尾期(最后月)的进度款,除按施工中期的办法结算外,尚应扣留"保留金"。其计算公式为:

$$应扣保留金 = 工程合同造价 \times 保留金比例 \tag{6.18}$$

$$\begin{matrix}最后月(期)应\\结算的工程尾款\end{matrix} = \begin{matrix}最后月(期)\\完成产值\end{matrix} \times \left(1 - \begin{matrix}主材费\\所占比重\end{matrix}\right) - \begin{matrix}应扣\\保留金\end{matrix} \tag{6.19}$$

【例 6.9】 某项目业主与承包人签订了某建筑安装工程项目总包施工合同。承包范围包括土建工程和水、电、通风建筑设备安装工程,合同总价为 4 800 万元。工期为 2 年,第 1

年已完成2 600万元,第2年应完成2 200万元。承包合同规定:

(1) 项目业主应向承包人支付当年合同价25%的工程预付款。

(2) 工程预付款应从未施工工程中所需的主要材料及构配件价值相当于工程预付款时起扣,每月以抵充工程款的方式陆续收回。主要材料及设备费比重按62.5%考虑。

(3) 工程质量保证金为承包合同总价的3%,经双方协商,项目业主从每月承包人的工程款中按3%的比例扣留。在缺陷责任期满后,质量保证金及其利息扣除已支出费用后的剩余部分退还给承包人。

(4) 项目业主按实际完成建安工作量每月向承包人支付工程款,但当承包人每月实际完成的建安工作量少于计划完成建安工作量的10%以上(含10%)时,项目业主可按5%的比例扣留工程款,在工程竣工结算时将扣留工程款退还给承包人。

(5) 除设计变更和其他不可抗力因素外,合同价格不作调整。

(6) 由项目业主直接提供的材料和设备在发生当月的工程款中扣回其费用。

经项目业主的工程师代表签认的承包人在第2年各月计划和实际完成的建安工作量以及项目业主直接提供的材料、设备价值见表6.7。

表6.7 工程结算数据表　　　　　单位:万元

月份	1~6	7	8	9	10	11	12
计划完成建安工作量(费用)	1 100	200	200	200	190	190	120
实际完成建安工作量(费用)	1 110	180	210	205	195	180	120
项目业主直供材料设备的价值	90.56	35.5	24.4	10.5	21	10.5	5.5

问题:

(1) 工程预付款是多少?

(2) 工程预付款从几月份开始起扣?

(3) 1月至6月以及其他各月项目业主应支付给承包人的工程款是多少?

(4) 竣工结算时,项目业主应支付给承包人的工程结算款是多少?

【解】　问题(1):

工程预付款金额为:$2\,200 \times 25\% = 550$(万元)

问题(2):

工程预付款的起扣点为:$2\,200 - 550 \div 62.5\% = 1\,320$(万元)

开始起扣工程预付款的时间为8月份,因为8月份累计实际完成的建安工作量为:

$1\,110 + 180 + 210 = 1\,500$(万元)$> 1\,320$(万元)

问题(3):

① 1月至6月份:

项目业主应支付给承包人的工程款为:$1\,110 \times (1 - 3\%) - 90.56 = 986.14$(万元)

② 7月份:

该月份建安工作量实际值与计划值比较,未达到计划值,相差$(200 - 180) \div 200 = 10\%$

应扣留的工程款为:180×5%＝9(万元)

项目业主应支付给承包人的工程款为:180×(1−3%)−9−35.5＝130.1(万元)

③ 8月份:

应扣工程预付款为:(1 500−1 320)×62.5%＝112.5(万元)

项目业主应支付给承包人的工程款为:210×(1−3%)−112.5−24.4＝66.8(万元)

④ 9月份:

应扣工程预付款金额为:205×62.5%＝128.125(万元)

项目业主应支付给承包人的工程款为:205×(1−3%)−128.125−10.5＝60.225(万元)

⑤ 10月份:

应扣工程预付款金额为:195×62.5%＝121.875(万元)

项目业主应支付给承包人的工程款为:195×(1−3%)−121.875−21＝46.275(万元)

⑥ 11月份:

该月份建安工作量实际值与计划值比较,未达到计划值,相差:

(190−180)÷190＝5.26%＜10%,工程款不扣。

应扣工程预付款金额为:180×62.5%＝112.5(万元)

项目业主应支付给承包人的工程款为:180×(1−3%)−112.5−10.5＝51.6(万元)

⑦ 12月份:

应扣工程预付款金额为:120×62.5%＝75(万元)

项目业主应支付给承包人的工程款为:120×(1−3%)−75−5.5＝35.9(万元)

问题(4):

竣工结算时,项目业主支付给承包人的工程结算款为:180×5%＝9(万元)

6.4.4 竣工结算

工程竣工结算是指承包人按照合同规定的内容全部完成所承包的工程,经验收质量合格并符合合同要求之后,向发包人进行的最终工程价款结算。财政部、建设部于2004年10月发布的《建设工程价款结算暂行办法》规定,工程完工后,发承包双方应按照约定的合同价款及合同价款调整内容以及索赔事项,进行工程竣工结算。工程竣工结算分为单位工程竣工结算、单项工程竣工结算和建设项目竣工总结算。《住房城乡建设部关于进一步推进工程造价管理改革的指导意见》(建标〔2014〕142号)中指出,应"完善建设工程价款结算办法,转变结算方式,推行过程结算,简化竣工结算"。

1) 竣工结算文件的编制依据

承包方应当在工程完工后的约定期限内提交竣工结算文件,竣工结算文件编制的主要依据如下:

① 建设工程工程量清单计价规范;②工程合同;③发承包双方实施过程中已确认的工程量及其结算的合同价款;④发承包双方实施过程中已确认调整后追加(减)的合同价款;⑤建设工程设计文件及相关资料;⑥投标文件;⑦其他依据。

2）编制竣工结算文件的计价原则

在采用工程量清单计价的方式下，工程竣工结算应当遵循以下计价原则：

（1）分部分项工程费的结算

应依据承发包双方确认的工程量及合同约定的综合单价来计算相应的分部分项工程费用；如发生了调整，以发承包双方确认调整后的综合单价计算。

（2）措施项目费的结算

① 单价措施项目应依据发、承包双方确认的工程量和综合单价来进行结算。如发生了调整，以发承包双方确认调整后的综合单价计算。

② 总价措施项目应依据合同约定的金额计算。如发生了调整，以发、承包双方确认调整后的措施项目费金额计算。

③ 措施项目费中的安全文明施工费应按照国家或省级、行业建设主管部门的规定计算。施工过程中，国家或省级、行业建设主管部门对安全文明施工费进行了调整的，措施项目费中的安全文明施工费应作相应调整。

（3）其他项目费的结算

办理竣工结算时，其他项目费应按以下原则计算：

① 计日工的费用应按发包人实际签证确认的数量和合同约定的相应项目综合单价计算。

② 暂估价中的材料单价应按发、承包双方最终确认价在综合单价中调整；专业工程暂估价应按中标价或发包人、承包人与分包人最终确认价计算。

③ 总承包服务费应依据合同约定金额计算，如发生调整的，以发、承包双方确认调整的金额计算。

④ 索赔费用应依据发、承包双方确认的索赔事项和金额计算。

⑤ 现场签证费用应依据发、承包双方签证资料确认的金额计算。

⑥ 暂列金额应减去工程价款调整与索赔、现场签证金额计算，如有余额归发包人。

（4）规费和税金的结算

应按照国家或省级、行业建设主管部门对规费和税金的计取标准计算。

3）竣工结算款支付

（1）承包人提供竣工结算申请单

除专用合同条款另有约定外，承包人应在工程竣工验收合格后 28 天内向发包人和监理人提交竣工结算申请单，并提交完整的结算资料。竣工结算申请单应包括以下内容：①竣工结算合同价格。②发包人已支付承包人的款项。③应扣留的质量保证金。已缴纳履约保证金的或提供其他工程质量担保方式的除外。④发包人应支付承包人的合同价款。

（2）发包人签发竣工付款证书与支付结算款

① 发包人签发竣工付款证书。监理人应在收到竣工结算申请单后 14 天内完成核查并报送发包人。发包人应在收到监理人提交的经审核的竣工结算申请单后 14 天内完成审批，并由监理人向承包人签发经发包人签认的竣工付款证书。监理人或发包人对竣工结算申请单有异议的，有权要求承包人进行修正和提供补充资料，承包人应提交修正后的竣工结算申请单。

发包人在收到承包人提交竣工结算申请单后28天内未完成审批且未提出异议的,视为发包人认可承包人提交的竣工结算申请单,并自发包人收到承包人提交的竣工结算申请单后第29天起视为已签发竣工付款证书。

② 发包人支付结算款。发包人应在签发竣工付款证书后的14天内,完成对承包人的竣工付款。发包人逾期支付的,按照中国人民银行发布的同期同类贷款基准利率支付违约金;逾期支付超过56天的,按照中国人民银行发布的同期同类贷款基准利率的两倍支付违约金。

承包人对发包人签认的竣工付款证书有异议的,对于有异议部分应在收到发包人签认的竣工付款证书后7天内提出异议,并由合同当事人按照专用合同条款约定的方式和程序进行复核,或按照"争议解决"条款约定处理。对于无异议部分,发包人应在签发临时竣工付款证书的14天内,完成对承包人的竣工付款。

4)质量保证金

质量保证金用于承包人按照合同约定履行属于自身责任的工程缺陷修复义务的,为发包人有效监督承包人完成缺陷修复提供资金保证。发包人累计扣留的质量保证金不得超过工程价款结算总额的3%。质量保证金的扣留有以下三种方式:①在支付工程进度款时逐次扣留,在此情形下,质量保证金的计算基数不包括预付款的支付、扣回以及价格调整的金额;②工程竣工结算时一次性扣留质量保证金;③双方约定的其他扣留方式。除专用合同条款另有约定外,质量保证金的扣留原则上采用第①种方式。

缺陷责任期内,承包人认真履行合同约定的责任,到期后,承包人可向发包人申请返还保证金。承包人未按合同约定履行缺陷修复义务的,发包人应按照合同约定扣除质量保证金。在合同约定的缺陷责任期终止后的14天内,发包人应将剩余的质量保证金返还给承包人。

5)最终结清

缺陷责任期终止后,承包人已完成合同约定的全部承包工作,但合同工程的财务账目需要结清,所以,承包人应向发包人提交最终结清支付申请。发包人对最终结清支付申请有异议的,有权要求承包人进行修正和提供补充资料。承包人修正后,应再次向发包人提交修正后的最终结清支付申请。发包人应在收到承包人提交的最终结清申请单后14天内完成审批并向承包人颁发最终结清证书。发包人逾期未完成审批,又未提出修改意见的,视为发包人同意承包人提交的最终结清申请单,且自发包人收到承包人提交的最终结清申请单后15天起视为已颁发最终结清证书。

发包人应在颁发最终结清证书后7天内完成支付。发包人逾期支付的,按照中国人民银行发布的同期同类贷款基准利率支付违约金;逾期支付超过56天的,按照中国人民银行发布的同期同类贷款基准利率的两倍支付违约金。承包人对发包人颁发的最终结清证书有异议的,按"争议解决"的约定办理。

6.5 工程结算审查

在履行施工合同过程中,工程结算分为工程预付款、工程进度款和工程竣工结算三个阶段。工程结算审查根据工程造价的控制与管理要求,可分为工程预付款审查、工程进度款审查及工程竣工结算款审查等。

6.5.1 工程预付款审查

工程预付款的审查主要是审核预付款的使用性质、限额与支付及扣回是否符合工程承包合同的规定。审查时应注意的问题有下面几点。

1）预付款使用性质的审查

工程预付款仅用于承包人支付施工开始时与本工程有关的动员费用。预付款应当用于材料、工程设备、施工设备的采购及修建临时工程、组织施工队伍进场等等所需的款项。如果承包人滥用工程预付款，发包人有权立即收回。

2）工程预付款限额与支付的审查

审核工程预付款数额时一般遵循以下规则：包工包料工程的预付款按合同约定拨付相应数额，原则上预付比例不低于合同金额的 10%，不高于合同金额的 30%，对重大工程项目，按年度工程计划逐年预付。计价执行《建设工程工程量清单计价规范》（GB 50500—2013）的工程，实体性消耗和非实体性消耗部分应在合同中分别约定预付款比例。关于工程预付款具体金额是否正确，应具体审查工程预付款的计算方法、过程、结果是否正确，合同约定扣除暂列金额、暂估价的，在计算时应扣除。

预付款的支付时间是否按照专用合同条款约定执行是承包人所关心的，其最迟应在开工通知载明的开工日期 7 天前支付。发包人要求承包人提供预付款担保的，要审核承包人是否在发包人支付预付款 7 天前提供了预付款担保，预付款担保额度是否与工程预付款金额一致，与专用合同条款另有约定除外。

3）工程预付款的扣回审查

在工程实施后，预付款应从每支付期应支付给承包人的工程进度款中扣回，直到扣回的金额达到合同约定的预付款金额为止。其扣款方法应在招标文件或工程承包合同中做出明确规定，一般有以下两种常用方法，审查时按合同规定执行：

（1）承发包人在专用合同条款中约定不同的扣回方法，在承包人完成金额累计达到合同总价的一定比例（如 20%）后，发包人从每次应付给承包人的金额中扣回工程预付款，发包人至少在合同规定的完工期前三个月将工程预付款的总计金额逐次扣回。当发包人一次付给承包人的余额少于规定扣回的金额时，其差额应转入下一次支付中作为债务结转。

（2）可以从未施工工程尚需的主要材料及构件的价值相当于工程预付款时起扣，从每次结算工程价款中，按材料比重扣抵工程款，竣工前全部扣清。

审查工程预付款扣回情况时，注意审查有无出现工程款已支付完而工程预付款尚未扣清的情况，尚未扣清的工程预付款应作为承包人的到期应付款。

6.5.2 工程进度款审查

发承包双方应按照合同约定的时间、程序和方法，根据工程计量结果，办理期中价款结算，支付工程进度款。审查时应按承包合同规定的方法执行。

1）审查付款周期

除专用合同条款另有约定外,付款周期应按照计量周期的约定与计量周期保持一致。工程量的计量通常按月进行。

2）审查工程进度款付款程序

承包人在施工过程中,按逐月或形象进度完成的工程数量计算各项费用,向发包人办理工程进度款的支付。该流程具体表现为:承包人编制进度付款申请单,提交进度付款申请单,发包人进行进度款的审核和支付。在审查过程中要注意各环节的先后关系及相关的时间规定,承发包人不按合同约定的时间提交进度付款申请单或者不支付工程进度款,应按合同的约定承担相应的责任。

3）审查工程进度款付款的计算方法

（1）审查已完工程的结算价款。已标价工程量清单中的单价项目,承包人应按工程计量确认的工程量与综合单价计算。当达到了承包合同规定的进度款结算要求时,应对工程量的计量方法和规则进行审查,审查工程量计算是否符合定额规定的要求或《建设工程工程量清单计价规范》的要求,结算单价应按合同的约定进行。审查其采用的计价原则和方法是否符合合同约定的要求,是否符合国家相关的规定,计算过程和结果是否正确等。如综合单价发生调整的,以发承包双方确认调整的综合单价计算进度款。已标价工程量清单中的总价项目,审查承包人是否按合同中约定的进度款支付分解,是否分别列入进度款支付申请中的安全文明施工费和本周期应支付的总价项目的金额中。

（2）审查符合规定范围的合同价款的调整。施工过程中,承包人现场签证和得到发包人确认的索赔金额列入本周期应增加的金额中。由发包人提供的材料、工程设备金额,应按照发包人签约提供的单价和数量从进度款支付中扣出,列入本周期应扣减的金额中。因此,在审查合同价款的调整时,应注意审查工程变更、索赔、不可抗力、物价变化、法律法规变化等对价款的影响调整是否符合承包合同规定的要求,计算的方法、过程、结果是否正确等。

6.5.3　竣工结算审查

竣工结算审查是竣工结算阶段的一项重要技术经济工作。经审查的工程竣工结算是核定工程造价的依据,也是建设项目验收后编制竣工结算和核定新固定资产价值的依据。

1）竣工结算审查的依据

工程竣工结算的审查需要严格遵守国家、行业主管部门及其项目所在省市的有关法规、规范,具体结合承发包合同和施工过程双方确认的有关文件进行,其主要依据如下:

（1）相关法律、法规

主要涉及建设期内的《建设工程价款结算暂行办法》《最高人民法院关于审理建设工程施工合同纠纷案件适用法律问题的解释》《中华人民共和国审计法》《中华人民共和国建筑法》《中华人民共和国合同法》《中华人民共和国招标投标法》及其他适用法规等。

（2）技术规范文件

主要涉及与工程结算编制相关的国务院建设行政主管部门及各省、自治区、直辖市和有关部门发布的建设工程造价计价标准、计价方法、计价定额、清单计价规范、相关专业的工程量计算规范、价格信息等相关规定。

（3）招标过程资料

招投标书（按招标规定内容提交）、定标书、施工单位资质证明、施工单位营业执照、税务登记（复印件加红章）。

（4）各种合同及协议书

工程设计合同（补充合同和协议书）、施工合同（补充合同和协议书）、专业分包合同、监理合同（补充合同和协议书）、工程结算审查委托合同及有关材料、设备采购合同等。

（5）施工过程中的资料

开工证明书、投资许可证、开工许可证、设计变更图样；经批准的施工组织设计、设计变更、工程洽商、索赔与现场签证，以及相关的会议纪要。施工进度形象记录（包括隐蔽工程记录、吊装工程记录）、建设单位预付工程款或垫付款项明细表、竣工图、竣工验收证明。

（6）竣工结算书

各项签署完整的工程结算书，相关计算表格齐备，材料分析表、材料价差调整及调整依据文件及证明完整。

2）竣工结算审查期限

单项工程竣工后，承包人应在提交竣工验收报告的同时，向发包人递交竣工结算报告及完整的结算资料，发包人应按表 6.8 规定时限进行核对（审查）并提出审查意见。

表 6.8　竣工结算审查期限

序号	工程竣工结算报告金额	审查时间
1	500 万元以下	从接到竣工结算报告和完整的竣工结算资料之日起 20 天
2	500 万～2 000 万元	从接到竣工结算报告和完整的竣工结算资料之日起 30 天
3	2 000 万～5 000 万元	从接到竣工结算报告和完整的竣工结算资料之日起 45 天
4	5 000 万元以上	从接到竣工结算报告和完整的竣工结算资料之日起 60 天

建设项目竣工总结算在最后一个单项工程竣工结算审查确认后 15 天内汇总，送发包人后 30 天内审查完成。

3）竣工结算审查的实施

（1）竣工结算资料审查

审查竣工结算资料是竣工结算审查实施环节的基础性工作，结算资料不充分、不完备会导致结算内容的要求难以得到保障。结算资料主要是指承包人（或其委托的工程造价咨询单位）编报的竣工结算书、与工程结算有关的合同、工程签证单、索赔相关资料、材料价格确认表、计日工有关报表与凭证、全套竣工图纸、竣工验收资料、期中结算相关资料、招投标文件、中标通知书、专业分包合同、地质勘察报告及批复的工程投资文件等。对竣工结算资料的审查主要是形式审查，即通过核对法审查资料是否完整。

（2）竣工结算编制依据审查

竣工结算编制依据关系到结算文件编制的合理性与准确性，一般通过审查竣工结算书的编制说明可对其编制依据进行审查。

① 合法性审查。竣工结算编制的依据必须是经过国家和行业主管部门批准,符合国家的编制规定,同时也必须符合发承包合同的各组成文件;在施工过程中的各种合法的签证及其他有关凭证或证明文件等可作为竣工结算编制的依据。

② 时效性审查。竣工结算编制依据均应该严格遵守国家及行业主管部门的现行规定,注意建设期间有无调整和新的规定,审查竣工结算编制依据是否仍具有法律效力。

③ 适用范围审查。对各种编制依据的范围进行适用性审查,如不同投资规模、不同工程性质、专业工程是否具有相应的依据;工程所在地的特殊规定、材料价格信息等应具体采用。

(3) 竣工结算内容审查

竣工结算内容审查主要是对分部分项工程费、措施项目费、其他项目费、规费及税金等相关的竣工结算费用进行全面审查,从而对竣工工程的结算价款的确定进行全面的合理性审核。除委托咨询合同另有约定外,不得采用重点审核法、抽样审核法或类比审核法等其他方法来审核竣工结算。

① 审查分部分项工程费。分部分项工程费 $= \sum$ 分部分项工程量 $\times$(相应的)结算单价。因此,分部分项工程费的审查必须在完成对分部分项工程量及其相应的结算单价的审查之后,才能够就结算的分部分项工程费的合理性得出审查结论。

a. 分部分项工程量的审查。主要是对竣工结算工程的分部分项工程量的计量依据、计量内容、计算结果等进行全面审查,对结算工程的各分部分项工程量高估冒算的进行核减、对漏算的进行核增,并说明原因,形成工程量审查的阶段性文件,完成工程量审查记录。并与竣工结算书中的相应工程量进行对比,以确定应予结算计量的分部分项工程量。

b. 分部分项工程结算单价审查。主要对照承包人投标报价文件中所报综合单价并结合项目施工过程中的各种单价调整确认文件进行结算单价的合理性审查。对于未变更单价的审查主要是通过比对承包人投标报价单上所填报的单价与结算单价的一致性,其不一致的地方应予以纠正;对于变更或调整单价的审查是此项审查工作的重点,应严格遵循施工合同条款有关规定、"施工合同(示范文本)""清单计价规范"等有关原则,依据发承包双方协调的确认结果,重点审查单价变更原因、调整单价依据、双方会商确认的书面文件的相互一致性,对合理的单价变更或调整进行审查,只有通过上述合理性审查的综合单价才能够作为结算单价被采用。对不合理的结算单价进行调整并注明原因。

在完成分部分项工程结算工程量与结算单价审查的基础上,可以汇总计算出合理的分部分项工程费,与承包方编报的竣工结算分部分项工程费进行比对,对其不合理的部分进行调整,并形成分部分项工程费的审查记录。

② 审查措施项目费。单价措施项目费的结算审查,其审查要点可以参考分部分项工程费审查的相关步骤。总价措施项目费因其主要是按照有关规定的计算基础与费率计取,从而主要审查其计算基础及费率的确定依据是否合理、合法,计算结果是否准确等。在此基础上形成措施项目费审查结论,完成措施项目费的审查记录。特别注意的是,安全文明施工费应审查其计取是否按照国家或省级、行业建设主管部门的规定计价,不得作为竞争性费用。

③ 审查其他项目费。其他项目费用主要包括计日工、暂估价、总承包服务费、索赔费

用、现场签证费用、暂列金额等费用。因此,竣工结算审查其他项目费时主要在于审查上述费用确定的合理性。

a. 计日工费用审查。审查施工过程中经发包人确认的签证数量及投标报价文件中的计日工综合单价,核查计日工费用金额的合理性,对于错误或不准确部分予以调整。

b. 暂估价审查。首先审查暂估价清单表中所列的材料、专业工程是否是经招标采购。其次,对于招标采购的材料或专业工程,应审查核对其中标价;招标采购的材料其单价应按中标价在综合单价中调整,招标采购的专业工程则以中标价计算。另外,对于非招标方式采购的材料或专业工程,以发承包双方最终确认的价格在综合单价中调整或计算。

c. 总承包服务费审查。通过审查合同条款中的有关约定,或双方的调整确认文件,计算其金额。

d. 索赔费用审查。此项费用审查是竣工结算审查过程中的重点与难点。审查要点主要包括:审查索赔事件发生证明材料的完整性与充分性;审查索赔程序的合法性;审查索赔提出及处理的时效性;审查索赔事件责任归属的合理性;审查索赔费用计算依据是否合理、计算结果是否准确。最终形成对该项目工程结算的索赔费用审核结论,进行费用核定并形成工程索赔费用结算审查记录。

e. 现场签证费用审查。主要审查在合同约定时间内经发承包人双方确认的现场签证数量,核对现场签证费用。对于没有签证或手续不全的,应将其费用项核减。

f. 暂列金额审查。主要是对暂列金额差额或余额进行审查,即合同价款中的暂列金额在用于各项价款调整、索赔与现场签证后,若有余额,则余额归发包人,若出现差额,则由发包人补足并反映在相应的工程竣工结算价款中。

通过上述各种其他项目费的具体组成内容的审查,形成相应的审查结论并完成其他项目费审查记录。

④ 规费与税金的审查。规费和税金的审查主要是核对各项规费、税金的计取原则是否符合国家或省级、行业建设主管部门对规费和税金的计取和计算标准的有关规定,结果是否正确。对于规费和税金的计取与计算不正确、不合理的地方,在竣工结算中应予以纠正,并形成相关审查结论,完成审查记录。

6.6　BIM技术在施工阶段造价管理中的应用

6.6.1　基于BIM的工程验工计价

1) 验工计价

建设项目的工期一般较长,为了使施工单位在工程建设中尽快回笼所耗用的资金,需要对工程价款进行期中结算,工程竣工之后还需要进行竣工结算。此处提到的期中结算就是验工计价,也称为进度计量与计价。

验工计价是对合同中已完成的合格工程数量或工作进行验收、计量、计价并核对的总称,又称为工程计量与计价。验工计价是控制工程造价的核心环节,是进行质量控制的主要手段,是进度控制的基础,也是保证业主和承包人合法权益的重要途径。

验工计价一般实行按月验工计价,主要工作内容包括:确认各个进度周期的形象进度;施工单位根据形象进度编制进度款上报资料;建设单位与施工单位根据形象进度、进度款上报资料及其他资料确认产值;建设单位根据产值及合同约定付款比例支付进度款。主要流程如图6.2所示。

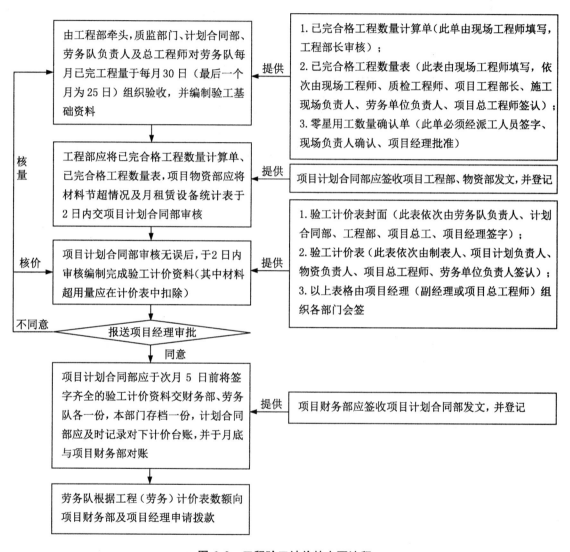

图 6.2 工程验工计价的主要流程

2) 案例

【**案例 6.1**】 G公司与某建筑公司签订了某办公大厦项目施工总承包合同。按照合同要求,工程总工期为122天。其中,开工日期为2017年3月1日,竣工日期为2017年6月30日。

现某建筑公司就该项目进行验工计价。验工计价的目的有两个:一是及时核实施工单位完成的工作量,防止超出计划;二是及时对施工单位进行资金拨付,以保障工程资金使用的合理配置。

请根据建筑与装饰工程、给排水工程和电气工程四部分工程内容,完成本次验工计价任务。验工计价时,可以假设各施工阶段在各时间段其资源是连续均衡投放的。由于月份有大小之分,验工计价可以按照每月 30 天进行简易计算。

【解】 (1)确定施工内容

根据某办公大厦项目配套工程,确定本工程的施工内容(涉及分部分项工程和措施项目),施工内容分解为土建、装饰、电气、给排水 4 个部分,见表 6.9 所示:

表 6.9 某办公大厦项目施工内容

序号	施工内容	序号	施工内容	序号	施工内容	序号	施工内容	序号	施工内容
1	施工前的准备及场地平整	10	地下室防水	19	台阶、散水、坡道	28	二层大厅栏杆石材	37	配管、桥架配线、接线盒
2	土方开挖	11	楼地面防水(车库底板)	20	木门	29	墙柱面抹灰	38	配电箱、配电柜
3	基础工程	12	屋面防水	21	金属门	30	块料墙面	39	插座开关
4	地下-1层钢筋砼及管沟	13	雨棚防水	22	金属窗	31	天棚抹灰	40	灯具安装
5	土方回填	14	外墙保温	23	木门油漆	32	天棚吊顶	41	防雷接地系统
6	首层结构钢筋砼	15	屋面排水管	24	整体面层及找平层	33	墙面喷刷涂料	42	水泵管道及阀门
7	二层结构钢筋砼	16	填充墙、风井墙砌筑	25	块料面层	34	天棚喷刷涂料	43	洁具安装
8	三层结构钢筋砼	17	女儿墙砌筑及压顶	26	踢脚线	35	金属栏杆扶手	44	完工清洁退场
9	四层及机房层结构钢筋砼	18	土建脚手架搭设	27	台阶装饰	36	电缆敷设		

(2)绘制施工进度计划横道图

根据施工内容的工程量按月绘制施工进度计划横道图,如图 6.3 所示。

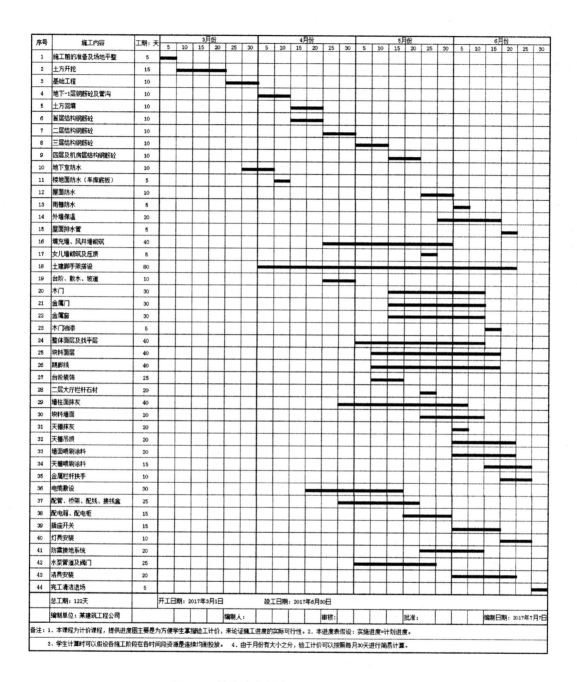

图6.3　某办公大厦项目施工进度计划横道图

（3）确定分期

按照施工进度计划横道图,将3月至6月按月分四期,分别确定当期完成工程量,形成第1期至第4期验工计价表格。表6.10所示为第1期上报完成工程量。

表 6.10 某办公大厦第 1 期完成工程量

分部分项工程和单价措施项目清单与计价表

工程名称:某办公大厦第 1 期验工计价

序号	项目编码	项目名称	项目特征	计量单位	工程量
	A	建筑工程			
	A.1	土石方工程			
	A.1.1	土方工程			
1	010101001001	平整场地	1. 土壤类别:三类干土	m²	1 029.68
2	010101002001	挖一般土方	1. 土壤类别:三类干土 2. 挖土深度:5 m 以内	m³	5 687.28
3	010101004001	挖基坑土方	1. 土壤类别:三类干土	m³	31.65
	A.5.3	现浇混凝土梁			
4	010503001001	基础梁	1. 混凝土强度等级:C30 P8 抗渗	m³	93.28
	A.5.8	后浇带			
5	010508001001	后浇带	1. 混凝土强度等级:C35	m³	12.85
	A.5.15	钢筋工程			
6	010515001002	现浇构件钢筋	1. 钢筋种类、规格:φ8	t	0.525 346
7	010515001003	现浇构件钢筋	1. 钢筋种类、规格:φ10	t	0.750 27 8
8	010515001004	现浇构件钢筋	1. 钢筋种类、规格:φ12	t	17.150 484
9	010515001005	现浇构件钢筋	1. 钢筋种类、规格:φ14	t	3.401 89
10	010515001006	现浇构件钢筋	1. 钢筋种类、规格:φ16	t	3.284 64
11	010515001008	现浇构件钢筋	1.钢筋种类、规格:φ20	t	3.104 395
12	010515001009	现浇构件钢筋	1.钢筋种类、规格:φ22	t	0.328 277
13	010515001010	现浇构件钢筋	1.钢筋种类、规格:φ25	t	89.038 234
14	010515001011	现浇构件钢筋	1.钢筋种类、规格:φ28	t	20.814 199
	A.5.16	螺栓、铁件			
15	010516003001	机械连接 16	1. 连接方式:直螺纹接头 2. 规格:φ16	个	88
16	010516003005	机械连接 25	1. 连接方式:套管挤压 2.规格:φ25	个	1 541
17	010516003006	机械连接 28	1. 连接方式:套管挤压 2.规格:φ28	个	264
	A.9.4	楼(地)面防水、防潮			
18	010904001002	基础底板卷材防水	1. 防水部位:地下室底板	m²	1 185.72
19	01B001	工程水电费		m²	1 160.825
		措施项目			
20	011702001001	基础		m²	189.6
21	011702005001	基础梁		m²	366.1
22	011702030001	后浇带		m²	57
23	011703001001	垂直运输		m²	1 160.8

（4）上报分部分项工程量

① 新建形象进度

形象进度是按照整个项目的进展情况来呈现的。本例中，形象进度共分为四期，其中第 1 期为 3 月份，起始时间为 2017 年 3 月 1 日至 31 日止；第 2 期为 4 月份，起始时间为 2017 年 4 月 1 日至 30 日止；第 3 期为 5 月份，起始时间为 2017 年 5 月 1 日至 31 日止；第 4 期为 6 月份，起始时间为 2017 年 6 月 1 日至 30 日止。

② 输入清单工程量

结合施工进度计划横道图，根据上步所定第 1 期至第 4 期验工计价表格，在分部分项工程中逐期输入各条清单工程量，如图 6.4 所示。

名称	单位	合同工程量	合同单价	★第1期量	第2期量	第3期量	第4期量	★第1期比例(%)	第1期合价	累计完成量	累计完成合价	累计完成比例(%)	未完工程量
□ 整个项目									967945.72		2718276.76		
□ 建筑工程									967945.72		2718276.76		
□ 土石方工程									81675.6		114042.16		
□ 土方工程									81675.6		81675.6		
⊞ 平整场地	m2	1029.68	1.47	1029.68	0.00	0.00	0.00	100	1513.63	1029.68	1513.63	100	0
⊞ 挖一般土方	m3	5687.28	13.99	5687.28	0.00	0.00	0.00	100	79565.05	5687.28	79565.05	100	0
⊞ 挖基坑土方	m3	31.65	18.86	31.65	0.00	0.00	0.00	100	596.92	31.65	596.92	100	0

图 6.4　分期输入清单工程量

（5）上报措施项目工程量

① 确定总价措施中安全文明施工的计量方式

根据合同约定，过程中工程计量应不考虑安全文明施工费，安全文明施工费在开工前一次性 100％ 拨付，过程中不抵扣，直到竣工结算时，才会根据完成的总工程量，重新核定安全文明施工费的支付情况。由于安全文明施工费在进场前，建设单位已经一次性拨付给施工单位，过程中又不进行抵扣，所以在期中结算时，各月进度款应不包含安全文明施工费。因此，总价措施中安全文明施工包含的项目的计量方式选择"手动输入比例"，以使第 1 期合价至第 4 期合价均为零，满足实际情况，如图 6.5 所示。

	序号	名称	单位	组价方式	计算基数	基数说明	费率(%)	合同工程量	合同单价	计量方式	★第1期合价	第2期合价	第3期合价	第4期合价
□		措施项目									112599.68	648279.35	448830.52	1048242.91
□	一	总价措施									0	0	0	0
1	011707001001	安全文明施工	项	子措施组价				1	349575.37		0	0	0	0
2	1.1	环境保护	项	计算公式组价	ZJF+ZCF+SBF+JSCS_ZJF+JSCS_ZCF+JSCS_SBF	分部分项直接费+分部分项主材费+分部分项设备费+技术措施项目直接费+技术措施项目主材费+技术措施项目设备费	1.23	1	77613.31	手动输入比例	0	0	0	0
3	1.2	文明施工	项	计算公式组价	ZJF+ZCF+SBF+JSCS_ZJF+JSCS_ZCF+JSCS_SBF	分部分项直接费+分部分项主材费+分部分项设备费+技术措施项目直接费+技术措施项目主材费+技术措施项目设备费	0.69	1	43539.17	手动输入比例	0	0	0	0
4	1.3	安全施工	项	计算公式组价	ZJF+ZCF+SBF+JSCS_ZJF+JSCS_ZCF+JSCS_SBF	分部分项直接费+分部分项主材费+分部分项设备费+技术措施项目直接费+技术措施项目主材费+技术措施项目设备费	1.33	1	83923.33	手动输入比例	0	0	0	0
5	1.4	临时设施	项	计算公式组价	ZJF+ZCF+SBF+JSCS_ZJF+JSCS_ZCF+JSCS_SBF	分部分项直接费+分部分项主材费+分部分项设备费+技术措施项目直接费+技术措施项目主材费+技术措施项目设备费	2.29	1	144499.56	手动输入比例	0	0	0	0

图 6.5　安全文明施工的计量方式

② 确定总价措施中通用措施费的计量方式

通用措施费中,所有以"项"为单位的措施费都是按照一定的"取费基数×费率"来计算的,在进度计量时应维持这一原则。在实际情况下,通用措施费会随着清单项实体工作量的变化而变化。因此,通用措施费包括的措施项目的计量方式选择"按分部分项完成比例",如图6.6所示。

序号	类别	名称	单位	组价方式	计算基数	基数说明	费率(%)	合同工程量	合同单价	★计量方式
011707002001		夜间施工	项	计算公式组价				1	0	按分部分项完成比例
011707003001		非夜间施工照明	项	计算公式组价				1	0	按分部分项完成比例
011707004001		二次搬运	项	计算公式组价				1	0	按分部分项完成比例
011707005001		冬雨季施工	项	计算公式组价				1	0	按分部分项完成比例
011707006001		地上、地下设施、建筑物的临时保护设施	项	计算公式组价				1	0	按分部分项完成比例
011707007001		已完工程及设备保护	项	计算公式组价				1	0	按分部分项完成比例

图6.6　通用措施的计量方式

③ 确定单价措施中所有项目的计量方式

在实际情况下,单价措施费会随着清单项实体工作量的变化而变化。因此,单价措施包括的措施项目的计量方式选择"按分部分项完成比例",如图6.7所示。

序号	类别	名称	单位	组价方式	计算基数	基数说明	费率(%)	合同工程量	合同单价	★计量方式
二		单价措施								
			项	可计量清单				1	0	按分部分项完成比例
011701001001		综合脚手架	m2	可计量清单				4643.3	20.07	按分部分项完成比例
011701003001		里脚手架	m2	可计量清单				4180.99	12.32	按分部分项完成比例
011702001001		基础	m2	可计量清单				189.6	32.34	按分部分项完成比例
011702002001		矩形柱	m2	可计量清单				1041.51	65.9	按分部分项完成比例
011702002002		矩形柱 TZ	m2	可计量清单				36	65.55	按分部分项完成比例
011702003001		构造柱	m2	可计量清单				557.14	57.33	按分部分项完成比例
011702004001		异形柱	m2	可计量清单				122.89	81.12	按分部分项完成比例
011702005001		基础梁	m2	可计量清单				366.1	69.96	按分部分项完成比例

图6.7　单价措施的计量方式

（6）上报其他项目工程量

根据合同约定,暂列金额和专业工程暂估价由于都是暂估金额,在进度计量时不宜计算进度款。但出现以下情况可以作为进度款计量:

- 暂列金额和专业工程暂估价已经实际发生;
- 暂列金额和专业工程暂估价部分已经建设单位根据图纸、合同确认具体金额。

当上述两个条件同时发生时,方能作为进度款进行计量,否则应纳入结算款调整范畴。

① 确定暂列金额的计量方式

由合同可知,暂列金额为80万元,因此暂列金额的计量方式选择"手动输入比例",并保证第1期比例至第4期比例均为零,如图6.8所示。

序号	名称	计量单位	合同除税金额	★计量方式	★第1期比例(%)	★含税第1期合价	★第1期税金	除税第1期合价
1	暂列金额	元	800000	手动输… ▼	0	0	0	0

图6.8　暂列金额的计量方式

② 确定专业工程暂估价的计量方式

由合同可知,专业工程为幕墙工程,暂估价为 60 万元,因此专业工程暂估价的计量方式选择"手动输入比例",并保证第 1 期比例至第 4 期比例均为零,如图 6.9 所示。

序号	工程名称	工程内容	合同含税金额	合同税金	合同除税金额	★计量方式	★第1期比例(%)	★含税第1期合价	★第1期税金	除税第1期合价
1	幕墙工程	玻璃幕墙工程 (含预埋件)	600000		600000	手动输入比例	0	0	0	0

图 6.9　专业工程暂估价的计量方式

③ 确定计日工费用的各期工程量

根据劳动力计划,手动输入计日工费用中各期工程量,如图 6.10 所示。

序号	名称	单位	合同数量	合同单价	合同合价	合同综合单价	合同综合合价	★第1期量	★第1期单价	第1期合价	★第1期综合单价
⊟	计日工						2820				
⊟ 一	劳务(人工)						2820				
1	木工	工日	10	94	940	94	940	0	94	0	94
2	瓦工	工日	10	94	940	94	940		94		94
3	钢筋工	工日	10	94	940	94	940		94		94
⊟ 二	材料						0				
1				0	0	0	0				
⊟ 三	施工机械						0				
1				0	0	0	0				

图 6.10　计日工的各期工程量输入

(7) 人材机调整

① 设置风险幅度范围

根据合同:"钢材、混凝土、电缆、电线材料价格变化幅度在±5%以内(含)由承包人承担或受益。上述未涉及的其他材料、机械,价格变化的风险也全部由承包人承担或受益。人工费价格变化幅度在±5%以内(含)由承包人承担或受益。"由合同可知,风险幅度范围为±5%以内(含)。

② 确定调差方法

根据工程实际情况,选择调差方法,如造价信息价格差额调整法、当期价与基期价差额调整法、当期价与合同价差额调整法、价格指数差额调整法。本例采用"造价信息价格差额调整法"。

③ 进行人工调差

按照合同约定,选择需要调整的人工,如图 6.11 所示。

	所有人材机	《	⊕ 从人材机汇总中选择						✕
	人工调差		☐ 所有人材机　☑ 人工　☐ 材料　☐ 机械　☐ 主材　按名称或编码关键字过滤　　查找						
	材料调差			选择	编码	类别	名称	规格型号	单位	合同不含税市场价	合同不含税市场价合价
	暂估材料调整		1	☑	870002	人	综合工日		工日	94	1092079.95
	机械调差		2	☑	870001	人	综合工日		工日	98	166756.74
			3	☑	870003	人	综合工日		工日	94	98984.46
			4	☐	RGFTZ	人	人工费调整		元	1	123.97

图 6.11　人工调差

④ 进行材料调差

根据合同约定,选择需要调整的主材进行调差,如图 6.12 所示。

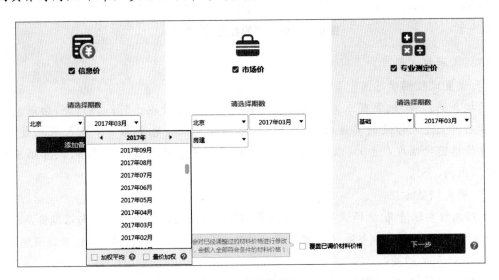

图 6.12　材料调差

需要特别注意的是,对于原投标报价中材料价波动的调整,应考虑以下 3 种因素:

a. 钢材、混凝土、电缆、电线及人工费应考虑风险幅度范围影响;

b. 其他材料,不需要考虑风险幅度范围,正常情况下按照信息价调整即可;

c. 如果甲方对某项提高档次进行了单独认价,则应按认价进行调整。

⑤ 确定材料价格

确定材料价格有以下两种方法:

第一种方法是通过批量载价来完成。选择信息价、市场价以及专业测定价及要载入价格的具体时间,工程中如涉及"加权平均"和"量价加权",也应相应明确,如图 6.13 所示。

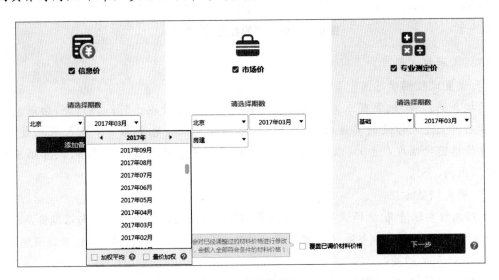

图 6.13　批量载价

第二种方法是手动输入,可以手动输入某一材料的不含税基期价或含税基期价。

如果规费也需要取价差,需把"材料"的计费模式改为"计规费和税金",如图 6.14 所示。

（8）修改合同清单

在实际工程施工过程中,可能会遇到工程有大的变更或补充协议,甲方要求修

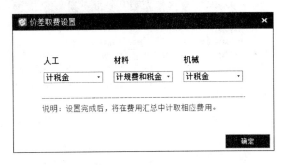

图 6.14　价差规费

改合同的情况。可以通过修改合同清单实现,如插入或删除清单及子目、批量换算、直接进行个别修改等,如图6.15所示。

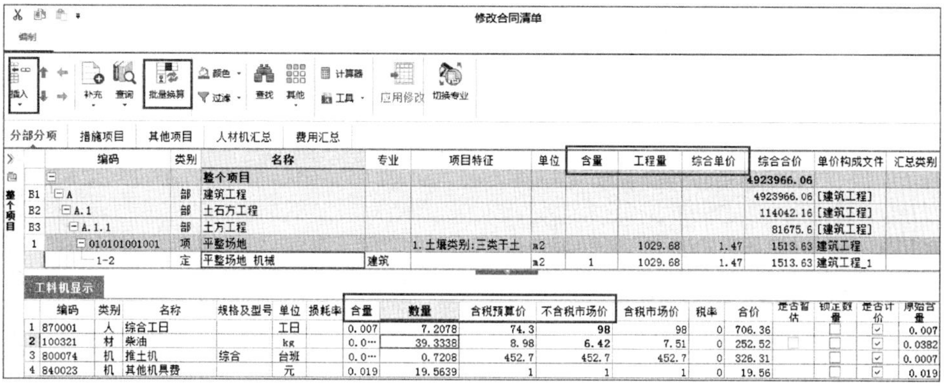

图6.15 修改合同清单

(9)进度报量,输出报表

前述工作完成后即可选择单期进行进度报量,并生成当期进度文件。单期进度报量文件是验工计价的重要文件,也是后续竣工结算的重要文件之一。单期上报完成后,即可查看并输出报表,如图6.16所示。

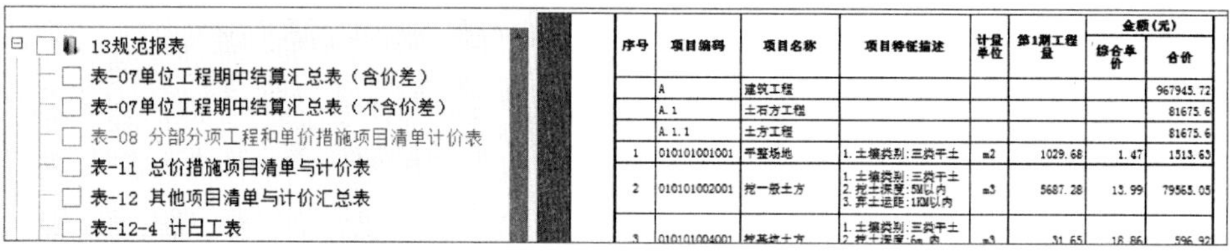

图6.16 查看并输出报表

6.6.2 基于BIM的工程结算计价

1)结算计价

工程竣工结算是指某单项工程、单位工程或分部分项工程完工后,经验收质量合格并符合合同要求,承包人向发包人进行的最终工程价款结算的过程。建设工程竣工结算的主要工作是发包人和承包人双方根据合同约定的计价方式,并依据招投标的相关文件、施工合同、竣工图纸、设计变更通知书、现场签证等,对承发包双方确认的工程量进行计价。

工程竣工结算依据合同内容划分为合同内结算和合同外结算。合同内结算包括分部分项、措施项目、其他项目、人材机价差、规费、税金;合同外结算包括变更、签证、工程量偏差、索赔、人材机调差等。

工程竣工结算是工程造价管理的最后一环,也是最重要的一环。它是承包人总结工作经验教训、考核工程成本和进行经济核算的依据,也是总结、提高和衡量企业管理水平的标准。

结算计价的主要工作内容包括:整理结算依据;计算和核对结算工程量;对合同内外各

种项目计价(人材机调差,签证、变更材料上报等);按要求格式汇总整理形成上报文件。主
要流程如图 6.17 所示。

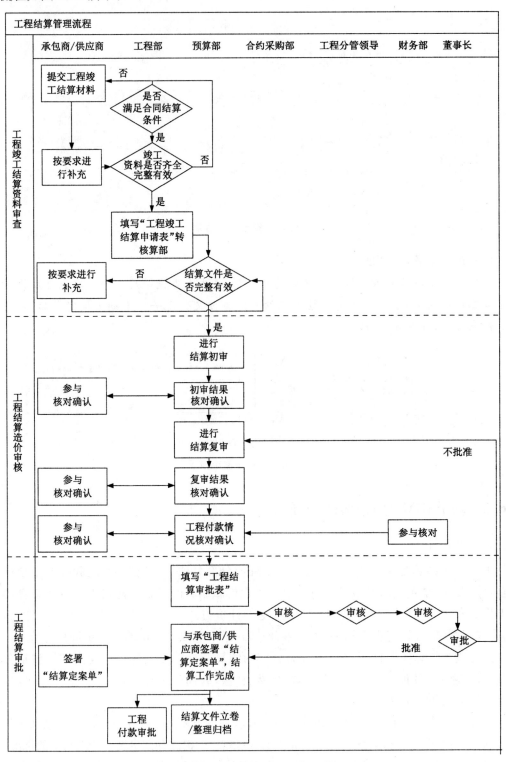

图 6.17　结算计价的主要流程

2）案例

【案例 6.2】 某建筑公司已经进行了 4 期验工计价,现项目处于收尾即将竣工阶段,需要就该项目进行结算计价。请完成本次工程的结算计价任务。

【解】（1）新建结算计价文件

可以将合同文件转为结算计价文件,也可以将验工计价文件转为结算计价文件,如图 6.18 所示。

图 6.18　新建结算计价文件	图 6.19　确定工程量偏差幅度

（2）调整合同内造价

① 确定工程量偏差预警范围

根据合同:"已标价工程量清单中有适用于变更工程项目的,且工程变更导致该清单项目的工程数量变化不足 15％时,采用该项目的单价。"因此,需要根据合同要求确定工程量偏差预警范围,本案例工程为－15％～15％,如图 6.19 所示。

根据合同:"已标价工程量清单中没有适用也没有类似于变更工程项目的,由承包人根据变更工程资料、计量规则和计价办法、工程造价管理机构发布的信息(参考)价格和承包人报价浮动率,提出变更工程项目的单价或总价,报发包人确认后调整。承包人报价浮动率 $L＝(1－$ 中标价/招标控制价$)×100\%$,计算结果保留小数点后两位(四舍五入)。"因此,需要确定结算工程量,查看超出 15％的预警项,并对超出部分的综合单价进行调整,如图 6.20 所示。

	编码	类别	名称	单位	合同工程量	★结算工程量	合同单价	结算合价	量差	量差比例(%)	★备注
52	⊞ 010515001011	项	现浇构件钢筋	t	21.108	20.814	4570.69	95134.34	-0.294	-1.39	
B3	⊟ A.5.16	部	螺栓、铁件					22907.51			
53	⊞ 010516003001	项	机械连接 ⏀16	个	1021	88	9.55	840.4	-933	-91.38	
54	⊞ 010516003002	项	机械连接 ⏀18	个	48	60	9.55	573	12	25	
55	⊞ 010516003003	项	机械连接 ⏀20	个	3059	104	9.55	993.2	-2955	-96.6	
56	⊞ 010516003004	项	机械连接 ⏀22	个	570	60	9.55	573	-510	-89.47	
57	⊞ 010516003005	项	机械连接 ⏀25	个	812	1541	9.55	14716.55	729	89.78	
58	⊞ 010516003006	项	机械连接 ⏀28	个	5510	264	19.74	5211.36	-5246	-95.21	

图 6.20　查看工程量超出 15％的预警项

② 量差调整

对于量差超过 15％的项目,应作为合同外情况处理。新建"量差调整"单位工程,利用"复用合同清单"功能,找到量差比例超过 15％的项目,如图 6.21 所示。

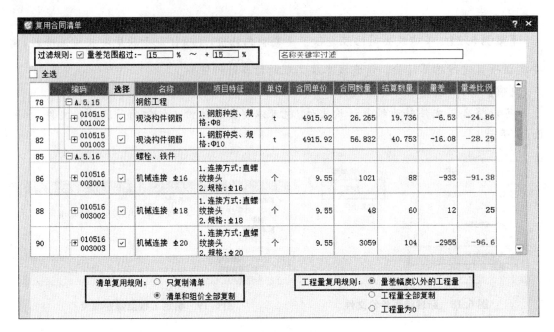

图 6.21　复用合同清单

合同内采用的是分期调差,合同外复用部分工程量如需在原清单中扣减,需手动操作。对于结算工程量超过合同工程量15%及其以上的项目,以现浇构件钢筋(010515001002)为例,合同工程量为 26.265 t,结算工程量为 19.736 t,量差比例为—24.86%,需要调整单价,如图 6.22 所示。

编码	类别	名称	单位	汇总类别	并土渣土运输和消纳子目	结算工程量	单价	合价	结算单价	结算合价
⊟ 010515001002	项	现浇构件钢筋	t			19.736			5037.71	99424.24
5-112	定	钢筋制作 φ10以内	t		☐	19.736	3785.15	74703.72	4409.76	87031.02
5-115	定	钢筋安装 φ10以内	t		☐	19.736	539.01	10637.9	627.95	12393.22

图 6.22　现浇构件钢筋结算单价

此时所有结算工程量已被全部提取到"量差调整"中,之后需要返回原清单,将该项所有分期量改为0,则原清单中结算工程量变为0,如图 6.23 所示。

	编码	类别	名称	单位	合同工程量	★结算工程量	合同单价	结算合价	量差	量差比例(%)
43	⊟ 010515001002	项	现浇构件钢筋	t	26.265	0.000	4915.92	0	—26.265	—100
	5-112	定	钢筋制作 φ10以内	t	26.265	0	4303.14	0		
	5-115	定	钢筋安装 φ10以内	t	26.265	0	612.78	0		

工料机显示　**分期工程量明细**

按分期工程量▾　分期比例应用到其他

分期	★分期量	★备注
1	0	
2	0	
3	0	
4	0	

图 6.23　原清单中结算工程量修改

除上述情况外,还有以下几点注意事项:

a. 对原投标报价中材料暂估价部分需经建设单位确认,并按确认价后的价格计入结果。

b. 对原投标报价中专业工程暂估价(幕墙工程)进行确认,并应在结算时提供进一步资料以供计算。本案例工程中,假设施工单位最终对幕墙工程进行了综合单价报审,并经建设单位确认如下:幕墙工程计量单位以外墙投影面积按"m²"计算,其中人工费除税价确认为 400 元/m²,材料费除税价确认为 800 元/m²,机械费除税价确认为 150 元/m²,管理费、利润、风险费、税金执行中标单位的投标费率,脚手架措施费按照合同要求据实计算。

c. 对原投标报价中的暂列金额进行确认。由于暂列金额属于业主方的备用金,工程竣工结算时如果实际没有发生则需要退回。对于本案例工程,可假设本项目的电梯由甲方自行采购,电梯总采购价为 50 万元,总承包单位在施工过程中提供场区及道路相关服务,并承担了配合管理和协调责任。这样暂列金额的使用就可以分为两部分:一部分为甲方采购电梯的费用;另一部分属于总承包单位的总承包服务费。

(3) 确定合同外造价

① 变更

2017 年 3 月 15 日,乙方收到了一份设计变更通知单。内容如下:(结施-03)基础垫层厚度在原设计基础上增加 50 mm 厚,基础垫层上表面标高与原设计图纸一致;基础垫层下表面标高以下 200 mm 范围内土壤采用天然级配碎石换填夯实。(结施-01)基础垫层混凝土强度等级由 C15 变更为 C20,基础地梁、筏板混凝土强度等级由 C30 变更为 C35。

新建单位工程"设计变更 2017.3.15",通过"复用合同清单"功能,在关键词中输入"垫层"查找到垫层清单项,选中复用,如图 6.24 所示。

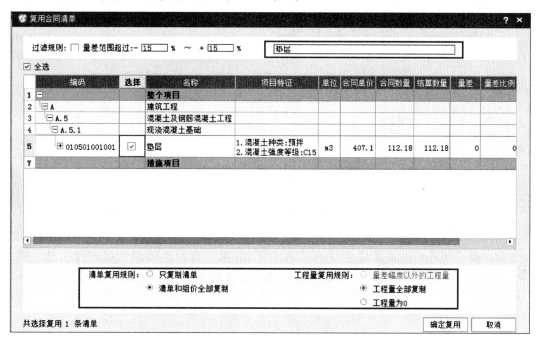

图 6.24 复用合同清单

在垫层的结算工程量中,将复用的原工程量数值改为变更所增加的工程量数值,即 $(112.18/0.1) \times 0.05 = 56.09$ (m³),如图 6.25 所示。

图 6.25 变更垫层结算工程量输入

基础垫层混凝土强度等级变换,通过垫层定额中的"标准换算",在"换算内容"中选择 "400007 C20 预拌混凝土"实现,如图 6.26 所示。同理,可实现基础地梁、筏板混凝土强度 等级的变换。

	编码	类别	名称	单位	汇总类别	并土渣土运输和消纳子目	结算工程量	单价	合价
		项	整个项目				1		
1									
2	⊟ 010501001001	项	垫层	m3			56.09		
	└ 5-150 H400006 400007	换	混凝土垫层 换为【C20预拌混凝土】	m3		☐	56.09	357.02	20025.25

工料机显示	单价构成	标准换算	换算信息	安装费用	特征及内容	工程量明细	说明信息

	换算列表	换算内容
1	如为车站及附属钢筋混凝土结构、钢结构、幕墙、二次结构等项目 机械*1.15,人工*1.15	☐
2	换C15预拌混凝土	400007 C20预拌混凝土

图 6.26 变更垫层混凝土强度等级输入

添加"换填垫层"的清单和定额项,如图 6.27 所示,并根据变更要求输入该项的结算工程量数值,即 $56.09 \times 4 = 224.36$(m³),如图 6.28 所示。

由于垫层加厚和土方置换牵涉人工土方下挖,挖出来的土还应外运。因此还需添加 "挖一般土方"的清单和定额项(此处忽略挖基坑土方的影响),并计算和输入工程量,如图 6.29 所示。

② 签证

2017 年 3 月 10 日 19:00,土方开挖期间,北京市出现罕见暴雨,降雨量达到 60 mm。暴

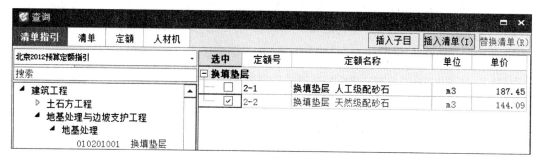

图 6.27 添加换填垫层的清单和定额项

	编码	类别	名称	单位	汇总突别	异土渣工运输和消纳子目	结算工程量	单价	合价	结算单价
		项	整个项目				1			
1		项	整个项目				1			0
2	⊞ 010501001001	项	垫层	m3			56.09			415.93
3	⊟ 010201001001	项	换填垫层	m3			1			168.62
	2-2	定	换填垫层 天然级配砂石	m3			1	144.74	144.74	168.62

工料机显示	单价构成	标准换算	换算信息	安装费用	特征及内容	**工程量明细**	说明信息

	内容说明	计算式	结果
0	计算结果		224.36
1		56.09*4	224.36
2		0	0
3		0	0
4		0	0
5		0	0
6		0	0

确认

当前项目已经存在工程量表达式,你想要:
1、替换为工程量明细;
2、追加工程量;
3、取消操作

[替换] [追加] [取消]

图 6.28 换填垫层结算工程量输入

	编码	类别	名称	汇总突别	异土渣工运输和消纳子目	结算工程量	单价	合价	结算单价	结算合价
		项	整个项目			1				71776.11
	010501001001	项	垫层			56.09			415.93	23329.51
⊞	010201001001	项	换填垫层			224.36			168.62	37831.58
⊟	010101002001	项	挖一般土方			342.42			31	10615.02
	1-6	定	人工挖土方 运距1km以内			342.42	19.58	6704.58	22.81	7810.6
	1-62	定	渣土运输 运距15km以内		✓	342.42	7.03	2407.21	8.19	2804.42

图 6.29 添加挖一般土方的清单和定额项

雨导致发生以下事件:

事件一:基坑大面积灌水,灌水面积达到 1 500 m²,灌水深度 2 m。我方为清理基坑存水,发生 20 个抽水台班,另采用 350 型挖掘机清理淤泥 8 个台班,清理运输淤泥 200 m³,人工 20 个工日。

事件二:我方存放现场的硅酸盐水泥(P·Ⅰ 42.5 散装)5 t,其中 3 t 被雨水浸泡后无法使用,2 t 被雨水冲走。

事件三:暴雨导致甲方正在施工的现场办公室遭到破坏,材料损失 25 000 元。我方修复办公室破损部位发生费用 50 000 元。

新建单位工程"签证 2017.3.10"。事件一中清理运输淤泥 200 m³ 需要单独套取定额,事件二中现场 3 t 被雨水浸泡的硅酸盐水泥无法使用,也需运走(挖淤泥、流砂约 2300 m³);被雨水冲走的硅酸盐水泥不用考虑运输成本。在"分部分项"中添加相应的清单和定额项,并输入工程量,如图 6.30 所示。

编码	类别	名称	单位	汇总类别	弃土渣土运输和消纳子目	结算工程量	单价	合价	结算单价	结算合价
-		整个项目								47204
- 010101006001	项	挖淤泥、流砂	m3			200			56.16	11232
1-24	定	挖淤泥、流砂 机挖	m3		☐	200	34.78	6956	40.52	8104
1-50	定	淤泥流砂运输 运距5km以内	m3		☐	200	13.43	2686	15.64	3128
- 010101006002	项	挖淤泥、流砂	m3			2300			15.64	35972
1-50	定	淤泥流砂运输 运距5km以内	m3		☐	2300	13.43	30889	15.64	35972

图 6.30　添加清理及运输淤泥、水泥的清单和定额

其他项目中的计日工费用也需输入相应的结算内容和数量,如图 6.31 所示;签证与索赔计价表中输入相应的签证内容,如图 6.32 所示。

分部分项	措施项目	其他项目	人材机调整	费用汇总						
	序号		名称	单位	结算数量	结算单价	结算合价	结算综合单价	结算综合合价
新建独立费	1	-	计日工						51560
其他项目	2	- 一	劳务(人工)						1960
暂列金额	3	1	清理运输淤泥人工	工日	20	98	1960	98	1960
专业工程暂估价	4	- 二	材料						2200
计日工费用	5	1	水泥	t	5	440	2200	440	2200
总承包服务费	6	- 三	施工机械						47400
签证与索赔计…	7	1	抽水机械	台班	20	1010	20200	1010	20200
	8	2	挖掘机(350型)	台班	8	3400	27200	3400	27200

图 6.31　添加计日工费用

分部分项	措施项目	其他项目	人材机调整	费用汇总			
	序号	类别	签证及索赔项目	计量单位	结算数量	结算综合单价	结算合价
新建独立费	1 1	现场签证	现场办公室材料损失	元	1	25000	25000
其他项目	2 2	现场签证	修复办公室破损部位	元	1	50000	50000
暂列金额							
专业工程暂估价							
计日工费用							
总承包服务费							
签证与索赔计价表							

图 6.32　添加签证与索赔计价表

(4) 查看造价分析,输出报表

造价分析可以查看各项目的合同金额、结算金额(不含人材机调整)、人材机调整、结算金额(含人材机调整)等数据。报表中可查看和输出"建设项目竣工结算汇总表"等表格。

6.6.3　基于 BIM 技术的工程结算审计

广联达云计价平台 GCCP 5.0 软件在工程结算审计中的主要操作步骤包括:建立工程;合同内审核;合同外审核;报表输出;保存与退出。

1) 建立工程

在广联达云计价平台 GCCP 5.0 中点击"新建审核项目",选择并添加送审文件,文件类型为结算项目 GSC5 文件,完成新建审核工程。工程名称默认为送审工程名称,后附"(审核)"字样,如图 6.33 所示。

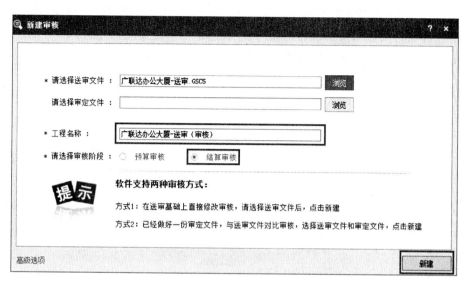

图 6.33　新建审核工程

2)合同内审核

(1)分部分项工程量清单审核

① 工程量差及增减金额

单位工程界面下,点击分部分项按钮,可以直接输入审定后的工程量,如图 6.34 所示;审定工程量输入后软件会自动计算出量差、增减金额并附增减说明,如图 6.35 所示。

图 6.34　审定工程量输入

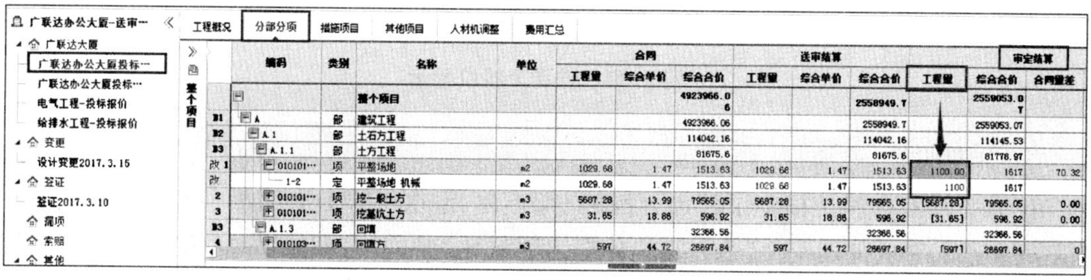

图 6.35　量差、增减金额计算

② 查看详细对比

审核主界面的列数有限,只显示送审、审定的工程量、综合单价等最主要关注的信息。其余的项目可以通过"详细对比"操作实现,选中有差异的清单项或者定额项,点击"详细对比"按钮,软件会自动显示清单或者定额的合同、送审与审定情况,如图6.36所示;选中有差异的定额项,点击"工料机显示"按钮,软件会自动显示当前定额"工料机"的合同、送审与审定情况,如图6.37所示。

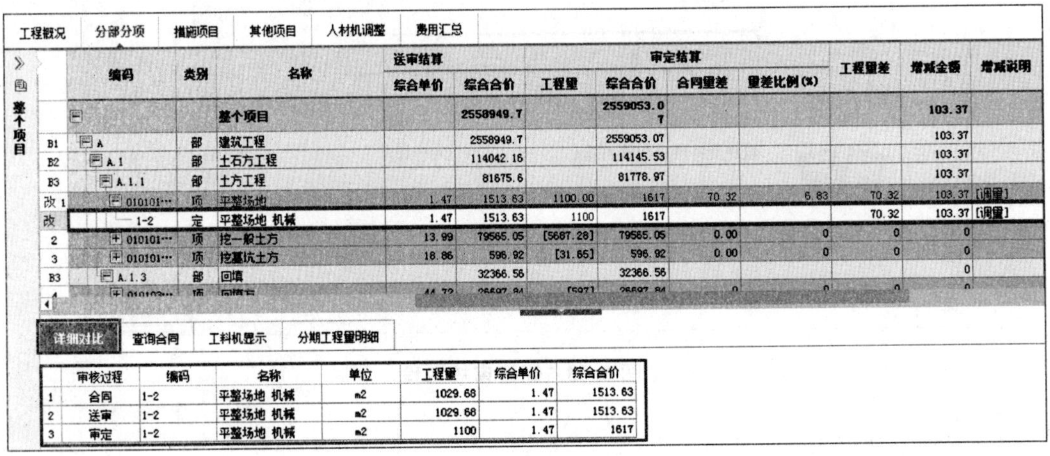

图 6.36　查看定额详细对比

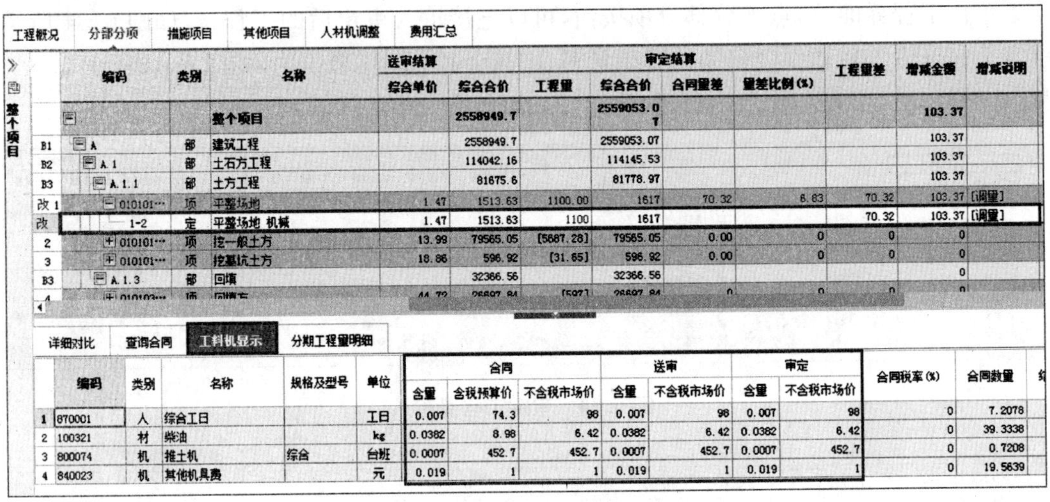

图 6.37　查看工料机显示

③ 分期调差

对于一年中材料价格上下浮动,浮动周期不尽相同的人材机价格,软件可以实现分期调差,点击"人材机分期调整"按钮,在"分期工程量明细"的"分期量"里输入每期的工程量,审定结算工程量为分期工程量之和,如图6.38所示。

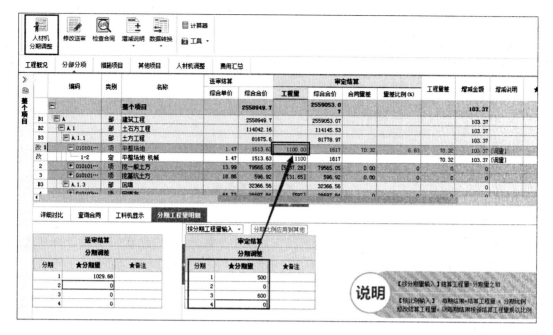

图 6.38　分期调整显示

（2）措施项目审核

措施项目结算审核有两种方式，即总价包干和可调措施。总价包干不可以调整，措施项目费用按合同结算费用。可调措施可以调整措施费用。

单价措施费用调整通过修改工程量和单价进行调整。在"措施费用"界面，修改"审定结算"中"计算基数（工程量）"一栏中的工程量即可，如图 6.39 所示。总价措施项目通过修改计算基数和费率进行调整，方法同样是修改"审定结算"中"计算基数（工程量）"一栏中的数字即可。

	序号	名称	算		审定结算			★结算方式	增减金额	增减比例(%)	增减说明
			综合单价	综合合价	计算基数(工程量)	费率	综合合价				
	⊟ 一	总价措施		349575.37			349575.37		0	0	
1	⊞ 011707001001	安全文明施工	349575.37	349575.37	1		349575.37		0	0	
6	011707002001	夜间施工	0	0			0	总价包干	0	0	
7	011707003001	非夜间施工照明	0	0			0	总价包干	0	0	
8	011707004001	二次搬运	0	0			0	总价包干	0	0	
9	011707005001	冬雨季施工	0	0			0	总价包干	0	0	
10	011707006001	地上、地下设施、建筑物的临时保护设施	0	0			0	总价包干	0	0	
11	011707007001	已完工程及设备保护	0	0			0	总价包干	0	0	
12	⊟ 二	单价措施		2015879.87			2076693.97		60814.1		
				0	0.55			可调措施			
改 13	⊞ 011701001001	综合钢手架	20.07	51441.42	5593.2		112255.52	可调措施	60814.1	118.22	[调量]
14	⊞ 011703003001	里脚手架	12.32	28433.45	2307.91		28433.45	可调措施	0	0	
15								可调措施			

图 6.39　措施项目费调整

（3）其他项目审核

其他项目的结算方式，软件提供了"同合同合价""按计算基数""直接输入"3 种方式，可以进行批量设置，也可以根据不同的项目单独选择结算方式。选择"结算方式"中的"直接输入"就可以直接输入"审定结算金额"，如图 6.40 所示。

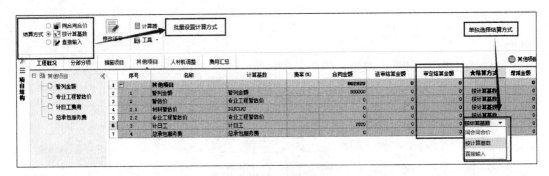

图 6.40　其他项目费调整

（4）费用审核

进入"费用汇总"界面，审核送审工程的计算基数和费率，在"审定结算"中修改计算基数或费率，软件自动生成增减金额，可以清楚看出送审值和审定值之间的差额，如图 6.41 所示。

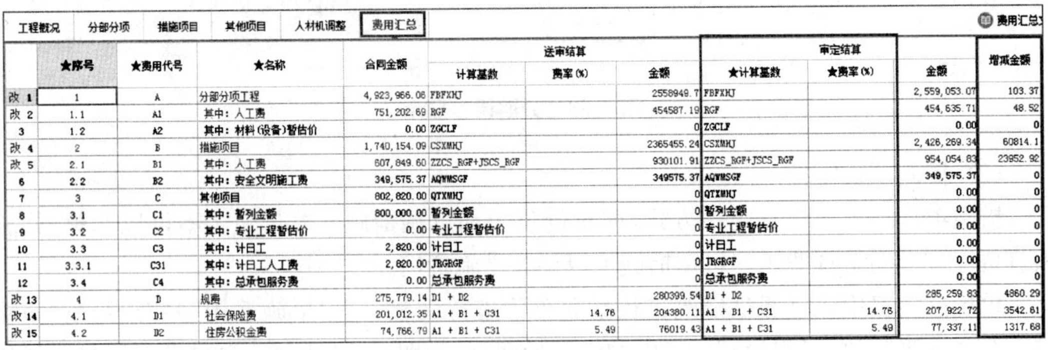

★序号	★费用代号	★名称	合同金额	送审结算			审定结算			增减金额
				计算基数	费率(%)	金额	★计算基数	★费率(%)	金额	
改 1	1	A	分部分项工程	4,923,966.08	FBFXHJ		2558949.7	FBFXHJ		2,559,053.07	103.37
改 2	1.1	A1	其中：人工费	751,202.69	RGF		454587.19	RGF		454,635.71	48.52
改 3	1.2	A2	其中：材料(设备)暂估价	0.00	ZGJCLY		0	ZGCLY		0.00	0
3	2	B	措施项目	1,740,154.09	CSXMHJ		2365455.24	CSXMHJ		2,426,269.34	60814.1
改 4	2.1	B1	其中：人工费	607,849.60	ZZCS_RGF+JSCS_RGF		930101.91	ZZCS_RGF+JSCS_RGF		954,054.83	23952.92
6	2.2	B2	其中：安全文明施工费	349,575.37	AQWMSGF		349575.37	AQWMSGF		349,575.37	0
7	3	C	其他项目	802,820.00	QTXMHJ		0	QTXMHJ		0.00	0
8	3.1	C1	其中：暂列金额	800,000.00	暂列金额		0	暂列金额		0.00	0
9	3.2	C2	其中：专业工程暂估价	0.00	专业工程暂估价		0	专业工程暂估价		0.00	0
10	3.3	C3	其中：计日工	2,820.00	计日工		0	计日工		0.00	0
11	3.3.1	C31	其中：计日工人工费	2,820.00	JRGRGF		0	JRGRGF		0.00	0
12	3.4	C4	其中：总承包服务费	0.00	总承包服务费		0	总承包服务费		0.00	0
改 13	4	D	规费	275,779.14	D1 + D2		280399.54	D1 + D2		285,259.83	4860.29
改 14	4.1	D1	社会保险费	201,012.35	A1 + B1 + C31	14.76	204380.11	A1 + B1 + C31	14.76	207,922.72	3542.61
改 15	4.2	D2	住房公积金	74,766.79	A1 + B1 + C31	5.49	76019.43	A1 + B1 + C31	5.49	77,337.11	1317.68

图 6.41　费用汇总调整

3）合同外审核

（1）分部分项工程量清单审核

送审工程合同外分部分项工程量清单的审核情形，一般有删除原有清单项目、修改原有项目的清单工程量和新增清单项目，如图 6.42 所示。

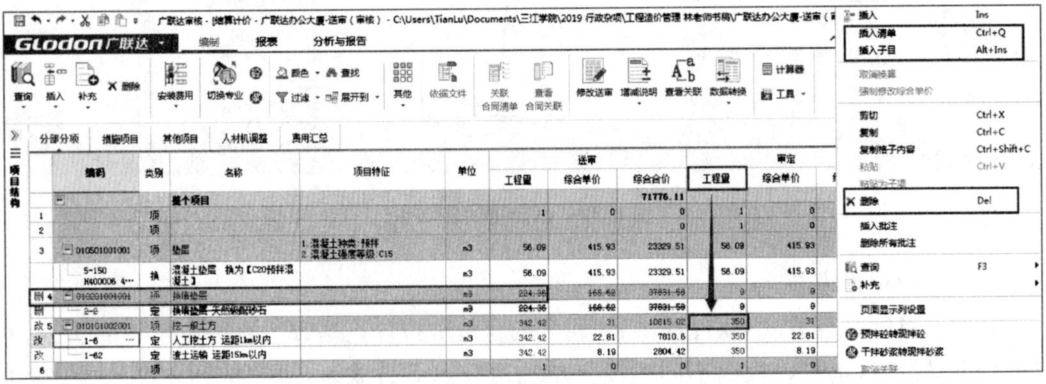

图 6.42　合同外分部分项工程量清单调整

（2）措施项目审核

送审工程合同外措施项目审核可以依据项目的实际情况在软件中进行"删除"或"插入"操作，具体操作与分部分项工程量清单审核相同。

（3）人材机审核

切换到"人材机汇总"界面，选择"人材机参与调整"，直接在"审定结算"中的"结算单价"内进行修改即可，如图 6.43 所示。

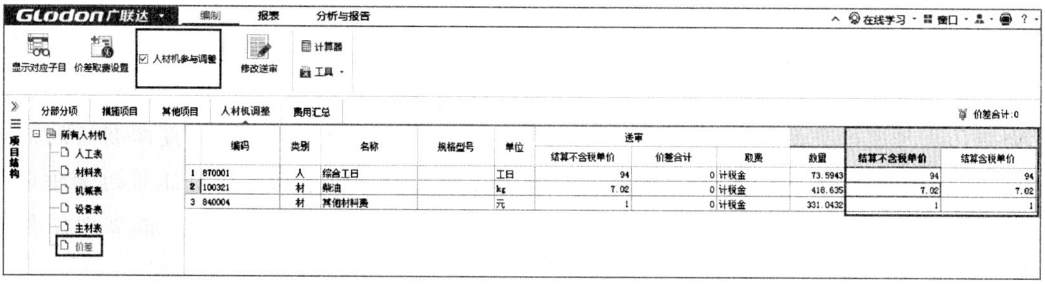

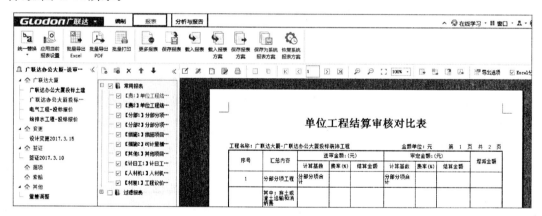

图 6.43　合同外人材机价差调整

（4）费用审核

送审工程合同外费用审核与合同内费用审核操作相同。

4）报表与分析与报告输出

将软件的一级导航切换到"报表"或者"分析与报告"，可以查看并导出报表与分析报告，如图 6.44 所示。

图 6.44　报表与分析与报告输出

本 章 小 结

（1）建设项目的投资主要发生在施工阶段，该阶段需要投入大量的人力、物力和财力，是工程项目建设投资消耗最多的阶段，浪费投资的可能性也比较大。对施工阶段工程造价控制应给予足够的重视，除了有效控制工程款的支付外，还应从组织、经济、技术、合同等多个方面采取措施。

（2）施工阶段影响工程造价的因素归纳起来主要包括：人为因素、社会环境因素、自然环境因素三方面。

（3）施工阶段主要是通过工程变更与合同价款调整、工程索赔、工程价款结算及工程结算审查等环节来实现实际发生的结算费用不超过计划投资的费用。

（4）工程变更包括设计变更、施工条件变更、施工进度计划变更等内容，根据我国现行规定，无论谁提出工程变更，均需工程师签发变更指令。合同履行过程中，由于引起合同价款调整的变更事项较多，为合理分配双方的合同价款变动风险，有效地控制工程造价，发承包双方应当在施工合同中明确约定合同价款的调整事件、调整方法及调整程序。

（5）工程索赔可以按当事人、索赔事件的性质、索赔目的和要求、索赔的处理方式、索赔的合同依据等进行分类，工程索赔产生的原因包括当事人违约、不可抗力或不利的物质条件、合同缺陷、合同变更、工程师指令及其他第三方原因。工程索赔除应有正当的索赔理由和有效证据外，还应该符合现行规定的索赔程序，并提供完整的索赔报告。工程索赔包括费用索赔和时间索赔，不同的情况可采取相应的索赔计算方法。

（6）施工阶段的工程价款结算是按预付款的支付、进度款结算和竣工结算来进行的。工程预付款是发包人为解决承包人在施工准备阶段资金周转问题而提供的协助款项。承包人对预付款必须专用于合同工程，预付款的用途是用于支付承包人为合同工程施工购置材料、工程设备，购置或租赁施工设备以及组织施工队伍进场等所需的费用。工程进度款结算是承包人在施工过程中，按逐月（或形象进度）完成的工程数量计算各项费用，向发包人办理工程进度款的支付（即中间结算）。工程竣工结算是指承包人按照合同规定的内容全部完成所承包的工程，经验收质量合格并符合合同要求之后，向发包人进行的最终工程价款结算。

（7）工程结算审查根据工程造价的控制与管理要求，可分为工程预付款审查、工程进度款审查及工程竣工结算款审查等。工程预付款的审查主要是审核预付款的使用性质、限额与支付及扣回是否符合工程承包合同的规定。工程进度款审查主要是审查付款周期、付款程序、付款的计算方法。工程竣工结算款审查主要是对竣工结算资料、编制依据及结算内容进行全面审查。

（8）基于 BIM 的工程验工计价就是进行工程的期中结算，一般实行按月验工计价，主要工作内容包括：确认各个进度周期的形象进度；施工单位根据形象进度编制进度款上报资料；建设单位与施工单位根据形象进度、进度款上报资料及其他资料确认产值；建设单位根据产值及合同约定付款比例支付进度款。基于 BIM 的工程结算计价的主要工作内容包括：整理结算依据；计算和核对结算工程量；对合同内外各种项目计价（人材机调差，签证、变更材料上报等）；按要求格式汇总整理形成上报文件。基于 BIM 技术的工程结算审计的主要工作内容包括：建立工程，合同内审核，合同外审核，报表输出。

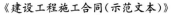

《建设工程施工合同（示范文本）》　　　索赔与结算案例

习　　题

一、单项选择题

1. 当工程量增加15%以上时,其增加部分的工程量的综合单价应予(　　)。
   A. 调低　　　　　　B. 调高　　　　　　C. 保持不变　　　　D. 大幅上调

2. 当工程量减少15%以上时,减少后剩余部分的工程量的综合单价应予(　　)。
   A. 调低　　　　　　B. 不变　　　　　　C. 调高　　　　　　D. 大幅下降

3. 产生工程造价偏差的原因中,投资规划不当属于(　　)。
   A. 客观原因　　　　B. 设计原因　　　　C. 施工原因　　　　D. 业主原因

4. 当采用分段结算方式时,应在合同中约定具体的工程分段划分方法,付款周期应与(　　)。
   A. 每月天数一致　　　　　　　　　　B. 每季度天数一致
   C. 计量周期一致　　　　　　　　　　D. 每月工作日数一致

5. 已标价工程量清单中没有适用,但有类似于变更工程项目的,可在合理范围内(　　)。
   A. 采用类似项目的单价　　　　　　　B. 降低类似项目的单价
   C. 参照类似项目的单价　　　　　　　D. 提出变更工程项目的单价

6. 监理对施工方出具的工程量签证单(　　)。
   A. 只涉及工程的量　　　　　　　　　B. 只涉及工程的价
   C. 既涉及工程的量,也涉及工程的价　　D. 可能还涉及工程的工期

7. 施工企业向建设单位索赔时证据的提供(　　)。
   A. 双方都有责任提供　　　　　　　　B. 只能由建设单位提供
   C. 只能由施工方提供　　　　　　　　D. 监理方负有证据的提供责任

8. 施工单位在办理工程竣工结算时(　　)。
   A. 应先递交完整的竣工结算文件　　　B. 可以随后递交完整的竣工结算文件
   C. 应当同时递交完整的竣工结算文件　　D. 不必递交完整的竣工结算文件

9. 如遇特殊反常天气,承包人可得到的索赔是(　　)。
   A. 费用补偿　　　　　　　　　　　　B. 延长工期
   C. 窝工补偿　　　　　　　　　　　　D. 台班租赁费

10. 支付的工程预付款,按照合同约定应在(　　)。
    A. 预备费中抵扣　　　　　　　　　　B. 其他项目费中抵扣
    C. 质量保证金中抵扣　　　　　　　　D. 工程进度款中抵扣

二、填空题

1. 包工包料工程的预付款的支付比例不得低于签约合同价(扣除暂列金额)的10%,不宜高于签约合同价(扣除暂列金额)的_____。

2. 质量保证金用于承包人按照合同约定履行属于自身责任的工程缺陷修复义务,为发包人有效监督承包人完成缺陷修复提供_____。

3. 发包人应在收到支付申请的_____天内进行核实后向承包人发出预付款支付证书。

4. 缺陷责任期终止后,承包人应按照合同约定向发包人提交最终结清_____。

5. 当承包人完成了一定阶段的工程量后,发包人就应该按合同约定履行支付_____的义务。

6. 发包人应在收到承包人提交的竣工结算文件后的_____天内核对。

7. 发包人拨付给承包人的工程预付款属于_____的性质。

8. 进度款的支付比例按照合同约定,按期中结算价款总额计,不低于_____,不高于90%。

9. 发包人在工程款中逐期扣回预付款后,预付款担保额度应相应_____,但剩余的预付款担保金额不得低于未被扣回的预付款金额。

10. 在合同约定的缺陷责任期终止后的_____天内,发包人应将剩余的质量保证金返还给承包人。

11. 工程量的正确计量是发包人向承包人支付进度款的前提和_____。

12. 发包人未按期最终结清支付的,逾期支付超过56天的,按照中国人民银行发布的同期同类贷款基准利率的_____倍支付违约金。

三、简答题

1. 简述基于BIM的验工计价的主要工作内容。

2. 简述基于BIM的工程结算计价的主要工作内容。

3. 简述基于BIM技术的工程结算审计的主要工作内容。

四、计算题

1. 某施工合同约定,施工现场主导施工机械一台,由施工企业租得,台班单价为300元/台班,租赁费为100元/台班,人工工资为40元/工日,窝工补贴为10元/工日,以人工费为基数的综合费率为35%,在施工过程中,发生了如下事件:①出现异常恶劣天气导致工程停工2天,人员窝工30个工日;②因恶劣天气导致场外道路中断抢修道路用工20工日;③场外大面积停电,停工2天,人员窝工10工日。为此,施工企业可向业主索赔费用为多少。

2. 某承包人承包某工程项目,甲乙双方签订的关于工程价款的合同内容有:

① 建筑安装工程造价660万元,建筑材料及设备费占施工产值的比重为60%。

② 工程预付款为建筑安装工程造价的20%。工程实施后,工程预付款从未施工工程尚需的主要材料及设备费相当于工程预付款数额时起扣,从每次结算工程价款中按材料和设备占施工产值的比重扣抵工程预付款,竣工前全部扣清。

③ 工程进度款逐月计算。工程各月实际完成产值(不包括调价部分),见表6.11所示。

表6.11 各月实际完成产值   单位:万元

月份	2	3	4	5	6	合计
完成产值	55.00	110.00	165.00	220.00	110.00	660.00

问题1:该工程的工程预付款、起扣点为多少?

问题 2:该工程 2 月至 5 月每月拨付工程款为多少?累计工程款为多少?(计算结果保留 2 位小数)。

五、案例题

1. 某工程项目,甲承包人按照施工合同约定,拟将 B 分部工程分包给乙承包人,经总监理工程师批准的工期为 75 天且工作匀速进展。工程施工过程中发生如下事件:

事件 1:甲承包人与乙承包人签订了 B 分部工程的分包合同。B 分部工程开工 45 天后,建设单位要求设计单位修改设计,造成乙承包人停工 15 天,窝工损失合计 8 万元。修改设计后,B 分部工程价款由原来的 500 万元增加到 560 万元。甲承包人要求乙承包人在 30 天内完成剩余工程,乙承包人向甲承包人提出补偿 3 万元的赶工费,甲单位确认了赶工补偿。

事件 2:由于事件 1 中 B 分部工程修改设计,乙承包人向项目监理机构提出工程延期的要求。

问题 1:事件 1 中,考虑设计变更和费用补偿,乙承包人完成 B 分部工程每月(按 30 天计)应获得的工程价款分别为多少万元? B 分部工程的最终合同价款为多少万元?(计算结果保留 2 位小数)。

问题 2:事件 2 中,乙承包人的做法有何不妥?写出正确做法。

2. 某承包商于某年承包某外资工程项目施工。与业主签订的承包合同的部分内容有:

① 工程合同价 2 000 万元,工程价款采用调值公式动态结算。该工程的人工费占工程价款的 35%,材料费占 50%,不调值费用占 15%。具体的调值公式为:

$$P = P_0 \times (0.15 + 0.35A/A_0 + 0.23B/B_0 + 0.12C/C_0 + 0.08D/D_0 + 0.07E/E_0)$$

式中 A_0、B_0、C_0、D_0、E_0——基期价格指数;

A、B、C、D、E——工程结算日期的价格指数。

② 开工前业主向承包商支付合同价 20% 的工程预付款,当工程进度款达到 60% 时,开始从工程结算款中按 60% 抵扣工程预付款,竣工前全部扣清。

③ 工程进度款逐月结算。

④ 业主自第一个月起,从承包商的工程价款中按 5% 的比例扣留质量保证金。工程保修期为一年。

该合同的原始报价日期为当年 3 月 1 日。结算各月份的工资、材料价格指数见表 6.12 所示:

表 6.12 工资、材料物价指数表

代号	A_0	B_0	C_0	D_0	E_0
3 月指数	100	153.4	154.4	160.3	144.4
代号	A	B	C	D	E
5 月指数	110	156.2	154.4	162.2	160.2
6 月指数	108	158.2	156.2	162.2	162.2
7 月指数	108	158.4	158.4	162.2	164.2
8 月指数	110	160.2	158.4	164.2	162.4
9 月指数	110	160.2	160.2	164.2	162.8

未调值前各月完成的工程情况为:5月份完成工程200万元,本月业主供料部分材料费为5万元;6月份完成工程300万元;7月份完成工程400万元,另外由于业主方设计变更,导致工程局部返工,造成拆除材料费损失1 500元,人工费损失1 000元,重新施工人工、材料等费用合计1.5万元;8月份完成工程600万元,另外由于施工中采用的模板形式与定额不同,造成模板增加费用3 000元;9月份完成工程500万元,另有批准的工程索赔款1万元。

问题1:工程预付款是多少?

问题2:确定每月业主应支付给承包商的工程款。

问题3:工程在竣工半年后,发生屋面漏水,业主应如何处理此事?

3. 某施工单位(乙方)与某建设单位(甲方)签订了建造无线电发射试验基地施工合同。合同工期为38天。由于该项目急于投入使用,在合同中规定,工期每提前(或拖后)1天奖励(或罚款)5 000元(含税费)。乙方按时提交了施工方案和施工网络进度计划(如图6.45所示),并得到甲方代表的批准。

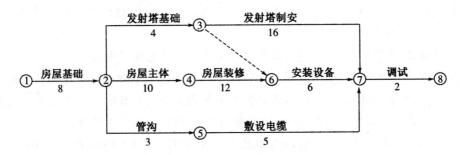

图6.45 发射塔试验基地工程施工网络进度计划(单位:天)

实际施工过程中发生了如下几项事件:

事件1:在房屋基坑开挖后,发现局部有软弱下卧层,按甲方代表指示乙方配合地质复查,配合用工为10个工日。地质复查后,根据经甲方代表批准的地基处理方案,增加人材机费用4万元,因地基复查和处理使房屋基础作业时间延长3天,人工窝工15个工日。

事件2:在发射塔基础施工时,因发射塔原设计尺寸不当,甲方代表要求拆除已施工的基础,重新定位施工。由此造成增加用工30个工日,材料费1.2万元,机械台班费3 000元,发射塔基础作业时间拖延2天。

事件3:在房屋主体施工中,因施工机械故障,造成人工窝工8个工日,该项工作作业时间延长2天。

事件4:在房屋装修施工基本结束时,甲方代表对某项电气暗管的敷设位置是否准确有疑义,要求乙方进行剥露检查。检查结果为某部位的偏差超出了规范允许范围,乙方根据甲方代表的要求进行返工处理,合格后甲方代表予以签字验收。该项返工及覆盖用工20个工日,材料费为1 000元。因该项电气暗管的重新检验和返工处理使安装设备的开始作业时间推迟了1天。

事件 5:在敷设电缆时,因乙方购买的电缆线材质量不合格,甲方代表令乙方重新购买合格线材。由此造成该项工作多用 8 个工日,作业时间延长 4 天,材料损失费 8 000 元。

事件 6:鉴于该工程工期较紧,经甲方代表同意乙方在安装设备作业过程中采取了加快施工的技术组织措施,使该项工作作业时间缩短 2 天,该项技术组织措施人材机费用为 6 000 元。

其余各项工作实际作业时间和费用均与原计划相符。

问题 1:在上述事件中,乙方可以就哪些事件向甲方提出工期补偿和费用补偿要求? 为什么?

问题 2:该工程的实际施工天数为多少天? 可得到的工期补偿为多少天? 工期奖励(或罚款)金额为多少?

问题 3:假设工程所在地人工费标准为 98 元/工日,应由甲方给予补偿的窝工人工费补偿标准为 58 元/工日;该工程综合取费率为直接费的 26%,人员窝工综合取费为窝工人工费的 15%。则在该工程结算时,乙方应该得到的索赔款为多少?

7 建设工程竣工验收与决算管理

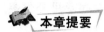

本章主要讲述建设项目竣工验收的概念、方式、程序，竣工决算的概念、内容和编制，新增资产价值的确定，工程保修期限以及费用的处理，竣工决算审计的意义和内容。

案例引入

某工程项目建设单位提报的建安工程竣工结算值为 7 303 万元，经审计，发现结算中存在多计工程量、单价计取有误、错套定额等问题，审减结算额 580 万元。随后，项目建设单位提报该工程竣工决算值为 8 220 万元，经审计，发现决算中除前面建安工程结算值已按审计要求做了调整外，在其他方面还存在多计委托拆迁费、招标代理费、监理费、设计费以及欠缴有关税费等问题，决算值又审减 246 万元。该工程最终决算审计，审减额共计 826 万元，其中结算审减额 580 万元。

7.1 竣工验收与决算概述

7.1.1 建设项目竣工验收

1) 竣工验收概述

（1）竣工验收的概念

竣工验收是建设工程的最后阶段，是严格按照国家有关规定组成验收组进行的，是建设项目实现由承包人管理向发包人管理的重要过渡，标志着建设成果可以转入生产或使用。

建设项目竣工验收是指由建设单位、施工单位和项目验收委员会，以项目批准的设计任务书和设计文件、国家或部门颁发的施工验收规范和质量检验标准为依据，按照一定的程序和手续，在项目建成并且工业生产性项目试生产合格后，对项目的总体进行检验、综合评价和鉴定的活动。

（2）竣工验收的范围

国家颁布的建设法规规定，凡新建、扩建、改建的基本建设项目和技术改造项目（所有列入固定资产投资计划的建设项目或单项工程），已按国家批准的设计文件所规定的内容建成,符合验收标准的,必须及时组织验收,办理固定资产移交手续。此外对于某些特殊情况,工程施工虽未全部按设计要求完成,也应进行验收,这些特殊情况主要有:

① 因少数非主要设备或某些特殊材料短期内不能解决,虽然工程内容尚未全部完成,但已可以投产或使用的工程项目。

② 规定要求的内容已完成,但因外部条件的制约,如流动资金不足、生产所需原材料不能满足等,而使已建工程不能投入使用的项目。

③ 有些建设项目或单项工程,已形成部分生产能力,但近期内不能按原设计规模续建。应从实际情况出发,经主管部门批准后,可缩小规模对已完成的工程和设备组织竣工验收,移交固定资产。

④ 国外引进设备项目,按照合同规定完成负荷调试、设备考核合格后,进行竣工验收。

(3) 竣工验收的依据

竣工验收的依据有批准的设计任务书、初步设计或扩大初步设计、施工图和设备技术说明书以及现行施工技术验收规范以及主管部门(公司)有关审批、修改、调整文件等。

从国外引进新技术或成套设备的项目以及中外合资建设项目,还应按照签订的合同和国外提供的设计文件等资料进行验收。

(4) 竣工验收的标准

① 生产性项目和辅助性公用设施,已按设计要求完成,能满足生产使用要求。

② 主要工艺设备、动力设备均已安装配套,经无负荷联动试车和有负荷联动试车合格,并已形成生产能力,能够生产出设计文件所规定的产品。

③ 必要的生产设施,已按设计要求建成。

④ 生产准备工作能适应投产的需要,其中包括生产指挥系统的建立,经过培训的生产人员已能上岗操作,生产所需的原材料、燃料和备品备件的储备,经验收检查能够满足连续生产要求。

⑤ 环境保护设施、劳动安全卫生设施、消防设施已按设计要求与主体工程同时建成使用。

2) 竣工验收的方式

建设项目竣工验收的方式可分为单位工程竣工验收、单项工程竣工验收和全部工程竣工验收三种方式。

单位工程竣工验收(中间验收)由监理人组织。分段验收或中间验收的做法也符合国际惯例,它可以有效控制分项、分部和单位工程的质量,保证建设工程项目系统目标的实现。

单项工程竣工验收(交工验收)由发包人组织。承包人要按照国家规定,整理好全部竣工资料并完成现场竣工验收的准备工作,明确提出交工要求,发包人应按约定的程序及时组织正式验收。

全部工程的竣工验收(动用验收)由发包人组织。全部工程的竣工验收,一般是在单位工程、单项工程竣工验收的基础上进行。对已经交付竣工验收的单位工程(中间交工)或单项工程并已办理了移交手续的,原则上不再重复办理验收手续,但应将单位工程或单项工程竣工验收报告作为全部工程竣工验收的附件加以说明。

3）竣工验收的程序

（1）承包人申请交工验收

一般为单项工程，也可以是单位工程，承包人先预检验。

（2）监理人现场初步验收

在初验中发现的质量问题，要及时书面通知承包人，令其修理甚至返工。

（3）单项工程验收

单项工程验收又称为交工验收，验收合格后发包人方可投入使用。由发包人组织的交工验收，由监理单位、设计单位、承包人、工程质量监督站等参加。验收合格的单项工程，在全部工程验收时，原则上不再办理验收手续。

（4）全部工程的竣工验收

全部工程的竣工验收分为验收准备、预验收和正式验收三个阶段。

大中型和限额以上的建设项目的正式验收，由国家投资主管部门或其委托项目主管部门或地方政府组织验收，一般由竣工验收委员会（或验收小组）主任（或组长）主持，具体工作可由总监理工程师组织实施。

7.1.2　竣工决算的含义与作用

1）竣工决算的概念

竣工决算是以实物数量和货币指标为计量单位，综合反映竣工项目从筹建开始到项目竣工交付使用为止的全部建设费用、投资效果和财务情况的总结性文件。

为了严格执行基本建设项目竣工验收制度，正确核定新增固定资产价值，考核投资效果，建立健全项目法人责任制，按照国家关于基本建设项目规模的大小，可分为大、中型建设项目竣工决算和小型建设项目竣工决算两大类。

2）竣工决算与竣工结算的区别

（1）编制单位不同。竣工结算由施工单位编制；竣工决算由建设单位编制。

（2）编制范围不同。结算由单位工程分别编制；决算按整个项目，包括技术、经济、财务等，在结算的基础上加设备费、勘察设计费、征地费、拆迁费等，形成最后的固定资产，决算范围大于结算。

（3）编制作用不同。竣工结算从施工单位的角度出发，是施工单位按合同与建设单位结清工程费用的依据；是施工单位考核工程成本，进行经济核算的依据；同时也是建设单位编制建设项目竣工决算的依据。竣工决算从建设单位的角度出发，是建设单位正确确定固定资产价值和核定新增固定资产价值的依据；是建设单位考核建设成本和分析投资效果的依据。

3）竣工决算的作用

竣工验收的项目在办理验收手续之前，必须对所有财产和物质进行清理，编好竣工决算。

（1）竣工决算是基本建设成果和财务的综合反映

建设工程竣工决算包括了基本项目从筹建到建成投产（或使用）的全部费用。它不仅用货币形式表示基本建设的实际成本和有关指标，而且还包括建设工期、主要工程量和资产的实物量以及各项技术经济指标。它综合了工程的年度财务决算，全面地反映了基本建设的主要情况。

（2）竣工决算是竣工验收报告的重要组成部分，也是办理交付使用资产的依据

建设单位向主管部门提出验收报告，其中主要组成部分是建设单位编制的竣工决算文件，作为验收委员会（或小组）的验收依据。验收人员要检查建设项目的实际建筑物、构筑物和生产设备与设施的生产和使用情况，同时审查竣工决算文件中的有关内容和指标，确定建设项目的验收结果。

竣工决算中详细地计算了建设项目所有的建筑工程费、安装工程费、设备费和其他费用等新增固定资产总额及流动资金，作为建设管理部门向企事业使用单位移交财产的依据。

（3）竣工决算分析和检查概预算执行情况、考核投资效果的依据

设计概算和施工图预算都是人们在建筑施工前不同建设阶段根据有关资料进行计算，确定拟建工程所需要的费用，属于计划成本的范畴。而建设工程竣工决算所确定的建设费用是人们在建设活动中实际支出的费用，通过"三算"对比，能够直接反映出固定资产投资计划完成情况和投资效果。

7.2 竣工决算的编制

7.2.1 竣工决算的内容

建设项目竣工决算应包括从筹建到竣工投产全过程的全部实际费用，即建筑工程费用、安装工程费用、设备工器具购置费用和工程建设其他费用以及预备费和投资方向调节税支出费用等。

按照财政部、国家发展改革委、住房和城乡建设部的有关文件规定，竣工决算是由竣工财务决算说明书、竣工财务决算报表、工程竣工图和工程竣工造价对比分析四部分组成。其中，竣工财务决算说明书和竣工财务决算报表两部分又称建设项目竣工财务决算，是竣工决算的核心内容。

1）竣工财务决算说明书

竣工决算说明书主要反映竣工工程建设成果和经验，是对竣工决算报表进行分析和补充说明的文件，是全面考核分析工程投资与造价的书面总结，主要包括以下内容：

（1）建设项目概况。一般从进度、质量、安全和造价、施工方面进行分析说明，体现对工程总的评价。

（2）会计账务的处理、财产物资情况及债权债务的清偿情况。

（3）资金节余、基建结余资金等的上交分配情况。

（4）主要技术经济指标的分析、计算情况。概算执行情况分析,根据实际投资完成额与概算进行对比分析;新增生产能力的效益分析,应说明交付使用财产占总投资额的比例,不增加固定资产的造价占投资总额的比例,分析投资有机构成和成果。

（5）基本建设项目管理及决算中存在的问题、建议。

（6）需说明的其他事项。

2）建设项目竣工财务决算报表

竣工财务决算报表的格式根据大、中型项目和小型工程项目不同情况分别制定,共有 6 种表,报表结构如图 7.1 所示,其中表 7.6 由表 7.2 和表 7.3 合并而成。

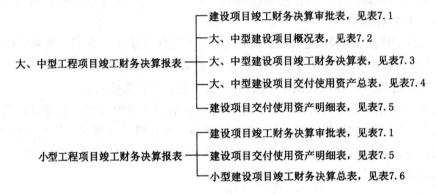

图 7.1　竣工财务决算报表结构图

根据财政部有关文件规定,建设项目竣工财务决算报表按大、中型建设项目和小型建设项目分别制定,有关报表格式如下:

（1）建设项目竣工财务决算审批表

大、中、小型建设项目竣工决算都要填报此表,格式见表 7.1。表中建设性质按新建、扩建、改建、迁建和恢复建设项目等分类填列;主管部门是指建设单位的主管部门;所有建设项目均须先经开户银行签署意见后,按下列要求报批:

表 7.1　建设项目竣工财务决算审批表

建设项目法人(建设单位)		建设性质	
建设项目名称		主管部门	
开户银行意见: （盖章） 年　　月　　日			
专员办审批意见: （盖章） 年　　月　　日			
主管部门或地方财政部门审批意见: （盖章） 年　　月　　日			

① 中央级小型建设项目由主管部门签署审批意见。

② 中央级大、中型建设项目报所在地财政监察专员办理机构签署意见后,再由主管部门签署意见报财政部审批。

③ 地方级项目由同级财政部门签署审批意见。

(2) 大、中型建设项目概况表

大、中型建设项目概况表综合反映大中型项目的基本概况,内容包括该项目总投资、建设起止时间、新增生产能力、主要材料消耗、建设成本、完成主要工程量和主要技术经济指标,为全面考核和分析投资效果提供依据,格式见表 7.2。表中建设项目名称、建设地址、主要设计单位和主要施工企业,应按全名填列;各项目的设计、概算、计划指标是指经批准的设计文件和概算、计划等确定的指标数据;设计概算批准文号,是指最后经批准的日期和文件号;新增生产能力、完成主要工程量、主要材料消耗的实际数据,是指建设

表 7.2　大、中型建设项目概况表

建设项目(单项工程)名称			建设地址						项目	概算	实际	主要指标
主要设计单位			主要施工企业						建筑安装工程			
占地面积	计划	实际	总投资/万元	设计		实际		基建支出	设备、工具器具			
				固定资产	流动资产	固定资产	流动资产		待摊投资其中:建设单位管理费			
									其他投资			
新增生产能力	能力(效益)名称		设计	实际					待核销基建支出			
									非经营项目转出投资			
建设起止时间	设计		从　年　月开工至　年　月竣工					合计				
	实际		从　年　月开工至　年　月竣工									
设计概算批准文号									名称	单位	概算	实际	主要指标
完成主要工程量	建筑面积/m²		设备/台(或套、t)				主要材料消耗	钢材	t		
	设计	实际	设计		实际			木材	m³		
								水泥	t		
收尾工程	工程内容		投资额		完成时间		主要技术经济指标				

单位统计资料和施工企业提供的有关成本核算资料中的数据；主要技术经济指标，包括单位面积造价、单位生产能力投资、单位投资增加的生产能力、单位生产成本和投资回收年限等反映投资效果的综合性指标；收尾工程是指全部工程项目验收后还遗留的少量收尾工程，在表中应明确填写收尾工程内容、完成时间，尚需投资额（实际成本），可根据具体情况填写并加以说明，该部分工程完工后不再编制竣工决算；基建支出，是指建设项目从开工起至竣工止发生的全部基建支出，包括形成资产价值的交付使用资产，即固定资产、流动资产、无形资产、递延资产支出，以及不形成资产价值按规定应核销的非经营性项目的待核销基建支出和转出投资，这些基建支出，应根据财政部门历年批准的"基建投资表"中的数据填列，需要注意的是：

① 建筑安装工程投资支出、设备工具投资支出、待摊投资支出和其他投资支出构成建设项目的建设成本。其中建筑安装工程投资支出是指建设单位按项目概算发生的建筑工程和安装工程的实际成本，不包括被安装设备本身的价值以及按合同规定支付给施工企业的预付备料款和预付工程款；设备工器具投资支出是指建设单位按照项目概算内容发生的各种设备的实际成本和为生产准备的不够固定资产标准的工具、器具的实际成本；待摊投资支出是指建设单位按项目概算内容发生的，按规定应当分摊计入交付使用资产价值的各项费用支出，包括：建设单位管理费、土地征用及迁移补偿费、勘察设计费、研究试验费、可行性研究费、临时设施费、设备检验费、负荷联动试运转费、包干结余、坏账损失、借款等利息、合同公证及工程质量监理费、土地使用税、汇兑损益、国外借款手续费及承诺费、施工机构迁移费、报废工程损失、耕地占用税、土地复垦及补偿费、投资方向调节税、固定资产损失、器材处理亏损、设备盘亏毁损、调整器材调拨价格折价、企业债券发行费用、概（预）算审查费、（贷款）项目评估费、社会中介机构审计费、车船使用税、其他待摊销投资支出等；其他投资支出是指建设单位按项目概算内容发生的构成建设项目实际支出的房屋购置和基本禽畜、林木等购置、饲养、培养支出以及取得各种无形资产和递延资产发生的支出。

② 待核销基建支出是指非经营性项目发生的江河清障、航道清淤、飞播造林、补助群众造林、水土保持、城市绿化、取消项目可行性研究费、项目报废等不能形成资产部分的投资，但是若形成资产部分的投资，应计入交付使用资产价值。

③ 非经营性项目转出投资支出是指非经营性项目为项目配套的专用设施投资，包括专用道路、专用通信设施、送变电站、地下管道等。这部分内容产权不属本单位，但是，若产权归属本单位的，应计入交付使用资产价值。

（3）大、中型建设项目竣工财务决算表

大、中型建设项目竣工财务决算表反映竣工的大中型建设项目从开工到竣工为止全部资金来源和资金运用的情况，格式见表 7.3。它是考核和分析投资效果，落实结余资金，并作为报告上级核销基本建设支出和基本建设拨款的依据。该表采用平衡表形式，即资金来源合计应等于资金占用（支出）合计。

表7.3 大、中型建设项目竣工财务决算表

资金来源	金额/元	资金占用	金额/元	补充资料
一、基建拨款		一、基本建设支出		1. 基建投资借款期末余额
1. 预算拨款		1. 交付使用资产		
2. 基建基金拨款		2. 在建工程		2. 应收生产单位投资借款期末余额
3. 进口设备转账拨款		3. 待核销基建支出		
4. 器材转账拨款		4. 非经营项目转出投资		3. 基建结余资金
5. 煤代油专用基金拨款		二、应收生产单位投资借款		
6. 自筹资金拨款		三、拨款所属投资借款		
7. 其他拨款		四、器材		
二、项目资本金		其中:待处理器材损失		
1. 国家资本		五、货币资金		
2. 法人资本		六、预付及应收款		
3. 个人资本		七、有价证券		
三、项目资本公积金		八、固定资产		
四、基建借款		固定资产原值		
五、上级拨入投资借款		减:累计折旧		
六、企业债券资金		固定资产净值		
七、待冲基建支出		固定资产清理		
八、应付款		待处理固定资产损失		
九、未付款				
1. 未交税金				
2. 未交基建收入				
3. 未交基建包干节余				
4. 其他未交款				
十、上级拨入资金				
十一、留成收入				
合计		合计		

　　资金来源包括基建拨款、项目资本金、项目资本公积金、基建借款、上级拨入投资借款、企业债券资金、待冲基建支出、应付款和未交款以及上级拨入资金和企业留成收入等。其中,预算拨款、自筹资金拨款及其他拨款、项目资本金、基建借款及其他借款等项目,是指自项目开工建设至竣工止的累计数,应根据历年批复的年度基本建设财务决算和竣工年度的基本建设财务决算中资金平衡表相应项目的数字进行汇总;项目资本金是经营性项目投资

者按国家关于项目资本金制度的规定,筹集并投入项目的非负债资金,按其投资主体不同,分为国家资本金、法人资本金、个人资本金和外商资本金并在财务决算表中单独反映,竣工决算后,相应转为生产经营企业的国家资本金、法人资本金、个人资本金和外商资本金;项目资本公积金是指经营性项目对投资者实际缴付的出资额超出其资金的差额(包括发行股票的溢价净收入)、资产评估确认价值或者合同协议约定价值与原账面净值的差额、接受捐赠的财产、资本汇率折算差额等,在项目建设期间作为资本公积金,项目建成交付使用并办理竣工决算后,转为生产经营企业的资本公积金;基建收入是指基建过程中形成的各项工程建设副产品变价净收入、负荷试车的试运行收入以及其他收入,具体内容如下:

① 工程建设副产品变价净收入,包括煤炭建设过程中的工程煤收入、矿山建设中的矿产品收入以及油(汽)田钻井建设过程中的原油(汽)收入等。

② 经营性项目为检验设备安装质量进行的负荷试车或按合同及国家规定进行试运行所实现的产品收入,包括水利、电力建设移交生产前的水、电、热费收入,原材料、机电轻纺、农林建设移交生产前的产品收入以及铁路、交通临时运营收入等。

③ 各类建设项目总体建设尚未完成和移交生产,但其中部分工程简易投产而发生的经营性收入等。

④ 工程建设期间各项索赔以及违约金等其他收入。

以上各项基建收入均是以实际所得纯收入计列,即实际销售收入扣除销售过程中所发生的费用和税收后的纯收入。

资金占用(支出)反映建设项目从开工准备到竣工全过程的资金支出的全面情况。具体内容包括基本建设支出、应收生产单位投资借款、库存器材、货币资金、有价证券和预付及应收款以及拨付所属投资借款和库存固定资产等。

补充资料的"基建投资借款期末余额"是指建设项目竣工时尚未偿还的基建投资借款数,应根据竣工年度资金平衡表内的"基建借款"项目期末数填列;"应收生产单位投资借款期末数",应根据竣工年度资金平衡表内的"应收生产单位投资借款"项目的期末数填列;"基建结余资金"是指项目竣工时的结余资金,应根据竣工财务决算表中有关项目计算填列,基建结余资金计算公式为:

$$基建结余资金 = 基建拨款 + 项目资本金 + 项目资本公积金 + 基建投资借款 +$$
$$企业债券 + 资金待冲基建支出 - 基本建设支出 -$$
$$应收生产单位投资借款 \tag{7.1}$$

(4) 大、中型建设项目交付使用资产总表

表7.4反映建设项目建成后,交付使用新增固定资产、流动资产、无形资产和递延资产的全部情况及价值,可作为财产交接、检查投资计划完成情况和分析投资效果的依据。表中各栏目数据应根据交付使用资产明细表的固定资产、流动资产、无形资产、递延资产的汇总数分别填列,表7.4中总计栏的总计数应与竣工财务决算表中的交付使用资产的金额一致;表7.4中第2、7栏的合计数和8、9、10栏的数据应与竣工财务决算表中交付使用的固定资产、流动资产、无形资产、递延资产的数据相符。

表7.4　大、中型建设项目交付使用资产总表

单项工程项目名称	总计	固定资产					流动资产	无形资产	递延资产
		建筑工程	安装工程	设备	其他	合计			
1	2	3	4	5	6	7	8	9	10

交付单位签章　年　月　日　　　　　　　　　　　　接收单位签章　年　月　日

（5）建设项目交付使用资产明细表

大、中型和小型建设项目均要填列此表,格式见表7.5,此表反映交付使用固定资产、流动资产、无形资产和递延资产的详细内容,是使用单位建立资产明细账和登记新增资产价值的依据。

表7.5　建设项目交付使用资产明细表

单项工程项目名称	建筑工程			设备、工具、器具、家具						流动资产		无形资产		递延资产	
	结构	面积/m²	价值/元	名称	规格型号	单位	数量	价值/元	设备安装费/元	名称	价值/元	名称	价值/元	名称	价值/元
合计															

交付单位签章　年　月　日　　　　　　　　　　　　接收单位签章　年　月　日

（6）小型建设项目竣工财务决算总表

此表由大、中型建设项目概况表与竣工财务决算表合并而成,主要反映小型建设项目的全部工程和财务状况。可参照大、中型建设项目情况表指标和大、中型建设项目竣工财务决算的指标口径填列。

3）建设工程竣工图

建设工程竣工图是真实地记录各种地上地下建筑物、构筑物等实际情况的技术文件,是工程进行交工验收、维护改建和扩建的依据,是国家的重要技术档案。国家规定:各项新建、扩建、改建的基本建设工程,特别是基础、地下建筑、管线、结构、井巷、桥梁、隧道、港口、水坝以及设备安装等隐蔽部位,都要编制竣工图。为确保竣工图质量,必须在施工过程中(不能在竣工后)及时做好隐蔽工程检查记录,整理好设计变更文件。竣工图编制的具体要求如下:

（1）凡按图竣工没有变动的,由施工单位(包括总包和分包施工单位)在原施工图上加盖"竣工图"标志后,即作为竣工图。

（2）凡在施工过程中,虽有一般性设计变更,但能将原施工图加以修改补充作为竣工图的,可不重新绘制,由施工单位负责在原施工图(必须是新蓝图)上注明修改的部分,并附以设计变更通知单和施工说明,加盖"竣工图"标志后,作为竣工图。

表 7.6 小型建设项目竣工财务决算总表

建设项目名称			建设地址				资金来源		资金运用	
初步设计概算批准文号							项目	金额/元	项目	金额/元
							一、基建拨款 其中:预算拨款		一、交付使用资产	
占地面积	计划	实际	总投资/万元	计划		实际			二、待核销基建支出	
				固定资产	流动资产	固定资产	流动资产			
							二、项目资本		三、非经营项目转出投资	
							三、项目资本公积金			
新增生产能力	能力(效益)名称	设计		实际			四、基建借款		四、应收生产单位投资借款	
							五、上级拨入借款			
建设起止时间	计划		从 年 月开工 至 年 月竣工				六、企业债券资金		五、拨付所属投资借款	
	实际		从 年 月开工 至 年 月竣工				七、待冲基建支出		六、器材	
基建支出	项目			概算/元		实际/元	八、应付款		七、货币资金	
	建筑安装工程						九、未付款 1.未交基建收入 2.未交包干节余		八、预付及应收款	
	设备、工具、器具								九、有价证券	
	待摊投资 其中:建设单位管理费								十、固定资产	
	其他投资						十、上级拨入资金			
	待核销基建支出						十一、留成收入			
	非经营性项目转出投资									
	合计						合计		合计	

（3）凡结构形式改变、施工工艺改变、平面布置改变、项目改变以及有其他重大改变，不宜再在原施工图上修改、补充者，应重新绘制改变后的竣工图。由设计原因造成的，由设计单位负责重新绘图；由施工原因造成的，由施工单位负责重新绘图；由其他原因造成的，由建设单位自行绘图或委托设计单位绘图。施工单位负责在新图上加盖"竣工图"标志，并附以有关记录和说明，作为竣工图。

（4）为了满足竣工验收和竣工决算需要，还应绘制能反映竣工工程全部内容的工程平面图。

4）工程造价比较分析

经批准的概预算是考核实际建设工程造价的依据，在分析时，可将决算报表中所提供的实际数据和相关资料与批准的概预算指标进行对比,以反映出竣工项目总造价和单方造价是节约还是超支,在比较的基础上,总结经验教训,找出原因,以利改进。

为考核概预算执行情况,正确核实建设工程造价,财务部门首先应积累概预算动态变化资料,如设备材料价差、人工价差和费率价差及设计变更资料等;其次再考查竣工工程实际造价节约或超支的数额。为了便于进行比较分析,可先对比整个项目的总概算,然后对比单项工程的综合概算和其他工程费用概算,最后对比分析单位工程概算,并分别将建筑安装工程费、设备工器具费和其他工程费用逐一与竣工决算的实际工程造价对比分析,找出节约和超支的具体内容和原因。在实际工作中,侧重分析以下内容:

(1)主要实物工程量

概预算编制的主要实物工程量的增减必然使工程概预算造价和竣工决算实际工程造价随之增减。因此,要认真对比分析和审查建设项目的建设规模、结构、标准、工程范围等是否遵循批准的设计文件规定,其中有关变更是否按照规定的程序办理,它们对造价的影响如何。对实物工程量出入较大的项目,还必须查明原因。

(2)主要材料消耗量

在建筑安装工程投资中,材料费一般占直接工程费70%以上,因此考核材料费的消耗是重点。在考核主要材料消耗量时,要按照竣工决算表中所列主要材料实际超概算的消耗量,查清是在哪一个环节超出量最大,并查明超额消耗的原因。

(3)建设单位管理费、措施费和间接费

考核建设单位管理费、措施费和间接费的取费标准。建设单位管理费、措施费和间接费的取费标准要按照国家和各地的有关规定,根据竣工决算报表中所列的建设单位管理费与概预算所列的建设单位管理费数额进行比较,依据规定查明是否多列或少列的费用项目,确定其节约超支的数额,并查明原因。以上所列内容是工程造价对比分析的重点,应侧重分析,但对具体项目应进行具体分析。究竟选择哪些内容作为考核、分析重点,还得因地制宜,视项目的具体情况而定。

7.2.2 竣工决算的编制

1)竣工决算的编制依据

竣工决算的编制依据主要有:
(1)经批准的可行性研究报告及其投资估算;
(2)经批准的初步设计或扩大初步设计及其概算或修正概算;
(3)经批准的施工图设计及其施工图预算;
(4)设计交底或图纸会审纪要;
(5)招投标的标底、承包合同、工程结算资料;
(6)施工记录或施工签证单,以及其他施工中发生的费用记录;
(7)竣工图及各种竣工验收资料;
(8)历年基建资料、财务决算及批复文件;
(9)设备、材料调价文件和调价记录;

（10）有关财务核算制度、办法和其他有关资料、文件等。

2）竣工决算的编制步骤

（1）收集、整理、分析有关依据资料。从建设工程开始就按编制依据的要求，收集、整理、分析有关资料，主要包括建设工程档案资料，如：设计文件、施工记录、上级批文、概预算文件、工程结算的归集整理，财务处理、财产物资的盘点核实及债权债务的清偿，做到账账、账证、账实、账表相符。对各种设备、材料、工具、器具等要逐项盘点核实并填列清单，妥善保管，或按国家有关规定处理，不准任意侵占和挪用。

（2）对照、核实工程变动情况，重新核实造价。将竣工资料与设计图纸进行查对、核实，必要时可进行实地测量，确认实际变更情况；根据审定的施工单位竣工结算等原始资料，按照有关规定对原概预算进行增减调整，重新核实造价。

（3）严格划分和核定各类投资。将审定后的待摊投资、设备工器具投资、建筑安装工程投资、工程建设其他投资严格划分和核定后，分别计入相应的建设成本栏目内。

（4）编写竣工财务决算说明书。竣工财务决算说明书，力求内容全面、简明扼要、文字流畅，能说明问题。

（5）填报竣工财务决算报表。建设项目投资支出各项费用在归类后分别计入各报表内：计入固定资产价值内的费用有建筑工程费、安装工程费、设备及工器具购置费（单位价值在规定标准以上，使用期超过一年的）及待摊投资支出；计入无形资产的费用有土地费用（以出让方式取得土地使用权的）、国内外的专有技术和专利及商标使用费及技术保密费等；计入递延资产的费用有样品样机购置费、生产职工培训费、农垦开荒费及非常损失等。

（6）进行工程造价对比分析。为了便于进行比较分析，可先对比整个项目的总概算，然后对比单项工程的综合概算和其他工程费用概算，最后对比分析单位工程概算，并分别将建筑安装工程费、设备工器具购置费用和其他工程费用逐一与竣工决算的实际工程造价对比分析，找出节约和超支的具体内容和原因。在实际工作中，侧重分析主要实物工程量、主要材料消耗量、建设单位管理费、建筑安装工程费等内容。

（7）清理、装订好竣工图。建设工程竣工图是真实地记录各种地上地下建筑物、构筑物等情况的技术文件，是工程进行交工验收、维护改建扩建的依据，是国家重要的技术档案。国家规定各项新建、扩建、改建的基本建设工程，特别是基础、地下建筑、管线、结构、井巷、峒室、桥梁、隧道、港口、水坝及设备安装等隐蔽部位，都要编制竣工图。

（8）上报主管部门审查。

7.2.3 新增资产价值的确定

竣工决算是办理交付使用财产价值的依据。正确核定竣工项目资产的价值，不但有利于建筑项目交付使用以后的财务管理，而且可以为建筑项目进行经济后评估提供依据。

根据财务制度规定，竣工项目资产是由各个具体的资产项目构成，按其经济内容的不同，可以将竣工项目的资产划分为固定资产、流动资产、无形资产、递延资产和其他资产。资产的性质不同，其计价方法也不同。

1) 固定资产价值的确定

（1）固定资产的内容

竣工项目固定资产，又称新增固定资产、交付使用的固定资产，它是投资项目竣工投产后所增加的固定资产价值，它是以价值形态表示固定资产投资最终成果的综合性指标。

竣工项目固定资产价值的内容包括：

① 已经投入生产或交付使用的建筑安装工程价值；

② 达到固定资产标准的设备工器具的购置价值；

③ 增加固定资产价值的其他费用，如建设单位管理费、施工机构转移费、报废工程损失、项目可行性研究费、勘察设计费、土地征用及迁移补偿费、联合试运转费等。

从微观角度考虑，竣工项目固定资产是工程建筑项目最终成果的体现，因此，核定竣工项目固定资产的价值，分析其完成情况，是加强工程造价全过程管理工作的重要方面。

从宏观角度考虑，竣工项目固定资产意味着国民财产的增加，它不仅可以反映出固定资产再生产的规模与速度，同时也可以据以分析国民经济各部门的技术构成变化及相互间适应的情况，因此，竣工项目固定资产价值也可以作为计算投资经济效果指标的重要数据。

（2）竣工项目固定资产价值的计算

竣工项目固定资产价值的计算是以独立发挥生产能力的单项工程为对象的，当单项工程建成经有关部门验收鉴定合格，正式移交生产或使用，即应计算竣工项目固定资产价值。一次性交付生产或使用的工程，应一次计算竣工项目固定资产价值，分期分批交付生产或使用的工程，应分期分批计算竣工项目固定资产价值。

① 在计算中应注意以下几种情况：

a. 对于为了提高产品质量、改善劳动条件、节约材料消耗、保护环境而建设的附属辅助工程，只要全部建成，正式验收或交付使用，就要计入竣工项目固定资产价值；b. 对于单项工程中不构成生产系统但能独立发挥效益的非生产性工程，如住宅、食堂、医务所、托儿所、生活服务网点等，在建成并交付使用后，也要计入竣工项目固定资产价值；c. 凡购置达到固定资产标准不需安装的设备、工器具，应在交付使用后，计入竣工项目固定资产价值；d. 属于竣工项目固定资产价值的其他投资，应随同受益工程交付使用的同时一并计入。

② 交付使用财产成本，应按下列内容计算：

a. 房屋、建筑物、管道、线路等固定资产的成本，包括：建筑工程成本；应分摊的待摊投资。b. 动力设备和生产设备等固定资产的成本，包括：需要安装设备的采购成本；安装工程成本；设备基础、支柱等建筑工程成本或砌筑锅炉及各种特殊炉的建筑工程成本；应分摊的待摊投资。c. 运输设备及其他不需要安装设备、工具、器具、家具等固定资产，一般仅计算采购成本，不分摊"待摊投资"。

③ 待摊投资的分摊方法。竣工项目固定资产的其他费用，如果是属于整个建筑项目或两个以上的单项工程的，在计算竣工项目固定资产价值时，应在各单项工程中按比例分摊。分摊时，什么费用应由什么工程负担，又有具体的规定。一般情况下，建设单位管理费按建筑工程、安装工程、需安装设备价值总额做等比例分摊，而土地征用费、勘察设计费等费用则只按建筑工程价值分摊。

【例7.1】 某建筑项目为一所学校,其竣工决算的各项费用见表7.7,试核定该建筑项目中 A 实验楼固定资产价值。

表7.7 某学校竣工决算各项费用 单位:万元

项目名称	建筑工程	设备及安装工程	建设单位管理费	土地征用费	勘察设计费	合计
建筑项目竣工决算	1 405	695	48	36.9	72	2 256.9
其中:A 实验楼	268	105				

【解】 应分摊建设单位管理费 $=(268+105)\div(1\ 405+695)\times48=8.5(万元)$

应分摊土地征用费 $=(268\div1\ 405)\times36.9=7.0(万元)$

应分摊勘察设计费 $=(268\div1\ 405)\times72=13.7(万元)$

则 A 实验楼固定资产价值 $=(268+105)+(8.5+7.0+13.7)=402.2(万元)$

2) 流动资产价值的确定

流动资产是指可以在一年内或者超过一年的一个营业周期内变现或者运用的资产,包括现金及各种存款、存货、应收及预付款项等。在确定流动资产价值时,应注意以下几种情况:

(1) 货币性资金,即现金、银行存款及其他货币资金,根据实际入账价值核定。

(2) 应收及预付款项,包括应收票据、应收账款、其他应收款、预付账款和待摊费用。一般情况下,应收及预付款项按企业销售商品、产品或提供劳务时的实际成交金额入账核算。

(3) 各种存货应当按照取得时的实际成本计价。存货的形成,主要有外购和自制两个途径。外购的,按照买价加运输费、装卸费、保险费、途中合理损耗、入库前加工、整理及挑选费用以及缴纳的税金等计价;自制的,按照制造过程中的各项实际支出计价。

3) 无形资产价值的确定

无形资产是指企业长期使用但是没有实物形态的资产,包括专利权、商标权、著作权、土地使用权、非专利技术、商誉等。无形资产的计价,原则上应按取得时的实际成本计价。企业取得无形资产的途径不同,所发生的费用也不一样,无形资产的计价方式也不相同。

(1) 无形资产的计价原则

财务制度规定按下列原则来确定无形资产的价值:

① 投资者将无形资产作为资本金或者合作条件投入的,按照评估确认或合同协议约定的金额计价;

② 购入的无形资产,按照实际支付的价款计价;

③ 企业自创并依法申请取得的,按开发过程中的实际支出计价;

④ 企业接受捐赠的无形资产,按照发票账单所持金额或者同类无形资产市价作价。

（2）无形资产的计价方式

① 专利权的计价。专利权分为自创和外购两类。对于自创专利权，其价值为开发过程中的实际支出，主要包括专利的研究开发费用、专利登记费用、专利年费和法律诉讼费等。专利转让时（包括购入和卖出），其费用主要包括转让价格和手续费。由于专利是具有专有性并能带来超额利润的生产要素，因而其转让价格不按其成本估价，而是依据其所能带来的超额收益来估价。

② 非专利技术的计价。如果非专利技术是自创的，一般不得作为无形资产入账，自创过程中发生的费用，财务制度允许作为当期费用处理，这是因为非专利技术自创时难以确定是否成功，这样处理符合稳健性原则。购入非专利技术时，应由法定评估机构确认后再进一步估价，往往通过其产生的收益来进行估价，其基本思路同专利权的计价方法。

③ 商标权的计价。如果是自创的，尽管商标设计、制作、注册和保护、广告宣传都要花费一定的费用，但它们一般不作为无形资产入账，而是直接作为销售费用计入当期损益。只有当企业购入和转让商标时，才需要对商标权计价。商标权的计价一般根据被许可方新增的收益来确定。

④ 土地使用权的计价。根据取得土地使用权的方式有两种情况：一是建设单位向土地管理部门申请土地使用权，通过出让方式支付一笔出让金后取得有限期的土地使用权，在这种情况下，应作为无形资产进行核算；第二种情况是建设单位获得土地使用权是原先通过行政划拨的，这时就不能作为无形资产核算，只有在将土地使用权有偿转让、出租、抵押、作价入股和投资或按规定补交土地出让价款时，才应作为无形资产核算。

无形资产计价入账后，其价值应从受益之日起，在有效使用期内分期摊销，也就是说，企业为无形资产支出的费用应在无形资产的有效使用期内得到及时补偿。

4）递延资产价值及其他资产价值的确定

递延资产是指不能全部计入当年损益，应当在以后年度内分期摊销的各项费用，包括开办费、租入固定资产的改良工程支出等。

（1）开办费的计价。开办费是指在项目筹建期间发生的费用，包括筹建期间人员工资、办公费、培训费、差旅费、印刷费、注册登记费以及不计入固定资产和无形资产构建成本的汇兑损失和利息等支出。根据财务制度的规定，除了筹建期间不计入资产价值的汇兑净损失外，开办费从企业开始生产经营月份的次月起，按照不短于 5 年的期限平均摊入管理费用。

（2）以经营租赁方式租入的固定资产改良工程支出的计价，应在租赁有效期限内分期摊入制造费用或管理费用。其他资产包括特准储备物资等，其主要以实际入账价值核算。

7.3 保修费用的处理

建筑工程承包单位在向建设单位提交工程竣工验收报告时，应向建设单位出具质量保修书。质量保修书中应当明确建筑工程的保修范围、保修期限和保修责任。

所谓保修是指施工单位按照国家或行业现行的有关技术标准、设计文件以及合同中对质量的要求,对已竣工验收的建筑工程在规定的保修期限内,进行维修、返工等工作。这是因为建设产品在竣工验收后仍可能存在质量缺陷和隐患,直到使用过程中才会逐步暴露出来,如屋面漏雨、墙体渗水、建筑物基础的不均匀沉降超过规定、采暖系统供热不佳、设备及安装工程达不到国家或行业现行的技术标准等,需要在使用过程中检查观测和维修。为了使建筑项目达到最佳状态,确保工程质量,降低生产或使用费用,发挥最大的投资效益,业主应督促设计单位、施工单位、设备材料供应单位认真做好保修工作,并加强保修期间的投资控制。

1) 工程保修期的规定

国务院《建设工程质量管理条例》中规定:建筑工程实行质量保修制度。明确规定在正常使用条件下,建筑工程的最低保修期限:

(1) 基础设施工程,房屋建筑的地基基础工程和主体结构工程,为设计文件规定的该工程的合理使用年限;

(2) 屋面防水工程、有防水要求的卫生间、房间和外墙面的防渗漏,为5年;

(3) 供热与供冷系统,为2个采暖期、供冷期;

(4) 电气管线、给排水管道、设备安装和装修工程,为2年。

(5) 其他项目的保修期限由发包方与承包方约定。

建筑工程的保修期,自竣工验收合格之日起计算。

2) 保修费用的预留

全部或者部分使用政府投资的建设项目,按工程价款结算总额3%左右的比例预留保证金。社会投资项目采用预留保证金方式的,预留保证金的比例可以参照执行。发包人与承包人应该在合同中约定保证金的预留方式及预留比例。

建设工程竣工结算后,发包人应按照合同约定及时向承包人支付工程结算价款并预留保证金。

有的项目经发包人和承包人协商,根据工程的合理使用年限,采用保修保险方式。这种方式不需扣保证金,保险费由发包人支付,承包人应按约定的保修承诺,履行其保修职责和义务。

3) 保修的工作程序

(1) 发送保修证书(房屋保修卡)。在工程竣工验收的同时(最迟不应超过3天到1周),由承包人向发包人发送"建筑安装工程保修证书"。保修证书一般主要包括:

① 工程简况、房屋使用管理要求;

② 保修范围和内容;

③ 保修时间;

④ 保修说明;

⑤ 保修情况记录;

⑥ 保修单位的名称、详细地址等。

(2) 填写"工程质量修理通知书"。在保修期内,工程项目出现质量问题,使用人用填写

"工程质量保修通知书"的方式告知承包人。修理通知书发出日期为约定起始日期,承包人应在 7 天内派出人员执行保修任务。

（3）实施保修服务。

（4）验收。

4）工程保修费的处理办法

保修费用是指对建筑工程在保修期限和保修范围内所发生的维修、返工等各项费用支出。

保修费用应按合同和有关规定合理确定和控制。基于建筑安装工程情况复杂,不像其他商品那样单一,出现的质量缺陷和隐患等问题往往是由于多方面原因造成的。因此,在费用的处理上,应分清造成问题的原因以及具体返修内容,按照国家有关规定和合同要求与有关单位共同商定处理办法。

（1）勘察、设计原因造成的保修费用的处理

勘察、设计方面的原因造成的质量缺陷,由勘察、设计单位负责并承担经济责任,由施工单位负责维修或处理。按合同法规定,勘察、设计人应当继续完成勘察、设计,减收或免收勘察、设计费并赔偿损失。

（2）施工原因造成的保修费用处理

施工单位未按国家有关规范、标准和设计要求施工,造成质量缺陷,由施工单位负责无偿返修并承担经济责任。

（3）设备、材料、构配件不合格造成的保修费用处理

因设备、材料、构配件质量不合格引起的质量缺陷,属于施工单位采购的或经其验收同意的,由施工单位承担经济责任;属于建设单位采购的,由建设单位承担经济责任。至于施工单位、建设单位与设备、材料、构配件供应单位或部门之间的经济责任,应按其设备、材料、构配件的采购供应合同处理。

（4）用户使用原因造成的保修费用处理

因用户使用不当造成的质量缺陷,由用户自行负责。

（5）不可抗力原因造成的保修费用处理

因地震、洪水、台风等不可抗力造成的质量问题,施工单位和设计单位都不承担经济责任,由建设单位负责处理。

5）质量保证金的返还

缺陷责任期内,承包人认真履行合同约定的责任,到期后,承包人向发包人申请返还保证金。发包人在接到承包人返还保证金申请后,应于 14 日内合同承包人按照合同约定的内容进行核实。如无异议,发包人应当在核实后 14 日内将保证金返还承包人,逾期支付的,从逾期之日起,按照同期银行贷款利率计付利息,并承担违约责任。发包人在接到承包人返还保证金申请后 14 日内不予答复,经催告后 14 日内仍不予答复,视同认可承包商的返还保证金申请。

如果承包人没有认真履行合同约定的保修责任,则发包人可以按照合同约定扣除保证金,并要求承包人赔偿相应的损失。

7.4 竣工决算审计

1）竣工决算审计的依据和意义

（1）竣工决算审计的依据

《审计法》规定："审计机关对政府投资和以政府投资为主的建设项目的预算执行情况和决算，进行审计监督"。

审计主要依据是审计署、国家计委、中国人民建设银行三部门1991年12月23日联合发布的关于下发《基本建设项目竣工决算审计试行办法》的通知。

（2）竣工决算审计的意义

竣工财务决算审计是基本建设项目审计的重要环节，加强对竣工决算的审计监督，对提高竣工决算的质量，正确评价投资效益，总结建设经验，改善基本建设项目管理有着重要意义，在基本建设项目竣工财务决算审计中，财务审核不仅要审核整个项目资金在使用过程中有无违规违纪行为，还要指导、帮助建设单位把整个项目的资金来源、到位、使用、支付、结余等情况理清楚，促进建设资金合理、合法使用，并正确评价资金使用的绩效。

2）竣工决算审计的主要内容

（1）竣工决算编制依据，审查决算编制工作有无专门组织，各项清理工作是否全面、彻底，编制依据是否符合国家有关规定，资料是否齐全，手续是否完备，对遗留问题处理是否合规。

（2）项目建设及概算执行情况。审查项目建设是否按批准的初步设计进行，各单位工程建设是否严格按批准的概算内容执行，有无概算外项目和提高建设标准、扩大建设规模的问题，有无重大质量事故和经济损失。

（3）交付使用财产和在建工程。审查交付使用财产是否真实、完整，是否符合交付条件，移交手续是否齐全、合规；成本核算是否正确，有无挤占成本，提高造价，转移投资的问题；核实在建工程投资完成额，查明未能全部建成，及时交付使用的原因。

（4）转出投资、应核销投资及应核销其他支出。审查其列支依据是否充分，手续是否完备，内容是否真实，核算是否合规，有无虚列投资的问题。

（5）尾工工程。根据修正总概算和工程形象进度，核实尾工工程的未完工程量，留足投资。防止将新增项目列作尾工项目、增加新的工程内容和自行消化投资包干结余。

（6）结余资金。核实结余资金，重点是库存物资，防止隐瞒、转移、挪用或压低库存物资单价，虚列往来欠款，隐匿结余资金的现象。查明器材积压，债权债务未能及时清理的原因，揭示建设管理中存在的问题。

（7）基建收入。基建收入的核算是否真实、完整，有无隐瞒、转移收入的问题。是否按国家规定计算分成，足额上交或归还贷款。留成是否按规定交纳"两金"（能源交通重点建设基金和国家预算调节基金）及分配和使用。

（8）投资包干结余。根据项目总承包合同核实包干指标，落实包干结余，防止将未完工程的投资作为包干结余参与分配；审查包干结余分配是否合规。

（9）竣工决算报表。审查报表的真实性、完整性、合规性。

（10）投资效益评价。从物资使用、工期、工程质量、新增生产能力、预测投资回收期等方面全面评价投资效益。

（11）其他专项审计，可视项目特点确定。

【案例7.1】 某建设单位拟编制某工业生产项目的竣工决算。该建设项目包括A、B两个主要生产车间和C、D、E、F四个辅助生产车间及若干附属办公、生活建筑物。在建设期内，各单项工程竣工结算数据见表7.8所示。工程建设其他投资完成情况如下：支付行政划拨土地的土地征用及迁移费500万元，支付土地使用权出让金700万元；建设单位管理费400万元（其中300万元构成固定资产）；地质勘察费80万元；建筑工程设计费260万元；生产工艺流程系统设计费120万元；专利费70万元；非专利技术费30万元；获得商标权90万元；生产职工培训费50万元；报废工程损失20万元；生产线试运转支出20万元，试生产产品销售款5万元。

表7.8 某建设项目竣工决算数据表 单位：万元

项目名称	建筑工程	安装工程	需安装设备	不需安装设备	生产工器具	
					总额	达到固定资产标准
A生产车间	1 800	380	1600	300	130	80
B生产车间	1 500	350	1200	240	100	60
辅助生产车间	2 000	230	800	160	90	50
附属建筑	700	40	——	20		
合计	6 000	1 000	3 600	720	320	190

问题：

（1）试确定A生产车间的新增固定资产价值。

（2）试确定该建设项目的固定资产、流动资产、无形资产和其他资产价值。

【解】（1）新增固定资产价值是指：①建筑、安装工程造价；②达到固定资产标准的设备和工器具的购置费用；③增加固定资产价值的其他费用：包括土地征用及土地补偿费、联合试运转费、勘察设计费、可行性研究费、施工机械迁移费、报废工程损失费和建设单位管理费中达到固定资产标准的办公设备、生活家具用具和交通工具等购置。

A生产车间的新增固定资产价值

$= (1\,800+380+1\,600+300+80)+(500+80+260+20+20-5)\times 1\,800/6\,000+$

$\quad 120\times 380/1\,000+300\times(1\,800+380+1\,600)/(6\,000+1\,000+3\,600)$

$= 4\,160+875\times 0.3+120\times 0.38+300\times 0.356\,6$

$= 4\,575.08（万元）$

（2）固定资产是指使用期限在一年以上，单位价值在规定标准以上，并在使用过程中保持原来的物质形态的资产，包括房屋及建筑。流动资产价值是指：达不到固定资产标准的设备工器具、现金、存货、应收及应付款项等价值。无形资产价值是指：专利权、非专利技术、著作权、商标权、土地使用权出让金及商誉等价值。其他资产价值是指：开办费（建设单位管理费中未计入固定资产的其他费用、生产职工培训费），以租赁方式租入的固定资产改良工程支出等。

固定资产价值
$$=(6\ 000+1\ 000+3\ 600+720+190)+(500+300+80+260+120+20+20-5)$$
$$=11\ 510+1\ 295=12\ 805(万元)$$

流动资产价值$=320-190=130(万元)$

无形资产价值$=700+70+30+90=890(万元)$

其他资产价值$=(400-300)+50=150(万元)$

本 章 小 结

（1）竣工验收是建筑项目建设全过程的最后一个程序，是审查投资使用是否合理的重要环节，对保证工程质量、促进建筑项目及时投产、发挥投资效益有重要作用。

（2）竣工决算是指所有建设项目竣工后，业主按照国家有关规定编制的决算报告。竣工决算由竣工财务决算说明书、竣工财务决算报表、建设工程竣工图、工程造价比较分析四部分组成。工程项目竣工财务决算由竣工财务决算报表和竣工财务决算说明书两部分组成。竣工财务决算报表的格式根据大、中型项目和小型工程项目不同情况分别制定。正确核定新增资产，有利于建筑项目交付使用后的财务管理，为建筑项目后评估提供依据。按照新的财务制度和企业会计准则，新增资产按资产性质可分为固定资产、流动资产、无形资产、递延资产四大类。

（3）保修费用是指对建设工程在保修期限和保修范围内所发生的维修、返工等各项费用支出。保修费用应按合同和有关规定合理确定和控制。在保修费用的处理上应分清造成问题的原因及具体返修内容，按照国家有关规定和合同要求与有关单位共同商定处理办法。

（4）竣工决算审计通过对工程竣工决算真实性、合法性进行审计鉴定，保证工程造价真实、准确、完整，为最终核定固定资产价值提供依据。

习　　题

一、单项选择题

1. 发包人参与全部工程竣工验收分为（　　　）。

　　A. 验收准备、预验收、正式验收　　　　B. 单位工程验收、交工验收、正式验收

　　C. 单项工程验收、动用验收、正式验收　　D. 验收申请、交工验收、动用验收

2. 建设项目的竣工验收中，由监理人组织的是（　　　）。

　　A. 单项工程竣工验收　　　　　　　　B. 全部工程竣工验收

　　C. 单位工程竣工验收　　　　　　　　D. 动用验收

3. 建设项目竣工验收方式中，又称为交工验收的是（　　　）。

　　A. 分部工程验收　　　　　　　　　　B. 单位工程验收

　　C. 单项工程验收　　　　　　　　　　D. 工程整体验收

4. 大、中型项目和小型项目共有的竣工财务决算报表是(　　)。

　　A. 建设项目概况表　　　　　　　　B. 竣工财务决算总表

　　C. 竣工财务决算审批表　　　　　　D. 交付使用资产总表

5. 在竣工财务决算表编制过程中,属于资金来源项目的是(　　)。

　　A. 应收生产单位投资借款　　　　　B. 交付使用资产

　　C. 待核销基建支出　　　　　　　　D. 待冲基建支出

6. 竣工决算反映的是项目从筹建开始到项目竣工交付使用为止的(　　)。

　　A. 固定资产投资、流动资产投资和总投资

　　B. 建设费用、投资效果和财务情况

　　C. 建设费用、财务决算和交付使用资产

　　D. 投资总额、竣工图和财务报告

7. 基建结余资金可以按下列公式计算(　　)。

　　A. 基建结余资金＝基建拨款＋项目资本＋项目资本公积金＋基建投资借款＋企业债券基金－待冲基建支出－基本建设支出－应收生产单位投资借款

　　B. 基建结余资金＝基建拨款＋项目资本＋项目资本公积金＋基建投资借款＋企业债券基金＋待冲基建支出－基本建设支出＋应收生产单位投资借款

　　C. 基建结余资金＝基建拨款＋项目资本＋项目资本公积金＋基建投资借款＋企业债券基金＋待冲基建支出－基本建设支出－应收生产单位投资借款

　　D. 基建结余资金＝基建拨款＋项目资本＋项目资本公积金－基建投资借款＋企业债券基金＋待冲基建支出－基本建设支出－应收生产单位投资借款

8. 关于无形资产计价,以下说法中错误的是(　　)。

　　A. 企业接受捐赠的无形资产,通常不作为无形资产入账

　　B. 购入的无形资产,按照实际支付的价款计价

　　C. 投资者按无形资产作为资本金或者合作条件投入时,按评估确认或合同协议约定的金额计价

　　D. 企业自创并依法申请取得的,按开发过程中的实际支出计价

9. 编制竣工图的形式和深度,应根据不同情况区别对待,其具体要求包括(　　)。

　　A. 凡按图竣工没有变动的,由承包人(包括总包和分包承包人,下同)在原施工图上加盖"竣工图"标志后,即作为竣工图

　　B. 凡在施工过程中,有一般性设计变更,能将原施工图加以修改补充作为竣工图的,也需重新绘制,加盖"竣工图"标志后,作为竣工图

　　C. 凡结构形式改变、施工工艺改变、平面布置改变、项目改变以及有其他重大改变,宜在原施工图上修改、补充作为竣工图

　　D. 为了满足竣工验收和竣工决算需要,还应绘制反映竣工工程全部内容的工程设计平面示意图和工艺流程图

10. 基础设施工程、房屋建筑的地基基础工程和主体结构工程的保修期限为(　　)。

　　A. 5 年

B. 2 年

C. 为设计文件规定的该工程的合理使用年限

D. 1 年

11. 由于勘察、设计方面的原因造成的质量缺陷应由( )负责维修或处理。

    A. 建设单位   B. 招标单位   C. 勘察、设计单位   D. 施工单位

12. 关于缺陷责任期内的工程维修及费用承担,下列说法中正确的是( )。

    A. 不可抗力造成的缺陷,发包人负责维修,从质量保证金中扣除费用

    B. 承包人造成的缺陷,承包人负责维修并承担费用后,可免除对工程的一般损失赔偿责任

    C. 发承包双方对缺陷责任有争议的,按质量监督机构的鉴定结论,由责任方承担维修费,另一方承担鉴定费

    D. 承包人造成工程无法使用而需要再次检验、修复的,发包人有权要求承包人延长缺陷责任期

二、多项选择题

1. 工程造价比较分析的主要内容是( )。

    A. 主要人工消耗量   B. 主要实物工程量

    C. 主要材料消耗量   D. 主要机械台班消耗量

    E. 建设单位管理费取费标准

2. 下列各项在新增固定资产价值计算时应计入新增固定资产价值的是( )。

    A. 在建的附属辅助工程

    B. 单项工程中不构成生产系统,但能独立发挥效益的非生产性项目

    C. 开办费、租入固定资产改良支出费

    D. 凡购置达到固定资产标准不需要安装的工具、器具费用

    E. 属于新增固定资产价值的其他投资

3. 竣工决算的内容主要包括( )。

    A. 竣工决算报告情况说明书   B. 竣工决算财务报告

    C. 竣工财务决算报表   D. 工程竣工图

    E. 工程造价比较分析

4. 土地使用权的取得方式影响竣工结算新增资产的核定,下列土地使用权的作价应作为无形资产核算的有( )。

    A. 通过支付土地出让金取得的土地使用权

    B. 通过行政划拨取得的土地使用权

    C. 通过有偿转让取得的出让土地使用权

    D. 以补交土地出让价款,作价入股的土地使用权

    E. 租借房屋的土地使用权

参 考 答 案

第1章

一、单项选择题

1. A 2. D 3. B 4. A 5. B 6. C 7. C 8. B 9. C 10. A 11. D 12. A
13. C 14. A 15. A 16. B

二、多项选择题

1. ACDE 2. ABD 3. ACD 4. BD 5. AE 6. ABC 7. ABC 8. BCD

三、简答题

1. 答:第一种含义是从投资者(业主)的角度分析,工程造价是指建设一项工程预期开支或实际开支的全部固定资产投资费用。第二种含义是从市场交易的角度分析,工程造价是指为建成一项工程,在工程发承包交易活动中形成的建筑安装工程费用或建设工程总费用。

2. 答:工程造价的特点包括:(1)大额性,(2)差异性,(3)动态性,(4)层次性,(5)兼容性。

3. 答:建设工程项目按工程性质分类分为:新建项目、扩建项目、改建项目、迁建项目和恢复项目。

4. 答:全过程造价管理是指覆盖建设工程策划决策及建设实施各阶段的造价管理。内容包括:策划决策阶段的项目策划、投资估算、项目经济评价、项目融资方案分析;设计阶段的限额设计、方案比选、概预算编制;招投标阶段的标段划分、发承包模式及合同形式的选择、招标控制价或标底编制;施工阶段的工程计量与结算、工程变更控制、索赔管理;竣工验收阶段的结算与决算等。

5. 答:一级造价工程师的执业范围包括建设项目全过程的工程造价管理与咨询等,具体工作内容:

a. 项目建议书、可行性研究投资估算与审核,项目评价造价分析;

b. 建设工程设计概算、施工预算编制和审核;

c. 建设工程招标投标文件工程量和造价的编制与审核;

d. 建设工程合同价款、结算价款、竣工决算价款的编制与管理;

e. 建设工程审计、仲裁、诉讼、保险中的造价鉴定,工程造价纠纷调解;

f. 建设工程计价依据、造价指标的编制与管理;

g. 与工程造价管理有关的其他事项。

6. 答：二级造价工程师主要协助一级造价工程师开展相关工作,可独立开展以下具体工作:

a. 建设工程工料分析、计划、组织与成本管理,施工图预算、设计概算编制;

b. 建设工程量清单、最高投标限价、投标报价编制;

c. 建设工程合同价款、结算价款和竣工决算价款的编制。

7. 答：随着 BIM 技术在建筑业的应用和发展,工程造价管理信息化水平不断提高,将造价融入 BIM 技术、应用 BIM 技术解决实际问题,基于 BIM 的全过程造价管理成为工程造价管理发展的新方向,包括了决策阶段依据方案模型进行快速的估算、方案比选;设计阶段根据设计模型组织限额设计、概算编审和碰撞检查;招投标阶段根据模型完成工程量清单、招标控制价、施工图预算的编审;施工阶段借助多维模型进行成本控制、进度管理、变更管理、材料管理;运营维护阶段利用已完工的 BIM 模型进行运维成本分析、运维方案优化、运维效益分析。

第 2 章

一、单项选择题

1. D 2. B 3. D 4. C 5. C 6. B 7. B 8. C 9. D 10. A 11. C 12. A 13. A 14. B 15. A 16. A 17. D 18. D 19. A 20. A

二、多项选择题

1. ABCE 2. AC 3. ABD 4. ACD 5. BCDE 6. CE 7. ACDE 8. BC 9. CDE 10. BCD 11. ABC 12. BCE 13. BCD 14. BCDE 15. ABC

三、简答题

1. 答：我国建设工程总投资构成如下：

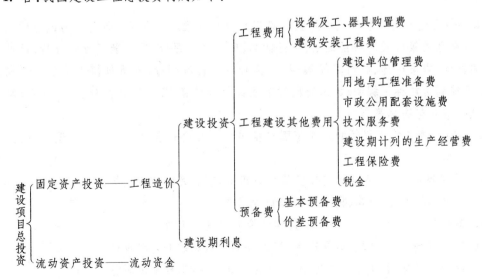

2. 答：建筑安装工程费按照费用构成要素划分包括由人工费、材料(包含工程设备,下

同)费、施工机具使用费、企业管理费、利润、规费和税金。

建筑安装工程费按照工程造价形成由分部分项工程费、措施项目费、其他项目费、规费、税金组成。

3. 答:包括银行财务费、外贸手续费、关税、消费税、进口环节增值税、车辆购置税等。

4. 答:包括环境影响评价费、安全预评价费、职业病危害预评价费、地震安全性评价费、地质灾害危险性评价费、水土保持评价费、压覆矿产资源评价费、节能评估费、危险与可操作性分析及安全完整性评价费、其他专项评价及验收费等费用。

第3章

一、单项选择题

1. A **2.** B **3.** D **4.** B **5.** B **6.** B

二、多项选择题

1. ABCE **2.** ABD

三、案例题

问题(1):

根据背景资料知:$C_1 = 400$ 万元;$Q_1 = 20$ 万 t;$Q_2 = 40$ 万 t;$n = 0.5$;$f = 1.2$

则拟建项目的设备投资估算值为:678.822 5(万元)

问题(2):

根据背景资料知:

$$E = \left(\frac{40}{20}\right)^{0.5} \times 400 = 565.685\,4(万元);$$

$$f = 1.2; f_1 = 1.2; f_2 = 1.1; f_3 = 1.05;$$

$$P_1 = 60\%; P_2 = 30\%; P_3 = 6\%; I = 0$$

所以,拟建项目静态投资的估算值为:

565.685 4×(1.2+1.2×60%+1.1×30%+1.05×6%)=1 308.430 3(万元)

四、问答题

1. 答:建设工程投资估算的费用构成:

(1) 设备及工器具购置费用;

(2) 建筑安装工程费用;

(3) 工程建设其他费用;

(4) 预备费用;

(5) 建设期贷款利息;

(6) 固定资产投资方向调节税(暂停征收)。

2. 答:(1)项目建议书阶段的投资估算是项目主管部门审批项目建议书的依据之一,并对项目的规划、规模起参考作用。

(2) 项目可行性研究阶段的投资估算,是项目投资决策的重要依据,也是研究分析和计算项目投资经济效果的重要条件。一旦可研报告被批准,其投资估算额即作为设计任务书中正确的投资限额,即建设项目投资的最高限额,不得随意突破。

(3) 项目投资估算对工程设计概算起控制作用。

(4) 项目投资估算可作为项目资金筹措及制订建设贷款计划的依据,建设单位可根据批准的项目投资估算额,进行资金筹措和向银行申请贷款。

(5) 项目投资估算是核算建设项目固定资产投资需要额和编制固定资产投资计划的重要依据。

3. 答:不同阶段的投资估算,其方法和允许误差都是不同的。项目规划和项目建议书阶段,投资估算的精度低,可采用简单的匡算法,如单位生产能力法、生产能力指数法、系数法、比例法等。在可行性研究阶段尤其是详细可行性研究阶段,投资估算精度要求高,需采用相对详细的投资估算方法,即指标估算法。

第4章

一、单项选择题

1. A **2.** C **3.** C **4.** B **5.** B **6.** A **7.** B **8.** A **9.** C **10.** B **11.** C **12.** A **13.** C **14.** A **15.** B **16.** A **17.** A **18.** C **19.** A **20.** D **21.** B

二、多项选择题

1. ABC **2.** ACE **3.** ABCDE **4.** AB **5.** BCE **6.** BDE

三、案例题

1. 对土建工程中结构构件的变更和单价调整过程如下表所示:

土建工程概算指标调整表

序号	结构名称	单位	数量(每100 m² 含量)	单价/元	合价/元
	土建工程单位人、材、机费				480.00
1	换出部分:				
	外墙带型毛石基础	m³	18	150.00	2 700.00
	1砖外墙	m³	46.5	177.00	8 230.50
	合计	元			10 930.50
2	换入部分:				
	外墙带型毛石基础	m³	19.6	150.00	2 940.00
	1砖半外墙	m³	61.2	178.00	10 893.60
	合计	元			13 833.60
	结构变化修正指标		480.00－10 930.50/100＋13 833.60/100＝509.03(元)		

企业管理费＝200.00×8%＝16(元/m²)

利润＝200.00×7%＝14(元/m²)

规费＝200.00×15％＝30(元/m²)

税金＝(509.03＋16.00＋14.00＋30.00)×3.48％＝19.8(元/m²)

土建单位工程造价＝509.03＋16.00＋14.00＋30.00＋19.8＝588.83(元/m²)

其余工程单位造价不变,因此经过调整后的概算单价为:

588.83＋34.00＋38.00＋32.00＝692.83(元/m²)

新建宿舍楼概算造价为:692.83×4 000＝2 771 320(元)

2. 综合调整系数 $K＝10％×1.02＋60％×1.05＋7％×0.99＋3％×1.04＋20％×0.95＝1.023$

价差修正后的类似工程预算造价＝3 200 000×1.023＝3 273 600(元)

价差修正后的类似工程预算单方造价＝3 273 600÷2 800＝1 169.14(元)

由此可得,拟建办公楼概算造价＝1 169.14×3 000＝3 507 420(元)

第5章

一、单项选择题

1. B **2.** B **3.** C **4.** A **5.** D **6.** A **7.** C **8.** C **9.** A **10.** D

二、多项选择题

1. BE **2.** CDE **3.** ABE **4.** DE **5.** ABD

三、案例题

问题1:投标文件主要包括:投标函,施工组织设计或施工方案与投标报价(技术标、商务标报价),招标文件要求提供的其他资料。

确定中标人的原则是:中标人能够满足招标文件中规定的各项综合评价标准,能够满足招标文件的实质性要求。

问题2:E单位的最终报价计算见表1所示。

表1　计算关系与数据表

单位:万元

序号	①	②	③	④	⑤	⑥	⑦
费用名称	直接工程费	措施费	直接费	间接费	利润	税金	投标报价
计算方法		①×9％	①+②	③×8％	[③+④]×6％	[③+④+⑤]×3.5％	③+④+⑤+⑥
费用	3 000	270	3270	261.60	211.90	131.02	3 874.52

经过计算E单位的最终报价为3 874.52万元。

问题3:计算评标基准价

投标报价平均值＝3 922.42(万元)

评标基准价＝4 444×0.9×0.6＋3 922.42×0.4＝3 968.73(万元)

表2 投标报价评分表

投标单位	投标报价/万元	报价偏离值/万元	报价偏离度	报价得分
A	3 840	−128.73	−3.24%	55
B	3 900	−68.73	−1.73%	65
C	3 600	−368.73	−9.29%	废标
D	4 080	111.27	2.80%	60
E	3 874.52	−94.21	−2.37%	65
F	4 240	271.27	6.83%	废标

表3 综合评分表

投标单位		A	B	D	E	权数
技术标得分	工期	23	23	24	22	0.4
	其他	62	68	58	71	
	合计	85	91	82	93	
商务标得分	报价	55	65	60	65	0.6
	其他	24	23	27	26	
	合计	79	88	87	91	
综合得分		81.4	89.2	85	91.8	

经上述评分计算过程,评标委员会推荐 E 单位为中标人,招标人报送有关部门审批后为中标人。

四、问答题

1. 答:工程招投标是指招标人对工程建设、货物买卖、中介服务等交易业务,事先公布采购条件和要求,吸引愿意承接任务的众多投标人参加竞争,招标人按照规定的程序和办法择优选定中标人的活动。

对造价的影响表现为:

(1) 推行招投标制基本形成了由市场定价的价格机制,使工程价格更加趋于合理。

(2) 推行招投标制能够不断降低社会平均劳动消耗水平使工程价格得到有效控制。

(3) 推行招投标制便于供求双方更好地相互选择,使工程价格更加符合价值基础,进而更好地控制工程造价。

(4) 推行招投标制有利于规范价格行为,使公开、公平、公正的原则得以贯彻。

(5) 推行招投标制能够减少交易费用,节省人力、物力、财力,进而使工程造价有所降低。

2. 答:在中华人民共和国境内进行下列工程建设项目包括项目的勘察、设计、施工、监理、造价以及与工程建设有关的重要设备、材料等的采购,达到规定规模标准的,必须进行招标:

(1) 大型基础设施、公用事业等关系社会公共利益、公众安全的项目;

（2）全部或者部分使用国有资金投资或者国家融资的项目；

（3）使用国际组织或者外国政府贷款、援助资金的项目。

以上各类工程建设项目，包括项目的勘察、设计、施工、监理以及与工程建设有关的重要设备、材料等的采购，达到下列标准之一的，必须进行招标：

① 施工单项合同估算价在 400 万元人民币以上的；

② 重要设备、材料等货物的采购，单项合同估算价在 200 万元人民币以上的；

③ 勘察、设计、监理等服务的采购，单项合同估算价在 100 万元人民币以上的。

同一项目中可以合并进行的勘察、设计、施工、监理以及与工程建设有关的重要设备、材料等的采购，合同估算价合计达到前款规定标准的，必须招标。

3. 答：工程合同计价方式的形式及特点如下表所示：

总价合同	固定总价合同	适合于工期较短（一般不超过 1 年），对工程要求十分明确的项目
	可调总价合同	适合工期较长（如 1 年以上的工程）的项目
单价合同	固定单价合同	适用于设计或其他建设条件还不太落实的情况下（技术条件应明确），而以后又需增加工程内容或工程量的项目
	可调单价合同	适用范围较宽
成本加酬金合同		主要适用于需要立即开展工作的项目，如震后的救灾工程，新型的工程项目或对项目工程内容及技术经济指标未确定，风险很大的项目

4. 答：BIM 技术应用到招投标领域，可以有效提升视觉效果、加快工程量计算、进行一模多用、高度云端共享。在招标阶段中，建模过程采用 BIM 技术可以提高模型精细度、自动计价，招标文件编制过程采用 BIM 技术可以智能检测招标策划、电子招标文件编制；在投标阶段，BIM 技术应用于商务标可以做到科学报价、改善信息不对称、降低风险，应用于技术标可以做到虚拟化施工、进度资源控制、灾害模拟。

5. 答：二者的编制程序和方法相同，区别在于招标控制价依据工程造价政策规定或工程造价信息确定；投标报价计算时应采用企业定额，在没有企业定额或企业定额缺项时，可参照与本企业实际水平相近的国家、地区、行业定额，并通过调整来确定清单项目的人工、材料、机械台班单位用量。各种人工、材料、机械台班的单价，则应根据询价的结果和市场行情综合确定，并且考虑合同计价方式和适当的风险分担，在投标策略基础上报价。

第 6 章

一、单项选择题

1. A **2.** C **3.** D **4.** C **5.** C **6.** A **7.** C **8.** C **9.** B **10.** D

二、填空题

1. 30% **2.** 资金保证 **3.** 7 **4.** 支付申请 **5.** 工程进度款 **6.** 28 **7.** 预支 **8.** 60% **9.** 减少 **10.** 14 **11.** 依据 **12.** 两

三、简答题

1. 答：基于 BIM 的工程验工计价就是进行工程的期中结算，一般实行按月验工计价，主要工作内容包括：确认各个进度周期的形象进度；施工单位根据形象进度编制进度款上报资料；建设单位与施工单位根据形象进度、进度款上报资料及其他资料确认产值；建设单位根据产值及合同约定付款比例支付进度款。

2. 答：基于BIM的工程结算计价的主要工作内容包括：整理结算依据；计算和核对结算工程量；对合同内外各种项目计价（人材机调差，签证、变更材料上报等）；按要求格式汇总整理形成上报文件。

3. 答：基于BIM技术的工程结算审计的主要工作内容包括：建立工程；合同内审核；合同外审核；报表输出。

四、计算题

1. 解：各事件处理结果如下：

① 异常恶劣天气导致的停工通常不能进行费用索赔。

② 抢修道路用工的索赔额＝20×40×(1+35％)＝1 080(元)

③ 停电导致的索赔额＝2×100+10×10＝300(元)

总索赔费用＝1 080+300＝1 380(元)

2. 解：问题1：工程预付款：660×20％＝132.00(万元)

起扣点：660－(132.00÷60％)＝440.00(万元)

问题2：各月拨付工程款为：

2月：工程款55.00万元，累计工程款55.00(万元)

3月：工程款110.00万元，累计工程款＝55.00+110.00＝165.00(万元)

4月：工程款165.00万元，累计工程款＝165.00+165.00＝330.00(万元)

5月：工程款220.00－(220.00+330.00－440.00)×60％＝154.00(万元)

累计工程款330.00+154.00＝484.00(万元)

五、案例题

1. ①B分部工程第1个月应得的工程价款：

(500÷75)×30＝200.00(万元)

B分部工程第2个月应得的工程价款：(500÷75)×15+8＝108.00(万元)

B分部工程第3个月应得的工程价款：

(500÷75)×30+(560－500)+3＝263.00(万元)

B分部工程的最终工程价款：200+108+263＝571.00(万元)

② 乙承包人的做法不妥之处：乙承包人向项目监理机构提出工程延期的申请。

正确做法：乙承包人向甲承包人提出工程延期申请，甲承包人再向项目监理机构提出工程延期的申请。

2. 问题1：工程预付款：2 000×20％＝400(万元)

问题2：

① 工程预付款的起扣点：$T＝2 000×60％＝1 200$(万元)

② 每月终业主应支付的工程款：

5月份月终支付：

$200\times(0.15+0.35\times110/100+0.23\times156.2/153.4+0.12\times154.4/154.4+0.08\times162.2/160.3+0.07\times160.2/144.4)\times(1-5\%)-5=194.08$(万元)

6月份月终支付：

$300\times(0.15+0.35\times108/100+0.23\times158.2/153.4+0.12\times156.2/154.4+0.08\times162.2/160.3+0.07\times162.2/144.4)\times(1-5\%)=298.16$(万元)

7月份月终支付：

$[400\times(0.15+0.35\times108/100+0.23\times158.4/153.4+0.12\times158.4/154.4+0.08\times162.2/160.3+0.07\times164.2/144.4)+0.15+0.1+1.5]\times(1-5\%)=400.34$(万元)

8月份月终支付：

$600\times(0.15+0.35\times110/100+0.23\times160.2/153.4+0.12\times158.4/154.4+0.08\times164.2/160.3+0.07\times162.4/144.4)\times(1-5\%)-300\times60\%=423.62$(万元)

9月份月终支付：

$[500\times(0.15+0.35\times110/100+0.23\times160.2/153.4+0.12\times160.2/154.4+0.08\times164.2/160.3+0.07\times162.8/144.4)+1]\times(1-5\%)-(400-300\times60\%)=284.74$(万元)

问题3：工程在竣工半年后,发生屋面漏水,由于在保修期内,业主应首先通知原承包商进行维修。如果原承包商不能在约定的时限内派人维修,业主也可委托他人进行修理,费用从质量保证金中支付。

3. 问题1：事件1可以提出工期补偿和费用补偿要求,因为地质条件变化属于甲方应承担的责任,且该项工作位于关键线路上。

事件2可以提出费用补偿要求,不能提出工期补偿要求,因为发射塔设计位置变化是甲方的责任,由此增加的费用应由甲方承担,但该项工作的拖延时间(2天)没有超出其总时差(8天)。

事件3不能提出工期和费用补偿要求,因为施工机械故障属于乙方应承担的责任。

事件4不能提出工期和费用补偿要求,因为乙方应该对自己完成的产品质量负责。甲方代表有权要求乙方对已覆盖的分项工程进行剥露检查,检查后发现质量不合格,其费用由乙方承担；工期也不补偿。

事件5不能提出工期和费用补偿要求,因为乙方应该对自己购买的材料质量和完成的产品质量负责。

事件6不能提出补偿要求,因为通过采取施工技术组织措施使工期提前,可按合同规定的工期奖罚办法处理,因赶工而发生的施工技术组织措施费应由乙方承担。

问题2：(1)通过对图6.45的分析,该工程施工网络进度计划的关键线路为①—②—④—⑥—⑦—⑧,计划工期为38天,与合同工期相同。将图6.45中所有各项工作的持续时间均以实际持续时间代替,计算结果表明：关键线路不变(仍为①—②—④—⑥—⑦—⑧),实际工期为42天。

(2)将图6.45中所有由甲方负责的各项工作持续时间延长天数加到原计划相应工作的持续时间上,计算结果表明：关键线路亦不变(仍为①—②—④—⑥—⑦—⑧),工期为41天。41—38=3(天),所以,该工程可补偿工期天数为3天。

(3) 工期罚款金额为：$[42-(38+3)] \times 5\,000 = 5\,000$（元）

问题 3：(1) 由事件 1 引起的索赔款：

$(10 \times 98 + 40\,000) \times (1 + 26\%) + 15 \times 58 \times (1 + 15\%) = 52\,635.30$（元）

(2) 由事件 2 引起的索赔款：

$(30 \times 98 + 12\,000 + 3\,000) \times (1 + 26\%) = 22\,604.40$（元）

所以，乙方应该得到的索赔款为：$52\,635.30 + 22\,604.40 = 75\,239.70$（元）

第7章

一、单项选择题

1. A **2.** C **3.** C **4.** C **5.** D **6.** B **7.** C **8.** A **9.** A **10.** C **11.** D **12.** D

二、多项选择题

1. BCE **2.** BDE **3.** CDE **4.** ACD

参 考 文 献

［1］全国造价工程师职业资格考试培训教材编审委员会.建设工程造价管理[M].北京:中国计划出版社,2019.

［2］全国造价工程师职业资格考试培训教材编审委员会.建设工程计价[M].北京:中国计划出版社,2019.

［3］全国一级造价工程师职业资格考试研究组.建设工程造价案例分析(土木建筑工程、安装工程)[M].北京:中国城市出版社,2019.

［4］林敏,许长青.建筑工程造价[M].2版.南京:东南大学出版社,2016.

［5］中国建设工程造价管理协会.建设工程造价管理理论与实务[M].北京:中国计划出版社,2019.

［6］丰艳萍,邹坦,冯羽生.工程造价管理[M].2版.北京:机械工业出版社,2018.

［7］梁鸿颉,李晶.工程价款结算原理与实务[M].北京:北京理工大学出版社,2016.

［8］陈勇强,吕文学,张水波,等.FIDIC 2017版系列合同条件解析[M].北京:中国建筑工业出版社,2019.

［9］FIDIC© Conditions of Contract for Construction[S]. Second Edition,2017.

［10］GB 50500—2013.建设工程工程量清单计价规范[S].

［11］GF—2017-0201.建设工程施工合同(示范文本)[S].

［12］李建峰,等.工程造价管理[M].北京:机械工业出版社,2017.

［13］邢莉燕,解本政.工程造价管理[M].北京:中国电力出版社,2018.

［14］杨浩.建筑工程招投标阶段 BIM 技术应用研究[D].长沙:湖南大学,2018.

［15］郑江,杨晓莉.BIM 在土木工程中的应用[M].北京:北京理工大学出版社,2017.

［16］房展.H 市希尔顿酒店建设项目全过程成本控制研究[D].北京:北京交通大学,2019.

［17］王涛,冯占红,吴现立.工程造价控制与管理[M].3版.武汉:武汉理工大学出版社,2018.

［18］张玲玲,刘霞,程晓慧.BIM 全过程造价管理实训[M].重庆:重庆大学出版社,2018.

［19］沈杰.工程造价管理[M].南京:东南大学出版社,2006.

［20］郭婧娟.工程造价管理[M].北京:清华大学出版社,2005.